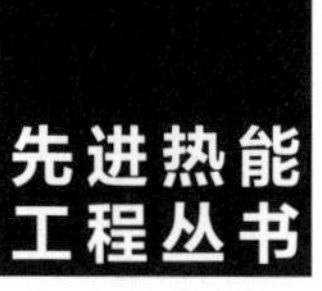

岑可法　主编

烟气二氧化碳化学吸收技术

Flue Gas CO_2 Chemical Absorption Technology

方梦祥　王 涛　张 翼　等编著

化学工业出版社
·北京·

内容简介

《烟气二氧化碳化学吸收技术》对碳捕集技术中最有大规模工业应用前景的CO_2化学吸收技术进行了全面介绍。在介绍全球气候变暖与CO_2排放控制现状，以及各种CO_2捕集和利用技术的基础上，依次介绍了CO_2化学吸收机理和吸收剂的发展，化学吸收工艺和关键部件设计，化学吸收工艺节能技术和模拟优化，化学吸收技术的工业应用，膜吸收工艺和关键技术，化学吸收系统启动、运行、控制和事故处理，最后分析了化学吸收工业化面临的各种挑战，包括水平衡和胺排放、污染物排放和控制、吸收剂降解和抗降解措施及溶剂回收。

本书可供能源工程、环境工程、化工工艺等专业的技术人员、管理人员以及相关专业高等院校师生参考使用。

图书在版编目（CIP）数据

烟气二氧化碳化学吸收技术/方梦祥等编著.—北京：化学工业出版社，2023.2

（先进热能工程丛书/岑可法主编）

ISBN 978-7-122-42502-7

Ⅰ.①烟…　Ⅱ.①方…　Ⅲ.①烟气-二氧化碳-废气治理-化学吸附-研究　Ⅳ.①X701.7

中国版本图书馆CIP数据核字（2022）第208267号

责任编辑：袁海燕　　文字编辑：师明远　杨子江

责任校对：田睿涵　　装帧设计：王晓宇

出版发行：化学工业出版社（北京市东城区青年湖南街13号　邮政编码100011）

印　　装：河北鑫兆源印刷有限公司

710mm×1000mm　1/16　印张22　字数380千字

2023年4月北京第1版第1次印刷

购书咨询：010-64518888　　售后服务：010-64518899

网　　址：http://www.cip.com.cn

凡购买本书，如有缺损质量问题，本社销售中心负责调换。

定　　价：128.00元

丛书序

能源是人类社会生存发展的重要物质基础，攸关国计民生和国家战略竞争力。当前，世界能源格局深刻调整，应对气候变化进入新阶段，新一轮能源革命蓬勃兴起。我国经济发展步入新常态，能源消费增速趋缓，发展质量和效率问题突出，供给侧结构性改革刻不容缓，能源转型变革任重道远。

我国能源结构具有“贫油、富煤、少气”的基本特征，煤炭是我国基础能源和重要原料，为我国能源安全提供了重要保障。随着国际社会对保障能源安全、保护生态环境、应对气候变化等问题的日益重视，发展可再生能源已经成为全球能源转型的重大战略举措。到2020年，我国煤炭消费占能源消费总量的56.8%，天然气、水电、核电、风电等清洁能源消费比重达到了20%以上。高效、清洁、低碳开发利用煤炭和大力发展光电、风电等可再生能源发电技术已经成为能源领域的重要课题。

党的十八大以来，以习近平同志为核心的党中央提出“四个革命、一个合作”能源安全新战略，即“推动能源消费革命、能源供给革命、能源技术革命和能源体制革命，全方位加强国际合作”，着力构建清洁低碳、安全高效的能源体系，开辟了中国特色能源发展新道路，推动中国能源生产和利用方式迈上新台阶、取得新突破。气候变化是当今人类面临的重大全球性挑战。2020年9月22日，中国政府在第七十五届联合国大会上提出：“中国将提高国家自主贡献力度，采取更加有力的政策和措施，二氧化碳排放力争于2030年前达到峰值，努力争取2060年前实现碳中和。”构建资源、能源、环境一体化的可持续发展能源系统是我国能源的战略方向。

当今世界，百年未有之大变局正加速演进，世界正在经历一场更大范围、更深层次的科技革命和产业变革，能源发展呈现低碳化、电力化、智能化趋势。浙江大学能源学科团队长期面向国家发展的重大需求，在燃煤烟气超低排放、固废能源化利用、生物质利用、太阳能热发电、烟气 CO_2 捕集封存及利用、大规模低温分离、旋转机械和过程装备节能、智慧能源系统及智慧供热等方向已经取得了突破性创新成果。先进热能工程丛书是对团队十多年来在国家自然科学基金、国家重点研发计划、国家“973”计划、国家“863”计划等支持下取得的系列原创研究成果的系统总结，涵盖面广，系统性、创新性强，契合我国十四五规划中智能化、数字化、绿色环保、低碳的发展需求。

我们希望丛书的出版，可为能源、环境等领域的科研人员和工程技术人员提供有意义的参考，同时通过系统化的知识促进我国能源利用技术的新发展、新突破，技术支撑助力我国建成清洁低碳、安全高效的能源体系，实现“碳达峰、碳中和”国家战略目标。

岑可法

前言

气候变化是当今世界面临的严峻挑战，大规模控制温室气体二氧化碳（CO_2）排放迫在眉睫。目前中国年排放二氧化碳100多亿吨，主要来自化石燃料的燃烧，其中发电行业年排放CO_2达到40多亿吨，钢铁行业年排放CO_2约18亿吨，水泥行业年排放CO_2约14亿吨。习近平主席在第75届联合国大会期间提出，中国将提高国家自主贡献力度，采取更加有力的政策和措施，二氧化碳排放力争于2030年前达到峰值，努力争取2060年前实现碳中和。二氧化碳捕集、利用与封存（CCUS）技术是现阶段能大幅度减少化石能源使用过程中CO_2排放的唯一选择，是钢铁、水泥等难减排行业深度脱碳的可行技术方案。在众多的CO_2捕集技术中，燃烧后化学吸收法主要采用碱性氨基吸收剂吸收分离烟气中的CO_2，因其烟气适应性好、捕集效率高、技术相对成熟，是最具大规模捕集CO_2潜力的技术路线之一。

目前，美国、日本和欧洲等发达国家和地区已投入数十亿美元，积极开展新一代碳捕集技术研究，在大规模碳捕集工业示范上走在前列。全球首个燃煤电站百万吨/年CO_2捕集项目——加拿大边界大坝（Boundary Dam）电站烟气化学吸收CO_2捕集工程于2014年10月2日正式投入运营。美国2017年1月投运的Petra Nova项目设计化学吸收碳捕集能力140万吨/年，捕集产品用于驱油，是世界上规模最大的燃烧后CO_2捕集装置。在化学吸收剂开发方面，以壳牌康索夫（Shell Cansolv）基于氨基的DC-201、DC-103，日本三菱的KS-1吸收剂为代表的第一代和第二代有机胺吸收剂已能够将CO_2吸收再生能耗从3.92GJ/t CO_2降低至2.8～3.3GJ/t CO_2。为进一步降低再生能耗，国内外研究机构通过筛选实验，开发出的相变有机胺、功能化离子液体和非水基胺等第三代少水吸收剂能将CO_2吸收再生能耗的理论值降低至2.5GJ/t CO_2以下。在工业应用方面，我国化学吸收碳捕集技术已经具备了大规模示范的条件，目前已经投运的华能上海石洞口12万吨/年燃烧后捕集工程、中石化胜利电厂4万吨/年烟气CO_2捕集工程、海螺水泥集团5万吨/年烟气CO_2捕集工程、国能锦界电厂15万吨/年碳捕集工程等项目为化学吸收技术工业化应用提供了示范。此外，国家能源集团泰州电厂 50 万吨/年碳捕集利用示范工程、中石化胜利油田电厂 200 万吨/年碳捕集示范工程、华能集团 150 万吨/年碳捕集示范工程等均开始规划、建设或投入使用。

本书得到国家重点研发计划项目“用于 CO_2 捕集的高性能吸收剂/吸附材料及技术”（项目编号：2017YFB0603300）的支持，主要对 CO_2 化学吸收技术进行了全面介绍，书中很多内容是项目组最新研究成果。本书共分 8 章：第 1 章介绍全球气候变暖与 CO_2 排放控制现状，以及各种 CO_2 捕集和利用技术，由方梦祥负责编写；第 2 章介绍 CO_2 化学吸收机理和吸收剂，由刘飞负责编写；第 3 章介绍化学吸收工艺和关键部件设计，由陆诗建和张翼负责编写；第 4 章介绍化学吸收工艺节能技术和模拟优化，由王涛和许诚负责编写；第 5 章介绍化学吸收技术的工业应用，由张翼负责编写；第 6 章介绍膜吸收工艺和关键技术，由晏水平负责编写；第 7 章介绍化学吸收系统启动、运行、控制和事故处理，由陆诗建负责编写；第 8 章介绍化学吸收工业化面临的各种挑战，包括水平衡和胺排放、污染物排放和控制、吸收剂降解和抗降解措施及溶剂回收，由王涛负责编写。全书由方梦祥整理统稿。此外，易宁彤、徐燕洁、董文峰、王玉玮、余学海、赵瑞、朱江涛、王天堃、常林、张金生、顾永正、韩涛、廖海燕、徐冬、黄艳、高礼、高军、李严等也参加了本书的编写和文献资料的查找。

特别感谢参加国家重点研发计划项目“用于 CO_2 捕集的高性能吸收剂/吸附材料及技术”项目组全体成员对本书的贡献，特别感谢浙江大学王勤辉教授、清华大学陈健教授、湖南大学梁志武教授对本书提出的宝贵意见，特别感谢国家能源集团新能源研究院和锦界电厂对本书的支持，特别感谢从事碳捕集技术的国内外专家对本书的支持！

本书可作为碳捕集技术相关知识学习的本科生、研究生教材，也可作为从事碳捕集技术相关工程技术人员的参考书。由于编著者水平有限，本书难免有疏漏，敬请批评指正。

方梦祥

2022 年 2 月

目录

第1章

温室效应和 CO_2 排放控制概述

本章介绍了全球气候变化与温室效应及 CO_2 的排放现状，阐述了各国所采取的 CO_2 减排措施，包括提高能源利用效率、积极利用新能源和可再生能源，以及 CO_2 的捕集、利用与封存技术等。

1.1 全球气候变化和温室效应

1.1.1 全球气候变化现状

全球平均气温和海温的升高，大范围积雪和冰川融化，雪灾、暴雨、强热带风暴、冰雹等极端气候事件的日益频繁，足以证明全球气候系统变暖是非常明显的。从全球范围来看，可靠的数据表明，最近 100 年来，全球平均气温逐年上升，海平面高度亦逐年上升，与之相对的是，北半球的积雪面积正在逐年下降，如图 1-1 所示。

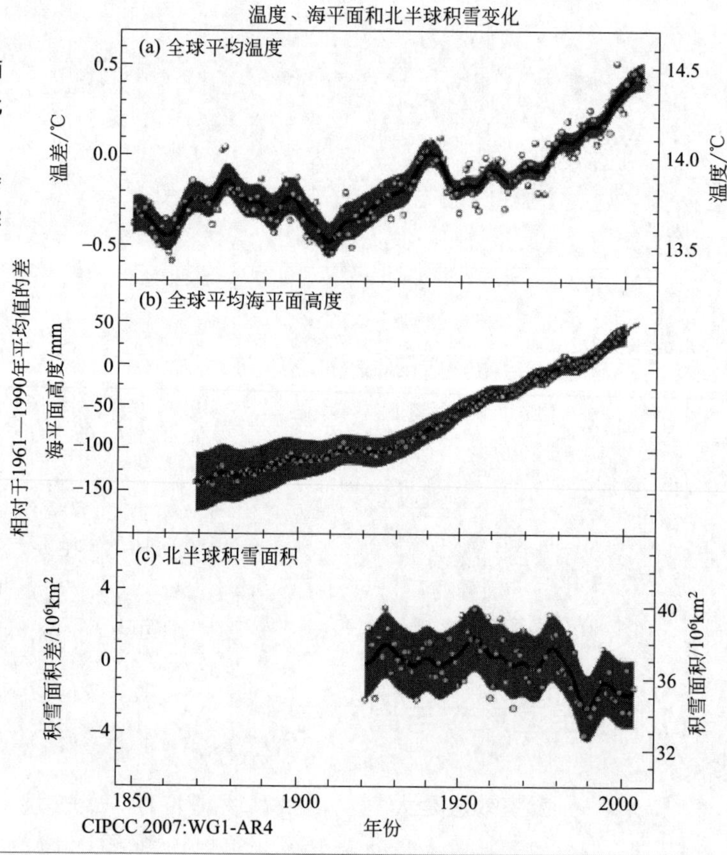

图 1-1
近 100 年来全球气温、海平面高度和北半球积雪面积的变化趋势（来自于实际观测值）
[政府间气候变化专门委员会（IPCC）气候变化 2007：综合报告]

从全球范围来看，根据 1850 年以来的全球地表温度的观测资料，1995--2006 年的 12 年中，有 11 年位列“1850 年以来最暖的 12 个年份”之中。最近 100 年（1906—2005 年）的温度增长线性趋势为 0.74℃。与此同时，海水温度也在逐年升高。1961—2005 年对海洋温度的观测数据表明，海水的温度正在升高，其主要原因在于海水大约吸收了大气系统中 80%的热量。海水温度的升高，导致海水受热膨胀，引起海平面上升；此外，气温升高，雪山、冰川、冰帽和极地冰盖融化速度加快，也导致了海平面的上升。基于以上因素，海平面在过去的 40 多年里，平均每年上升 1.8mm，而从 1993 年以来，平均速率则增为每年 3.1mm。同时，已观测到的积雪和海冰面积减少也与气候变暖趋势相一致。1978 年以来的卫星资料显示，北极年平均海冰面积以每十年 2.7%的速率退缩，夏季海冰退缩率较高，约为每十年 7.4%。南北半球的山地冰川和积雪平均面积已呈现退缩趋势。

有关中国气候变化的主要观测事实也反映出，中国近百年的气候发生了明显的变化：

① 近百年来，中国年平均气温略高于同期全球增温平均值，近 50 年变暖尤其明显。从地域分布看，西北、华北和东北地区气候变暖明显，长江以南地区变暖趋势不显著；从季节分布看，冬季增温最明显。从 1986 年到 2005 年，连续出现了 20 个全国性暖冬。

② 近百年来，平均降水量变化趋势不显著，但区域降水变化波动较大。年平均降水量在 20 世纪 50 年代以后开始逐年减少，平均每 10 年减少 2.9mm，但 1991 年到 2020 年略有增加。从地域分布看，华北大部分地区、西北东部和东北地区降水量明显减少，平均每 10 年减少 20～40mm，其中华北地区最为明显；华南和西南地区降水明显增加，平均每 10 年增加 20～60mm。

③ 近 50 年来，主要极端天气与气候事件的频率和强度出现了明显变化。1990 年以来，多数年份全国年降水量高于常年，出现南涝北旱的雨型，干旱和洪水灾害频繁发生。

④ 近 50 年来，沿海海平面年平均上升速率为 2.5mm，略高于全球平均水平。

⑤ 山地冰川快速退缩，并有加速趋势。

1.1.2 温室效应与温室气体

温室效应是大气层的一种物理特性，大气层对于太阳短波辐射吸收很少，地表接收大量的太阳短波辐射而升温，并以长波辐射形式向外辐射能量。地面长波辐射绝大部分被大气中的水蒸气、二氧化碳（CO_2）、臭氧（O_3）、甲烷（CH_4）等气体吸收，从而加热大气。大气被加热后也以长波辐射的形式向外辐射能量，其中很大一部分辐射能又返回地表（图 1-2），使地表温度不会下降太快，这种类似于农业上温室保温的作用被称为温室效应。

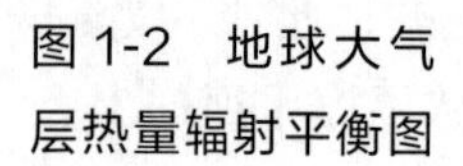

图 1-2　地球大气层热量辐射平衡图

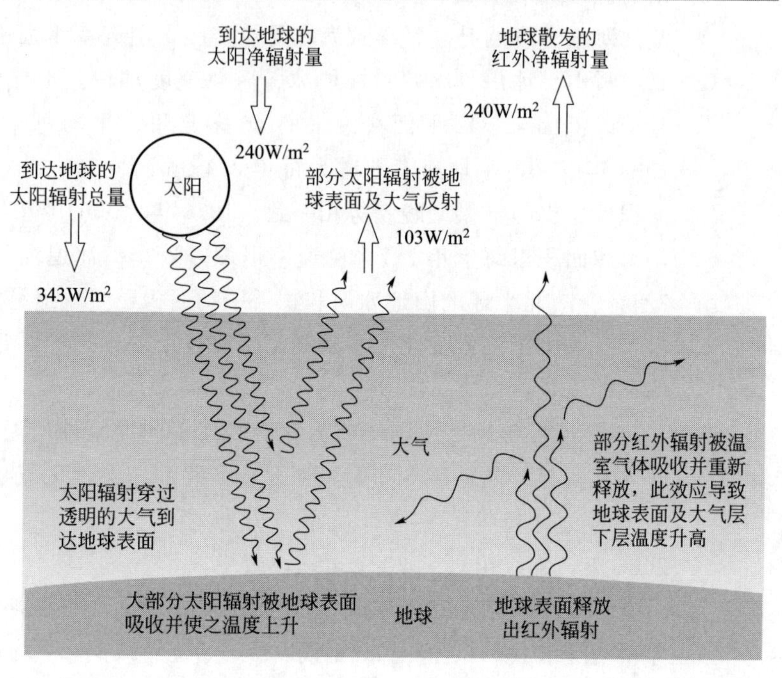

由于温室效应，地表年平均气温保持在 15℃左右，若无温室效应，地球温度将降至−18℃，所以适度的温室效应创造了适合生物生存的地球热环境。

引起温室效应的气体，如二氧化碳、甲烷、一氧化二氮、各种氟氯烃（CFCs）、臭氧和水蒸气等，称为温室气体（GHG）。大气中水蒸气的含量要高于 CO_2 等其他温室气体，是导致自然温室效应的主要气体。有研究表明，在中纬度地区晴朗天气下，水蒸气对温室效应的影响占 60%～70%，CO_2 仅占 25%。但由于水蒸气在大气中的含量相对稳定，普遍认为大气中的水蒸气不直接受人类活动的影响，而以 CO_2 为主的其他温室气体随着人类工农业活动的发展，人为排放量大幅增加，因此目前各国主要关注各种人为温室气体的排放情况。各人为温室气体排放量及其对温室效应的贡献如图 1-3 所示。从图中可看出，在各种温室气体中，由于排放量最大，CO_2 对温室效应的贡献远超其他温室气体，成为对温室效应贡献最大的人为温室气体，其中，化石燃料和工业生产过程所排放的 CO_2 占温室气体总排放量的 65%，

CH_4 占 16%。

图 1-3
人为温室气体排放统计

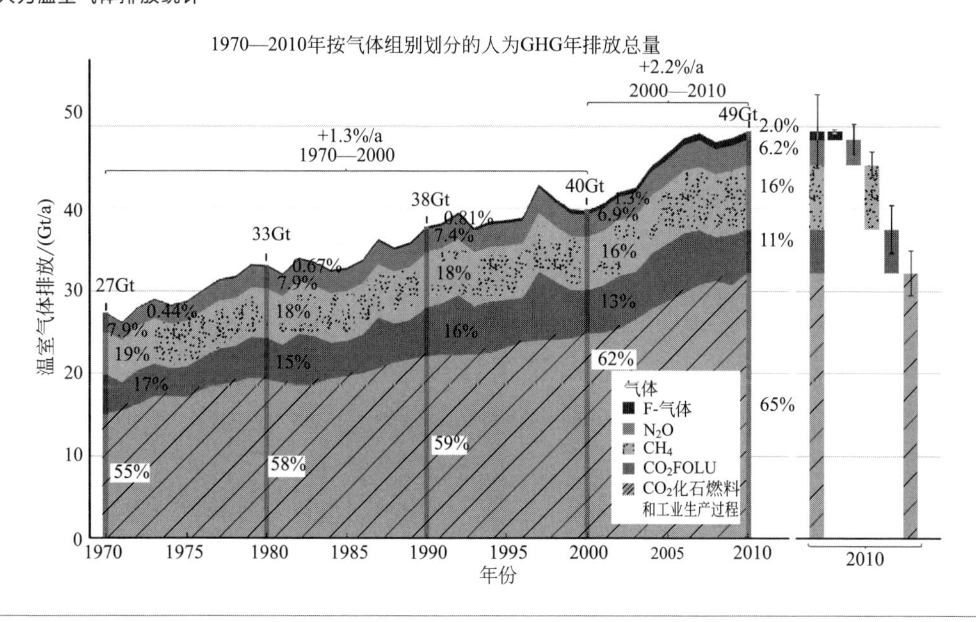

1.1.3　温室效应对气候变化的影响

温室效应的加剧必然导致全球变暖，气候变化已对地球生态系统和人类社会造成了影响，未来还将继续影响地球和人类。影响的程度和后果的严重性，则取决于人类如何应对。普遍认为，未来全球变暖的速度将会加快。全球气候的持续变暖，在未来将会造成如下的影响：

（1）冰川消退，海平面上升

气候的变暖使极地及高山冰川融化，从而使海平面上升。据统计，格陵兰岛的冰雪融化已使全球海平面上升了约 2.5cm。气温升高导致海水受热膨胀，也会使海平面上升。观测表明，近 100 多年来海平面上升了 14～15cm，科研界预测 21 世纪海平面还将继续上升（表 1-1）。

表 1-1　未来海平面变化的预测

预测机构	预测年份	上升量/cm
世界气象组织(WMO)	2050	20～140
Mercer	2030	500

续表

预测机构	预测年份	上升量/cm
日本环境厅	2030	26～165
Bloom	2030	100
Barth & Titus	2050	13～55
联合国环境规划署(UNEP)	21 世纪末	65

海平面上升可直接导致低地被淹，海岸侵蚀加重，排洪不畅，土地盐渍化和海水倒灌等问题。若气温仍按现在的速度继续升高，预计到 2050 年，南北极冰盖将大幅度融化，上海、东京、纽约和悉尼等沿海城市将被淹没。

（2）气候带北移，引发生态问题

据估计，若气温升高 1℃，北半球的气候带将平均北移约 100km；若气温升高 3.5℃，则气候带将会向北移动约 5 个纬度。此时，占陆地面积 3％的苔原带将不复存在，而冰岛的气候将可能与苏格兰相似，中国的徐州和郑州冬季的气温也将与目前武汉或杭州的气温类似。

如果物种迁移适应的速度落后于环境的变化速度，该物种将可能濒于灭绝。据世界自然保护基金会（WWF）报告，若全球变暖的趋势得不到有效遏制，到 2100 年，全世界将有 1/3 的动植物栖息地发生根本性变化，这将导致大量物种因不能适应新的生存环境而灭绝。

气候变暖很可能造成某些地区虫害与病菌传播范围扩大，昆虫群体密度增加。温度升高会使热带虫害和病菌向较高纬度地区蔓延，使中纬度地区面临热带病虫害的威胁。同时，气温升高可能使这些病虫的分布区扩大、生长季节加长，并使多世代害虫繁殖代数增加，一年中危害时间延长，从而加重农林灾害。

（3）加重区域性自然灾害

全球变暖会加大海洋和陆地水的蒸发速度，从而改变降水量和降水频率在时间和空间上的分布。研究表明，全球变暖使世界上缺水地区降水和地表径流减少，加重了这些地区的干旱，也加快土地荒漠化的速度。另一方面，气候变暖又使雨量较大的热带地区降水量进一步增大，从而加剧洪涝灾害。此外，全球变暖还会使局部地区在短时间内发生急剧的天气变化，导致气候异常，造成高温、热浪、热带风暴、龙卷风等自然灾害频发。

（4）危害人类健康

温室效应导致极热天气出现频率增加，使心血管和呼吸系统疾病的发病率上升，同时还会促进流行性疾病的传播和扩散，从而直接威胁人类健康。

当然，全球变暖，CO_2 含量升高，有利于植物的光合作用，可扩大植物的生长范围，从而提高植物的生产力。但整体来看，温室效应及其引发的全球变暖弊多于利，因此必须采取各种措施来控制温室效应，抑制全球变暖。

1.1.4 温室效应和 CO_2 排放临界值

工业革命开始以来，全球平均气温随大气中 CO_2 浓度升高呈现出逐年升高的趋势，如图 1-4 和图 1-5 所示，大气中的 CO_2 浓度已从工业革命开始时的 277cm³/m³（ppm），增加到 2020 年的（412.4±0.1)cm³/m³（ppm）。20 世纪 80 年代以来，应对温室效应加剧的急迫性和重要性开始逐渐被各国所重视，而“未来气候变化达到何种程度、气温升高多少会是自然界的临界值”这一命题已成为一个各国必须确定的问题。

图 1-4
地表平均大气二氧化碳浓度

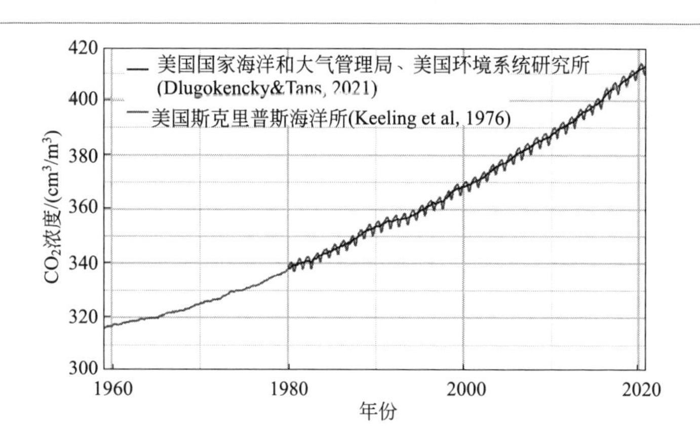

图 1-5
工业革命开始以来全球气温变化

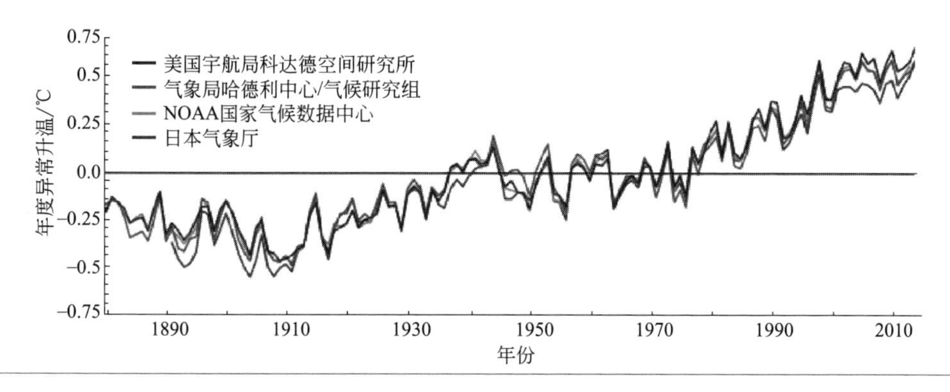

联合国环境规划署的温室气体咨询小组 1990 年报告中指出，全球气温升高 2℃可能是一个上限，一旦超过可能导致严重破坏生态系统，其危害性将非线性增加。德国联邦议会的研究委员会也认为，每 10 年气候变暖超过

0.1℃对森林生态系统而言非常危险，德国政府气候变化咨询委员会 1995 年发现，2℃应该是可容忍的气候变暖的上限。

政府间气候变化专门委员会（IPCC）认为，多种因素的叠加将使全球升温很快突破 2℃这个临界点，当全球平均温度上升的幅度在 1～2℃之间，遭遇水资源短缺和洪灾的风险将增加，当气温超过 2℃，将是灾难性气候变化的开始，产生的影响将更巨大，尤其当大气中 CO_2 浓度超过 $450cm^3/m^3$，海洋和热带雨林将净排放温室气体，而不是像现在这样吸收 CO_2，从而将全球温度进一步提升，海平面升高，导致 90％的物种灭绝。

1.2 CO_2 排放状况

1.2.1 全球 CO_2 排放总量持续增长

自工业革命以来，全球经济总体上保持了一个较高的增长速度，工业和交通运输业所占经济比重在相当长的时间内持续上升，化石燃料的消费也迅速增加，由此导致了 CO_2 排放量的急剧增加。图 1-6 为 1990—2020 年 30 年间全球 CO_2 排放和温室气体总量的变化情况。虽然全球 CO_2 排放总量出现过细微波动，但总体而言，全球 CO_2 和温室气体排放总量保持了持续增长态势。到 2019 年全球温室气体排放总量达到 563 亿吨，CO_2 排放总量达到 330 亿吨，其中化石能源燃烧产生的碳排放占 67％。

图 1-6
1990—2020 年全球温室气体排放量（数据源于：IEA report）

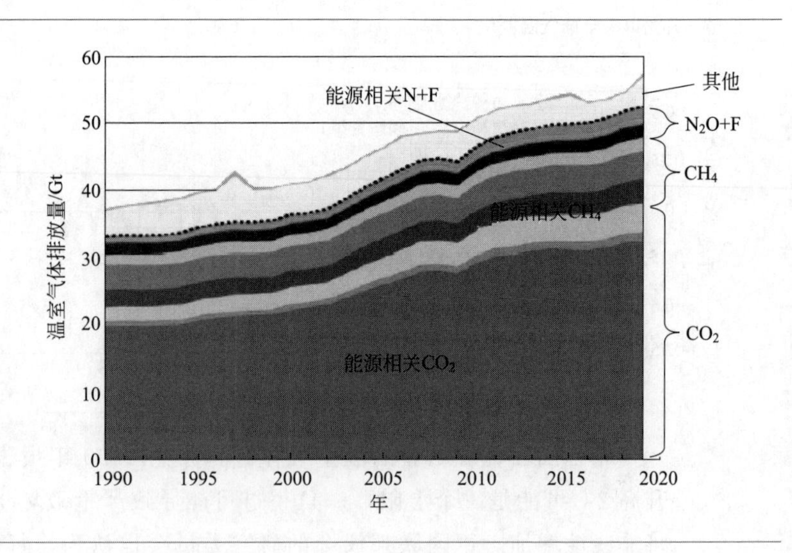

1.2.2　电力、工业和交通运输部门的 CO_2 排放情况

由于全球化石燃料的消费主要集中在工业、电力和交通运输等部门，故全球人为因素引起的 CO_2 排放亦主要集中在这几个部门。图 1-7 为 1970—2004 年各主要部门的 CO_2 排放量变化趋势，其排放量约占全球 CO_2 排放总量的 63.09%～72.96%，且电力部门的 CO_2 排放呈快速增长的趋势，交通运输业的 CO_2 排放增长也很快。

图 1-7

1970—2004 年全球不同部门二氧化碳排放量

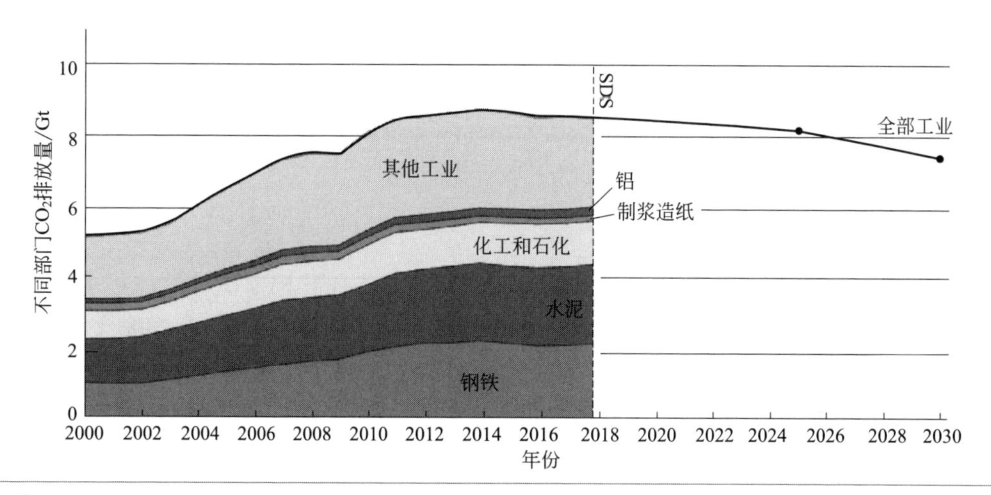

由于上述部门都是能源密集型行业，其 CO_2 排放强度都很高，所以许多工业化国家正逐步转变能源消费结构，实现由化石能源消费向清洁能源消费的转变，降低对化石能源的依赖，促进减排技术的研发和应用，积极探索和推广 CO_2 捕获和封存技术，进而减少化石燃料利用产生的 CO_2 排放量，减缓全球气候变化的速度。然而，由于资源分布和技术水平的制约，随着发展中国家电气化水平的提高和经济的发展，到 21 世纪中叶，电力、工业和交通运输业等仍将是主要的 CO_2 排放源。

1.2.3　各国 CO_2 排放情况

蒸汽机的发明使得煤炭代替薪柴成为工业化国家主要的能源，煤炭燃烧排放了大量的 CO_2，随着工业化进程的推进，内燃机的发明又使石油成为工业化国家最主要的能源，尤其是第二次世界大战之后，工业化国家的工业和

经济迅速发展，以化石燃料为主的一次能源消费量和 CO_2 排放量也迅速增加，如图 1-8 所示。

图 1-8
典型国家的 CO_2 排放量

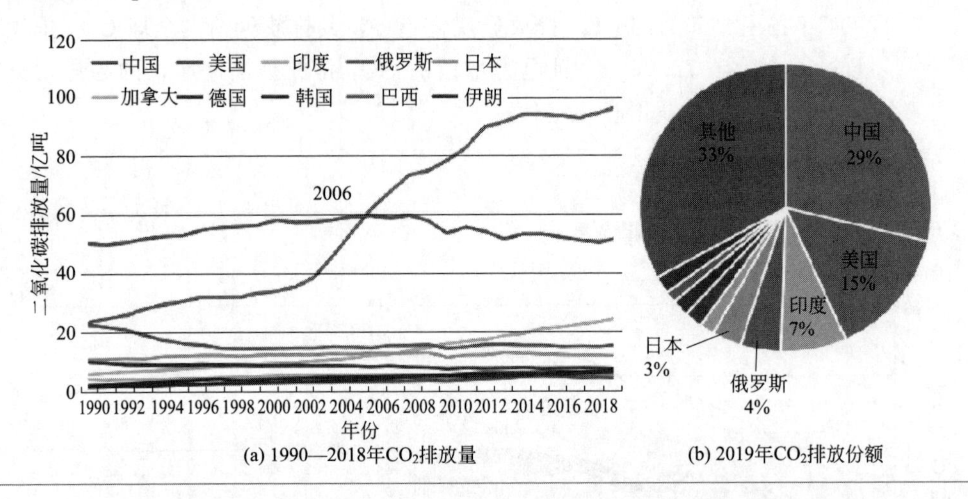

(a) 1990—2018年CO_2排放量　　(b) 2019年CO_2排放份额

近年来，随着科技的进步，清洁能源在工业化国家能源结构中的比重越来越高，煤炭等化石燃料所占份额呈下降趋势，因此，发达国家 CO_2 排放量开始下降。而一些发展中国家的工业和经济发展速度很快，化石燃料消费量和 CO_2 排放量在迅速增加。2006 年，我国 CO_2 排放量达到 61 亿吨。2019 年，我国 CO_2 排放量达到 98 亿吨，占全球排放总量的 29%。

1.2.4 国际应对措施

CO_2 等温室气体的影响具有全球性和长期性，与经济发展、能源利用之间存在密切关系。为了缓解全球气候变化对人类造成灾难性的影响，1992 年 6 月在巴西里约热内卢召开了联合国环境与发展大会，会议缔约了《联合国气候变化框架公约》，并于 1994 年 3 月 21 日正式生效。这是世界上第一个为全面控制 CO_2 等温室气体排放、应对气候变暖给人类经济和社会带来不利影响的国际公约，也是国际社会在应对全球气候变化问题上进行国际合作的一个基本框架。公约承诺到 2000 年将 CO_2 维持在 1990 年的水平。

1997 年 12 月，149 个国家和地区的代表在日本京都召开《联合国气候变化框架公约》缔约方第三次会议，经过紧张而艰难的谈判，会议通过了旨在限制发达国家温室气体排放量以抑制全球变暖的《京都议定书》。在该议定书中，首次为发达国家规定了具有法律约束力的 CO_2 等温室气体减排目标，并引入了以联合履约（joint implementation，JI）、排放贸易（emissions trading，ET）和清洁发展机制（clean development mechanism，CDM）为核心的“京都机制”。《京都议定书》规定，以 1990 年为基准年，第一期承诺时间为 2008—2012 年，主要发达国家排放的 CO_2 等六种温室气体的排放量应平均减少 5.2%，发展中国家缔约方有义务提出增强吸收源的吸收强度、提高能源利用效率的详细方案。

2007 年 12 月，《联合国气候变化框架公约》缔约方第 13 次会议暨《京都议定书》缔约方第 3 次会议在印度尼西亚巴厘岛举行。会议最后通过了“巴厘岛路线图”。“巴厘岛路线图”的主要内容包括：大幅度减少全球温室气体排放量，未来的谈判应考虑为所有发达国家（包括美国）设定具体的温室气体减排目标；发展中国家应努力控制温室气体排放增长，但不设定具体目标；为了更有效地应对全球变暖，发达国家有义务在技术开发和转让、资金支持等方面向发展中国家提供帮助；在 2009 年年底之前，达成接替《京都议定书》的旨在减缓全球变暖的新协议。

根据“巴厘岛路线图”的规定，2009 年 12 月，《联合国气候变化框架公约》缔约方第 15 次会议暨《京都议定书》缔约方第 5 次会议在丹麦首都哥本哈根召开。来自 192 个国家的谈判代表对《京都议定书》一期承诺到期后的后续方案，即 2012 年至 2020 年的全球减排协议进行谈判，会议最后达成不具法律约束力的《哥本哈根协议》。

《哥本哈根协议》维护了《联合国气候变化框架公约》和《京都议定书》确立的“共同但有区别的责任”原则，坚持了“巴厘岛路线图”的授权，坚持并维护了《联合国气候变化框架公约》和《京都议定书》“双轨制”的谈判进程；在“共同但有区别的责任”原则下，最大范围地将各国纳入了应对气候变化的合作行动；在发达国家提供应对气候变化的资金和技术支持方面取得了积极的进展，认为发达国家应当提供充足的、可预测的和持续的资金资源、技术以及经验，以支持发展中国家实行对抗气候变化举措；在减缓行动的测量、报告和核实方面，维护了发展中国家的权益；根据政府间气候变化专门委员会（IPCC）第四次评估报告的观点，提出了将全球平均温升控制在工业革命以前 2℃的长期行动目标。

2007 年，我国公布了《中国应对气候变化国家方案》，明确了到 2010 年中国应对气候变化的具体目标、基本原则、重点领域及政策措施。2009 年 11 月，我国政府宣布，到 2020 年我国单位国内生产总值 CO_2 排放量比 2005 年下降 40%～50%，非化石能源占一次能源消费的比重达到 15%左右，森林面积、森林蓄积量分别比 2005 年增加 4000 万公顷和 13 亿立方米。这是我国根据国情采取自主行动，也是为应对全球气候变化做出的巨大努力，该承诺全面落实了《中国应对气候变化国家方案》，切实履行了量化减排义务，充分显示出我国向低碳经济转型的决心。

2015 年 12 月，在巴黎气候大会上通过新的温室气体控制协议——《巴黎协定》，协定的主要目标是将本世纪全球气温上升幅度控制在 2℃以内，并努力争取将全球气温升幅控制在前工业化时期水平之上 1.5℃以内。

2018 年 10 月的 IPCC 最新报告指出，要实现控制全球气温温度上升在 2℃以内，2030 年碳排放相比 2017 年需降低 49%，2070 年需达到零排放，而如需控制全球温升在 1.5℃内，2050 年需达到温室气体零排放，可见目前 CO_2 减排目标压力很大，在这样的环境下对 CO_2 减排的技术发展提出了更严格和更紧迫的要求。

为此，中国国家主席习近平在 2020 年 9 月 22 日召开的联合国大会上表示：中国将提高国家自主贡献力度，采取更加有力的政策和措施，二氧化碳排放力争于 2030 年前达到峰值，努力争取 2060 年前实现碳中和。

1.3 CO_2 排放控制技术

据国际能源署（IEA）统计，在过去 30 年全球碳排放的增量中，40%来自于煤炭燃烧，31%和 29%分别来自于对石油和天然气的使用。因此，清洁能源技术、低碳排放技术、可再生能源和新能源等 CO_2 减排技术，受到了国际社会的普遍关注。

目前，国际上的 CO_2 减排方式主要可分为以下三种：①提高能源利用率和转化率，节约用能，如发展燃气-蒸汽联合循环发电、超超临界发电技术等新型发电技术；②采用替代燃料，大力发展低碳能源、核能、可再生能源和新能源；③从化石燃料的利用中分离回收 CO_2。这三种方案相对应的节能和高效用能技术、新能源技术以及碳捕获技术的发展已经引起广泛关注，其中碳捕获并加以封存利用技术尤其受到重视。

1.3.1 可再生能源技术

可再生能源包括水能、风能、生物质能、太阳能、地热能和海洋能等，资源潜力大，环境污染低，温室气体的排放量远低于一般的化石燃料，甚至可实现零排放，并可以持续利用，既有利于减少 CO_2 的排放、缓解全球气候变化，又有利于实现能源的可持续利用。自 20 世纪 70 年代以来，可再生能源的开发利用受到了世界各国的高度重视，可再生能源得到了迅速的发展。

（1）水能

利用水能发电是目前最成熟的可再生能源利用技术，其 CO_2 减排潜力巨大，大力发展水电，有利于减少 CO_2 的排放。我国水力资源丰富，根据最新的勘查资料统计，我国水能理论蕴藏量为 6.9 亿千瓦，年可发电约 6 万亿千瓦时，约占世界总量的 1/6，全国水能资源技术可开发装机容量为 5.4 亿千瓦，年发电量 1.75 万亿千瓦时。目前发达国家水电平均开发程度在 60%以上，而我国水电开发程度仍处于较低水平，仅约 24%，因此，我国水电还有很大的开发潜能。

我国水能资源分布很不均匀，主要分布在西部地区，约 70%分布在西南地区。长江、金沙江、乌江、澜沧江、黄河、怒江等大江大河的干流水能资源丰富，总装机容量约占全国经济可开发量的 60%，具有集中开发和规模外送的良好条件。

到 2021 年底，中国水电总装机容量达到 3.9 亿千瓦，年发电量逾万亿千瓦时，占可再生能源发电的 48.3%，水电的 CO_2 减排量达到近 6 亿吨。据有关机构估计，到 2030 年，我国水电总装机容量将达到 4.5 亿千瓦。

（2）风能

我国幅员辽阔，海岸线长，风能资源丰富。根据最新风能资料评价，风能资源总储量约为 32.26 亿千瓦，可开发和利用的陆地上风能储量约有 2.5 亿千瓦，近海可开发和利用的风能储量有 7.5 亿千瓦。

我国风能资源丰富的地区主要分布在两大风带：一是“三北地区”（东北、华北北部和西北地区）；二是东部沿海陆地、岛屿和近岸海域。

我国风电发展迅速，并网风电从 20 世纪 80 年代开始发展，至今已经进入规模化发展阶段。截至 2021 年底，全国风电装机容量已达 3.28 亿千瓦，风电规模居世界第一位。随着风电的技术进步和应用规模的扩大，风电成本持续下降，经济性和常规能源已十分接近。风电减排 CO_2 前景广阔，目前，我国风电的 CO_2 减排量达到近 4 亿吨。

根据国家可再生能源发展规划，预计 2025 年后，风电装机容量有望达到 5 亿千瓦，成为第三大主力电源。

（3）生物质能

生物质能是目前世界上使用最广泛的可再生能源，但绝大部分是在发展中国家通过传统的炉灶为农村居民提供热能，只有小部分是在发达国家和部分发展中国家通过现代技术和设备进行集中或分散发电、供热、供气和制取液体燃料。后者代表了生物质能利用的发展方向并展现了巨大的发展潜力。现代生物质能的发展方向可以实现对能量的高效清洁利用，将生物质能转化为优质能源，包括电力、燃气、液体燃料等。

我国生物质能资源主要有农作物秸秆、树木枝杈、畜禽粪便、能源作物（植物）、工业有机废水、城市生活污水和垃圾等。我国农作物秸秆年产生量约6亿吨，除部分作为造纸原料和畜牧饲料外，大约3亿吨可作为燃料使用，折合约1.5亿吨标准煤。树木枝杈和林业废弃物年获得量约9亿吨，大约3亿吨可作为能源利用，折合约2亿吨标准煤。甜高粱、小桐树、黄连木、油桐等能源作物（植物）可种植面积达2000多万公顷，可满足年产量约5000万吨生物液体燃料的原料需求。畜禽养殖和工业有机废水理论上可年产沼气约800亿立方米。目前，我国生物质能资源可转化为能源的潜力约为5亿吨标准煤，今后随着造林面积的扩大和社会经济的发展，生物质能资源转化为能源的潜力可达10亿吨标准煤。

生物质能发电包括农林生物质发电、垃圾发电和沼气发电等。随着国家出台的一系列生物质发电鼓励政策，目前我国各种生物质能发电技术进入大规模商业化。2020年，我国生物质能年利用量约9600万吨标准煤。生物质发电总装机容量达到2500万千瓦，其中生活垃圾发电装机容量1300万千瓦，农林生物质发电装机1100万千瓦。生物天然气年利用量80亿立方米，生物液体燃料年利用量600万吨，生物质成型燃料年利用量3000万吨。减少的CO_2排放约为2亿吨，沼气利用减少的甲烷折合成CO_2约为6000万吨。

（4）太阳能

太阳能资源丰富、分布广泛，取之不尽、用之不竭，且无污染，被公认为是人类可持续发展所需的重要清洁能源。大力开发太阳能是21世纪能源发展的主要方向之一。但太阳能也有两个主要缺点：一是能流密度低，二是其强度受各种因素的影响不能维持常量，这两个缺点大大限制了太阳能的有效利用。

我国有着丰富的太阳能资源，据估算，我国陆地表面每年接受的太阳能辐射约为5×10^{18}kJ，全国各地太阳年辐射总量可达335～837kJ/(cm^2·a)。从全国太阳能年辐射总量的分布来看，西藏、内蒙古南部、青海、新疆、山西、陕西北部、河北、山东、辽宁、吉林西部、云南中部和西南部、广东东南部、福建东南部、海南东部和西部以及台湾地区的西南部等广大地区的太阳辐射总量很大，尤其是青藏高原地区，是我国太阳辐射量最大的地区。

近年来，许多发达国家已经开始开发太阳能利用技术，制定优惠政策扶植本国的太阳能产业和本国太阳能市场。目前太阳能利用方式主要是太阳能发电和太阳能供热。

2021年，我国太阳能发电总容量达到3.1亿千瓦，其中集中式光伏2.02亿千瓦，分布式光伏1.075亿千瓦，光热52万千瓦。预计到2025年，发电总容量可达到5.61亿千瓦，其中集中式光伏3.71亿千瓦，分布式光伏1.8亿千瓦，发电总量可以达到8800亿千瓦时，年替代能源量达到2亿吨标准煤，可减少 CO_2 排放约4亿吨。

（5）海洋能

海洋能通常指海洋中所蕴含的可再生的自然资源，主要包括潮汐能、潮流能、海流能、波浪能、海水温差能、海水盐差能等，其中潮汐能和潮流能主要来自于太阳和月亮对地球的引力，其他均来源于太阳辐射。更广义的海洋能还包括海洋上空的风能、海洋表面的太阳能以及海洋生物质能等。

全球海洋能的理论可再生量为760多亿千瓦，其中最多的是太阳辐射的热能被海水吸收储存，形成的海洋温差能约400亿千瓦，大陆河流汇入大海时在河口处形成的盐度差所带来的盐差能约300亿千瓦，由于月球和太阳对地球的引力作用，造成的海水涨落和流动所形成的潮汐能约30亿千瓦，还有海水受风力作用而产生的波浪能约30亿千瓦。

我国管辖的海域面积约470万平方公里，海洋能资源丰富。据初步估算，在现有条件下可开发利用的海洋能可再生量约为4亿～5亿千瓦，其中潮汐能1亿千瓦，波浪能0.7亿千瓦，海流能0.3亿千瓦，海洋温差能1.5亿千瓦，盐差能1.1亿千瓦。

我国海洋能开发已经有近40年的历史，迄今已建成潮汐电站8座，我国的海洋发电技术已经具有较好的基础和丰富的经验，小型潮汐发电技术基本成熟，已具备开发中型潮汐电站的技术条件。

1.3.2 先进发电技术

电力行业是最主要的 CO_2 排放源，对发电技术的改进、采用新的发电技术，将有效地减少电力行业 CO_2 的排放。目前，超临界和超超临界发电技术、整体煤气化联合循环发电技术（IGCC）、天然气联合循环发电技术（NGCC）引起了广泛的关注。

（1）超临界和超超临界发电技术

多年来，各国都在追求高参数机组，以达到高效率，从而降低污染物排放。超临界和超超临界发电技术是目前高参数机组的主要发展方向。

超临界和超超临界指的是燃煤锅炉内工质的压力及温度。目前锅炉内的工质采用的都是水，水的临界压力是22.115MPa，临界温度是347.15℃，在这个压力和温度时，水和蒸汽的密度是相同的，称为水的临界点，锅炉内工质压力低于这个压力就叫亚临界锅炉，大于这个压力就是超临界锅炉，炉内蒸汽温度不低于593℃或蒸汽压力不低于31MPa被称为超超临界锅炉。不同参数机组电厂热效率不同，煤耗也不同，一般机组参数越高，单位发电量煤耗越低，CO_2 排放越少，如表1-2所示。

表1-2　不同火力发电机组参数与煤耗

机组类型	蒸汽压力/温度	电厂效率/%	供电煤耗/[g/(kW·h)]
中压机组	3.5MPa/435℃	27	460
高压机组	9MPa/510℃	33	390
超高压机组	13MPa/535℃	35	360
亚临界机组	17MPa/540℃	38	324
超临界机组	25.5MPa/567℃	41	300
高温超临界机组	25MPa/600℃	44	278
高温超超临界机组	30MPa/700℃	57	215
超700℃机组	30MPa/>700℃	60	205

美国是发展超临界发电技术最早的国家，早在20世纪50年代初就开始了对超临界和超超临界技术的研究。1957年，美国在Philo电厂投运了世界上第一台超超临界机组。目前，美国投运的超临界机组大约为170台，其中燃煤机组占70%以上。

我国1992年在上海石洞口第二电厂建立了首批超临界机组，并在2006年分别在浙江玉环电厂和山东邹县电厂建立了单机容量1000MW的超超临界机组。

随着我国电力工业的快速发展，高参数、大容量燃煤机组越来越受到重视，因此可以预见，在将来很长的一段时间里，超临界和超超临界发电技术将会是我国清洁煤发电技术的主要发展方向。据中国电力企业联合会（中电联）统计，2018年底，全国已投产的超超临界机组达160余台，占全国火电机组装机容量的45%，其中1000MW及以上机组超过100余台。中国已是世界上1000MW超超临界机组发展最快、数量最多、容量最大和运行性能最先进的国家。

(2) 整体煤气化联合循环发电技术

整体煤气化联合循环发电技术（IGCC）是20世纪70年代西方国家在石油危机时期开始研究和发展的一种技术，是把煤气化和燃气-蒸汽联合循环发电系统有机集成的一种洁净煤发电技术。

IGCC 的工艺过程如下：煤制备后经气化成为中低热值煤气，经过净化，除去煤气中的硫化物、氮化物、粉尘等污染物，变为清洁的气体燃料，然后送入燃气轮机的燃烧室燃烧，加热气体工质以驱动燃气透平做功，燃气轮机排气进入余热锅炉加热给水，产生过热蒸汽驱动蒸汽轮机做功。

IGCC 将联合循环发电技术与煤气化以及煤气净化技术有机结合在一起，在目前技术水平下，其发电的净效率可达 43%～45%，而且，由于煤气化产生的煤气中 CO_2 浓度很高，可实现 CO_2 的低成本分离，是一种可持续发展的清洁煤发电技术，符合 21 世纪发电技术的发展方向，已经成为 21 世纪备受关注的清洁能源利用技术。

世界上第一个工业规模的 IGCC 机组于 1972 年在德国克尔曼电厂建成，其容量为 70MW，采用鲁奇固定床气化工艺，用西门子公司的 V93 型燃气轮机组成了增压锅炉型联合循环。世界上第一个完整进行工业性试验研究的 IGCC 机组于 1984 年在美国加州冷水电厂建成。该机组采用德士古气流床气化工艺和 GE 公司 7E 型燃气轮机，组成余热锅炉型联合循环机组，净功率为 93MW。我国从 20 世纪 80 年代起开始追踪 IGCC 技术的发展，2009 年 7 月，我国首座自主开发、设计、制造并建设的 IGCC 示范工程项目——华能天津 IGCC 示范电站在天津临港工业区正式开工，该电站第一期已经建成我国第一台 25 万千瓦等级 IGCC 发电机组，并采用自主研发的具有自主知识产权的两段式干煤粉气化炉，发电效率可达 48%。

（3）天然气联合循环发电技术

天然气联合循环发电技术（NGCC）是利用天然气燃烧产生的高温烟气在燃气轮机中做功发电后，排放出的废气在余热锅炉中加热给水产生蒸汽，蒸汽推动蒸汽轮机做功发电，将燃气-蒸汽两者结合进行发电的一种发电技术。具有发电效率高、负荷调节范围宽、安全性能好、可靠性高、更加环保低碳等一系列优势。

进入 21 世纪后，NGCC 技术在电力系统中的作用逐渐显著起来。在发达国家，NGCC 新增的容量甚至已经超过常规的火力发电。在新形势下，我国 NGCC 发电也有了一定的发展。2005 年，江苏省张家港华兴电厂 1 号机组正式并网发电，该电厂采用 2 台 395MW 天然气联合循环发电机组，发电主机设备从美国 GE 公司引进，年耗天然气 7 亿立方米。2022 年，该电厂又扩建了两台 F 级（400MW）燃机热电联产工程，发电效率达到 65.55%。随着我国天然气资源开发进程的加快，西气东输工程的实施以及与国外资源合作力度的加大，天然气发电技术尤其是 NGCC 的应用规模会逐渐加大，但由于我国天然气资源较为短缺，价格较高，这将会限制 NGCC 的发展速度。

（4）核能

核能通常也称原子能，是原子核结构发生变化时释放出来的能量，由于原子核内部的中子和质子的结合能远远大于原子间的结合能，因此核反应中的能量变化要比化学反应中的能量变化高几百万倍，1kg 铀-235 裂变产生的能量约相当于 2400t 标准煤。

作为能量利用的核反应，有重元素原子核的裂变反应和轻元素原子核的聚变反应两种。核裂变反应是指较重原子核分裂成较轻原子核，同时释放出能量的反应过程，重原子核的分裂，需要中子来引发。核聚变的基本原理是把两种较轻的原子核，如氢元素的同位素氘（^{2}H）和氚（^{3}H）聚合在一起，在超高温或超高压等特定条件下合成一种较重的原子核，原子核在该过程中会失去一部分质量，同时释放出能量。因为这种反应是在极高温度下进行的，又称为热核反应。

从苏联建成第一座核电站至今，世界核电得到了迅速的发展，特别是 20 世纪 70 年代后，核电技术的成熟和石油危机的爆发，更促进了核电的发展。

我国核电发展起步较晚，但发展迅速。目前我国核电的装机容量已占全国发电装机总容量的 1%，30 万千瓦的核电站已经出口，自主设计建造的 60 万千瓦秦山二期核电站已经并网发电，2021 年 12 月 20 日，国家科技重大专项——华能石岛湾高温气冷堆核电站示范工程 1 号反应堆首次并网成功，标志着全球首座具有第四代先进核能系统特征的球床模块式高温气冷堆，实现了从“实验室”到“工程应用”质的飞跃，我国实现了高温气冷堆核电技术的“中国引领”，这些都标志着我国核能利用已经达到了新的高度。

为应对气候变化和能源危机，我国正在大力发展核电，到 2020 年，核电装机容量达到了 5102.7 万千瓦。预计到 2035 年核电装机容量可达到 1.25 亿千瓦。

1.3.3 节能技术

节约能源，减少能源消耗尤其是化石能源的消耗，是减少 CO_2 排放的最直接途径。长期以来，我国坚持“能源开发与节约并举，将节约放在首位”的能源方针，提高了能源利用效率，降低了单位产出能耗，节约和减少能源消耗达数亿吨标准煤，对减少 CO_2 的排放发挥了重要作用。

电力生产、工业生产、交通以及住宅和商业能源所排放的 CO_2 分别占人为排放 CO_2 总量的 42%、39%和 19%。下面将分别从电力工业、钢铁企业、建筑节能以及政府和居民节能等角度来分析对应的节能技术、方法和节能减排潜力。

（1）电力工业

降低供电煤耗和线损率是电力工业节能的关键。发电的供电煤耗和输电线损率是衡量电力行业能源效率和经济运行水平的重要指标，近年来，我国供电煤耗和输电线损率有较大幅度的降低。1986—2020 年，我国供电标准煤耗从 448g/(kW·h) 下降到 306g/(kW·h)，线损率从 8.9%下降到 7.08%。

虽然我国在电力工业节能方面工作成效显著，但与世界主要工业国家相比，仍有一定差距，主要表现在：①机组平均供电煤耗落后于世界先进水平；②输电线损率比国际先进电力公司高 2.0%～2.5%；③发电结构不够合理，新能源和可再生能源比例有待提高。因此，我国电力工业节能减排仍具有一定的潜力。

（2）钢铁工业

钢铁工业是典型的高能耗、高排放行业，也是节能减排潜力最大的行业之一。目前我国钢铁工业全年共消耗近 6.4 亿吨标准煤，占全国能源消耗的 16%左右，仅次于电力工业。

我国钢铁工业在节能中已经发挥了重要作用，1990—2019 年，主要钢铁工业吨钢综合能耗从 1.61t 标准煤降到了 0.553t 标准煤。但是与发达国家相比，我国钢铁行业的一些技术经济指标仍有很大的差距，钢铁企业的节能减排工作仍然任重道远。

（3）水泥工业

水泥是建材工业的耗能大户，其能源消耗量占建材工业总消耗量的 50%左右，水泥工业的节能是建材工业节能降耗的关键。随着我国技术的发展，我国水泥综合能耗水平显著降低，2018 年，以标准煤计水泥综合能耗达到 108kg/t，但与国外先进水平相比差距还是较大。

我国水泥行业的 CO_2 排放仅次于电力和钢铁行业，约占全国排放总量的 15%，淘汰落后水泥生产技术和工艺，应用先进的水泥生产工艺，可以大大降低水泥生产的能耗和 CO_2 排放。

此外，交通节能、建筑节能、政府和居民节能等节能领域也有巨大的减排潜力。单从居民生活行为来看，如果居民能积极参与全民节能减排，其日常生活行为的年节能总量为 7700 万吨标准煤，相应减排 CO_2 约 2 亿吨，经济、社会和环境效益十分显著。

1.4 CO_2 捕集、利用与封存技术

CO_2 捕集、利用与封存（CCUS）技术是指通过碳捕集技术，将工业和有关能源产业所生产的 CO_2 分离出来，再将 CO_2 转化为产品或者通过碳储存手段，将其输送并封存到地下等与大气隔绝的地方。CO_2 捕集、利用与封存技术当前被认为是短期之内应对全球气候变化最重要的技术之一。CCUS 按照技术流程可以分为 CO_2 捕集、压缩与运输、利用与封存等环节。

1.4.1 CO_2 捕集技术

CO_2 捕集技术是指将不同排放源内的 CO_2 进行分离与捕集的过程，根据分离与集成分离方式的不同，可分为燃烧前捕集、燃烧后捕集和富氧燃烧捕集等，如图 1-9 所示。同时，一些新型的脱除方式，如化学链燃烧分离技术、电化学泵、CO_2 水合工艺和光催化工艺分离烟气 CO_2 技术等也逐渐受到研究者的关注和重视。

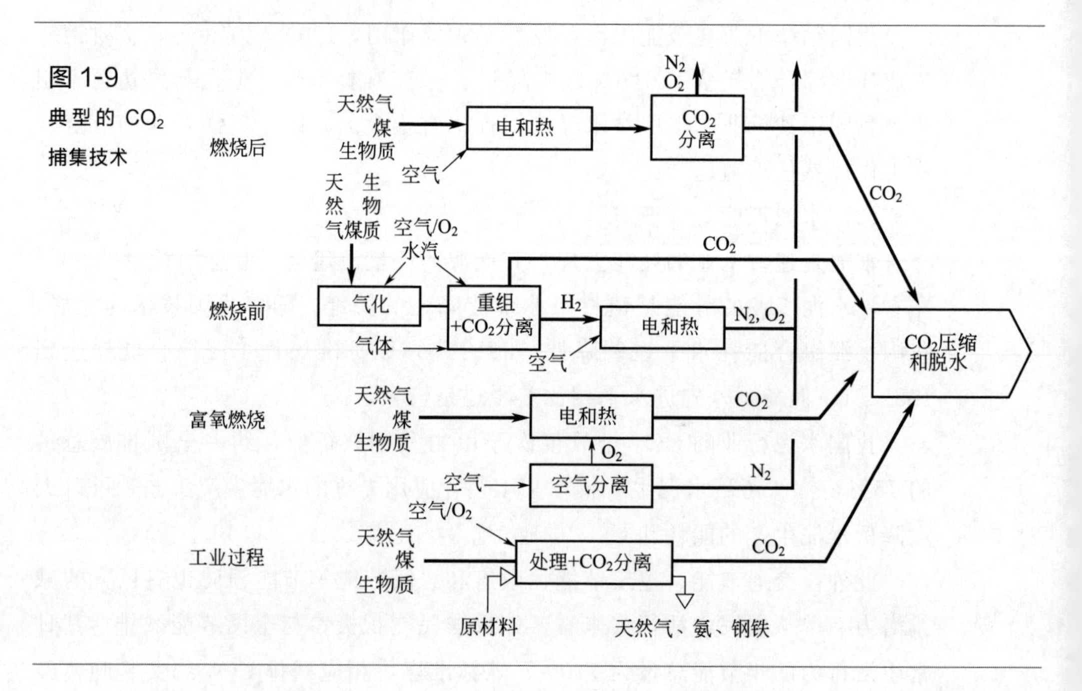

图 1-9 典型的 CO_2 捕集技术

目前采用最多的 CO_2 捕集技术是燃烧后脱除技术，主要包括吸收分离

法、膜分离、吸附和低温分离法等。

1.4.1.1 吸收分离法

吸收分离法按照吸收分离原理不同，可分为化学吸收法和物理吸收法。

（1）化学吸收法

化学吸收法就是利用 CO_2 和某种吸收剂之间的化学反应将 CO_2 气体从混合气（如烟气）中分离出来的方法。由于 CO_2 为弱酸酸酐，化学吸收法中一般使用弱碱类的有机胺类化合物作为吸收剂，其原理为弱碱（胺）和弱酸（CO_2）进行可逆反应生成一种可溶于水的盐，一般反应方程如下：

$$R\text{-}NH_2 + H_2O + CO_2 \rightleftharpoons R\text{-}NH_4CO_3$$

温度变化对该可逆反应影响很大，一般在 40℃左右反应向右进行，生成弱酸弱碱盐，CO_2 被吸收，在 110℃左右时，反应向左进行，弱酸弱碱盐发生分解，放出 CO_2。因此吸收 CO_2 后的吸收液可以在高温解吸放出高浓度 CO_2 气体后重新再生利用。

显然，化学吸收法适合处理 CO_2 浓度较低的混合气体。

化学吸收法脱除 CO_2 的工艺流程如图 1-10 所示。待处理的原料气进入吸收塔，吸收塔既可以选择空塔也可以选择填料塔，吸收液和原料气逆流通过吸收塔，在此过程中吸收液中的有效成分与 CO_2 发生化学反应，将 CO_2 从原料气中转移到溶液主体中形成富 CO_2 溶液（简称富液），吸收了 CO_2 的富液进入热交换器预热后进入解吸塔，在解吸塔中受热分解，释放出 CO_2 而变成贫 CO_2 溶液（简称贫液）。贫液经过换热和冷却后再回到吸收塔循环利用。解吸塔塔顶出口 CO_2 经压缩、脱水后通过管道输送处理。

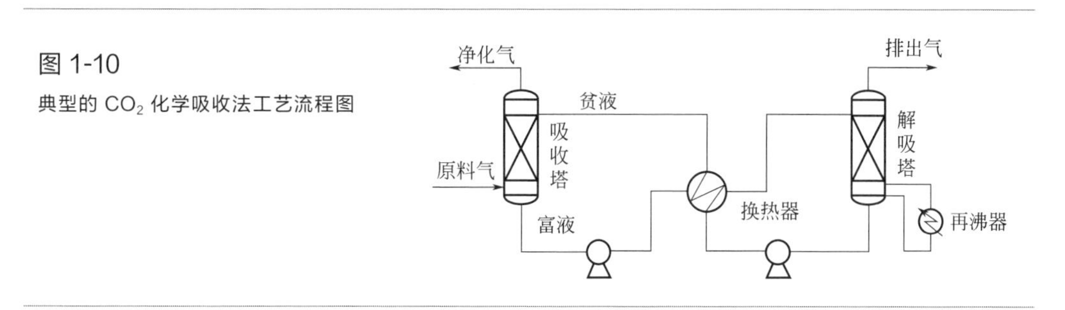

图 1-10

典型的 CO_2 化学吸收法工艺流程图

目前工业中广泛采用热碳酸钾法和醇胺法这两种化学吸收法。热碳酸钾法包括苯非尔德法、坤碱法、卡苏尔法等。以醇胺类作吸收剂的方法有 MEA 法（一乙醇胺）、DEA 法（二乙醇胺）及 MDEA（*N*-甲基二乙醇胺）法及混合胺吸收剂等。

化学吸收法技术成熟，对烟气适应性好，运行稳定，脱除效率高，并不断推陈出新，气体回收率和纯度达 99%以上，是目前工业上应用最广泛的碳捕集技术。但也存在一些不足：化学吸收法脱除 CO_2 时，要考虑吸收剂的再生循环使用问题，溶剂再生必须消耗大量的外供热能，而且水耗较大；此外，化学吸收法的设备庞大，投资较大。

(2) 物理吸收法

物理吸收法的原理是通过交替改变 CO_2 和吸收剂（通常是有机溶剂）之间的操作压力和操作温度以实现 CO_2 的吸收和解吸，从而达到分离处理 CO_2 的目的。在整个吸收过程中不发生化学反应。通常物理吸收法中吸收剂吸收 CO_2 的能力随着压力增加和温度降低而增大，反之则减小。

物理吸收法中常用的吸收剂有丙烯酸酯、甲醇、乙醇、聚乙二醇及噻吩烷等高沸点有机溶剂。目前，工业上常用的物理吸收法有 Fluor 法、Rectisol 法、Selexol 法等。

由于 CO_2 在溶剂中的溶解服从亨利定律，因此物理吸收法仅适用于 CO_2 分压较高、净化度要求较低的情况，一般可采用降压或汽提予以再生，总能耗较化学吸收法低，但 CO_2 回收率低，脱 CO_2 前需将硫化物去除。目前物理吸收法一般应用在待处理气体中 CO_2 含量高的工艺过程中，如合成氨生产过程。

1.4.1.2 吸附分离法

吸附法按吸附原理可分为变压吸附法（PSA）、变温吸附法（TSA）及变温变压吸附法（PTSA）。PSA 法是基于固态吸附剂对原料气中 CO_2 有选择性吸附作用，在高压时吸附，低压解吸的方法；TSA 法是通过改变吸附剂的温度来进行吸附和解吸的，较低温度下吸收，较高温度下解吸。

由于 TSA 法能耗较大，目前工业上多采用变压吸附法。常用吸附剂有沸石、活性炭、分子筛、氧化铝凝胶等。

鉴于 PSA 法和 TSA 法的不足，近年来对 PTSA 的研究比较活跃。东京电力公司 1991 年建成一个处理量 $1000m^3/h$ 的试验工厂，1994 年连续运行 2000h，CO_2 吸附效果很好，流程如图 1-11 所示。系统分 PTSA 和 PSA 两级，第一级烟气在常压下被吸附，然后通过加热和降压解吸，比单纯的降压节能 11%，解吸压力范围 0.05～0.15atm（标准大气压，1atm＝101325Pa），试验条件下能耗 560kW · h/t（辅助设备效率太低）。据资料估计，在应用时，能耗可以降低 50%甚至更低，脱除效率 90%，CO_2 的纯度达 99%，而 CO_2 浓度从 10%升到 15%时可降低能耗 25%。

图 1-11

PTSA 法脱除烟气中的 CO_2

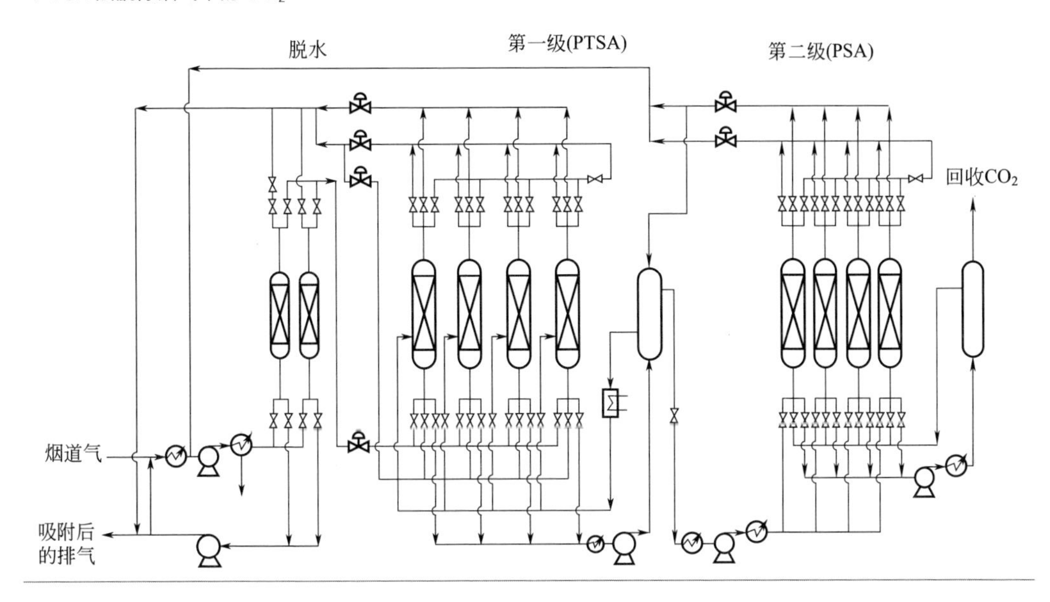

日本东京电力会同三菱重工在横须贺火电厂进行了采用 PTSA 法与化学吸收法分离回收 CO_2 的试验，烟气处理量 $1000m^3/h$，CO_2 回收率为 90%，CO_2 纯度为 99%。日本东芝公司研究开发中心研制出与 450～700℃高温 CO_2 接触时通过化学反应吸收 CO_2 的陶瓷材料锆酸锂，吸附能力为以往吸附剂的 10 倍。

吸附法原料适应性广，无设备腐蚀和环境污染，工艺过程简单，能耗低，压力适应范围广；可在常温下操作，可省去加热和冷却的能耗，产品纯度高，而且可以灵活调节；工艺流程简单，调节能力强，操作弹性大；投资少，操作费用低，维护简单。但吸附解吸频繁，自动化程度要求高，需要大量的吸附剂，适合 CO_2 浓度为 30%～80%的工业气。烟道气含 CO_2 量较低，需要大量的能量去压缩无用组分来满足吸附压力，而且还需预先去除烟气中的 H_2O 和颗粒物，以免吸附剂表面力减弱。同时，吸附剂寿命也是需要重点关注的问题。

1.4.1.3　膜法

膜法按吸收原理可以分为膜分离法和膜吸收法两类。

（1）膜分离法

膜分离法依靠待分离混合气体与薄膜材料之间的不同化学或物理反应，使得某种组分可以快速溶解并穿过该薄膜，从而将混合气体分成穿透气流和剩余气流两部分。气体分离薄膜的分离能力取决于薄膜材料的选择性和两个过程参数：穿透气流对总气流的流量比和压力比。目前常见的气体膜分离机理有两种：气体通过多孔膜的微孔扩散机理和气体通过非多孔膜的溶解-扩散机理。其分离原理如图 1-12 所示。

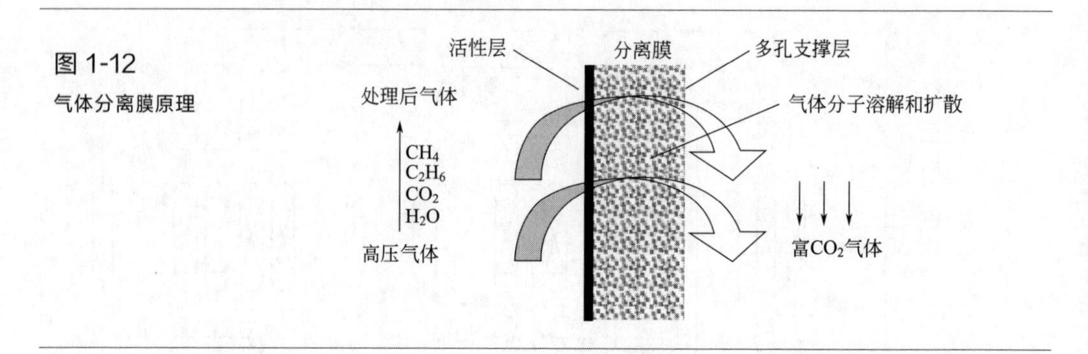

图 1-12
气体分离膜原理

有机聚合物膜已逐步进入了应用阶段，大多数的有机聚合物膜均存在渗透性和选择性相反的关系，即渗透性高的膜，选择性则低，而选择性高的膜，渗透性不能令人满意。此外，膜材料还存在不耐高温、化学腐蚀，易被污染和不容易清洗等缺点。受其自身材质的影响，这类膜在高温、高腐蚀性环境中的应用还受一定的限制，在使用过程中容易老化，不大适合于脱除矿物燃料产生的 CO_2 气体。

无机膜在用于 CO_2 气体分离时分离系数低；采用单级膜分离时，仅能分离和浓缩部分 CO_2，因此在实际应用时，需要采取多级循环分离，这样使得无机膜的利用价值大打折扣。一般根据进料气体的组成和回收率的不同要求，可采用一级或二级的膜分离装置，二级分离方法如图 1-13 所示。目前，该方法能回收 80％的 CO_2，如果要求回收 90％的 CO_2，膜分离装置的投资费用将增加二倍。

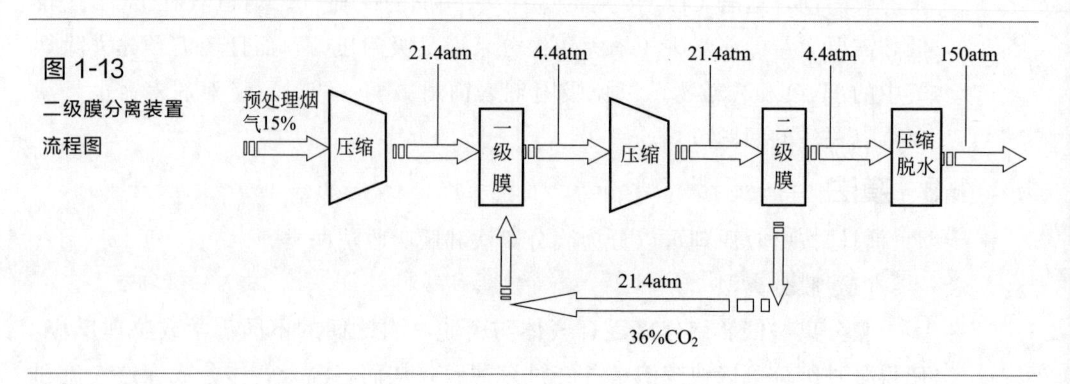

图 1-13
二级膜分离装置流程图

膜分离法非常适用于处理天然气，在美国，天然气井口有很多用来处理天然气的膜分离装置。在注 CO_2 的三次采油（EOR）中，用膜分离法回收 CO_2 可以大大降低投资成本。目前膜分离法已经成功应用于炼油尾气、合成氨尾气中的氢回收，H_2/CO 合成气比例调节，从生物气中回收 CO_2 等领域。

（2）膜吸收法

膜吸收法与膜分离法相比有很大的不同。膜吸收法中，在薄膜的另一侧有化学吸收液存在，气体和吸收液不直接接触，二者分别在膜两侧流动，膜本身对气体没有选择性，只起隔离气体和吸收液的作用。膜壁上的孔径足够大（聚丙烯膜孔径在 0.1μm 左右，N_2、O_2、CO_2 分子直径小于 3.7×10^{-3}μm），可以使得气体分子自由扩散至吸收液侧，通过吸收液的选择性吸收达到分离气体某一组分的目的。该方法结合了膜分离法和化学吸收法的优点，是一种很有前途的气体分离法。膜吸收法主要采用中空纤维膜接触器进行气体吸收分离。

其吸收原理如图 1-14 所示。

图 1-14
气体吸收膜原理

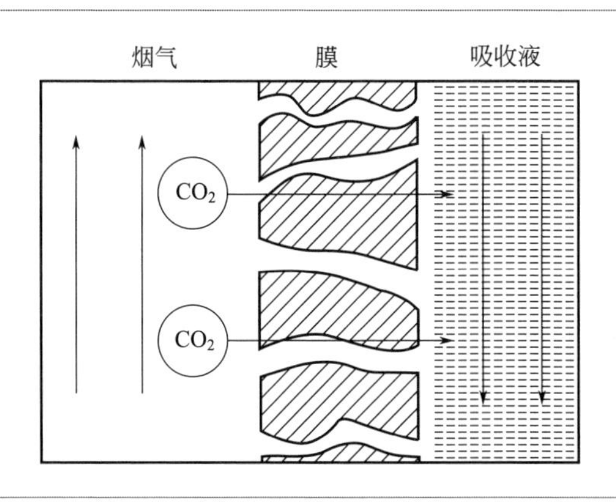

与其他传统吸收过程相比，膜吸收法有以下特点：

① 气液两相的界面是固定的，分别存在于膜孔的两侧表面处；

② 气液两相互不分散于另一相；

③ 气液两相的流动互不干扰，流动特性可以分别进行调整；

④ 使用中空纤维膜可以产生很大的装填面积，有效提高气液传质面积。

在膜吸收法中，研究和使用最多的是中空纤维膜接触器，中空纤维膜接触器最早应用于血液充氧，1985 年，Qi 和 Cussler 首先提出将其用于工业应用的可能性，随后这项技术得到了迅速的发展。

国外对该工艺的研究起步较早，研究方向已经涉及该工艺的各个方面。近年来，随着国外膜吸收技术的发展，国内也逐渐开始利用中空纤维膜接触器进行分离回收 CO_2 的研究，并取得了一定的进展。

1.4.1.4 低温蒸馏法

该法是通过低温冷凝来分离 CO_2 的物理过程，一般是将烟气进行多次压缩和冷却，从而引起各气体成分的相变来达到分离烟气中 CO_2 的目的。为了避免烟气中的水蒸气在冷却过程中形成冰块，造成对系统的阻塞，有时还需在分离 CO_2 之前先将烟气干燥以去除水分。

低温分离包括直接蒸馏、双柱蒸馏、加添加剂和控制冻结等方法。

美国 Davy Mckee 公司设计了 N_2/CO_2 低温蒸馏分离法：除尘后的烟气脱水并压缩到 30atm，压缩烟气在热交换器中和出口气与蒸发的 CO_2 进行热交换后被冷却，约有一半的 CO_2 在液化后分离，剩余气体送到下一个吸收塔中被溶液吸收，吸收塔底部的溶剂送到再生塔再生并循环利用。这种方法可使 90%以上的 CO_2 被回收，纯度达 97%。

低温蒸馏法对于高浓度（体积分数为 60%）CO_2 的回收较为经济，适用于油田现场。从 CO_2 回收塔塔底得到的液体 CO_2（便于运输储存），经泵加压后，再注入油井，能提高原油产量，可节省大量能耗，而且能副产燃料气，供油田需要。

1.4.1.5 富氧燃烧技术（O_2/CO_2）

由于 CO_2 在燃煤电厂烟气中的含量一般为 14%左右，采用以上各工艺进行 CO_2 的分离时成本较高，如果可以大幅度提高烟气中 CO_2 的含量，就可以大大降低 CO_2 的分离成本，富氧燃烧技术就是在这一背景下提出来的。

富氧燃烧技术也称为 O_2/CO_2 燃烧技术，或空气分离/烟气再循环技术，其技术原理如图 1-15 所示。该法用空气分离获得的 O_2 和一部分锅炉烟气循环气构成的混合气体代替空气作为化石燃料燃烧时的氧化剂，以提高燃烧烟气中 CO_2 浓度。其主要步骤为：空气压缩分离；富氧燃烧；烟气冷却、压缩、净化和脱水。按烟气再循环的不同方式可以分为干法循环（脱水后循环）和湿法循环（烟气不脱水）。

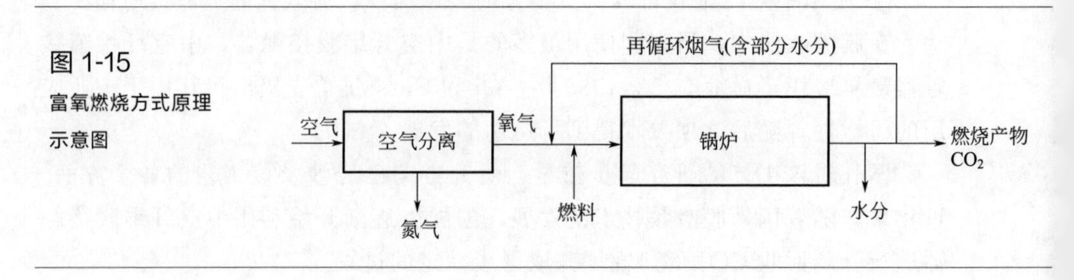

图 1-15
富氧燃烧方式原理示意图

富氧燃烧系统与传统的空气燃烧系统相比，具有排烟损失减少、锅炉效率提高的优点，但由于制氧设备和 CO_2 的压缩设备需要消耗大量的电力，因此，总的电站效率会有所下降，同时，富氧燃烧在锅炉密封、空气分离等方面还有许多问题需要解决，距离其在电厂实际应用还需要进行大量的研究。

1.4.1.6 化学链燃烧技术（CLC）

近年来，一种新的燃烧技术——化学链燃烧技术（chemical looping combustion，CLC）逐渐发展起来。

燃烧过程是能源动力系统能的品质损失最大的过程，同时也是污染物产生源。化学链燃烧技术改变了传统的燃烧方式，通过煤的间接燃烧，得到高浓度的 CO_2 尾气，便于将 CO_2 回收利用。

化学链燃烧基本原理是将传统的燃料与空气直接接触反应的燃烧借助于载氧剂的作用分解为两个气固反应，燃料与空气无需接触，由载氧剂将空气中的氧传递到燃料中。反应方程式如下：

燃料侧反应：

$$燃料+MO(金属氧化物)\longrightarrow CO_2+H_2O+M(金属)$$

空气侧反应：

$$M(金属)+O_2(空气)\longrightarrow MO(金属氧化物)$$

CLC 系统由氧化炉、还原炉和载氧剂组成。其中载氧剂由金属氧化物与载体组成，金属氧化物是真正参与反应传递氧的物质，而载体是用来承载金属氧化物并提高化学反应特性的物质。燃料从固体金属氧化物 MO 获取氧，无需与空气直接接触，燃料侧的生成物为高浓度的 CO_2、水蒸气等，在空气侧由前一个反应中生成的固体金属 M 与空气中的氧反应，重新生成固体金属氧化物 MO。金属氧化物 MO 与金属 M 在两个反应之间循环使用，起到传递氧的作用。这种新的方法是解决 CO_2 分离的一个重大突破。其动力系统如图 1-16 所示。热力学计算和分析表明，还原反应和氧化反应的反应热总和等于总反应放出的燃烧热，也即传统燃烧中放出的热量，但由于 CLC 系统降低了传统燃烧的损失，提供了提高能源利用率的可能性，同时由于燃料与空气不直接接触，在还原反应器内生成的 CO_2 和水不会被空气中的氮气稀释，只需将水蒸气冷凝、去除即可获得高浓度的 CO_2，能量消耗低。

化学链燃烧方式的优点引起了国内外许多学者的兴趣。Lyngfelt 等设计了循环流化床应用化学链燃烧技术的试验装置。Eva Johansson 等对循环流化床锅炉应用化学链燃烧技术进行了概念设计。日本、瑞典及美国等国家都进行了大量的试验研究。国内金红光等也对该技术进行了研究，将化学链燃烧技术与空气湿化燃气轮机循环、IGCC 等动力多联产系统相结合，进行了化工与动力广义总能系统的开拓研究。

图 1-16
化学链燃烧动力系统示意图

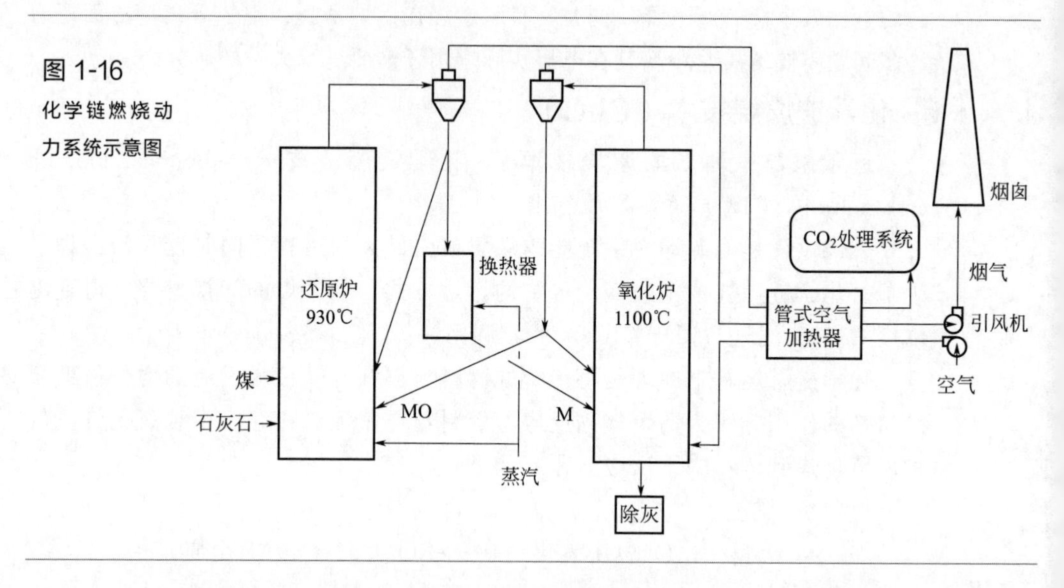

目前，这项技术还处于实验室研究阶段，其核心是解决载氧体载氧量和寿命，工业应用还有待于进一步的开发。

1.4.1.7 燃烧前脱碳技术

燃烧前脱碳技术指的是在燃料燃烧前，将 CO_2 从燃料中分离，采用不含 CO_2 的气体燃料进行燃烧利用。因此，燃烧前脱碳技术的关键在于如何在燃烧前将 CO_2 从燃料中分离。配备了 CO_2 捕集系统的 IGCC 系统属于典型的燃烧前脱碳技术，如图 1-17 所示。该技术最大的特点是先将煤进行气化，获得粗煤气，然后再对粗煤气进行重整。由于重整后的净化气中 CO_2 浓度高，因而可以采用较低的能耗进行 CO_2 分离，而分离 CO_2 后的气体（主要是氢气）将用于发电。

1.4.1.8 CO_2 捕集技术对比与发展前景

表 1-3 总结了三种典型的 CO_2 分离模式的技术特点。从表 1-3 中可看出，燃烧后脱碳技术成熟，适合于现有燃煤电厂或改造燃煤电厂的 CO_2 脱除，应用中只需对原有电厂系统进行小幅改造即可满足 CO_2 脱除的要求。但由于燃煤烟气流量大、CO_2 分压低，因而会造成此技术中吸收剂循环量高、设备庞大、投资高。典型的燃烧前脱碳技术（IGCC）具有 CO_2 分压高的特点，因而可以选择更为便宜的物理分离方法进行 CO_2 分离，可有效降低 CO_2 脱除成本。同时，此方法产品气压也比燃烧后脱碳技术高，因而 CO_2 输送或利用中的压

图 1-17
分离 CO_2 的 IGCC 系统

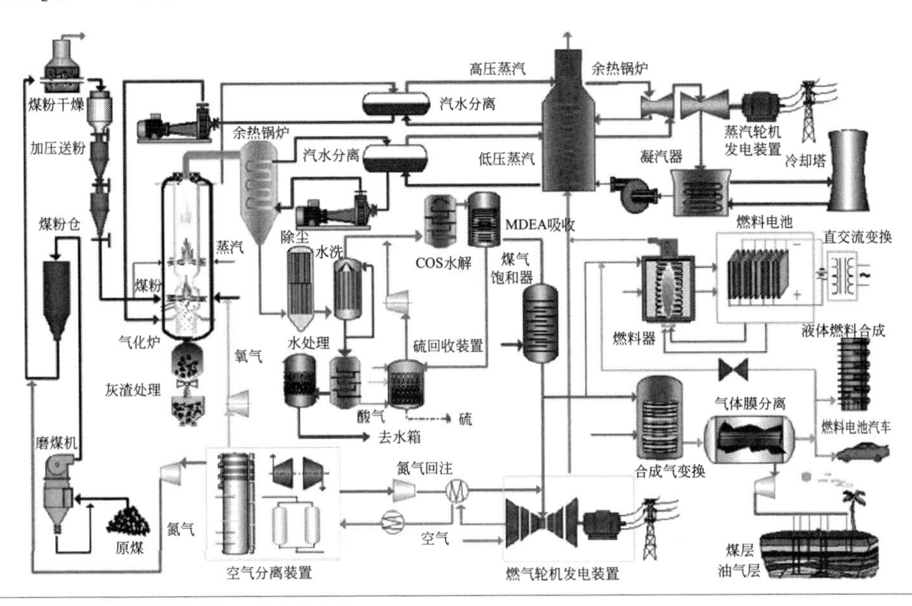

缩能耗也较低。但是，IGCC技术中使用合成气进行燃烧，因而需要对煤进行气化和气体重整，对电厂工艺水平要求较高。因此，燃烧前脱碳技术只适合新建电厂项目，对目前大量存在的燃煤电厂脱碳无能为力。同时，IGCC初投资高、对操作人员素质和保障系统要求也较高。对于富氧燃烧，由于采用了烟气循环，因而烟气出口 CO_2 浓度高，可采用价格更为低廉的物理吸收法对 CO_2 进行分离。因此，富氧燃烧的能源罚率较低，对电厂影响相对较小。富氧燃烧工艺可用于新建电厂的 CO_2 分离工程，同时也适合现有电厂。但其改进工程量要比燃烧后脱碳技术要大，同时对锅炉的密封要求较严。而最关键的一点在于，富氧燃烧需要大型制氧设备，而现有空分制氧或新型的膜分离制氧可能还不能满足大型富氧燃烧工程所需要的氧量，只能采用多台设备级联，造成了投资大和能耗高。因而，目前富氧燃烧受制于制氧能力。

表 1-3 典型 CO_2 分离技术的优缺点

技术类型	优点	阻碍工业应用的因素
燃烧后脱碳技术	技术成熟，适合于现存燃煤电厂； 适用于改建电厂	烟气中 CO_2 分压低，导致吸收剂循环流量高，能耗高； CO_2 产品压力低，后续应用中，需大幅加压

续表

技术类型	优点	阻碍工业应用的因素
燃烧前脱碳技术	CO_2 分压高，因而 CO_2 分离推动力强	主要适用于新建电厂； 系统有效性问题
	有更多的分离技术可供选择	设备投资大
	产品压缩能耗和成本低	保障系统多
富氧燃烧脱碳技术	烟气中 CO_2 浓度非常高	需要大型的制氧设备
	适用于新建或改扩建电厂	CO_2 循环气温度低，导致降低系统的效率和增加厂用电

针对上述 CO_2 捕集技术的优缺点，IPCC 对其技术、可行性和市场成熟度进行了综合评价，如表 1-4 所示。IPCC 的观点为：当前，燃烧后脱碳技术与燃烧前脱碳技术均在特定的条件下具有可行性，但需要政策的扶持和财政的补贴。而对于富氧燃烧技术，由于相关技术的限制，目前其还仅处于示范阶段，距离真正的大规模应用还有一定的距离。

表 1-4　典型 CO_2 捕集技术的技术成熟度

CCS 组成部分	CCS 技术	示范阶段	特定条件下经济可行	成熟的市场
CO_2 捕集技术	燃烧后脱碳技术		√	
	燃烧前脱碳技术		√	
	富氧燃烧技术	√		
	工业分离技术（天然气加工、氨生产）			√

针对各种 CO_2 分离模式存在的问题，美国能源部对三种技术模式的发展前景与发展方向进行了预测，如图 1-18 所示。从图中可看出，目前燃烧后脱碳技术一般采用氨基化学吸收法比较合适；而燃烧前脱碳技术，一般选择物理吸收剂；富氧燃烧技术中的氧制备一般采用低温制氧方式。在不远的将来（5～10 年后），新型的化学吸收剂、氨吸收剂、固体吸附剂和膜技术将在燃烧后脱碳技术中得到广泛应用，从而大幅降低捕集成本。而对于燃烧前脱碳技术而言，新型物理吸附剂和分离膜技术的开发与应用，也将带来捕集成本的降低。膜分离制氧技术或其他先进制氧技术的飞速发展，也将带来富氧燃烧技术碳捕集成本的大幅降低。

根据现有 CO_2 分离技术的特点与发展前景，中国 21 世纪议程管理中心组织专家对各程碳捕集技术成本和能耗情况发展趋势进行评估（图 1-19），可见碳捕集成本和能耗在未来将大幅下降。

图 1-18

CO_2 回收技术革新、成本效益、商业化时间之间的关系

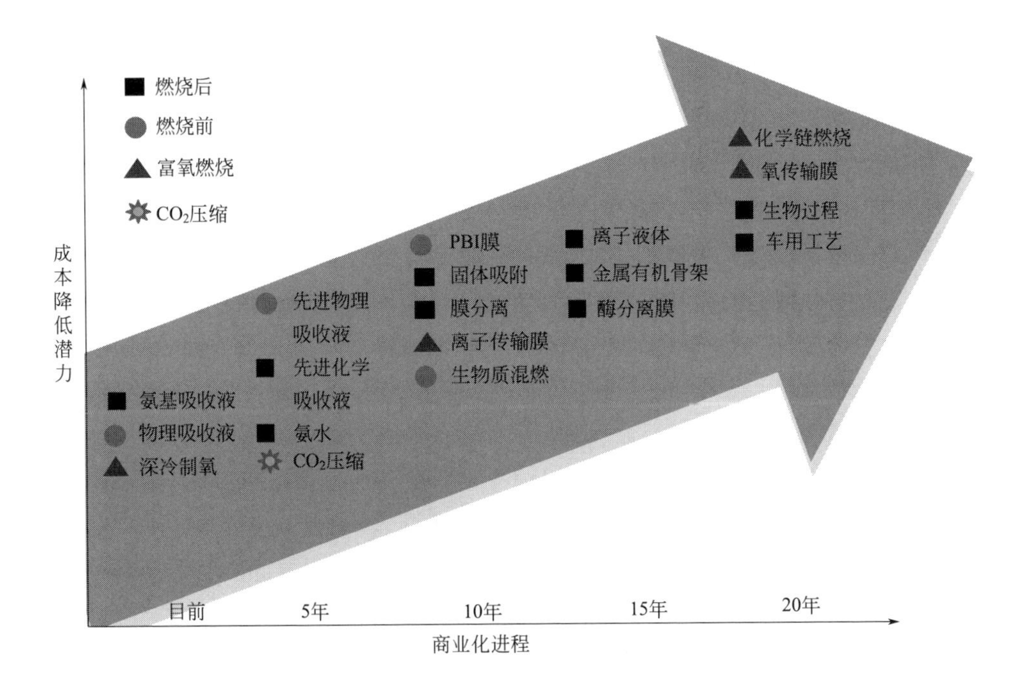

图 1-19

不同 CO_2 捕集技术成本比较

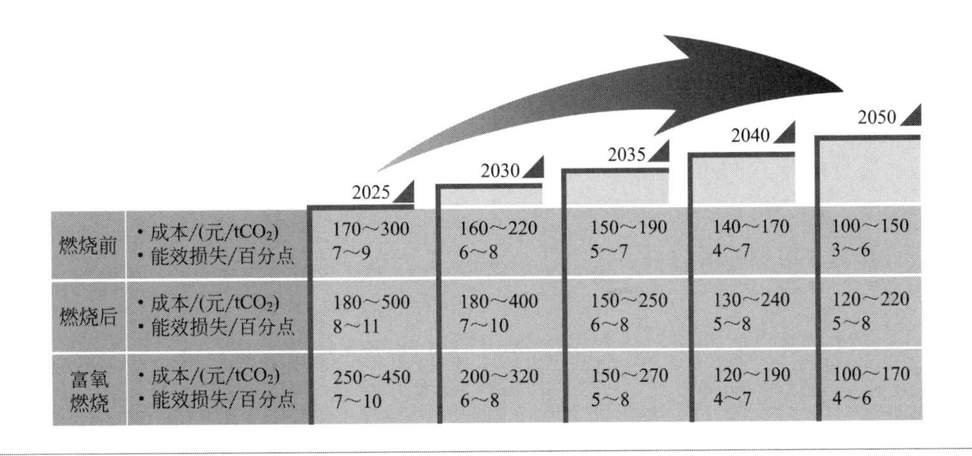

		2025	2030	2035	2040	2050
燃烧前	• 成本/(元/tCO_2) • 能效损失/百分点	170～300 7～9	160～220 6～8	150～190 5～7	140～170 4～7	100～150 3～6
燃烧后	• 成本/(元/tCO_2) • 能效损失/百分点	180～500 8～11	180～400 7～10	150～250 6～8	130～240 5～8	120～220 5～8
富氧燃烧	• 成本/(元/tCO_2) • 能效损失/百分点	250～450 7～10	200～320 6～8	150～270 5～8	120～190 4～7	100～170 4～6

1.4.2 CO_2 封存与利用技术

CO_2 利用是指根据 CO_2 物理化学特征，以 CO_2 为原料生产具有商业价值的产品，根据工程技术手段不同，可分为 CO_2 地质利用、CO_2 生物利用与 CO_2 化工利用等。CO_2 地质封存是指通过工程技术手段将捕集的 CO_2 注入深部地质储层，实现 CO_2 与大气隔绝的过程，按照地质封存体的不同，可分为陆上咸水层封存、海底咸水层封存、枯竭油气田封存等。

1.4.2.1 物理封存与利用

CO_2 的物理封存不涉及化学变化，主要包括海洋或者深海存储和地质储存。CO_2 的物理存储是一种安全、有效的方法，如图 1-20 所示。

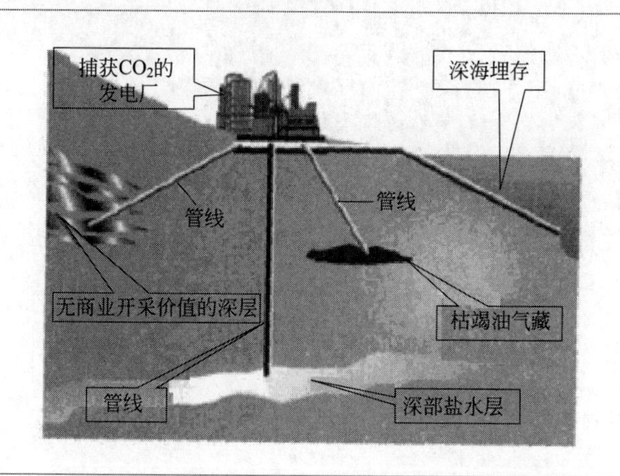

图 1-20
CO_2 物理封存示意图

(1) 地质储存

地质储存是永久储存二氧化碳的有效方法。这种方法通过管道技术，将分离后得到的高纯度 CO_2 气体注入到地下深处具有适当封闭条件的地层中储存起来，利用地质结构的气密性来永久封存二氧化碳。

适合于二氧化碳储存的地点包括：已枯竭油气藏；深部盐水层；无商业开采价值的深层煤层。

① 枯竭油气藏储存。油气藏包括多孔储层、盖层。人类对油气资源的工业性开发已经超过一个世纪，数以千计的油气藏已经接近或达到经济开发极限，成为枯竭油气藏，这些枯竭油气藏可以成为埋存 CO_2 的场所。利用枯竭的油气藏埋存 CO_2 具有较多优势：埋存的开发成本低；如果储层证实是闭圈，则可将 CO_2 埋存数百万年。

部分原有油气生产装置可以用来注入 CO_2，注入 CO_2 可提高采收率10%～15%，这种已被证实的技术称为强化驱油技术（EOR）。CO_2 提高采收率的机理如图1-21所示。

图 1-21

EOR 法存储 CO_2 示意图

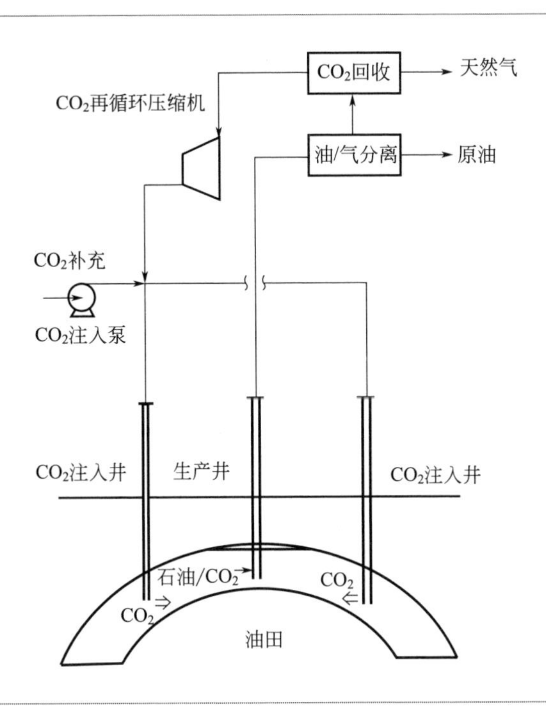

EOR 技术较为成熟，在国内外已完成中试试验和商业运行。目前，国外大约35%的 CO_2 被用来驱油。美国是先进的 EOR 法使用国，从1969年开始通过注 CO_2 采油，70年代在西得克萨斯油田已开始使用。在1990年，已可借此法使原油增产100000桶/d。2000年末，美国利特尔克里克油田通过注 CO_2 使油田主力区块的最终原油采收率提高到17%。我国 EOR 技术应用尚处于中试阶段，中石化、中石油、延长石油等单位都已经开始将 CO_2 驱油投入实践。

② 深部盐水层储存。许多地下的含水层可以埋存 CO_2，这些含水层在较深的地下且盐分较高，不能作为饮用水被人所利用。CO_2 溶解在水中后，部分与矿物质缓慢发生反应，形成碳酸盐，从而实现 CO_2 的永久埋存。在盐水层中 CO_2 的封存机理见图1-22。适合的含水层还必须有低渗透的盖层，可减少 CO_2 的泄漏。深部盐水层注入 CO_2 所用到的技术与枯竭的油气藏相同。

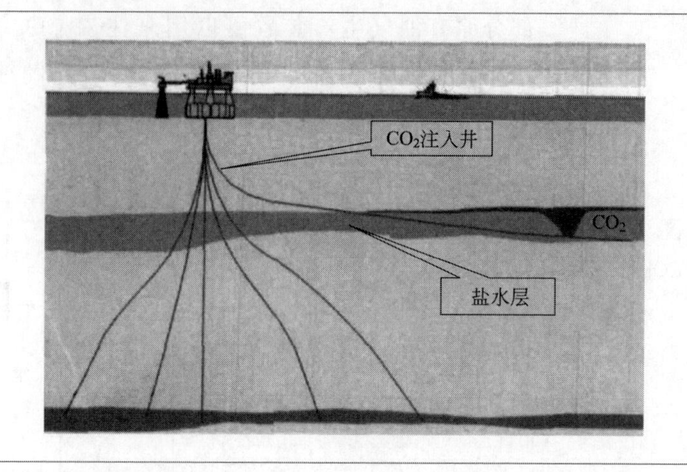

图 1-22
盐水层中储存 CO_2 示意图

③ 无商业开采价值的深层煤层储存。利用相当长时间内经济上不适合开采的煤层来吸附储存 CO_2，也是另一种非常有前途的地质埋存方式。由于不同气体分子与煤之间作用力的差异，导致煤对不同气体组分的吸附能力有所不同。这种作用力与相同压力下各种吸附质的沸点有关，沸点越高，被吸附的能力越强，CO_2、CH_4、N_2 的被吸附能力依次减弱。煤层气就是以吸附状态存在于煤层中的 CH_4，因而可以利用 CO_2 在煤体表面的被吸附能力是 CH_4 的 2 倍之特点来驱替吸附在煤层中的煤层气，同时达到提高煤层气采收率（enhanced coal bed methanerecovery，ECBM）和埋存 CO_2 的目的。ECBM 的基本原理如图 1-23 所示。

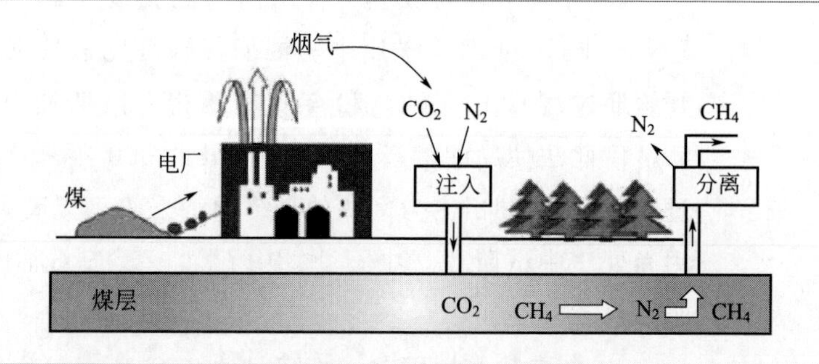

图 1-23
ECBM 法存储 CO_2 示意图

地质储存具有储存容量大、气密性好等优点，此外，地质储存还可以提高资源（石油、天然气和煤层气等）开采率，从而使该方法成为 CO_2 储存的一个重要方向。

（2）CO_2 的物理利用

CO_2 的物理利用是指在使用的过程中，不改变 CO_2 的化学性质，它仅仅作为一种工作介质。物理利用主要包括：

① 作制冷剂：固体 CO_2 在升华过程中吸收周围物质的热量。

② 用于食品保鲜和贮存：抑制水果、蔬菜的呼吸，减弱其新陈代谢。

③ 作灭火剂：CO_2 具有低导电率、不助燃的特性。

④ 用于气体保护焊：适用于多种材料焊接工艺，成本低廉。

⑤ 在低温热源发电站中作为工作介质。

⑥ 液态 CO_2 用于洗涤新钻成的水井：能改善水质和增加水量。

⑦ 用于提高石油采收率：经济效益和环境效益巨大。

⑧ 用作香料、药物的提取剂和溶剂：CO_2 在液态或超临界状态下具有良好的溶解能力和选择性。

1.4.2.2　化学固定与利用

CO_2 化学固定法就是将其作为碳源转换成有用的化学物质，达到固定的目的。有用化学物质既包括有机化合物，也包括无机化合物，特别是 CO_2 合成液体燃料和基础化合物、合成高分子材料特别引人注目，因为既有经济效益又达到了固碳的目的。由 CO_2 合成化合物达到固定目的可通过两种形式实现：①以 CO_2 结构的形式；②以 CO_2 还原的形式。

最佳 CO_2 利用途径是合成的产品具有低耗能、高附加值、大使用量和能永久贮存 CO_2 等特点。但目前来看，经济性是个比较大的问题，还需要大量研究。由 CO_2 合成有用物质，即 CO_2 再资源化可通过下述多种方法来实现：

催化加氢：合成甲醇、甲酸。

高分子合成：合成聚碳酸酯等。

有机合成：合成尿素衍生物等。

电化学法：合成甲酸、甲烷、甲醇等。

人工光合成法：合成甲烷、甲酸、一氧化碳等。

分解法：CO_2 直接分解成碳。

化学利用 CO_2 的可能途径如图 1-24 所示。

1.4.2.3　生物固定与利用

生物固定 CO_2 主要靠植物的光合作用和微生物的自养作用。前者已众所周知，近年来，研究主要集中在对微生物固定 CO_2 的生化机制与基因工程方面。

固定 CO_2 的微生物一般分为两类：光能自养型微生物和化能自养型微生物。光能自养型微生物主要包括微藻类和光合细菌，这类微生物在叶绿素的存在下，以光为能源、CO_2 为碳源合成菌体物质或代谢产物；化能自养型微生物也以 CO_2 为碳源，能源主要有 H_2、H_2S、$S_2O_2^{2-}$、NH_4^+、NO_2^-、Fe^{2+} 等。固定 CO_2 的典型微生物种类如表 1-5 所示。

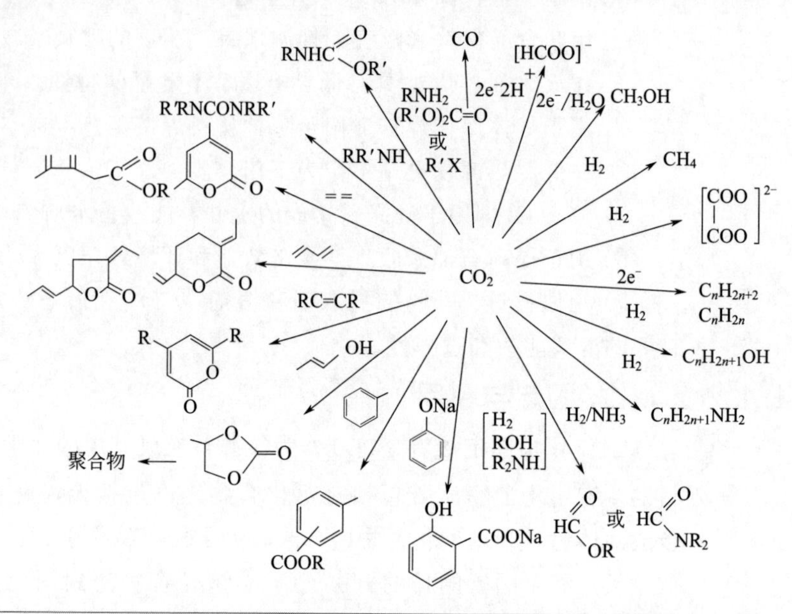

图 1-24
化学利用 CO_2 的可能途径

表 1-5 固定 CO_2 的微生物种类

碳源	能源	好氧/厌氧	微生物
CO_2	光能	好氧	藻类
			蓝细菌
		厌氧	光合细菌
	化学能	好氧	氢细菌
			硝化细菌
			硫化细菌
			铁细菌
		厌氧	甲烷菌
			醋酸菌

由于微藻（包括蓝细菌）和氢细菌具有生长速度快、适应性强等特点，所以对其固定 CO_2 的研究和开发较为深入。日本已筛选出几种能在很高的 CO_2 浓度下繁殖的海藻，并计划在其太平洋海岸进行人工大面积繁殖试验，以吸收该地区高度工业化后所排放的 CO_2。美国利用盐碱地里的盐生植物吸收 CO_2，并在墨西哥进行试种植。利用 CO_2 生产单细胞蛋白是其在生物技术方面应用的典型例证。浙江大学在国家重点研发计划支持下在内蒙古完成了万吨级/年微藻固碳示范工程，规模化养殖螺旋藻、小球藻、微拟球藻三

个固碳藻种，可用于营养品和饲料生产。

1.4.2.4 矿化利用

CO_2 矿化利用技术主要分为液相矿化技术与固相矿化技术。液相矿化过程是基于 Ca^{2+}、Mg^{2+} 液相析出为前提的间接碳酸化过程。为使 CO_2 矿化反应速率和转化率达到工业化要求，往往要对矿石进行粉碎处理；使用酸、碱、盐等浸出剂，或在高温、高压下加速钙镁离子的析出，虽然提高了原料的反应速率与转化效率，但也造成能耗高、成本高等问题。固相矿化技术由于使用碳酸化过程替代传统水化过程，粉煤灰、钢渣和赤泥等固废中富含的水化惰性低钙硅比矿物（$CaSiO_3$/CSi，C_3Si_2 等）和氧化镁（MgO）等可作为胶凝材料进行矿化，工艺简单、能耗低、应用前景广阔。CO_2 矿化养护技术近年来在国际相关领域逐渐成为研究热点，美国能源部、芬兰 ABO 大学、荷兰能源研究中心等研究了镁橄榄石、蛇纹石、硅灰石等天然矿物矿化固定 CO_2 工艺路线。四川大学就 CO_2 矿化钾长石、CO_2 矿化制造石灰岩地下储存库以及 CO_2 电化学矿化技术等多方面开展了大量基础科学和工程研究。2020 年浙江大学团队在河南焦作建成万吨级/年 CO_2 深度矿化养护实心砖建材示范装置，通过粉煤灰、矿渣、电石渣、钢渣等形成复合碳酸化胶凝材料，稳固封存二氧化碳。

1.4.2.5 CO_2 封存技术现状与潜力

IPCC 对不同的 CO_2 封存和利用技术进行了评估，如表 1-6 所示。从表中可看出，从目前的技术成熟度来看，只有 CO_2 的工业应用和利用 CO_2 的 EOR 技术相对成熟。需注意的是，EOR 技术虽然示范和应用了多年，技术和市场成熟，但当用于 CO_2 封存时，也需要在特定条件下经济上才可行。利用深部含盐水层埋存 CO_2 的技术相对更接近于市场应用，但由于应用项目不多，仍需要进一步的观察和了解。利用 CO_2 驱替煤层气的 ECBM 技术以及利用废弃物的 CO_2 矿石碳化技术被列入示范阶段，证明这两种技术也有一定的发展潜力，需要通过更进一步的商业化系统运行来验证其技术和经济方面的成熟性。

表 1-6 CO_2 封存和利用技术的发展阶段

技术种类	技术名称	研究阶段	示范阶段	特定条件下经济可行	成熟的市场
地质封存	强化采油(EOR)				√
	气田或油田封存			√	
	咸水层封存			√	
	强压煤床甲烷回收(ECBM)		√		

续表

技术种类	技术名称	研究阶段	示范阶段	特定条件下经济可行	成熟的市场
海洋封存	直接注入(分解型)	√			
	直接注入(湖泊型)	√			
矿石碳化	天然硅酸盐矿物	√			
	废弃物		√		
CO_2 的工业应用	—				√

如果从成本角度来考察，就目前而言，采用地质封存方式的 CO_2 储存成本最低，如表 1-7 所示。

表 1-7 CO_2 封存的成本估算

封存方式		典型成本范围/(美元/t CO_2)	典型成本范围/(美元/t C)
地质埋存	存储部分	0.5～8	2～29
	监测部分	0.1～0.3	0.4～1.1
深海封存	管道运输	6～31	22～114
	船舶或移动平台	12～16	44～59
矿石碳化		50～100	180～370

对于几种 CO_2 封存技术的潜力，IPCC 也对其进行了评估，如表 1-8 所示。在评估中，估值和可信度是基于文献的评估，既包括区域自下而上估值，也包括全球自上而下估值。总体而言，估值过程中，尤其是封存技术潜力的上限变化不一，存在很大差异，并具有很高的不确定性，反映出文献中存在相互矛盾的方法，这反映出世界大多数地方对含盐水层构造的认知相当有限。而对于石油和天然气储层，报告中有较好的估值，这些估值是基于用 CO_2 的容量代替有机物的容量来获得的。

表 1-8 几种主要 CO_2 封存方案的技术潜力

储层类型	估值下限/亿吨 CO_2	估值上限/亿吨 CO_2
油气田	6750①	9000①
不可采煤层	30～150	2000
深部含盐水层	10000	不确定,可能为 100000

①如含未发现的油气田，则值将增加 25%。

1.5 CO_2 减排潜力分析

很多研究者对各种技术的减排潜力进行了深入研究，模拟结果显示，在大幅度限制温室气体向大气排放的具体政策出台之前，全世界大规模部署 CCUS 系统的可能性不大。如果设定了温室气体排放的限量，许多综合评估预计从任何显著减缓气候变化体系的启动算起，在未来几十年将有大规模的 CCUS 系统部署。图 1-25 是我国重点行业碳中和路径。从图中可看出，未来各行业必须大幅提高工业用能效率和电力、原料替代，与其他大规模碳减缓方案，如核能和可再生能源技术相比，CCUS 系统将更可能具有竞争性。同样，将 CCUS 技术与其他减排技术进行有机组合，既能有效降低减排成本，还有可能更大幅度降低 CO_2 的排放。其主要原因在于 CCUS 技术的其中一个成本竞争优势在于它可与目前很多能源基础设施兼容。因此，在碳排放要求非常严格的未来经济体系中，CCUS 技术仍将会占据一席之地，且其是近期大规模降低 CO_2 排放的可行方案。据估计，最早的 CCUS 部署一般会出现在工业化国家，之后会逐渐扩散到全世界。

图 1-25
各重点行业碳中和路径

对于中国等发展中国家而言，未来很长一段时间中，碳减排主要仍将依赖于能源使用效率的提高和节能等技术手段的应用，而CCUS技术的应用和部署也将会逐步推进，更多的CCUS工程将会建立。

碳中和目标为CO_2减排带来了更高的约束，CCUS的地位和作用发生了变化。CCUS是目前实现化石能源零排放利用的唯一技术选择，是钢铁水泥等难减排行业深度脱碳的可行技术方案，是非化石能源“碳元素”获取和循环利用的主要技术手段，与新能源耦合的负排放技术是实现碳中和目标的托底技术保障。

IEA（ETP 2020）预测，可持续发展情景下全球CCUS的减排量在2030年、2050年、2060年分别为6.1亿吨、40亿吨、57.3亿吨。该情景下2030年、2050年中国CCUS减排量为4.08亿吨、16.24亿吨。

不同情景下中国CCUS减排量，2030年为0～4.08亿吨，2050年为5.1亿～24亿吨（表1-9）。

表1-9 不同情景下CCUS减排量

<table>
<tr><th rowspan="2">机构/文件</th><th rowspan="2">情景</th><th rowspan="2">国家</th><th rowspan="2">行业</th><th colspan="4">当年减排量/亿吨</th></tr>
<tr><th>2030</th><th>2050</th><th>2060</th><th>2070</th></tr>
<tr><td>科技部/CCUS技术路线图</td><td>激励情景</td><td rowspan="12">中国</td><td>全行业</td><td>＞0.2</td><td>＞8</td><td>—</td><td>—</td></tr>
<tr><td rowspan="2">科技部/CCUS评估报告</td><td>基准情景</td><td>全行业</td><td>1.1</td><td>6</td><td>—</td><td>—</td></tr>
<tr><td>激励情景</td><td>全行业</td><td>2.35</td><td>14</td><td>—</td><td>—</td></tr>
<tr><td>ADB/CCUS技术路线图</td><td>—</td><td>全行业</td><td>1.6</td><td>15</td><td>—</td><td>—</td></tr>
<tr><td>第三次气候变化国家评估报告</td><td>所有情景</td><td>全行业</td><td>1～12</td><td>7～22</td><td></td><td></td></tr>
<tr><td rowspan="6">清华大学</td><td>2℃</td><td>全行业</td><td>0</td><td>5.1</td><td>—</td><td>—</td></tr>
<tr><td>1.5℃</td><td>全行业</td><td>0.3</td><td>8.8</td><td>—</td><td>—</td></tr>
<tr><td rowspan="2">2℃</td><td>煤电CCS</td><td>—</td><td>3.9</td><td>—</td><td>—</td></tr>
<tr><td>BECCS[1]</td><td>—</td><td>1.9</td><td>—</td><td>—</td></tr>
<tr><td rowspan="2">1.5℃</td><td>煤电CCS</td><td>—</td><td>7.1</td><td>—</td><td>—</td></tr>
<tr><td>BECCS</td><td>—</td><td>3.1</td><td>—</td><td>—</td></tr>
<tr><td>全球能源互联网发展合作组织</td><td>2028年达峰，峰值109亿吨，2030年102亿吨，2055年左右碳中和</td><td>CCS＋BECCS</td><td>0.7</td><td>—</td><td>8.7</td><td>—</td></tr>
</table>

续表

机构/文件	情景	国家	行业	当年减排量/亿吨			
				2030	2050	2060	2070
IEA(ETP 2020)	可持续发展情景	中国	燃料转换	0.39	2.06	—	2.56
			工业	1.84	6.5	—	6.81
			电力	1.85	7.68	—	12.71
			总计	4.08	16.24	—	22.08
		全球	能源行业	6.1	40	57.3	68.9

① BECCS—生物质能和碳捕集与封存。

思考题

1. 什么是温室效应？结合近年来周边气候的变化说明温室效应对全球环境的影响。

2. 请分析控制 CO_2 的对策和措施。

3. 请说明节能对我国控制碳减排的重要性。请说明在我国如何节能。

4. 什么是可再生能源？在我国如何发展可再生能源？

5. CO_2 分离技术主要有哪些？请分析哪些技术在我国有发展前景。

6. CO_2 储存技术主要有哪些？请分析哪些技术在我国有发展前景。

参考文献

[1] 魏一鸣，刘兰翠，范英，等．中国能源报告（2008）：碳排放研究［M］．北京：科学出版社，2008.

[2] 陈杰瑢．物理性污染控制［M］．北京：高等教育出版社，2007.

[3] 张卫风．中空纤维膜接触器分离燃煤烟气中二氧化碳的试验研究［D］．杭州：浙江大学，2006.

[4] IPCC special report on Carbon dioxide capture and storage，2005（Chinese）［OL］．http：//www. ipcc. ch/ipccreports/srccs. htm.

[5] 段立强．IGCC系统全工况特性与设计优化以及新系统开拓研究［D］．北京：中国科学院研究生院，2002.

[6] 国家发展改革委应对气候变化司．清洁发展机制读本［M］．北京：中国标准出版社，2008.

[7] 吴占松，马润田，赵满成，等．煤炭清洁有效利用技术［M］．北京：化学工业出版社，2007.

[8] 郑体宽，杨晨．热力发电厂（第二版）［M］．北京：中国电力出版社，2008.

[9] 陈道远．变压吸附法脱除二氧化碳的研究［D］．南京：南京工业大学，2003.

[10] 阎维平．温室气体的排放以及烟气再循环煤粉燃烧技术的研究［J］．中国电力，1997，30（6）：59-62.

[11] 李振山，韩海锦，蔡宁生．化学链燃烧的研究现状及进展［J］．动力工程，2006，26（4）：

538-543.

[12] 徐俊，张军营，潘霞，等．二氧化碳储存技术的研究现状［J］．煤炭转化，2005，28（3）：80-86.

[13] 张军，李桂菊．二氧化碳封存技术及研究现状［J］．能源与环境，2007（3）：33-35.

[14] 程丽华，张林，陈欢林．微藻固定 CO_2 研究进展［J］．生物工程学报，2005，21（2）：89-92.

[15] 江怀友，沈平平，李治平，等．世界二氧化碳埋存及利用方式研究［J］．国际石油经济，2007（7）：16-19.

[16] 田瑞，闫素英．能源与动力工程概论［M］．北京：中国电力出版社，2008.

[17] 惠世恩，庄正宁，周屈兰，等．煤的清洁利用与污染防治［M］．北京：中国电力出版社，2008.

[18] 熊焰．低碳之路：重新定义世界和我们的生活［M］．北京：中国经济出版社，2010.

[19] 国家发展和改革委员会．可再生能源中长期发展规划［EB/OL］．http：//www. sdpc. gov. cn/zcfb/zcfbtz/2007tongzhi/W020070904607346044110. pdf.

[20] 国家发展和改革委员会．中国应对气候变化国家方案［EB/OL］．http：//www. ccchina. gov. cn/WebSite/CCChina/UpFile/File189. pdf.

[21] BP Report，Statistic review of world energy，2010.

[22] IPCC Report，Climate Change 2007：Synthesis Report，2007.

[23] 绿色煤电公司．挑战全球气候变化——二氧化碳捕集与封存［M］．北京：中国水利水电出版社，2008.

[24] Zhao M，Minett A I，Harris A T. A review of techno-economic models for the retrofitting of conventional pulverised-coal power plants for post-combustion capture（PCC）of CO_2［J］. Energy Environ Sci，2013，6：25-40. https：//doi. org/10. 1039/c2ee22890d.

[25] 蔡博峰，李琦，张贤．中国二氧化碳捕集利用与封存（CCUS）年度报告（2021）——中国CCUS路径研究［R］．2021.

[26] International Energy Agency. Energy technology perspectives 2020-special report on carbon capture utilisation and storage［R］．2020.

[27] 科学技术部社会发展科技司，中国21世纪议程管理中心．应对气候变化国家研究进展报告2019［M］．北京：科学出版社，2019.

第2章

化学吸收机理和化学吸收剂

本章首先介绍了 CO_2 化学吸收工艺，化学吸收反应原理、吸收与解吸原理以及 CO_2 吸收过程的传质机理与模型；随后介绍了 CO_2 吸收剂的关键性能和常见的氨基吸收剂，同时介绍了目前具有较低再生能耗的新型两相吸收剂以及目前正处于实验室研发阶段的其他新型吸收剂。

2.1 化学吸收工艺

2.1.1 工艺流程

1930 年，Bottoms 最早提出用于脱除酸性气体的化学吸收法，现该工艺被广泛用于 CO_2 捕集。有机胺溶液是化学吸收法捕集 CO_2 工艺常用的吸收剂，如乙醇胺溶液（MEA，30%）。用于燃煤烟气 CO_2 捕集的传统 MEA 工艺包含三个单元，分别是烟气预处理单元、CO_2 捕集单元和 CO_2 压缩单元，工艺流程如图 2-1。

图 2-1

典型的燃煤电厂烟气 CO_2 化学吸收法工艺流程图

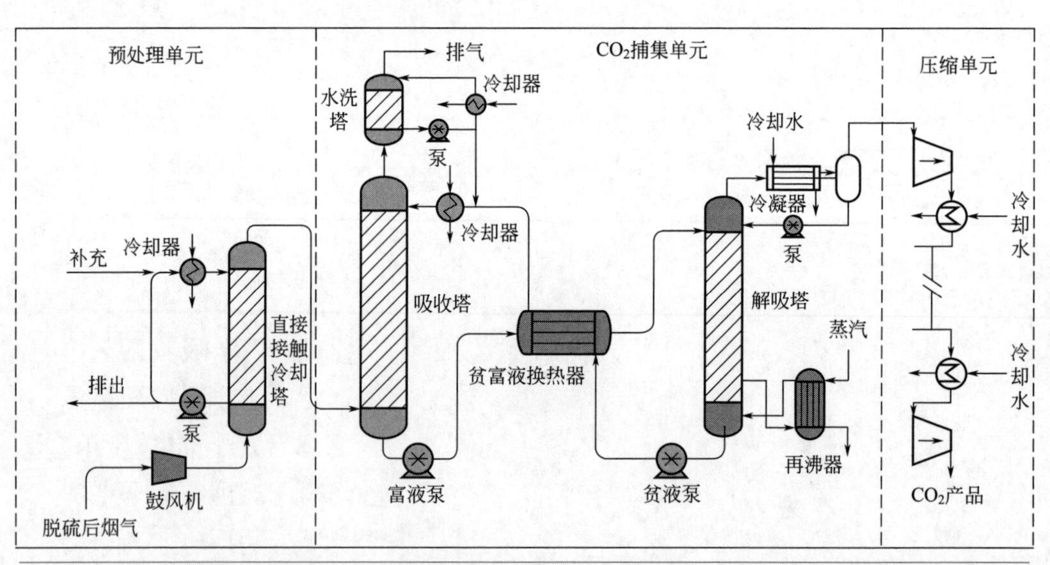

燃煤电站锅炉烟气经过除尘、脱硝、脱硫后，进入预处理单元，脱硫烟气经预处理降温（约 12%CO_2，40℃），从吸收塔底部进入，在吸收塔内与吸收剂发生反应后，从塔顶排出，之后进入水洗塔，回收部分挥发的吸收

剂。弱碱性的吸收剂溶液从吸收塔塔顶喷淋，在吸收塔内与烟气中的 CO_2 反应，生成氨基甲酸盐或者碳酸氢盐等反应产物。富液由塔底排出，经贫富液换热器升温后进入再生塔（约120℃）顶部，自上而下喷淋，CO_2 反应产物（氨基甲酸盐或碳酸氢盐）在再生塔内受热分解释放 CO_2，再生气（CO_2、H_2O）随再生塔内加热产生的水蒸气抽提从塔顶排出，经冷凝分离 CO_2，压缩后作为 CO_2 产品，回收的水送回再生塔。再生过程所需热量由再生塔塔底的再沸器提供，再沸器的热量来源于电厂汽轮机低压缸抽汽。再生后的吸收剂由再生塔塔底排出，经贫富液换热器、贫液冷却器冷却后进入吸收塔循环吸收 CO_2。

有机胺溶液为吸收剂广泛应用于 CO_2 捕集工艺。例如，壳牌 Cansolv 于2014年基于有机胺吸收剂的 CO_2 化学吸收技术应用于加拿大 Sask-Power 边界大坝电站，成为世界上首个商业规模（100万吨/年）燃煤电厂烟气 CO_2 捕集项目。日本三菱重工有限公司（MHI）开发了用于烟气 CO_2 捕集的混合胺吸收剂（KS-1）及工艺。2017年，这项技术在美国德州 Petra Nova 项目中实施，每年捕集的二氧化碳量为140万吨（相当于240MW）。国内烟气 CO_2 捕集尚处于示范阶段，化学吸收技术应用局限于10万吨/年烟气 CO_2 捕集规模。华能集团于2009年在上海石洞口电厂建立了12万吨/年燃煤电厂烟气 CO_2 捕集示范装置。国家能源集团于2020年在陕西榆林锦界电厂建立15万吨/年燃煤电厂烟气 CO_2 捕集示范装置。

2.1.2　工艺特点

国内外示范工程和商业运行结果表明，化学吸收法是目前最可用的大规模烟气 CO_2 捕集技术，其具有以下优点：

① 对于低 CO_2 分压烟气源（如燃煤/燃气烟气的压力为常压，CO_2 体积分数范围是3%～15%），化学吸收法的 CO_2 捕集率可超过90%；

② 化学吸收法捕集烟气 CO_2 工艺的 CO_2 回收纯度大于99%，有利于下游的 CO_2 压缩、运输和利用过程；

③ 化学吸收技术工艺相对成熟，反应器等关键设备的制造也相对成熟，如填料塔、换热器、泵与风机、压缩机等；

④ 化学吸收法捕集烟气 CO_2 技术对现有电厂改造较少，捕集规模灵活性好。

化学吸收法技术成熟，对烟气适应性好，运行稳定，脱除效率高，并不断推陈出新，CO_2 捕集率达 90%以上，CO_2 分离纯度达 99%以上，但也存在很多不足：

① 化学吸收工艺系统的运行能耗较高，其中吸收剂再生能耗较高（常规 30%MEA 吸收剂的 CO_2 再生能耗约为 3.5～4.5GJ/t CO_2），约占总运行成本的 60%～70%；此外，烟气风机、吸收剂贫富液泵、CO_2 压缩机等均需消耗大量电能，导致系统工艺运行成本较高。

② 由于烟气流量大、CO_2 分压低，吸收剂与 CO_2 的化学吸收传质速率较低，导致化学吸收系统的吸收塔、再生塔、贫富液换热器等设备尺寸较大，使得化学吸收工艺系统投资成本高。

③ 由于烟气中含有 O_2、SO_2、NO_x、粉尘等杂质组分，导致有机胺在吸收塔内发生氧化降解、再生塔内发生热降解等，存在有机胺吸收剂损失，增加 CO_2 捕集系统的运行成本；此外，有机胺挥发和发生降解反应生成氨气、亚硝胺等污染物，造成环境污染。

④ 有机胺吸收剂溶液会与换热器、反应器、填料、管道等发生腐蚀反应，需要考虑吸收剂的腐蚀性及其控制技术。

此外，CO_2 捕集系统中，存在气溶胶排放与水平衡问题：吸收塔出口、水洗塔出口等处的气体中，有机胺分子可能形成小颗粒并逐渐长大，经排出后在大气中可能进一步发生化学反应，形成气溶胶等颗粒物，从而导致新的环境污染；化学吸收法脱除 CO_2 时，需要消耗大量冷却水，这些都影响了其在工业中的应用。

2.2 化学吸收机理

2.2.1 化学反应原理

化学吸收法分离 CO_2 的机理在于 CO_2 在吸收剂溶液中的溶解度与烟气中其他组分的溶解度存在较大的差异。按照吸收过程中 CO_2 与吸收剂是否发生化学反应，吸收过程可分为物理吸收法和化学吸收法。一般地，物理吸收法是利用低温、高压条件下 CO_2 溶解度高的特点吸收 CO_2，再通过升温、减压工艺，释放 CO_2，从而实现 CO_2 分离。化学吸收法一般是利用低温（常温）下 CO_2 与吸收剂发生化学反应，通过升温等工艺，使发生逆反应解吸 CO_2，从而分离 CO_2。

一般来说，由于发生化学反应，化学吸收过程的 CO_2 溶解度要比物理吸收（溶解）高，且 CO_2 吸收速率比物理吸收过程要快。以下分别介绍化学吸收过程的化学反应、溶解度及传质机理。

CO_2 吸收过程包括 CO_2 物理溶解、化学反应、反应产物扩散等过程。在与吸收剂发生化学反应之前，气相的 CO_2 首先溶解在溶液中，即

$$CO_2(g) \longrightarrow CO_2(aq) \tag{2-1}$$

有机胺水溶液是最常用的 CO_2 化学吸收剂，质量分数为 30％的乙醇胺（MEA）水溶液，被国内外研究学者公认为是第一代吸收剂标准。以 MEA 为例，其与 CO_2 在水溶液中的化学反应为

$$CO_2(aq) + 2RNH_2 \rightleftharpoons RNH_3^+ + RNHCOO^- \tag{2-2}$$

式中，RNH_2 为有机胺；RNH_3^+ 为质子化胺；$RNHCOO^-$ 为氨基甲酸盐；R 为烷醇基或烷基，对于 MEA，R 为—CH_2CH_2OH。

30％MEA 溶液呈弱碱性，25℃下，30％MEA 水溶液的 pH 约为 12.5。这主要是由于有机胺质子化反应，即

$$RNH_2 + H^+ \rightleftharpoons RNH_3^+ \tag{2-3}$$

此外，弱碱性有机胺水溶液中，水的水解平衡为

$$H_2O \rightleftharpoons H^+ + OH^- \tag{2-4}$$

除了 CO_2 与有机胺发生化学反应，CO_2 与吸收剂溶液中的水和少量的氢氧根（OH^-）也会发生化学反应，即

$$CO_2(aq) + H_2O \rightleftharpoons H_2CO_3 \tag{2-5}$$

$$CO_2(aq) + OH^- \rightleftharpoons HCO_3^- \tag{2-6}$$

当 CO_2 吸收饱和时，反应产物（氨基甲酸根离子、碳酸/碳酸氢根离子）在水溶液中达到电离平衡，即

$$RNHCOO^- + H^+ \rightleftharpoons RNHCOOH \tag{2-7}$$

$$H_2CO_3 \rightleftharpoons HCO_3^- + H^+ \tag{2-8}$$

$$HCO_3^- \rightleftharpoons CO_3^{2-} + H^+ \tag{2-9}$$

化学反应式(2-2)、式(2-5) 和式(2-6) 均为 CO_2 吸收反应，一般来说，反应式(2-2) 主导 CO_2 吸收反应。

可用作 CO_2 吸收剂的有机胺种类众多，根据结构不同，常用的有机胺（表 2-1）分类方法为：

① 根据氨基结构上氢原子数目，有机胺可分为一级胺，又叫伯胺，如 MEA；二级胺，又叫仲胺，如二乙醇胺（DEA）；三级胺，又叫叔胺，如 *N*-甲基二乙醇胺（MDEA）。某些有机胺在结构上有较大支链基团，会产生空间位阻效应，又叫空间位阻胺，如 2-氨基-2-甲基-1-丙醇（AMP）。

表 2-1 常用有机胺吸收剂分类

吸收剂类型	英文名缩写	中文名称	分子式
一级胺(N原子上键接2个活性H原子)	MEA	一乙醇胺	$H_2N(CH_2)_2OH$
	DGA	二甘醇胺或2-(2-氨基乙氧基)乙醇	$NH_2CH_2CH_2OCH_2CH_2OH$
	3-氨基-1-丙醇或正丙醇胺		$NH_2CH_2CH_2CH_2OH$
	4-氨基-1-丁醇或正丁醇胺		$NH_2CH_2CH_2CH_2CH_2OH$
	5-氨基-1-戊醇或正戊醇胺		$NH_2(CH_2)_5OH$
	乙胺		$NH_2CH_2CH_3$
	乙二胺		$NH_2CH_2CH_2NH_2$
	DETA(二乙烯三胺)		$H_2NCH_2CH_2NHCH_2CH_2NH_2$
二级胺(N原子上键接1个活性H原子)	DEA	二乙醇胺	$HN(CH_2CH_2OH)_2$
	DIPA	二异丙胺	$(CH_3)_2CHNHCH(CH_3)_2$
	BAE	2-丁氨基乙醇	$CH_3(CH_2)_3NH(CH_2)_2OH$
	MAE	2-甲氨基乙醇	$CH_3NH(CH_2)_2OH$
	EAE或EEA	2-乙氨基乙醇	$CH_3CH_2NH(CH_2)_2OH$
	PZ	哌嗪	$NH(CH_2)_2NH(CH_2)_2$
多个N原子胺	AEEA	羟乙基乙二胺	$NH_2(CH_2)_2NH(CH_2)_2OH$
	TETA	三乙烯四胺	$H_2N(CH_2CH_2NH)_2CH_2CH_2NH_2$
三级胺(N原子无活性H原子)	DEEA	*N*,*N*-二乙基乙醇胺	$(CH_3CH_2)_2N(CH_2)_2OH$
	MDEA	*N*-甲基二乙醇胺	$CH_3N(CH_2CH_2OH)_2$
	TEA	三乙醇胺	$N(CH_2CH_2OH)_3$
空间位阻胺	AMP	2-氨基-2-甲基-1-丙醇	$NH_2C(CH_3)_2CH_2OH$
	DIPA	二异丙胺	$(CH_3)_2CHNHCH(CH_3)_2$
氨基酸盐吸收剂(氨基酸和强碱中和反应获得)	PG	氨基乙酸钾	NH_2CH_2COOK
	PT	牛磺酸钾	$NH_2(CH_2)_2SO_3K$
	SG	氨基乙酸钠	NH_2CH_2COONa

② 根据分子结构上氨基的数量，有机胺又可分为一元胺，如MEA；二元胺，如羟乙基乙二胺（AEEA）；三元胺，如二乙烯三胺（DETA）；四元胺，如三乙烯四胺（TETA）等多元胺。

③ 根据分子是否含有环状结构，有机胺可分为直链胺，如MEA和环状胺，如哌嗪（PZ）。

④ 根据分子结构上亲水基团（如羟基等）和疏水基团（如烷烃）的不

同，有机胺可分为亲脂胺，又称脂肪胺，如 *N*-甲基环己胺（MCA）和亲水胺（又叫烷醇胺，如 MEA）。

吸收剂一般是由有机胺和溶剂（常见的溶剂是水，因此，如未特殊说明，吸收剂的溶剂是水）组成，常用的吸收剂浓度单位有质量分数（%）、摩尔浓度（mol/L）和质量摩尔浓度（mol/kg）。CO_2 吸收容量一般用 CO_2 负荷（α）表示，常用的负荷单位用胺和氨基物质的量表示时使用 mol/mol，用吸收剂和胺加水表示时用 mol/kg。

不同类型的有机胺与 CO_2 的反应机理不同，CO_2 吸收速率和吸收容量也不同。有机胺与 CO_2 的反应一般可用两性离子反应机理、三分子反应机理和碱催化水合反应机理解释。

2.2.1.1　两性离子反应机理

两性离子反应机理多用丁一、二级胺与 CO_2 的反应。该反应机理认为有机胺与 CO_2 的反应分两步反应进行：有机胺（R^1R^2NH）首先与 CO_2 反应生成中间产物，即两性离子（$R^1R^2NH^+COO^-$），如式(2-10)。该中间产物与溶液中的碱（B）发生去质子化反应，生成氨基甲酸根离子（$R^1R^2NCOO^-$）和质子化碱（BH^+），如式(2-11)。

$$R^1R^2NH+CO_2 \underset{k_{-1}}{\overset{k_1}{\rightleftharpoons}} R^1R^2NH^+COO^- \tag{2-10}$$

$$R^1R^2NH^+COO^- + B \xrightarrow{k_b} R^1R^2NCOO^- + BH^+ \tag{2-11}$$

式中　k_1——正向反应速率常数；

k_{-1}——逆向反应速率常数；

k_b——去质子化反应常数。

式中，R^1、R^2 表示有机胺氨基上的基团，如烷烃基、羟基、氢原子等，两性离子和氨基甲酸根离子的结构式分别如图 2-2，其中两性离子为 CO_2 反应的中间产物，稳定性差、存在时间较短，其准确的结构形式尚不明确。

图 2-2
有机胺与 CO_2 的反应产物

(a) 两性离子　　(b) 氨基甲酸根离子

B 是溶液中的碱性物质，可以是有机胺本身、氢氧根离子（OH^-）和水。当两性离子去质子化反应式(2-11) 中起主要作用的碱 B 是有机胺本身

（如 MEA）时，有机胺与 CO_2 的总反应方程式如式(2-12)。理论上每摩尔 MEA 可吸收 0.5mol CO_2。

$$2R^1R^2NH+CO_2 \rightleftharpoons R^1R^2NCOO^- + R^1R^2NH_2^+ \tag{2-12}$$

对于空间位阻胺（如 AMP），受空间位阻效应的影响，氨基甲酸盐易发生水解反应，生成碳酸氢盐，如式(2-13)。有机胺与 CO_2 的总反应如式(2-14)，即 1mol AMP 可吸收 1mol CO_2。

$$R^1R^2NCOO^- + H_2O \rightleftharpoons HCO_3^- + R^1R^2NH \tag{2-13}$$

$$CO_2 + R^1R^2NH + H_2O \rightleftharpoons R^1R^2NH_2^+ + HCO_3^- \tag{2-14}$$

当根据两步反应的两性离子反应机理，总反应速率（r_{CO_2}）为

$$r_{CO_2} = -\frac{k_1[R^1R^2NH][CO_2]}{1+\frac{k_{-1}}{\sum k_b[B]}} \tag{2-15}$$

由表达式(2-15) 可知，CO_2 总反应速率与液相 CO_2 浓度呈一阶关系。当两性离子的去质子化反应式(2-11) 是瞬间反应时，反应式(2-10) 的逆反应几乎不发生，即满足

$$\sum k_b[B] \gg k_{-1} \tag{2-16}$$

则总反应速率表达式如式(2-17)，此时总反应速率与有机胺和 CO_2 浓度均呈一阶关系，总反应为二级反应，即

$$r_{CO_2} = -k_1[R^1R^2NH][CO_2] \tag{2-17}$$

当有机胺与 CO_2 的可逆反应速率比两性离子质子化反应快得多时，即满足

$$\sum k_b[B] \ll k_{-1} \tag{2-18}$$

则总反应速率表达式如式(2-19)。此时总反应速率与有机胺、CO_2、溶液中碱（B）浓度呈一阶关系，总反应为三级反应，即

$$r_{CO_2} = -k_1\frac{\sum k_b[B]}{k_{-1}}[R^1R^2NH][CO_2] \tag{2-19}$$

如某些二级胺（如 PZ）与 CO_2 的总反应速率与胺浓度呈二阶关系，这是因为有机胺本身作为溶液中主要的碱，总反应速率为

$$r_{CO_2} = -k_1\frac{k_a}{k_{-1}}[R^1R^2NH]^2[CO_2] \tag{2-20}$$

式中　k_a——有机胺的质子化反应速率常数。

2.2.1.2　三分子反应机理

三分子反应机理认为一个有机胺分子同时与一个 CO_2 分子和一个溶液中的碱（B）分子反应，经一步反应，生成松弛连接的络合物，如式(2-21)

所示。

$$CO_2 + R^1R^2NH + B \rightleftharpoons R^1R^2NCOO^- + BH^+ \tag{2-21}$$

根据三分子反应机理，CO_2 反应速率为：

$$r_{CO_2} = -(k_{R^1R^2NH}[R^1R^2NH] + k_{H_2O}[H_2O] + k_{OH^-}[OH^-])[R^1R^2NH][CO_2] \tag{2-22}$$

该反应机理是两性离子反应机理的一个极限情况，即反应式(2-10)逆反应比两性离子质子化反应快的情形。此时溶液中的碱（包括有机胺本身、OH^- 和水）均能够影响总反应速率。OH^- 一般由水的电离反应产生，水的电离平衡又受到有机胺的质子化反应［式(2-3)］的影响。实验证明，常规有机胺反应体系中，OH^- 对总 CO_2 反应的贡献小于1%，几乎可以忽略。因此，总反应速率如式(2-23)。

$$r_{CO_2} = -(k_{R^1R^2NH}[R^1R^2NH] + k_{H_2O}[H_2O])[R^1R^2NH][CO_2] \tag{2-23}$$

当溶液中起主要作用的碱（B）是水时，总反应速率与胺、水浓度呈一阶关系，如式(2-24)；但溶液中的占主导地位的是有机胺本身时，总反应速率与有机胺浓度呈二阶关系，如式(2-25)。因此，三分子机理适于描述高阶反应速率模型。

$$r_{CO_2} = -k_{H_2O}[H_2O][R^1R^2NH][CO_2] \tag{2-24}$$

$$r_{CO_2} = -k_{R^1R^2NH}[R^1R^2NH]^2[CO_2] \tag{2-25}$$

2.2.1.3　碱催化水合反应机理

碱催化水合反应机理是用于描述三级胺与 CO_2 的反应，三级胺不能直接与 CO_2 反应，而是对 CO_2 的水合反应起催化作用，如式(2-26)。

$$CO_2 + R^1R^2R^3N + H_2O \rightleftharpoons R^1R^2R^3NH^+ + HCO_3^- \tag{2-26}$$

该反应机理是三分子反应机理的一个极限情况，即溶液中碱为水，其速率表达式与式(2-24)相同。由上式可知，三级胺的 CO_2 饱和吸收容量为1mol/mol。一般来说，三级胺和空间位阻胺的 CO_2 容量要比一、二级胺大。

由各反应速率表达式可知，尽管不同有机胺与 CO_2 的反应机理不同，总反应速率与 CO_2 浓度呈一阶关系，如式(2-27)。

$$r_{ov} = k_{ov}[CO_2] \tag{2-27}$$

式中，k_{ov} 为一阶反应速率常数；r_{ov} 为总反应速率。

常见有机胺的一阶反应速率常数如表2-2所示。一、二级胺的反应速率要比三级胺和空间位阻胺快得多。

表 2-2 常见有机胺的一阶反应速率常数

类别	有机胺	缩写	浓度/(mol/L)	温度/℃	$k_{ov}/10^3\ s^{-1}$
一级胺	乙醇胺	MEA	5	40	65
	乙二胺	EDA	2	40	45
	羟乙基乙二胺	AEEA	2.15	40	37
	二乙烯三胺	DETA	2	41	168
	1,4-丁二胺	BDA	2	40	100
	3-甲氨基丙胺	MAPA	1	40	78
二级胺	*N*-甲基乙醇胺	MMEA	2	45	30
	N-乙基乙醇胺	EMEA	2	40	11
	哌嗪	PZ	1.30	40	78
	二甘醇胺	DGA	2	45	10
空间位阻胺	2-氨基-2-甲基-1-丙醇	AMP	2	45	3.29
	二异丙胺	DIPA	2	45	5
三级胺	*N'*,*N*-二乙基乙醇胺	DEEA	2	45	0.33
	N-甲基二乙醇胺	MDEA	1.69	40	0.024
	氨甲基丙二醇	AMPD	0.5	30	0.073
	N,*N*-二甲基环己胺	DMCA	3	40	0.009

2.2.1.4 混合胺吸收 CO_2 反应机理

许多学者对混合胺与 CO_2 的反应动力学进行实验研究，发现混合胺的反应速率比单一胺快。如向 2mol/L DEEA 主胺中添加 0.1mol/L AEEA，化学反应速率增加 1.68 倍。实验结果表明，20%AEEA/10%PZ 的反应速率比单一胺（20%AEEA、10%PZ）都要快。但目前有关混合胺与 CO_2 的反应机理尚无明确的结论。

一些学者认为混合胺的反应为单一胺与 CO_2 的平行反应。如 Kierzkowska-Pawlak 提出 2mol/L DEEA/(0.1～0.3)mol/L AEEA 与 CO_2 的反应可看作是 2mol/L DEEA、0.1mol/L AEEA 分别与 CO_2 反应，总反应速率为单一胺反应速率的加和。Sutar 等研究 2.5mol/L DEEA/(0.1～0.5)mol/L HMDA（己二胺）的反应速率，得出相同的结论。对平行反应机理的解释可能是，混合胺中添加剂浓度远小于（1～2 个量级）主胺浓度，混合胺的黏度、密度以及 CO_2 气体在混合胺中的亨利常数、扩散系数，几乎与主胺吸收剂相同。

也有学者通过实验发现，混合胺的 CO_2 反应速率不是简单地将各单一胺反应速率相加。Ramachandran 等测量了 25～60℃范围内（23%～27%）MDEA/(3%～7%)MEA 的反应速率，混合胺的反应速率比单独 MDEA、MEA 反应速率之和要高。对此他提出 MEA 与 MDEA 混合胺溶液中 pK_a 值变化较大，影响溶液中氢氧根离子浓度。而 Xu 等提出在 MDEA/PZ 混合胺中，PZ 对 MDEA 与 CO_2 的反应起着催化作用，PZ 与 CO_2 的反应产物与 MDEA 反应，将 CO_2 传递给 MDEA，考虑了 PZ 对 AEEA 的催化作用，提出了“两性离子桥”的反应机理，如图 2-3。

图 2-3

混合胺 AEEA/PZ 与 CO_2 的“两性离子桥”反应机理

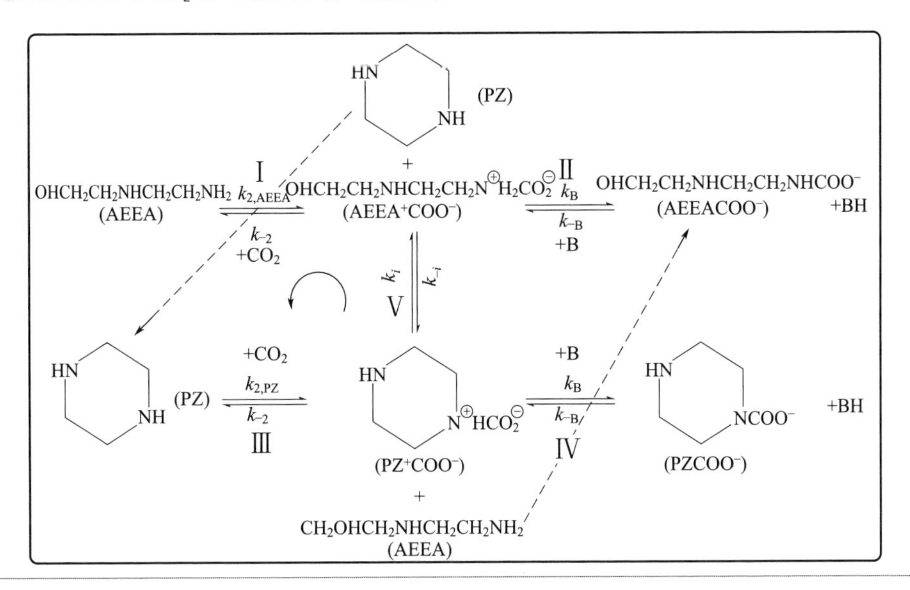

2.2.2 溶解度

化学吸收中 CO_2 溶解度包括物理溶解和化学反应，可表示为

$$x = x_{ph} + x_{ch} \tag{2-28}$$

式中　x——CO_2 总溶解度；

x_{ph}——CO_2 物理溶解度；

x_{ch}——CO_2 化学溶解度。

溶解度的单位一般采用摩尔分数，%。化学吸收过程中，常用的单位还有摩尔浓度（mol/L）、质量摩尔浓度（mol/kg）等。

CO_2 物理溶解度取决于温度、CO_2 分压、吸收剂溶液等。一般来说，CO_2 物理溶解度随着温度降低而增加，随着 CO_2 分压增加而增加，随着吸收剂溶液极性降低而增加。CO_2 在吸收剂溶液中的物理溶解度可通过亨利定律描述，即

$$x_{ph}=\frac{P_{CO_2}}{H_{CO_2}} \tag{2-29}$$

式中 P_{CO_2}——CO_2 气相分压，Pa；

H_{CO_2}——CO_2 在吸收剂溶液中的亨利常数。

一般地，亨利定律适用于理想溶液，如近似于理想溶液的稀溶液，可通过亨利定律获得相应的气体溶解平衡数据。在低浓度范围，亨利定律同样适用于难溶气体、易溶气体。气体溶解度在溶剂中的物理溶解度（亨利常数）可通过实验方法测量得到。图 2-4 给出了在常见溶剂，如水、甲醇、*N*-甲基-2-吡咯烷酮、环丁砜等中，CO_2 溶解度（亨利常数）随温度的变化曲线。

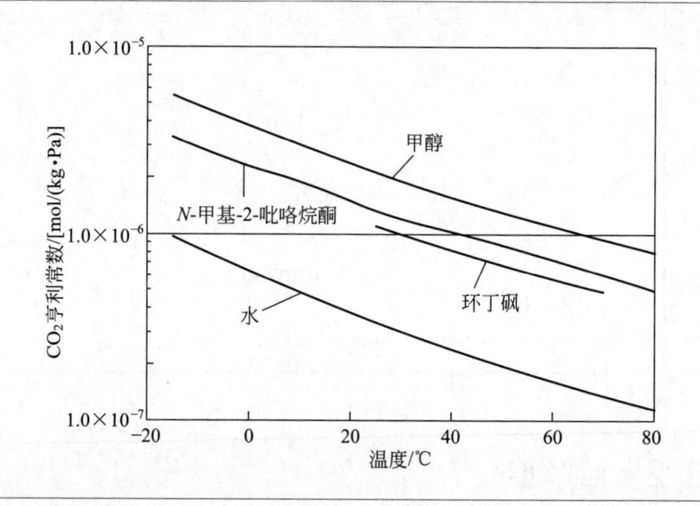

图 2-4
常见溶剂中 CO_2 亨利常数与温度的关系曲线

亨利常数与温度的变化关系可用阿伦尼乌斯方程描述，以水为例，CO_2 的溶解度［亨利常数 $H_{CO_2,w}$，mol/(m^3·Pa)］随温度的变化关系式为

$$H_{CO_2,w}=3.54\times10^{-7}e^{2044/T} \tag{2-30}$$

化学吸收过程中，吸收剂溶液为弱碱性水溶液，如 30%MEA 溶液。由于化学吸收过程中，物理溶解和化学反应同时进行，因此，CO_2 在化学吸收剂溶液中的物理溶解度无法直接通过实验测量。“氧化亚氮（N_2O）类比”法是目前国内外研究学者公认的间接测量 CO_2 在化学吸收剂溶液中的物理

溶解度的方法，N_2O 是惰性气体，不与化学吸收剂反应，具有与 CO_2 类似的结构。该方法实验测量 N_2O 在吸收剂溶液中的物理溶解度（亨利常数），通过类比 CO_2 和 N_2O 在水中的亨利常数，计算出 CO_2 在吸收剂溶液中的物理溶解度（亨利常数），即

$$\frac{H_{CO_2,abs}}{H_{N_2O,abs}}=\frac{H_{CO_2,w}}{H_{N_2O,w}} \tag{2-31}$$

式中 $H_{CO_2,abs}$——CO_2 在吸收剂中的亨利常数，通过 N_2O 类比方法计算得到；

$H_{N_2O,abs}$——N_2O 在吸收剂中的亨利常数，通过实验测量得到；

$H_{N_2O,w}$——N_2O 在水中的亨利常数。

N_2O 在水中的溶解度［亨利常数 $H_{N_2O,w}$，$mol/(m^3 \cdot Pa)$］随温度的变化关系式为

$$H_{N_2O,w}=1.17\times10^{-7}e^{2284/T} \tag{2-32}$$

不同类型的有机胺与 CO_2 的反应机理（见上节）不同，CO_2 的吸收溶解度也不同。理论上，每摩尔（mol）一、二级有机胺（一元胺）可吸收 0.5mol CO_2，而每摩尔空间位阻胺和三级胺可吸收 1mol CO_2。实际上，有机胺的吸收容量与吸收剂浓度、CO_2 分压以及温度有关。CO_2 分压力越高，反应平衡正向移动，CO_2 吸收容量越大；CO_2 吸收反应为放热反应，温度升高，反应平衡逆向移动，CO_2 吸收容量减小。

以 30%MEA 为例，图 2-5 为不同浓度 MEA 在不同温度下，CO_2 分压随负荷的变化曲线（气液平衡，又称 VLE 曲线）。在 40℃，CO_2 分压为 12kPa 下，CO_2 平衡负荷为 0.53mol CO_2/mol MEA，大于其反应理论值（反应机理见上节），这主要是因为 CO_2 吸收不仅是化学反应，还包括物理溶解。由图 2-5(a)，当温度升高至 120℃（CO_2 分压不变）时，平衡负荷降至 0.3mol/mol，化学吸收工艺正是利用该原理解吸 CO_2，同时再生吸收剂。实际上，40℃下，当 CO_2 分压降低至 0.01kPa 时，平衡负荷降至 0.2mol/mol，该原理为减压再生，常用于吸附法捕集 CO_2 技术。由图 2-5(b) 可知，在低 CO_2 分压（<1kPa）下，MEA 浓度对 VLE 曲线影响较小，相同 CO_2 分压下，MEA 浓度提高，负荷（mol/mol）略微提高；在高 CO_2 分压（>1kPa）下，MEA 浓度对 VLE 曲线影响很大，相同 CO_2 分压下，MEA 浓度越高，负荷（mol/mol）越低。需要指出的是，MEA 浓度提高，CO_2 在胺加水中的绝对吸收量［mol/kg］增大。

图 2-5

吸收剂在不同温度（a）和浓度（b）下的气液平衡（VLE）曲线

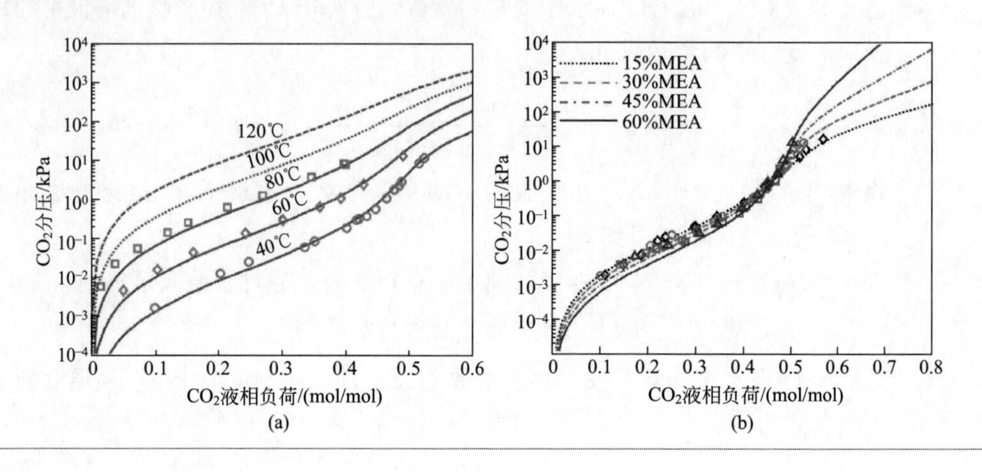

2.2.3 传质机理

化学吸收工艺中，CO_2 的吸收传质过程可用膜理论来描述，如图 2-6 所示。

图 2-6

基于膜理论的 CO_2 吸收传质过程

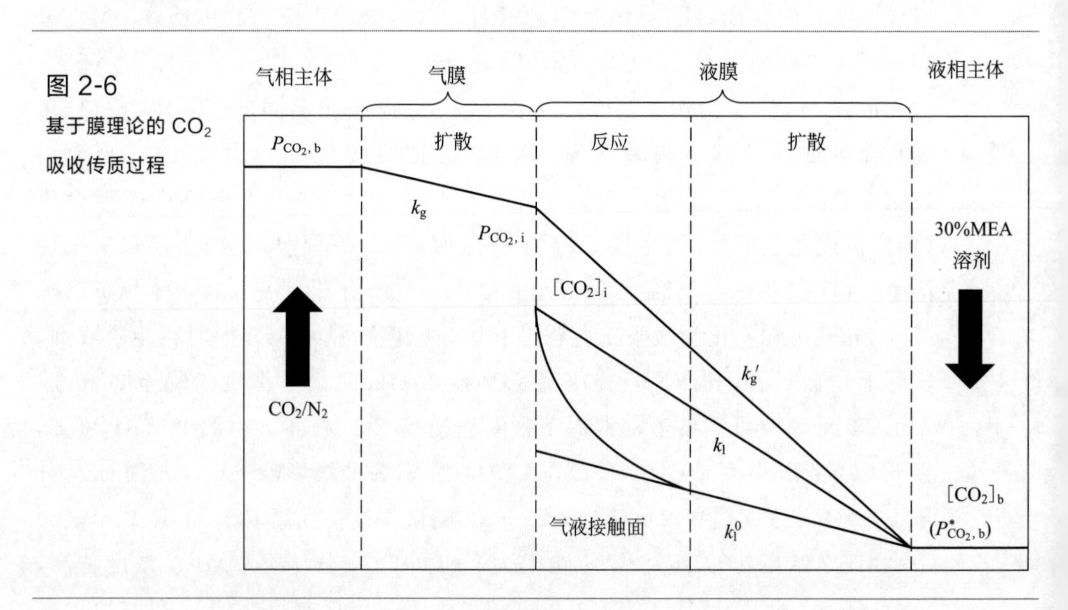

根据膜理论，气相与液相逆流接触，在气液接触面两侧形成气膜和液膜。CO_2 吸收传质过程包括气相扩散、化学反应和液相扩散。主体气相中

CO_2 分压为 $P_{CO_2,b}$，CO_2(g) 经气膜扩散至气液接触面，在气液接触面 CO_2 的气相分压为 $P_{CO_2,i}$，根据亨利定律，气相的 CO_2(g) 溶解到气液接触面的液相，液相 CO_2 浓度为 $[CO_2]_i$，大部分溶解到液相的 CO_2(l) 在气液接触面附近与液相中有机胺发生化学反应，并迅速耗尽，小部分通过扩散进入主体液相，主体液相中 CO_2 浓度为 $[CO_2]_b$，对应的平衡 CO_2 分压为 $P^*_{CO_2,b}$。

图 2-6 中 CO_2 浓度（分压）梯度即为 CO_2 传质速率，一般用传质系数描述。总传质系数（K_G）、气相传质系数（k_g）、液相传质系数（k'_g）和液膜传质系数（k_l）的定义为

$$K_G=\frac{N_{CO_2}}{P_{CO_2,b}-P^*_{CO_2,b}} \tag{2-33}$$

$$k_g=\frac{N_{CO_2}}{P_{CO_2,b}-P_{CO_2,i}} \tag{2-34}$$

$$k'_g=\frac{N_{CO_2}}{P_{CO_2,i}-P^*_{CO_2,b}} \tag{2-35}$$

$$k_l=\frac{N_{CO_2}}{[CO_2]_i-[CO_2]_b} \tag{2-36}$$

式中　N_{CO_2}——CO_2 吸收传质通量，mol/(m^2·s)；

P_{CO_2}——CO_2 分压，Pa；

$[CO_2]$——CO_2 液相浓度，mol/m^3；

下标 b 表示气相或液相主体，下标 i 表示气液接触界面，上标 * 表示平衡状态。

CO_2 传质过程的阻力由气膜阻力和液膜阻力组成，有如下关系式

$$\frac{1}{K_G}=\frac{1}{k_g}+\frac{1}{k'_g} \tag{2-37}$$

气相传质系数（k_g）与反应器的几何尺寸（直径 d 和高度 h）、气体物性（密度和黏度）和流速有关，常见的反应器如湿壁塔反应器，可通过拟合以下关联式获得气相传质系数。

$$Sh=m\left(ReSc\ \frac{d}{h}\right)^n \tag{2-38}$$

其中，m、n 为拟合参数，通过实验测得；Sh、Re、Sc 分别是舍伍德数、雷诺数和施密特数，其表达式如下

$$Sh=\frac{k_gRTd}{D_{CO_2,g}} \tag{2-39}$$

$$Re=\frac{\rho_g vd}{\mu_g} \tag{2-40}$$

$$Sc=\frac{\mu_g}{\rho_g D_{CO_2,g}} \tag{2-41}$$

式中，R 为理想气体常数；T 为气体温度；$D_{CO_2,g}$ 为 CO_2 在气相中的扩散系数；ρ_g 为气体密度；v 为气体流速；μ_g 为气体黏度。

液相传质系数包括化学反应和液相扩散，受到不同吸收剂的反应动力学和物理扩散的影响，因此一般用液相传质系数（k'_g）来表征吸收剂的吸收速率。液相传质系数（k'_g）与液相物理传质系数（k_l^0）、CO_2 物理溶解度（H_{CO_2}）和化学反应增强因子（E）关系如式(2-42)。

$$k'_g=\frac{Ek_l^0}{H_{CO_2}} \tag{2-42}$$

式中，k_l^0 为液相物理传质系数；H_{CO_2} 为 CO_2 在吸收剂中的亨利常数；E 为化学反应增强因子。当 $E \gg 1$ 时，化学反应速率远大于物理传质速率。

k_l^0 由吸收剂流量（Q_l）、物性（如密度 ρ、黏度 μ）、反应器几何尺寸（如气液接触面积 A、高 h、周长 W）、CO_2 扩散系数（D_{CO_2}）有关。

由膜理论可知，CO_2(l) 在液膜中经历了反应、扩散的传质过程，根据 CO_2(l) 连续性方程，有

$$\frac{d[CO_2]}{dt}=-D_{CO_2}\frac{d^2[CO_2]}{dx^2}+r_{ov} \tag{2-43}$$

其中，t、x 为时间和液膜边界层厚度。该方程描述的是非稳态的传质过程，而拟一阶反应模型假设 CO_2 在液膜中传质为稳态过程，结合化学反应速率表达式(2-17)，有

$$D_{CO_2}\frac{d^2[CO_2]}{dx^2}-k_1[\text{Amine}]([CO_2]-[CO_2]_{eq})=0 \tag{2-44}$$

其中，$[CO_2]$、$[CO_2]_{eq}$ 分别是气液接触面、液体主相中 CO_2 浓度；[Amine] 为液膜中胺浓度。拟一阶速率模型还假设 CO_2 吸收反应为快速反应，CO_2 及反应产物在液膜中的扩散阻力可忽略。

结合边界条件，即气液接触面上 CO_2 浓度梯度即为 CO_2 传质通量，有

$$N_{CO_2}=\frac{d[CO_2]}{dx},\quad x=0 \tag{2-45}$$

$$N_{CO_2}=\sqrt{D_{CO_2}k_1[\text{Amine}]}([CO_2]_i-[CO_2]_b) \tag{2-46}$$

根据亨利定律，有

$$[CO_2]=\frac{P_{CO_2}}{H_{CO_2,soln}} \tag{2-47}$$

$$N_{CO_2}=\sqrt{D_{CO_2}k_1[\text{Amine}]}\frac{(P_{CO_2}-P^*_{CO_2,b})}{H_{CO_2}} \tag{2-48}$$

根据液相传质系数的定义，有

$$k'_g=\frac{\sqrt{D_{CO_2}k_1[\text{Amine}]}}{H_{CO_2}} \tag{2-49}$$

大多数有机胺与 CO_2 的反应适用于拟一阶速率模型，基于活度动力学理论，化学反应速率与 CO_2 活度成一阶关系，即式(2-17) 变为

$$r_{CO_2}=-k_1a_{\text{Amine}}a_{CO_2} \tag{2-50}$$

式中，a 为有机胺或者 CO_2 的活度。k'_g简化为

$$k'_g=\sqrt{\frac{k_1[\text{Amine}]D_{CO_2,soln}}{\gamma_{CO_2}}}\frac{1}{H_{CO_2,w}} \tag{2-51}$$

其中，k_1 是拟一阶反应速率常数；γ_{CO_2} 是 CO_2 在吸收剂中的活度系数，以 CO_2 在水中的溶解度（亨利系数 $H_{CO_2,water}$）为参考，通过式(2-52) 计算得到 γ_{CO_2}。

$$\gamma_{CO_2}=\frac{H_{CO_2,soln}}{H_{CO_2,w}} \tag{2-52}$$

2.3 吸收剂性能和选择

2.3.1 吸收剂性能

吸收剂是化学吸收法捕集 CO_2 技术的关键。有机胺吸收剂是最具代表性的化学吸收剂，二乙醇胺（DEA）、N-甲基二乙醇胺（MDEA）等有机胺最早应用于合成氨、制氢、制甲醇厂等工业过程的酸性气体脱除，如 CO_2、H_2S 等。但由于燃煤烟气中 CO_2 分压较低，这些有机胺对 CO_2 的吸收速率较低，难以满足高捕集率（>90%）的要求。研究学者继而将 MEA 等反应速率较快的有机胺用于燃煤烟气 CO_2 捕集。此外，燃煤烟气流量大、CO_2 捕集规模大，这对吸收剂的性能提出了一定要求，如吸收容量、再生能耗等。吸收剂的选择与研发直接影响着 CO_2 捕集工艺的投资和运行成本，吸收剂主要性能包括：

(1) 吸收速率

CO_2 吸收速率通常定义为单位时间、单位气液接触面积、单位 CO_2 驱动力下 CO_2 吸收量。在典型的填料吸收塔中，气相传质阻力较小，液相传质系数［k'_g，mol/(s·m^2·Pa)］可直接用于描述 CO_2 的吸收速率。较快的吸收速率能够有效降低设备体积，从而降低设备投资成本。通常，30% MEA 是化学吸收过程的第一代吸收剂标准，因此，30%MEA 的 CO_2 吸收速率可以作为选择吸收剂时的 CO_2 吸收速率标准。

CO_2 吸收速率与吸收剂特性和烟气中 CO_2 分压有关。由式(2-51) 可知，液相传质速率与化学反应速率常数、有机胺浓度、CO_2 扩散系数、CO_2 物理溶解度有关。

各种类型有机胺与 CO_2 的化学反应速率常数差异较大，2.2.1 节介绍了不同类型有机胺的化学反应机理。一般地，一级胺的 CO_2 反应速率高于二级胺，空间位阻胺的反应速率较慢，三级胺与 CO_2 反应速率最慢。表 2-2 给出了不同类型有机胺与 CO_2 的一阶化学反应速率常数。

提高有机胺浓度在一定范围内可提高 CO_2 吸收速率，但同时吸收剂的黏度也会升高，导致 CO_2 扩散系数降低，因此，有机胺浓度对 CO_2 吸收速率的提高程度呈先上升后下降的趋势。值得说明的是，某些新型吸收剂如两相吸收剂、少水吸收剂、离子液体等，对 CO_2 的物理溶解度有大幅度提升，其对 CO_2 吸收速率的提高程度大于由于黏度升高导致 CO_2 扩散系数降低对 CO_2 吸收速率的降低程度。

(2) 再生能耗

再生能耗是指捕集每吨 CO_2 消耗的能量，单位是 GJ/t CO_2。30%MEA 的再生能耗为 3.5～4.5GJ/t CO_2。较低的再生能耗能够降低再沸器负荷，减小系统运行成本。如何降低吸收剂再生能耗是目前国内外研究的重点，也是影响化学吸收技术工业应用的主要瓶颈。

再生能耗由再沸器提供，再生能耗（Q_{reg}）由三部分组成，即反应热（Q_{reac}）、升温显热（Q_{sens}）、汽化潜热（Q_{evap}），各部分能耗的计算方法如式(2-53)，式(2-54)：

$$Q_{reg}=Q_{reac}+Q_{sens}+Q_{evap} \tag{2-53}$$

$$Q_{reg}=\frac{-H_{reac}}{Mr_{CO_2}}+\frac{c_p m_{sol}\Delta T}{Mr_{CO_2}n_{CO_2}}+\frac{\Delta H_w^{vap}n_w}{Mr_{CO_2}n_{CO_2}} \tag{2-54}$$

式中，H_{reac} 是 CO_2 吸收反应热，kJ/mol CO_2；Mr_{CO_2} 是 CO_2 的摩尔质量，44g/mol；c_p 是吸收剂比热容，kJ/(kg·K)；m_{sol} 是吸收剂富液的质量，kg；ΔT 是贫富液换热器中热贫液与热富液的温度差，一般为 10K，利

用节能工艺、板式换热器等，ΔT 可降为5K；n_{CO_2} 是解吸的 CO_2 量，mol/s，实际上，n_{CO_2} 与 m_{sol} 的比值为再生过程中贫富液的负荷差 $\Delta\alpha$，mol/kg 溶液，可通过再生实验的结果得到；ΔH_w^{vap} 是水的汽化潜热，kJ/mol；n_w 是再生的气体中水的摩尔量，mol/s。

在计算吸收剂汽化潜热时，由于有机胺的蒸发量较小，本文假设忽略有机胺的汽化潜热。再生气中汽化的水的量也可以通过分压比表示，即：

$$Q_{reg}=\frac{-H_{reac}}{Mr_{CO_2}}+\frac{c_p m_{sol}\Delta T}{Mr_{CO_2} n_{CO_2}}+\frac{\Delta H_w^{vap}}{Mr_{CO_2}}\times\frac{P_w}{P_{CO_2}} \tag{2-55}$$

式中，P_w 为水的分压，kPa；P_{CO_2} 为 CO_2 的分压，kPa。

有机胺溶液吸收 CO_2 的反应热可通过两种方法获得，一种是通过量热仪实验测量得到，另一种是根据 CO_2 溶解的气液平衡曲线，利用 Gibbs-Helmholtz 方程计算得到，如下

$$\frac{-H_{reac}}{R}=\left[\frac{\partial \ln P_{CO_2}}{\partial(1/T)}\right]_{\alpha} \tag{2-56}$$

通过量热仪直接测量 CO_2 吸收反应热的方法更可靠。常用于 CO_2 反应热测量的量热仪有 Setaram C-80、CPA122（Chemisens AB，Sweden）。

反应热与有机胺种类、温度、CO_2 负荷等有关。一般来说，一级胺的反应热较高，三级胺和空间位阻胺的反应热较低。温度升高，反应热会随之增大。CO_2 负荷对反应热的影响以40℃，30%MEA 与 CO_2 的反应热为例，在 CO_2 负荷小于0.5mol/mol 时，反应热几乎不变，为84.8kJ/mol CO_2，随着 CO_2 负荷增加，反应热迅速减小，当 CO_2 负荷为0.7mol/mol 时，反应热低至34kJ/mol。这是因为当 CO_2 负荷大于0.5时，氨基甲酸盐逐渐转化为碳酸氢根，而碳酸氢根的生成热要比氨基甲酸盐低得多。有机胺浓度对反应热几乎无影响，如15%MEA 和30%MEA 吸收 CO_2 的反应热几乎相等。

吸收剂比热容可通过质量平均方法计算，如下

$$c_p=\sum_{i=1}^{n}(w_i c_{p,i}) \tag{2-57}$$

式中，w_i 为吸收剂中各组分的质量分数；$c_{p,i}$ 为各组分纯物质的比热容。

（3）挥发性

挥发性是吸收剂筛选的重要标准之一，有机胺排放到大气中，作为一种碳氢化合物，可能产生臭氧，由于结构上有氨基，也可能产生氨气、亚硝胺和其他有毒物质，对人体和环境造成严重的影响。由于胺挥发损失会增加吸

收剂补充成本，因此吸收系统中一般用水洗塔来捕集挥发逃逸的胺，当有机胺吸收剂的挥发性较大时，水洗塔尺寸和用水量更大，导致更高的投资和运行成本，也会使系统的水平衡变得更复杂。

目前研究有机胺吸收剂挥发性较少，且仅限于测量常见的有机胺与水的气液平衡，如MEA-H_2O、MDEA-H_2O、AMP-H_2O、MAPA-H_2O体系。分子结构对有机胺的挥发性有较大的影响。德克萨斯大学奥斯汀分校Rochelle课题组通过实验测量了20多种具有不同分子结构的有机胺在稀释水溶液（$w<1.5\%$）中的挥发性，发现极性官能团，如一级氨基（—NH_2）、二级氨基（—NH—）、羟基（—OH）等有利于降低有机胺的挥发性，而非极性官能团，如烷烃（—C_nH_m）等则会导致有机挥发性增加。该课题组基于测量结果提出官能团结构模型，用于预测有机胺的挥发性。

有机胺浓度、CO_2负荷、温度等对有机胺吸收剂的挥发性影响较大。少数学者报道了高浓度（10%～40%）有机胺吸收剂的挥发性及其受CO_2负荷的影响。Hilliard分别测量了3.5～11mol/kg MEA在0.16～0.55mol CO_2/mol MEA负荷范围以及2～5mol/kg PZ在0.15～0.4mol CO_2/mol PZ负荷范围内的挥发性。结果表明，MEA和PZ挥发性随着CO_2增加而降低。某些混合胺吸收剂也有类似的变化规律，如7mol/kg MDEA/2mol/kg PZ混合胺在0.66～1.53mol CO_2/mol PZ负荷范围内有机胺的挥发性随负荷增加而减小。

（4）降解速率

吸收剂降解是指吸收剂溶质在一定条件下（通常指一定的温度下），与吸收反应的中间产物、烟气中少数的活性气体（如O_2、SO_2、NO_2等）或溶液中的杂质（如补给水和腐蚀作用带入的杂质粒子）等发生不可逆的化学反应，同时生成稳定性物质的过程。吸收剂的降解除会造成吸收剂的损失增加、吸收CO_2能力的退化之外，挥发性降解产物还会对环境造成污染。

燃煤烟气成分复杂，氮氧化物（NO_x）、硫氧化物（SO_x）和氧气（O_2）都会对吸收剂降解产生影响。其中，由于氧气相较另外两种杂质气体浓度较高，其影响占主导地位。由氧气参与的反应多发生于吸收塔中，统称氧化降解，占总胺损失的70%。以MEA为例，氧化降解反应复杂多变，并无统一降解机理。其主要反应为脱烷基化反应、加成反应、氧化反应、哌嗪生成反应等，相应产物则为热稳定性盐、酰胺、有机酸、咪唑等。

吸收剂在高温解吸塔中发生的无其他气体参与的降解反应统称热降解，温度变化在热降解过程中起着决定性作用。Davis课题组研究了MEA在再生塔中热降解性能，发现随着温度升高，降解速率明显增大，在135℃条件下反应8周，胺损失高达近50%。MEA热降解主要发生去甲基化反应、二聚反应、环化反应等，主要降解产物为挥发性胺和羟乙基乙二胺、*N*-羟乙基-2-咪唑烷酮、尿素等。由于降解中多重反应交叉进行，因此对于单一产物机理推测还未有公认推论。

此外，烟气中氮氧化物、SO_2等杂质气体以及溶液中金属离子也会影响氧化降解和热降解反应速率。

（5）物性参数

以上吸收剂特性是国内外学者评价吸收剂性能的主要指标，也是新型吸收剂筛选的主要标准。除此之外，水中的溶解度、黏度、密度、比热容等物理性质也是吸收剂重要的性能。如吸收剂的黏度增加将导致换热器的换热系数呈幂函数下降，从而导致系统能耗增大；吸收剂的比热容与吸收剂升温显热直接相关。但目前关于吸收剂的物理性质对化学吸收系统运行影响的研究较少。

随着人类环境保护意识的增强，吸收剂的环境友好性也受到了国内外研究学者的重视。吸收剂一般要求低毒或无毒，避免对操作人员及周围环境的不利影响；吸收剂一般为有机物的水溶液，如有机胺，有机胺气体排放到大气中后会发生二次反应，生成亚硝胺等致癌物质；气溶胶的形成会导致大气中颗粒物污染物（$PM_{2.5}$等）浓度升高，进而形成雾霾等。

2.3.2 吸收剂选择

吸收剂性能决定了吸收反应的可行性，是吸收操作中的决定性因素，在对混合气体进行分离吸收操作中，对吸收剂进行选择是必不可少的步骤，吸收剂的选择应该遵循以下原则：

① 选择性。这是选择吸收剂的第一要素。吸收剂要与CO_2发生反应，且不与其他组分产生作用，以达到烟气中CO_2的分离效果。

② 溶解度。吸收剂要易溶于水溶液中，才能实现混合气体与吸收剂的充分接触，利于CO_2与吸收剂进行充分反应。吸收剂越易溶解，与CO_2的反应越充分，吸收效果越好，而且可以减少药剂的消耗，降低捕集成本。

③ 吸收速率。化学吸收过程中，吸收剂的吸收速率越大，越容易快速实现物质与能量的平衡。吸收剂吸收速率的增大会使得捕集成本降低。

④ 挥发性。在工艺条件下，尽可能阻止吸收剂挥发可以节约成本，提升经济效益。要想阻止吸收剂溶液的挥发，就要使得其蒸气压较低。

⑤ 黏度。吸收反应中传质阻力的存在会影响气液两相的充分接触。因此在操作温度下吸收剂的黏度应当较低，这样就使得吸收过程中的传质阻力较小，利于气液两相的充分接触和反应，提高吸收效率。此外，吸收剂较小的黏度会使得溶液具有更好流动性能，对传质过程的发生更有利。

⑥ 再生性。吸收剂在吸收 CO_2 后将其释放的再生性能也是评价吸收剂的一个关键因素。这就要求 CO_2 在吸收剂溶液中对温度的变化要敏感，即在相对低的温度下，CO_2 溶解于吸收液中，与吸收剂充分接触，发生吸收反应；当温度上升至一定值后，溶液内发生再生反应，CO_2 被分离出来。

⑦ 稳定性。吸收剂反复利用时不能轻易发生变质，也就是说吸收剂的化学稳定性要好。就有机胺吸收法捕集电厂烟气中 CO_2 的系统来说，要求各类有机胺化合物不易发生降解变质。此类有机胺吸收剂一旦发生降解反应，不但会影响吸收效率使得吸收液的循环次数减少，造成药剂的用量增加，而且该过程形成的各类酸性物质会使得吸收剂溶液腐蚀性提高，导致设备损伤。通过在吸收剂溶液中增加抗氧化剂和缓蚀剂等，使得吸收剂溶液不易变质，但这在一定程度上会使得经济效益受到影响。由此可见，吸收剂研发的一个重要方向是提高吸收剂稳定性。

⑧ 经济性。进行吸收剂筛选的另外一个关键指标就是其经济性。一般而言，要求吸收剂的价格比较低廉且资源丰富较易获得。

⑨ 其他。除以上因素，吸收剂的评价还有一些其他指标。例如，从安全角度考虑，要求吸收剂必须是低毒的，易于储存，不会轻易燃烧，腐蚀性低等。

实际上，一种吸收剂往往并不能够完全满足上述指标，但是应对以上指标进行综合考虑，结合项目实际对吸收剂作出合理的选择。

目前工业中广泛采用醇胺吸收法，常用的醇胺吸收剂是 MEA（乙醇胺，质量分数为 30%）。MEA 化学吸收法捕集 CO_2 技术的瓶颈在于系统投资成本高、运行能耗高，导致燃煤电厂投资增加、净发电效率下降。据中国 CO_2 捕集与封存示范项目路线图的评估，以 600MW 燃煤电站为例，加装 CCS 装置后，年 CO_2 捕集量为 370 万吨，与不加装 CCS 装置的 600MW 燃煤电站相比，系统总投资由 27.79 亿元增加至 34.17 亿元，净发电效率由 41%降低至 30%。化学吸收工艺系统的投资成本主要与塔器、换热器等设备尺寸直接有关，如吸收塔（含水洗塔）成本占总投资的 27%，如图 2-7(a)。系统的运行能耗有吸收剂再生能耗、电耗以及吸收剂补充成本等，尤其是再生能耗占总运行成本的 70%，如图 2-7(b)，而再生能耗主要受吸收剂和工艺流程的影响。

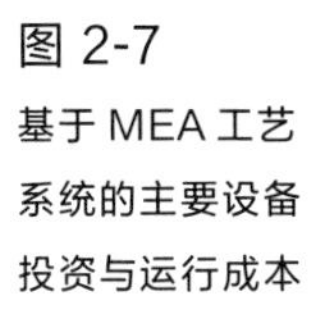

图 2-7
基于 MEA 工艺系统的主要设备投资与运行成本

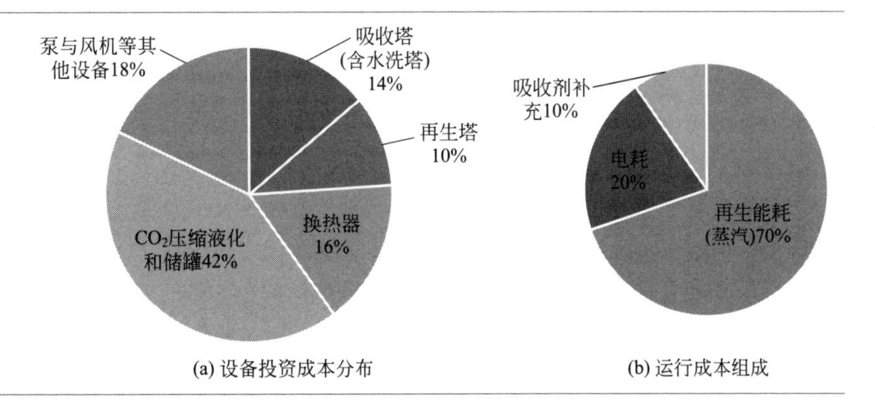

(a) 设备投资成本分布　(b) 运行成本组成

选择更适合的吸收剂是降低化学吸收工艺系统投资和运行能耗的主要研究思路之一。选择高反应速率、大吸收容量的吸收剂可减小吸收塔尺寸，减少系统的吸收液循环流量，从而降低工艺运行能耗，典型 30%MEA 再生能耗占系统运行能耗的 70%。因此，通过筛选和优化吸收剂配方，可进一步实现运行能耗的降低。如欧盟的 CESAR 项目提出的 Cesar-1 吸收剂，主要成分为 2-氨基-2-甲基-1-丙醇（AMP）/哌嗪（PZ），结合吸收塔级间冷却和富液分级流工艺，系统再生能耗可降低 18%。低能耗吸收剂是目前化学吸收工艺研究的关键。

表 2-3 列举了部分吸收剂用于化学吸收法捕集烟气 CO_2 工艺的再生能耗，吸收剂配方对再生能耗的影响要高于 CO_2 工艺流程的影响。一般来说，吸收塔级间冷却工艺和富液分级流工艺可降低吸收剂的再生能耗 10%左右。

表 2-3　吸收剂的再生能耗

吸收剂		CO_2 再生能耗/(GJ/t CO_2)	说明
醇胺	30%MEA	4～4.5	
	30%MEA	3.5～4	级间冷却、富液分级流等工艺
氨水	5%～15%NH_3	2.2,4～4.5	常温吸收或低温(0～10℃)吸收
碳酸盐	40%K_2CO_3	2.6	
混合胺	25%AMP/5%DEA	3.2	
	25%AMP/15%PZ	3.4	级间冷却和富液分级流工艺
	25%AMP/15%MEA	2.8	
二元胺	30%PZ	2.1～2.6	先进再生工艺(PZAS)
两相吸收剂	DEEA/AEEA	2.58	
	DEEA/MAPA	2.4	
	DMCA/TETA	2.3	

吸收剂的CO_2吸收速率与工艺系统的设备尺寸直接相关，尤其是针对烟气CO_2分压低的排放源，如燃气电厂烟气中CO_2浓度较低，约2%～5%。此时，CO_2捕集系统的设备投资成本，尤其是吸收塔投资，是主要的限制因素。因此，需要选择CO_2吸收速率较快的吸收剂。在吸收塔内，吸收剂从烟气中吸收CO_2需要有一定的传质驱动力。图2-8为吸收塔的简单示意图，P_{CO_2}为烟气中CO_2分压，$P^*_{CO_2}$为吸收剂的CO_2平衡分压，($P_{CO_2}-P^*_{CO_2}$)即为传质驱动力。为了保证CO_2从气相到液相有正向的传质驱动力，$P^*_{CO_2}$须小于P_{CO_2}。传质驱动力越大，吸收塔所需填料面积越小。在脱除率为90%时，较优的传质驱动力如图2-8。对于CO_2脱除率为90%的吸收塔，燃煤烟气（12% CO_2）条件下，40℃吸收剂贫、富液的CO_2平衡分压分别为0.5kPa、5kPa；天然气烟气（3%CO_2）条件下，40℃吸收剂贫、富液的CO_2平衡分压分别为0.1kPa、1kPa。

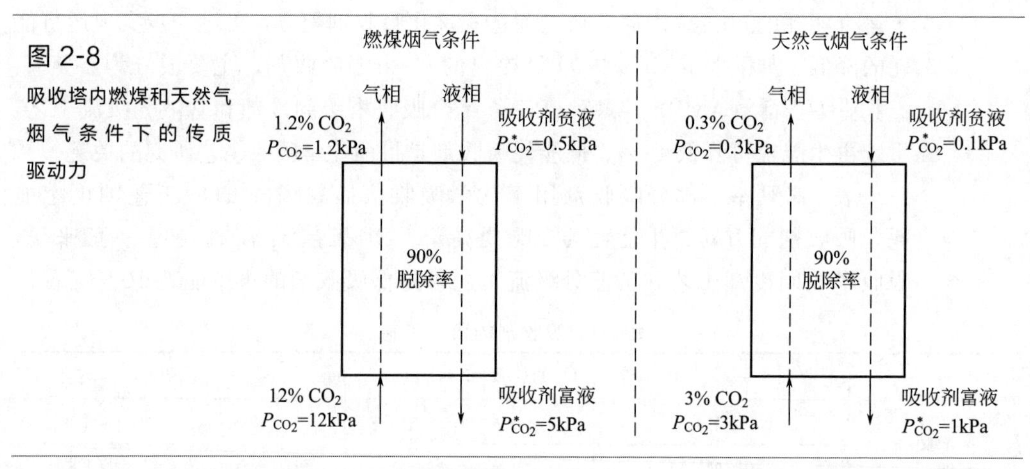

图 2-8
吸收塔内燃煤和天然气烟气条件下的传质驱动力

以30%MEA、30%PZ及25%AEEA为例，在天然气烟气和燃煤烟气条件下，吸收剂的贫、富液的液相传质系数（k'_g）如表2-4。Rochelle课题组针对燃气烟气CO_2（浓度4%），提出30%PZ吸收剂捕集工艺，其CO_2吸收速率较快，有利于降低吸收塔投资成本。

表2-4 不同吸收剂在40℃贫、富液条件下液相传质系数（k'_g）

单位：mol/(S·m²·Pa)

吸收剂	天然气烟气(0.1～1kPa)		燃煤烟气(0.5～5kPa)	
	$k'_{g,lean}$@0.1kPa	$k'_{g,rich}$@1kPa	$k'_{g,lean}$@0.5kPa	$k'_{g,rich}$@5kPa
30% MEA	1.3×10^{-6}	5.8×10^{-7}	7.5×10^{-7}	3.2×10^{-7}
30% PZ	3.8×10^{-6}	1.8×10^{-7}	2.2×10^{-6}	7.5×10^{-7}
25% AEEA	1.8×10^{-6}	7.0×10^{-7}	9.5×10^{-7}	3.3×10^{-7}

除此之外，吸收剂的挥发性也需要重点关注。吸收剂存在的胺挥发排放问题，导致吸收剂补充成本增加，也会造成VOCs、气溶胶等对环境的污染。目前，欧盟、美国等学者提出大规模CO_2捕集装置的胺排放应不高于$12mg/m^3$，我国尚未针对CO_2捕集装置提出相关的胺排放标准。

2.4 常规氨基吸收剂

根据目前实验室研发和工业应用情况，吸收剂可分为常规氨基吸收剂、两相吸收剂以及新型吸收剂。常规氨基吸收剂包括醇胺吸收剂、氨水、混合胺、氨基酸盐等，已在不同规模的CO_2吸收示范装置上展开了试验和应用。两相吸收剂近几年发展较快，目前正处于小试和技术工艺评估阶段。其他新型吸收剂包括少水胺吸收剂、离子液体吸收剂、纳米流体吸收剂以及胶囊吸收剂等，目前尚处于实验室研发阶段。

2.4.1 醇胺吸收剂

醇胺吸收CO_2的能力取决于其碱性的强弱，与氨基结合的取代基的空间阻碍作用则是决定其碱性强弱的主要因素，因此若将工业中常用的几种醇胺的碱性加以比较，有如下规律

$$MEA>DEA>DIPA>MDEA>TEA$$

工业上常用的醇胺的操作参数如表2-5。

表2-5　常用醇胺吸收剂的工业操作条件

方法	MEA法	DEA法	TEA法	MDEA法	DGA法	DIPA法
溶剂	一乙醇胺	二乙醇胺	三乙醇胺	甲基二乙醇胺	二甘醇胺	二异丙胺
水溶液浓度/%	20～30	15～25	30～36	28～35	60～70	20～30
吸收塔操作温度/℃	38～45	38～45	38～40	38～40	38	35～40
再生塔操作温度/℃	110～120	100～120	100～120	100～120	120	100～120

一乙醇胺（MEA，20%～30%）的分子量小、稳定性好、价格低、反应速度快，因而吸收CO_2气体的能力强，适合于处理CO_2分压低且要求的净化程度高的气体，应用广泛。被众多研究者作为标准溶剂进行对比，典型30%MEA吸收剂CO_2捕集工艺再生能耗为3.5～4.5GJ/t CO_2。

2.4.2 氨水吸收剂

氨水溶液（$NH_3 \cdot H_2O$）呈弱碱性，与 CO_2 反应生成碳酸氢铵，如下式

$$CO_2 + NH_3 + H_2O \rightleftharpoons NH_4HCO_3 \tag{2-58}$$

根据反应式，氨水吸收剂的 CO_2 吸收容量为 1mol/mol；NH_3 与 CO_2 的反应热较低，因此氨水吸收剂的再生能耗较低；氨水作为无机物，抗氧化降解和热降解能力较优；NH_3 还能够实现与其他酸性气体（SO_2、HF 等）的协同脱除。

氨水吸收 CO_2 过程涉及气相中 CO_2、水、NH_3 溶解平衡，液相中 NH_3 与 CO_2 的化学反应是限制氨水吸收剂 CO_2 吸收速率的主要步骤，其中反应式(2-59) 是影响氨水吸收剂动力学反应的主要反应。

$$CO_2 + NH_3 \rightleftharpoons NH_2COO^- + H^+ \tag{2-59}$$

有机胺与 CO_2 反应时的两性离子反应比该反应的速率常数要高 10 倍多。因此，氨水吸收剂与 CO_2 的反应速率低是其主要不足。温度降低，CO_2 吸收反应速率降低，不利于高效率捕集 CO_2。另外，由于碳酸氢铵和碳酸铵在水中的溶解度有限，低温、高浓度氨水在吸收 CO_2 后，可形成固相产物，会造成设备堵塞。因此，吸收温度和氨水浓度对系统运行稳定性影响极大。

氨水吸收剂捕集 CO_2 工艺的主要研究单位有法国 Alstom（阿尔斯通）公司、美国 Powerspan 电力公司和澳大利亚 CSIRO（澳大利亚联邦科学与工业研究组织），其技术工艺特点以及工业应用情况如表 2-6。

表 2-6 氨水吸收剂的主要研究单位、工艺及应用

研究单位	工艺特点	应用情况
Powerspan	5%～15%氨水吸收剂；常温吸收，低压解吸	2009 年，1MW 示范运行，CO_2 捕集规模 20t CO_2/d
Alstom	冷氨工艺：低温（0～10℃）吸收，高温（100℃）高压（20～40bar）解吸；产生碳酸氢铵沉浆	Mountaineer（10 万吨/年，2011 年）、蒙斯塔德中心（2.2 万～8.5 万吨/年，2014 年）；CO_2 捕集率 80%～87%，能耗 2.2GJ/t CO_2
CSIRO	4%～6%氨水吸收剂；常温（10～30℃）吸收，高温（90～150℃）中压（3～8bar）解吸；SO_2 协同脱除	2013 年，Munmorah 电站运行（50t/d）；CO_2 捕集能耗 4～4.2GJ/t CO_2，捕集率 80%，氨挥发损失 100kg/t CO_2

注：1bar$=10^5$Pa。

由于 NH_3 挥发性极大，氨水吸收剂捕集 CO_2 工艺中，氨挥发是其缺陷之一。氨逃逸导致吸收剂成本增加，也会对人身健康、环境等造成危害。如何降低氨水吸收剂的氨逃逸是国内外研究学者重要的研究目标。

阿尔斯通（Alstom）提出低温的冷氨工艺用于 CO_2 化学吸收技术，CO_2 吸收过程在低温（0～10℃）下进行，产物为碳酸氢铵浆液。高温高压下，CO_2 从富液中解吸，工艺流程如图 2-9 所示。这种工艺在 0～10℃ 吸收 CO_2，能有效降低氨挥发，但会增加系统制冷能耗，而且温度低易产生碳酸氢铵沉浆，堵塞和腐蚀设备。

图 2-9

用于 CO_2 化学吸收的冷氨工艺流程（Alstom）

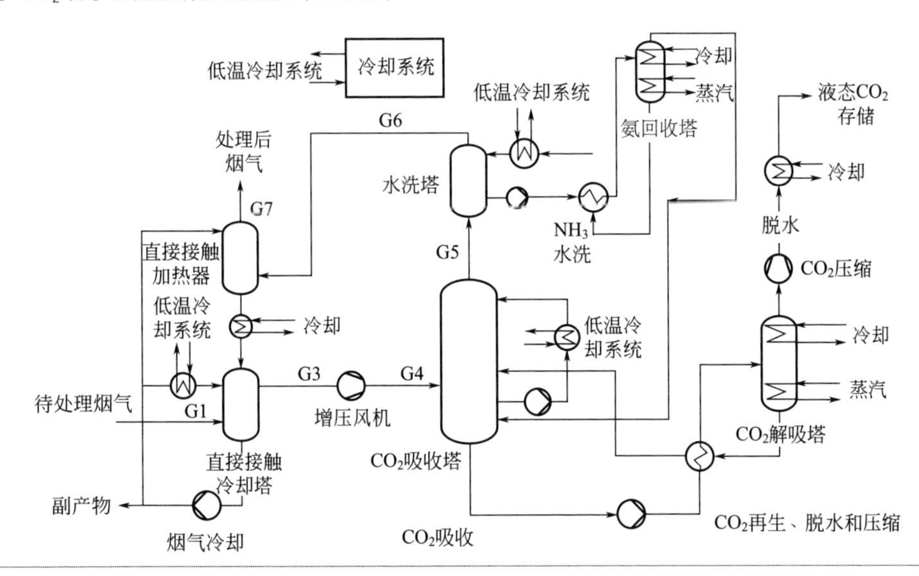

因此，氨水吸收剂的缺点是反应速率慢、氨挥发严重。试验结果表明，常温吸收下，氨水的 CO_2 吸收速率只有 30%MEA 的 1/10，氨挥发损失高达 100kg/t CO_2，是 30%MEA 的 10 倍。Fang 等提出通过向氨水吸收剂中添加氨基酸盐、甲基哌嗪等来增加吸收速率，但氨挥发问题仍然严重。

2.4.3 哌嗪吸收剂

哌嗪（PZ）是最具代表性的多元胺吸收剂，PZ 在结构上含有两个仲氨基，呈六元环。美国得克萨斯大学奥斯汀分校 Rochelle 课题组对 PZ 进行了系统的研究，其提出的 PZAS 工艺的核心就是基于 PZ 吸收剂（$w=30\%$）。与常规氨基吸收剂相比，PZ 的 CO_2 反应速率极快，适宜于低浓度 CO_2 如天然气烟气捕集。PZ 的抗热降解性能好，适宜于高温高压再生工艺，如高温闪蒸工艺。Rochelle 课题组于 2019 年提出基于 PZ 的新型工艺，如图 2-10 所示。

图 2-10
基于 PZ 吸收剂的 PZAS 工艺

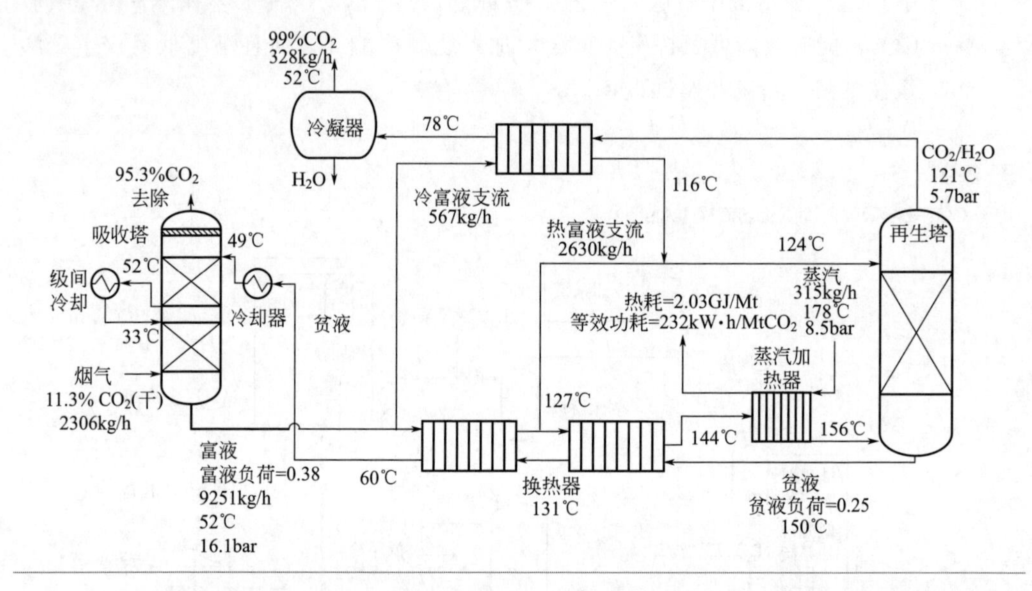

PZ 吸收剂已在美国 Alabama 碳捕集中心（National Carbon Capture Center）的 0.6MW 规模烟气碳捕集装置上连续运行 2000h，CO_2 捕集率 90%，再生能耗低至 2.1～2.6GJ/t CO_2。Rochelle 课题组结合试验结果，研究吸收塔优化、再生塔能耗平衡、PZ 氧化降解、腐蚀及气溶胶形成等，进一步形成 PZAS 工艺的工业设计，用于德州 Denver city 的 Mustang 天然气电站烟气 CO_2 捕集。

但 PZ 吸收剂黏度较高，低温低负荷下易发生固体沉淀。有学者提出 PZ 与水溶性好的有机胺混合来提高 PZ 溶解度，如 Du 等提出与 *N*-氨乙基哌嗪（AEP）、4-羟基-1-甲基哌啶（HMPD）混合，随着 PZ 浓度降低，混合胺的固相转变温度和临界负荷降低，但会导致混合胺的吸收速率降低、循环吸收容量下降和降解速率增加。近年来有学者提出多种水溶性较好的多元胺，如 AEEA、3-甲氨基丙胺（MAPA）、1,4-丁二胺（BDA）、DETA 等，目前尚处于实验室研究和小型试验阶段。

2.4.4 氨基酸盐吸收剂

氨基酸在结构上含有氨基（一级胺），氨基酸盐吸收剂一般选用氨基酸钾盐，其与 CO_2 的反应机理与有机胺类似，一般适用于两性离子反应机理。

氨基酸盐吸收剂具有挥发性低、抗氧化降解能力强、无毒等优点。但氨基酸盐吸收剂的吸收速率普遍较低，极大限制了其工业应用。国内外学者通过对几十种氨基酸盐筛选实验，发现脯氨酸盐、肌氨酸盐和甘氨酸盐的吸收速率相对较快，如脯氨酸钾的吸收速率与30%MEA相当。此外，氨基酸盐吸收剂的CO_2吸收-解吸循环容量低、抗热降解特性差，由于生成的产物是氨基甲酸盐，吸收剂再生能耗高，也阻碍了其进一步发展。

2.4.5　碳酸盐吸收剂

碳酸钾（K_2CO_3）吸收剂再生能耗低、成本低、稳定性好（无挥发、不降解），但由于碳酸钾低温下在水中的溶解度较低，一般采用热（50～80℃）碳酸钾工艺捕集CO_2。Wang等评估热碳酸钾（40%K_2CO_3）工艺，相比30%MEA工艺（4GJ/t CO_2），再生能耗可降低至2.6GJ/t CO_2。但是碳酸钾吸收剂的吸收速率极慢、CO_2吸收容量小，近似于物理溶解。

国内外研究学者提出向碳酸钾吸收剂中加入活化剂，来提高吸收速率和吸收容量。目前研究较多的活化剂包括有机胺、氨基酸、无机盐、生物酶等。反应速率较快的有机胺，如MEA、PZ、DETA等能够提高碳酸钾的吸收速率。Wang等分别向40% K_2CO_3吸收剂中添加0.5mol/L的MEA、PZ，70℃下的吸收速率分别提高1.1倍、1.8倍。常用的氨基酸和无机酸活化剂有脯氨酸、甘氨酸、肌氨酸、硼酸等。Thee等向30%K_2CO_3中添加1mol/L的脯氨酸、甘氨酸、肌氨酸，实验结果表明，总CO_2吸收速率分别提高14倍、22倍、45倍。有学者提出利用碳酸酐酶提高碳酸钾的吸收速率，Qi等向23.5% K_2CO_3吸收剂中添加1g/L的碳酸酐酶，CO_2捕集率由20%提高至70%。然而碳酸酐酶在高温下易失活，氨基酸、无机酸以及碳酸酐酶对提高CO_2吸收容量作用不大。

2.4.6　混合胺吸收剂

混合胺吸收剂的原理是利用单一胺之间优势互补，一、二级胺的吸收速率较快，三级胺和空间位阻胺的吸收容量大、再生能耗低。目前商业化应用的吸收剂大多也是基于混合胺吸收剂，如欧盟EU CASTOR项目开发的CESAR-1、日本MHI开发的KS-1、Shell Cansolv开发的DC系列以及国内中石化南化院提出的MA吸收剂等。典型的混合胺吸收剂是以吸收容量大、再生能耗低的三级胺和空间位阻胺为主胺，如MDEA、AMP，V/、一、二级胺作为添加剂来

提高 CO_2 吸收速率，如 MEA、DEA、PZ 等。由于吸收剂黏度随有机胺浓度增加而升高，黏度升高将导致换热器的换热系数迅速下降，某些腐蚀性强的胺浓度增加会加剧管道腐蚀，因此混合胺吸收剂的总胺浓度一般控制在 20％～30％。

不同学者通过实验和模拟研究表明，相比 30％MEA，在相同 CO_2 捕集率下，混合胺吸收剂能提高 CO_2 循环吸收容量，降低再生能耗。浙江大学在 $200m^3/h$ 的试验装置上测试了 AMP/MEA、MDEA/PZ，相比 30％MEA，CO_2 循环容量分别提高 40％、10％，再生能耗分别降低 22％、6％。Adeosun 等利用 Aspen Plus 模拟 25％AMP/5％DEA 吸收 CO_2 工艺，CO_2 捕集率为 90％时，相比 30％MEA(4GJ/t CO_2)，再生能耗降低至 3.17GJ/t CO_2，循环负荷提高 28％。总胺浓度对混合胺的再生能耗影响较大。欧盟 CESAR 项目在丹麦 Esbjerg 燃煤烟气捕集装置（8000t/a）上测试了 CESAR-1 吸收剂（25％AMP/15％PZ)，CO_2 捕集率为 90％时，AMP/PZ 混合胺的再生能耗比 30％MEA 低 14％。CSIRO 在 Loy Yang 电厂 CO_2 捕集装置上测试了 25％AMP/5％PZ，在 CO_2 捕集率 85％的条件下，混合胺的再生能耗比 30％MEA 低 4％以上。其他常见的混合胺吸收剂有 MDEA/MEA、MDEA/PZ、*N*,*N*-二乙基乙醇胺（DEEA)/MEA、AEEA/MDEA 等。为进一步优化混合胺吸收剂性能，有学者提出三种胺混合的吸收剂，如 MEA/MDEA/PZ、MEA/AMP/PZ 混合胺在不同配比下，再生能耗比 30％MEA 低 15％～50％，但仍需对其吸收速率进行评估和优化。

混合胺吸收剂目前正处于工业示范阶段。如加拿大 SaskPower 边界大坝电站 100 万吨/年碳捕集工程采用 Shell Cansolv 开发的 DC 系列吸收剂，美国 Petra Nova 项目在运行的 140 万吨/年工业装置使用的是日本 MHI 开发的 KS-1 混合胺吸收剂。华能上海石洞口电厂 12 万吨/年碳捕集项目采用华能清能院研发的混合胺吸收剂，我国“十三五”规划启动的重点研发计划项目“用于 CO_2 捕集的高性能吸收剂/吸附材料及技术”开发了基于混合胺等吸收剂的低能耗 CO_2 化学吸收技术，正在国家能源集团陕西锦界电厂进行 15 万吨/年碳捕集规模的工业示范。

2.5 两相吸收剂

2.5.1 两相吸收剂工艺和分类

两相吸收剂具有大幅度降低再生能耗的潜力，正受到国内外研究学者广泛的关注。两相吸收剂是指吸收剂溶液在吸收 CO_2 或温度升高后，发生相变，根据分相状态，可分为液液两相吸收剂和液固两相吸收剂，如图 2-11。液固两相吸收剂包括有机胺/离子液体、氨基酸盐、有机胺/醇等体系，由于固体流动性差，易造成管道、泵、换热器堵塞，因此不适于常规化学吸收工艺。

图 2-11

两相吸收剂吸收 CO_2 后分相现象

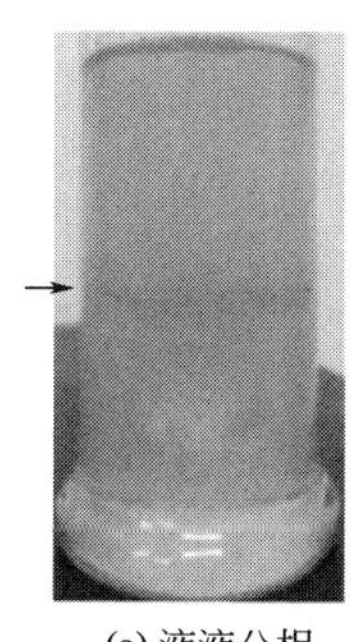

(a) 液液分相

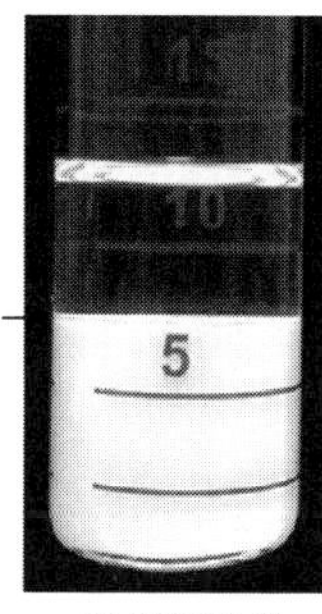

(b) 液固分相

根据两相吸收剂的分相条件，两相吸收工艺可分为吸收后分相、吸收后加热分相和再生后分相三种工艺。

图 2-12 为吸收后分相工艺，与 MEA 工艺不同的是，富液从吸收塔塔底流出时发生液液分相，一相为 CO_2 富集相［简称富相，图 2-11(a) 下层液相］，另一相为 CO_2 贫相［简称贫相，图 2-11(b) 上层液相］，通过一个静置或旋转分相器进行贫/富相分离，仅需将富相送去贫富液换热器和再生塔，贫相送去两相混合器与再生后的贫液混合，经冷却后进入吸收塔循环吸收 CO_2。因此流经换热器和再生塔的溶液循环量减少，从而降低再沸器负荷。

图 2-12

吸收后分相工艺流程

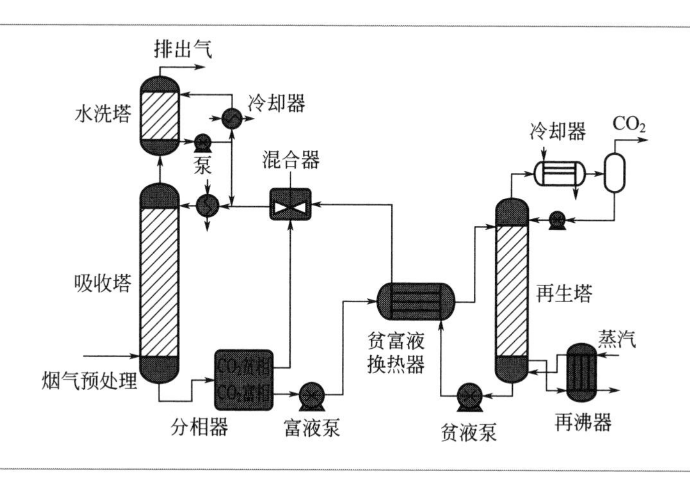

图 2-13 为吸收后加热分相工艺，富液经过贫富液换热器升温后，发生液液分相，富相经富液泵、加热器升温后送去再生塔。

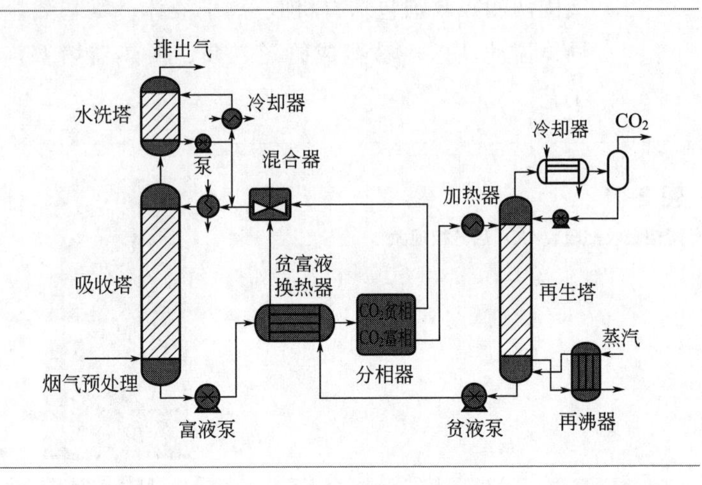

图 2-13
吸收后加热分相工艺流程

图 2-14 为再生后分相工艺，再生时吸收剂发生液液分相，有机相为再生的有机胺，水相为 CO_2 产物和水。该工艺降低能耗的原理是有机相不断萃取水相中的有机胺，使水相中反应平衡向 CO_2 解吸方向移动，提高 CO_2 解吸量，从而减少再生能耗。

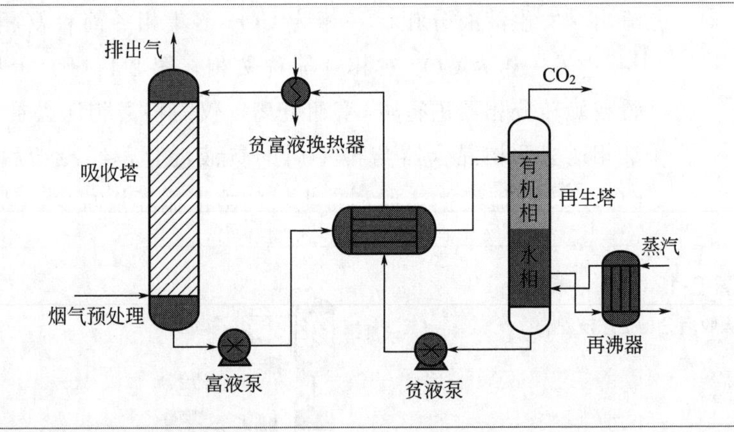

图 2-14
再生后分相工艺流程

2.5.2 混合胺两相吸收剂

一定浓度配比的烷醇胺（DEEA，*N*,*N*-二乙基乙醇胺）与亲脂胺混合在吸收温度（30～40℃）、特定负荷范围时，形成液液两相。挪威科技大学 Pinto 等提出 5mol/L DEEA/2mol/L MAPA 在 40℃、CO_2 吸收负荷为 1.8～2.6mol/kg

时，液液分相，下层液相体积占比为57%～68%，超过90%的CO_2富集在下层富相，有利于提高CO_2循环负荷和降低再生能耗。随后国内外学者提出基于DEEA与亲脂胺混合的两相吸收剂，其混合胺配比、分相条件（温度与CO_2负荷）、循环吸收容量及再生能耗如表2-7。相比30%MEA（3.5～4.5GJ/t CO_2），DEEA混合胺两相吸收剂的再生能耗可降低至2.07～2.97GJ/t CO_2。

表2-7 混合胺两相吸收剂的分相条件及其性能

混合胺及浓度	分相温度/℃	分相负荷/(mol/kg)	循环负荷/(mol/kg)	再生能耗/(GJ/t CO_2)
5mol/L DEEA/2mol/L MAPA	40	1.84～2.55	2	2.2～2.4
4mol/L DEEA/2mol/L BDA	40	1.12～2.64	2.2	—
3.5mol/L DEEA/1.5mol/L TETA	40	1.10～2.83	2.1	2.80
4mol/L DEEA/1mol/L DETA	30	1.35～2.23	—	—
4mol/L DEEA/2mol/L DMBA	30	1.50～2.60	1.28	—
3mol/L DMCA/1mol/L TETA	30	0～2.45①	2～2.4	2.07～2.97

① 新鲜的DMCA/TETA吸收剂为两相液体。

DEEA混合胺两相吸收剂的分相机理是通过CO_2吸收反应触发的。目前国内外学者借助多种化学分析手段探究CO_2吸收反应对DEEA混合胺两相吸收剂的分相的影响。Xu等用阳离子色谱仪分析了4mol/L DEEA/2mol/L BDA分相后的主要成分，发现水相的主要成分是BDA、DEEA、CO_2产物和水，有机相的主要成分是DEEA和少量未反应的BDA。且随着CO_2吸收负荷增加，水相中BDA和CO_2产物浓度快速升高，有机相中BDA浓度迅速下降。最终认为4mol/L DEEA/2mol/L BDA的分相是由于DEEA在BDA水溶液与CO_2的反应产物溶解度有限导致的。Ciftja等通过核磁共振谱（NMR）仪分析了不同CO_2吸收负荷下5mol/L DEEA/2mol/L MAPA发生分相时液相的主要成分。发现当CO_2吸收负荷较低时，CO_2产物主要是MAPA的氨基甲酸根离子，当CO_2吸收负荷较高时，在NMR谱图上检测出碳酸氢根/碳酸根离子的峰。此外，有机胺浓度及配比也能对混合胺吸收CO_2的分相产生很大的影响，如4mol/L DEEA/2mol/L BDA吸收CO_2负荷达到1.12mol/kg时即发生分相，但3.5mol/L DEEA/1.5mol/L BDA吸收CO_2直至饱和，也未见分相现象发生。类似地，5mol/L DEEA/2mol/L MAPA是两相吸收剂，而3mol/L DEEA/2mol/L MAPA吸收CO_2后仍是均一液相。

浙江大学刘飞等研究发现*N*,*N*-二乙基乙醇胺（DEEA，50%）/羟乙基乙二胺（AEEA，25%）两相吸收剂，在40℃、CO_2负荷为2.2mol/kg条件下，分为上、下两层，下层液相的质量分数为62%，90%的CO_2富集在下层，再生塔内富液循环量可减少 38%，再生能耗降低至 2.58GJ/t CO_2。Liu 等通过 NMR 定量分析确定 CO_2 与 DEEA/AEEA 的反应机理，CO_2 吸收初始阶段，AEEA 与 CO_2 反应占主导，当 CO_2 吸收负荷高于 2.2mol/kg 时，DEEA 参与 CO_2 吸收反应，上层液相中以自由胺形式存在的 DEEA 逐渐转移至下层液相并以质子化 DEEA 的形式存在。图 2-15 显示了 AEEA/DEEA 两相吸收剂分相机理，可以看出，两相吸收剂分相与 CO_2 负荷和吸收液浓度有关，太低 CO_2 负荷和太高 CO_2 负荷不会分相，太低吸收液浓度也不会分相。该分相机理一般适用于混合胺型两相吸收剂，如 DEEA/DETA、DMCA/TETA 和 PMDETA/DETA 等。

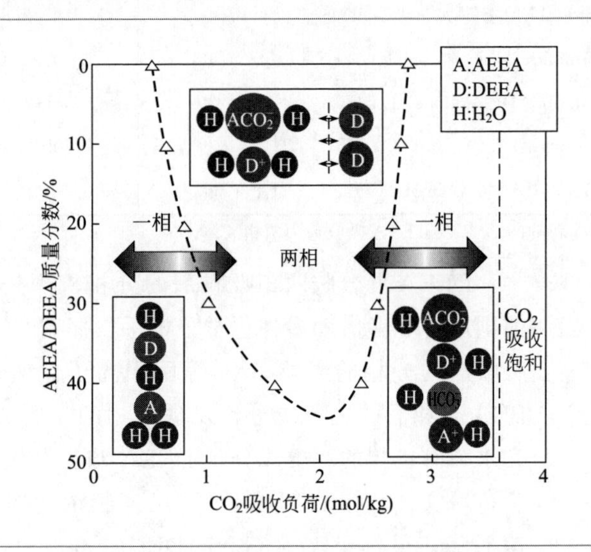

图 2-15
混合胺两相吸收剂的分相机理

CO_2 吸收速率是两相吸收剂重要的性能指标，CO_2 吸收速率快，能够降低吸收塔尺寸，从而降低设备投资成本。目前报道的很多具有较低再生能耗的两相吸收剂，其 CO_2 吸收速率较低。如 0.5mol/L DETA/1.5mol/L AMP/3mol/L PMDETA 再生能耗低至 1.83GJ/t CO_2，但 40℃下其一阶化学反应速率（$2586s^{-1}$）比 30%MEA（$65000s^{-1}$）慢，反应速率比为 1∶25。两相吸收剂 DEEA/DMBA 在无 CO_2 负荷的条件下，CO_2 吸收速率比 30%MEA 低，吸收速率比为（1∶2）～（1∶4）。CO_2 吸收速率较低的主要原因是三级胺（DEEA，PMDETA，DMBA）的反应动力学速率较低，如 40℃下 DEEA 与 CO_2 的反应速率常数［$0.13m^3/(mol \cdot s)$］比 MEA［$13m^3/(mol \cdot s)$］低两个数量级。

多元胺如 AEEA、PZ、MAPA、BDA、DETA 与 CO_2 的反应速率较快，能够显著提高混合胺的吸收速率，如 Xu 的测量结果表明，在 40℃无负荷条件下，两相吸收剂 4mol/L DEEA/2mol/L BDA 的 CO_2 吸收速率（k'_g）

比 30%MEA 快 12%。DEEA/AEEA 中添加 0.3mol/L AEEA，能使其一阶化学反应速率提高 15 倍。

2.5.3 非水基胺两相吸收剂

非水基胺两相吸收剂是利用非水基的物理溶剂代替 DEEA、DMCA 等作为分相剂，与烷醇胺混合形成两相吸收剂。常见的物理溶剂有醇、醚和环丁砜等，这些溶剂与有机胺、水的互溶性较好，蒸发潜热小，不易降解。但由于烟气中含有饱和水，实际工业应用时，无水吸收剂容易发生潮解等，因此有学者提出物理溶剂与水共溶的两相吸收剂，如 30%MEA/40%正丙醇/30%水、20%DETA/40%环丁砜/40%水。Zhang 等从 5 种醇（甲醇、乙醇、正丙醇、异丙醇、叔丙醇）中筛选出正丙醇为分相剂，与水复配成质量分数为 30%的 MEA 吸收剂，吸收 CO_2 后发生分层，下层为 CO_2 富集相。但正丙醇（沸点 97℃）挥发性较大，40℃时蒸气分压 5.5kPa，随吸收塔出口烟气夹带造成的吸收剂损失较大。研究学者提出高沸点物理溶剂如二乙二醇二乙醚（DGE，沸点 180～190℃）和环丁砜（沸点 285℃）等作为两相吸收剂分相剂，开发了 EMEA/DGE 和 DETA/环丁砜两相吸收剂。需要注意的是，环丁砜密度较大，CO_2 富液相在上层，有机相在下层。不同的物理溶剂型两相吸收剂分相条件及其 CO_2 吸收性能如表 2-8。

表 2-8 物理溶剂型两相吸收剂的分相条件及其性能

活性胺（质量分数）	物理溶剂（质量分数）	分相温度/℃	分相负荷/(mol/kg)	循环负荷/(mol/kg)	再生能耗/(GJ/t CO_2)
MEA(30%)	长链醇(70%)①	40	—	—	—
DEA(30%)	长链醇(70%)①	40	—	—	—
EMEA(30%)	DGE(70%)①	40	1.72	2.23	—
MEA(30%)	正丙醇(40%)	30	0.93～2.48	1.70	2.87
DETA(20%)	环丁砜(40%)	40	0.74～2.85	1.94	—

① 所用长链醇是正庚醇、正辛醇和 1-甲基庚醇，DGE（二乙二醇二乙醚）。

研究学者用盐析效应解释物理溶剂型两相吸收剂的分相机理（图 2-16），吸收前，有机胺与物理溶剂和水互溶，有机胺与 CO_2 反应，生成的氨基甲酸盐在水中的溶解度大于物理溶剂，当溶液中盐浓度达到临界浓度时，物理溶剂发生自聚，形成水相和有机相。随着吸收反应进行，溶液中盐不断从有机相中析出。且物理溶剂浓度越高，分相所需的临界盐浓度越低。如 MEA/正丙醇/水体系中，正丙醇浓度从 25%增加到 60%，发生分相的临界 CO_2 负荷降低 57%。

图 2-16
非水基胺两相吸收剂的分相机理

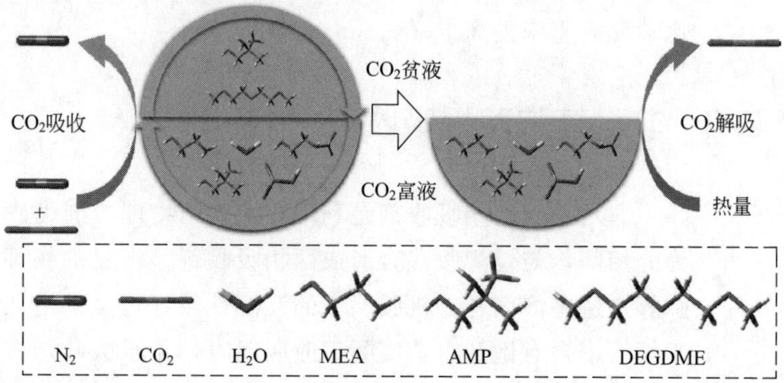

相比混合胺型两相吸收剂，现有的物理溶剂型两相吸收剂的 CO_2 循环容量较小，再生能耗较高（2.87GJ/t CO_2）。共溶的物理溶剂的筛选应当满足无毒、挥发性低（如 40℃下正丙醇的饱和蒸气分压为 7.2kPa，水蒸气分压 7.4kPa)、蒸发潜热小、稳定性好（耐高温）等要求。

2.5.4 热致相变吸收剂

热致相变吸收剂多是基于亲脂混合胺研发。法国石油研究院（IFP）提出的 DMX^{TM} 吸收剂（配方未公开）在 90℃、CO_2 负荷为 2.4mol/kg 时，发生液液分相。Raynal 等基于该特性设计了 DMX 工艺，通过工艺模拟和评估，在 150℃、5×10^5 Pa 的再生条件下，相比 30%MEA（4GJ/t CO_2），再生能耗低至 2.3GJ/t CO_2。该吸收剂在 3.5MWe 规模的中试装置上开展试验，运行结果良好，验证了两相工艺的可行性。后续正开展对钢铁行业烟气 CO_2 捕集的工艺设计和成本分析。

德国多特蒙塔大学 Zhang 等对 30 多种亲脂胺筛选和浓度优化，得到 *N*,*N*-二甲基环己胺（DMCA，3～5mol/L)/*N*-甲基环己胺（MCA，3～6mol/L）两相吸收剂，吸收 CO_2 后、发生分相的温度为 70～90℃，根据吸收剂性能，评估再生能耗为 2.5GJ/t CO_2。亲脂胺混合的两相吸收剂在吸收 CO_2 后需加热才能发生分相，根据分相条件，适用于吸收后加热分相工艺。与吸收后分相工艺比，贫富液换热器中吸收液流量并未减少，且为满足再生塔温度需加装额外的富液加热器，贫相也需要冷却后才能进入吸收塔重新吸收 CO_2。

亲脂胺两相吸收剂分相的机理为热致相变机理，低温时氨基与水分子形成分子间氢键，作用力较强，亲脂胺与水互溶；温度升高至某一临界值时，氨基与水的氢键断裂，亲脂胺分子间靠范德华力结合，水分子之间靠氢键结合，亲脂胺与水分相。Zhang 等发现亲脂胺混合吸收剂 DMCA/MCA 吸收 CO_2 后，不发生分相，当温度升高到 90℃时，发生液液分相，上层为有机相，下层为水溶液相（简称水相），CO_2 富集在水相。并根据该分相特性提出低温再生工艺，温度升高到 90℃，发生 CO_2 解吸和亲脂胺再生，由于分相特性，再生的亲脂胺不断从水相转移至有机相，导致水相中化学平衡朝 CO_2 解吸方向进行。同时进一步发现，DMCA/MCA 亲脂胺中添加烷醇胺能够降低分相的临界温度，如 DMCA/MCA/AMP 的分相温度可降低至 60℃，并利用超声、搅拌、溶剂萃取等强化低温再生工艺。具有相同分相机理的亲脂胺两相吸收剂还包括二仲丁胺（DSBA）/MCA、DMCA/PZ。

热致相变两相吸收剂的分相机理见图 2-17。

图 2-17

热致相变两相吸收剂的分相机理

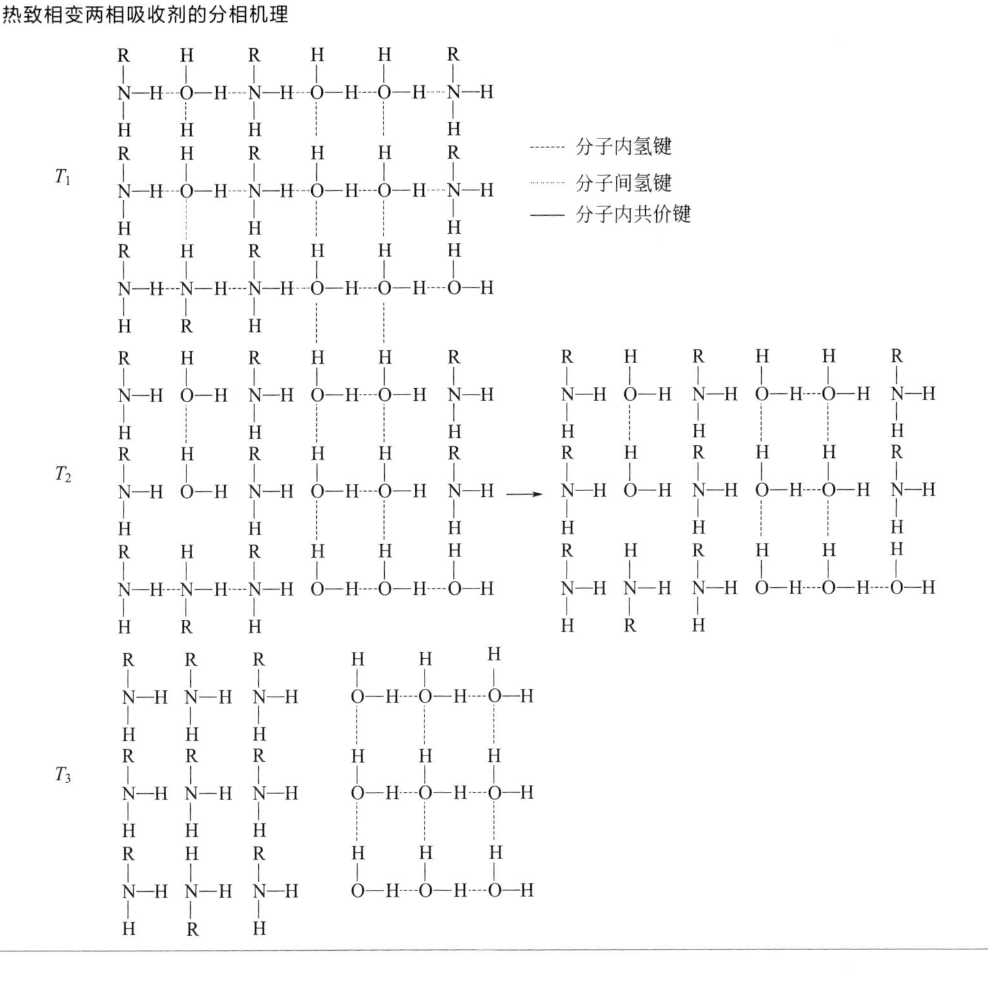

2.6 其他新型吸收剂

2.6.1 少水吸收剂

少水吸收剂是通过使用比热较小的有机溶剂来代替常规溶剂水，在保证拥有与常规水性吸收剂相当的吸收解吸性能的同时，达到大幅降低再生能耗目的的新型吸收剂。并且相对于两相吸收剂而言，少水吸收剂可直接在现有常规 CO_2 捕集装置中运行，不需要额外进行工艺改变，因此可一定程度减少运行成本。其中根据水含量来进行区分，少水吸收剂可细分为无水吸收剂、少水吸收剂及半水吸收剂。

(1) 能耗

日本RITE研究所的Yamatomo等提出新型少水吸收剂RH-3e在加压再生的 CO_2 捕集装置中可将能耗降低至1.1GJ/t CO_2。中国华侨大学的Jing等通过引入低比热和低蒸发焓的有机溶剂：*N*-甲基吡咯烷酮（NMP）来代替水，大幅度地降低了再生过程中潜热和显热。其研发的非水吸收剂2-氨基-2-甲基-1-丙醇（AMP）/羟乙基乙二胺（AEEA）/NMP与常规乙醇胺（MEA）吸收剂相比，在120℃再生温度下，能耗仅为MEA的一半（2.09GJ/t CO_2，见图2-18）。通过引入辅助溶剂十六烷（$C_{16}H_{34}$），美国太平洋西北国家实验室发现可将其吸收剂 CO_2 结合有机液（CO_2 binding organic liquids，CO_2BOLs）的再生温度降低至73℃。在此温度下进行 CO_2 捕集不仅可以降低再生能耗，还能进一步缓解吸收剂挥发及降解。另外，除了降低能耗这一优势外，循环容量高也是少水吸收剂一大亮点。华北电力大学Wang等发现，他们开发的少水吸收剂二乙烯三胺（DETA）/环丁砜（SFL）相比30%MEA水溶液可提高35%的吸收循环容量。

(2) 黏度

少水吸收剂高黏度的特性是阻碍其工业化应用的一大阻力。韩国科学技术院Lee等发现当辅助吸收剂乙二醇/聚乙二醇（EG/PEG）含量大于42.3%时，其MEA基底吸收剂的高黏度特性阻碍了 CO_2 溶解平衡过程。在研究由AMP与乙二醇一乙醚（EGEE）组成的少水吸收剂时观察到其在 CO_2 吸收过程中生成固体沉淀物，在工业应用过程中易造成管路堵塞等问题。尽管通过引入辅助溶剂三甘醇（TEG），使得氨基硅油类吸收剂GAP-0

图 2-18

AMP/AEEA/NMP 吸收剂低能耗优势

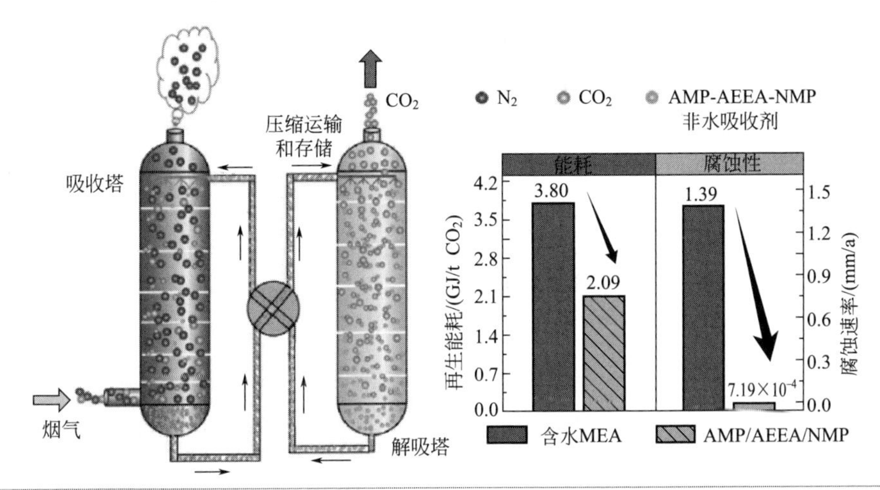

黏度有所降低，但是其黏度仍然很大，40℃可达约 1300mPa·s。并且美国得克萨斯大学奥斯丁分校 Rochelle 等认为常规辅助溶剂，如醇类及其衍生物由于其高挥发的特性，需要通过水洗和汽提等手段进行回收，因此会导致体系水平衡困难及整体 CO_2 捕集成本的增加。同时醇类及其衍生物还易与降解产物发生交叉反应，进一步导致降解反应的加剧。

（3）改进措施

基于改善少水吸收剂高黏度的目的，一系列热稳定性好、挥发性及腐蚀性小的辅助溶剂如环丁砜（SFL）和二甲基亚砜被提出，然而有研究认为辅助溶剂 SFL 对 CO_2 溶解度有不利影响，会导致 CO_2 溶解度下降，并且 SFL 的引入使得吸收剂在 CO_2 吸收过程中容易产生分相。因此有学者提出了另一种辅助溶剂：*N*-甲基吡咯烷酮（NMP）。NMP 最初是作为物理吸附剂用于高压条件下（＞2MPa）的 CO_2 捕集，由于其优异的热稳定性和良好的 CO_2 物理溶解度被用作辅助溶剂。然而瑞典隆德大学 Svensson 等研究表明 AMP 与 NMP 混合的非水吸收剂在作为 CO_2 吸收剂过程中会生成固体沉淀物，并且 CO_2 溶解度也随着 NMP 的加入而有所降低。为了解决这一问题，有学者利用 NMP 在水和有机溶液中均互溶的这一特性，开发了以 MEA 为主，NMP 和水共为溶剂的半水吸收剂，发现吸收速率较 MEA 水溶液有所提升，但其高黏度的特性导致了吸收剂吸收容量的减少。

浙江大学 Xu 等开发了以新型双胺（*N*,*N*′-二甲基乙二胺，DMEDA）为主剂，NMP 为辅助溶剂且含水量少于 20％的少水吸收剂 ENH。研究发现，ENH随着水含量的减少，黏度大幅降低。ENH-5%H_2O在0.767mol/mol胺负荷下黏度仅为7.603mPa·s。与现已发表的其他吸收剂黏度相比发现（图2-19），ENH-5%H_2O黏度在少水吸收剂范围内具有可观优势，与无水吸收剂如GAP-0和离子液体（ILs）相比，其黏度下降了2～5个数量级。若与工业化相对较为成熟的单一胺及混合胺吸收剂相比，ENH-5%H_2O与混合胺类吸收剂如*N*-甲基二乙醇胺（MDEA）/AMP的黏度相当，与单一胺哌嗪（PZ）吸收剂相比黏度下降了36%。

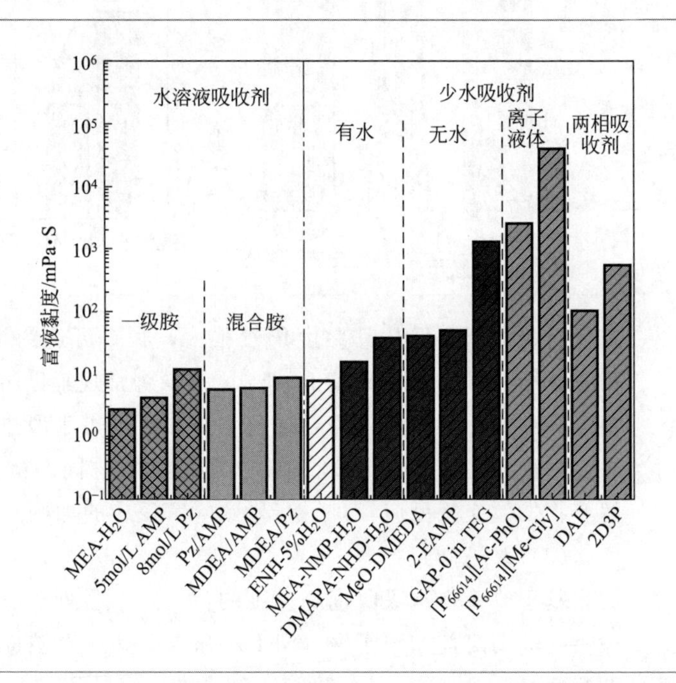

图2-19
少水吸收剂黏度对比图

在循环容量方向，ENH-5%H_2O也有令人满意的表现，其循环容量相较典型吸收剂30%MEA有高达140%的提升。该吸收剂与其水溶液吸收剂DMEDA-H_2O和30%MEA进行能耗对比见图2-20。由图可以发现，反应热方面，双胺类吸收剂和MEA吸收剂差距不大。但是双胺类吸收剂（DMEDA-H_2O和ENH-5%H_2O）由于其循环容量相较MEA吸收剂有较大优势，因此在显热方面有较强优势。而比热较小的NMP的存在使得ENH-5%H_2O相比DMEDA-H_2O有更小的显热，ENH-5%H_2O的潜热相比DMEDA-H_2O降低了57.9%。在潜热方面，ENH-5%H_2O由于水含量仅为5%，阻碍了再生过程中由于高温造成的水的挥发，其潜热仅为0.034GJ/t CO_2。因此，综合反应热、显热及潜热三部分能耗，新型少水吸收剂ENH-5%H_2O在90℃的解吸温度下的再生能耗为2.418GJ/t CO_2，分别比MEA-H_2O

（120℃再生）和 DMEDA-H_2O 下降了 36%和 30%。

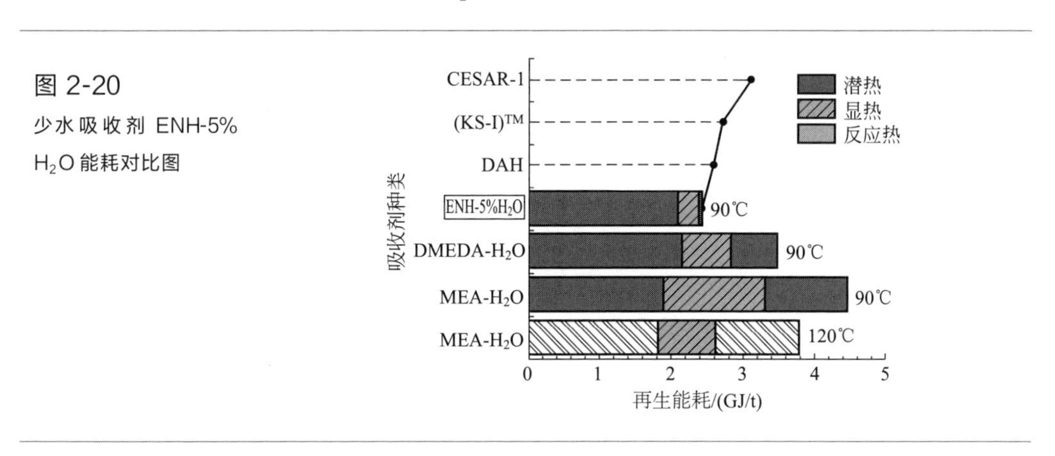

图 2-20
少水吸收剂 ENH-5% H_2O 能耗对比图

2.6.2　离子液体吸收剂

离子液体（ionic liquids，ILs）是一类由阳离子和阴离子组成的液体，其熔点一般低于 100℃，由于其在 CO_2 捕集过程中不需要额外添加溶剂，因此具有较低的吸收剂再生能耗。离子液体的低熔点主要是其阳离子的不对称性导致的，而其物理性质主要由阴离子决定。离子液体具有高度可调控性，可以根据不同的应用场合选择不同的阳离子和阴离子，合成不同性质的离子液体，其种类可达 1018 种。一般，依据离子液体中的阳离子不同形态对离子液体进行分类，可以将其分为咪唑型、吡咯型、吡啶型，磷酸盐型和胺盐型等。表 2-9 中列举了常见的离子液体的阴、阳离子组成及结构。

表 2-9　常见离子液体的阴、阳离子种类

离子液体	类型
阳离子	咪唑性、吡咯烷型、吡啶盐型、磷酸盐型、胺盐型
阴离子	BF_4^-、PF_6^-、X（Cl、Br、I）$^-$、NO_3^-、$CF_3CO_2^-$、$CF_3SO_3^-$、$PhSO_3^-$、$ZnCl_3^-$、$CuCl_3^-$、$Al_2Cl_7^-$、$N(C_2F_5SO_2)^-$、$Al_3Cl_{10}^-$、$Fe_2Cl_7^-$

离子液体的合成一般有两种路线：一步合成法和两步合成法。一般，一步合成法主要包括：亲核型试剂与卤代烃或酯类物质发生亲核型加成反应，或利用氨基的碱性与酸发生 Lewis 酸碱中和反应，得到离子液体。一步合成

法具有合成步骤简单，反应条件易控制，反应过程中一般没有副产物产生，产物易分离的优点。例如，采用一步合成法合成的离子液体有［Bmin］Cl、［Emin］Br 等传统型离子液体。随着离子液体发展，发现有些目标产物无法使用一步合成法直接获得，需要通过一步反应获得相应的卤盐，然后通过离子交换反应获得目标产物，这就是两步合成法，两步合成法一般首先需要发生季铵化反应，生成中间产物，然后通过相应的离子交换过程得到目标产物。随着离子液体研究的发展和深入，两步合成法已成为一种比较完善的合成方法之一，例如采用两步合成法制备的离子液体有［Bmin］［BF_4］和［Emin］［PF_6］等。

通过设计离子液体的结构可以获得可调控的物理和化学性质，因此离子液体被广泛应用于能源与环境领域。通常情况下，阳离子含有氮或者磷元素的离子液体适合用于 CO_2 捕集。离子液体除了蒸气压极低之外，还具有很高的热稳定性，可耐受 300℃而不分解。根据反应机理不同，用于 CO_2 捕集的离子液体通常可以分为普通离子液体、功能性离子液体和可逆性离子液体。

1999 年，科学家通过实验发现 CO_2 可以在［Cmin］［PF_6］离子液体中大量溶解，此后离子液体吸收 CO_2 的研究报道越来越多。大量实验和模拟研究发现，离子液体对 CO_2 的吸收性能受阴、阳离子种类及性质的影响，其中阳离子烷基链长度，阴离子种类以及阴、阳离子性质对 CO_2 吸收性能影响较大。Anthony 等研究了［Emin］［BF_4］、［Emin］［Tf_2N］、［$MeBu_3N$］［Tf_2N］、［$MeBu_3Pyrr$］［Tf_2N］、［iBu_3MeP］［TOS］几种离子液体吸收 CO_2 的能力，结果表明：阴离子种类会影响 CO_2 的溶解度，具有［Tf_2N］的离子液体对 CO_2 的亲和力最大，该类离子液体吸收 CO_2 的能力受含氟烷基链长度影响，随着含氟烷基链长度增加而增强。

由于普通离子液体黏度太高、CO_2 吸收多是基于物理溶解，吸收容量较小，难以应用于化学吸收工艺，国内外研究学者提出将功能性离子液体用于 CO_2 捕集。将碱性基团氨基（$-NH_2$）设计到离子液体的阴离子或阳离子上，使其在吸收过程中发生化学反应，大幅提高 CO_2 的吸收性能。与醇胺溶液吸收 CO_2 类似，该种离子液体由于结构中含有氨基，可以和 CO_2 以 2∶1 的摩尔比发生可逆反应生成氨基甲酸盐，然后通过加热解吸 CO_2。Bates 等首次将咪唑阳离子的侧链烷基上引入碱性—NH_2 基团，成功合成了功能性离子液体［$C_3H_7NH_2$-Bmin］［BF_4］。吴永良等合成了一种能够有效吸收 CO_2 的含有氨基的离子液体 1-（1-氨基丙基）-3-甲基咪唑溴盐（［NH_2p-min］［Br］），40℃、106kPa 条件下，离子液体水溶液（w=45%）CO_2 吸收容量为 0.444mol CO_2/mol IL。中科院过程所 Wang 等进行了功能性离子液体研究，合成的三种胍类离子液体的黏度均明显低于常规离子液体，其中［TMGH］［Im］和［TMGH］［Pyrr］两种离子液体在30～80℃下黏度均低于8mPa·s。研究还发现水含量对离子液体的吸收性能具有较大影响，随着水含量的增加，CO_2吸收容量呈现先升高后下降的趋势，当水的质量分数超过7%时，吸收容量最大。当水的质量分数超过25%时，［TMGH］［Im］$+H_2O$体系对CO_2的吸收容量开始低于纯离子液体的吸收容量。此外，以二甲基海因（Dhyd）为阴离子设计了一种双负电荷阴离子功能化离子液体，并合成了以双负电荷阴离子功能化离子液体（［$(DBUH)_2$］［Dhyd］）为氢键受体，乙二醇（EG）为氢键供体的功能离子型低共熔溶剂。EG的加入明显提高了［$(DBUH)_2$］［Dhyd］对CO_2的吸收速率，随着［$(DBUH)_2$］［Dhyd］浓度的增加，吸收剂对CO_2的质量吸收量逐渐增加，但摩尔吸收量降低。当比例为5∶5时，低共熔溶剂同时表现出较高的吸收速率和CO_2吸收量（1.95mol CO_2/mol IL）。

低共熔溶剂（DES）作为一种新型的绿色溶剂，结合了有机胺法和离子液体法两种碳捕集方法的优势，并弥补了这两种捕集方法的不足之处。与有机胺溶液相比，低共熔溶剂不易挥发、无腐蚀作用、结构性质可调节；与离子液体相比，低共熔溶剂具有易生物降解、易制备、低毒性等特点。典型的低共熔溶剂包括铵型、鏻型、咪唑型、超强碱型等。功能化低共熔溶剂可以通过化学作用与CO_2反应生成氨基甲酸酯，如，Choi等通过单乙醇胺盐酸盐与乙二胺制备功能低共熔溶剂（［HMEA］［Cl］/EDA），CO_2吸收容量为0.205g/g，CO_2反应机理为，乙二胺与CO_2反应生成氨基甲酸，然后氨基甲酸脱质子反应生成氨基甲酸酯，最终邻近的［HMEA］［Cl］/EDA上的氨基被质子化。Duan等用精氨酸（L-Arg）和甘油制备了新型亲水性低共熔溶剂，在80℃条件下，CO_2的吸收量可达0.457mol/mol，通过NMR分析，CO_2吸收过程为：精氨酸上亚氨基与甘油上的羟基形成氢键；精氨酸上的其他氨基作为反应位点与CO_2发生反应。由咪唑阳离子、吡咯烷酮阴离子、乙二醇组成的低共熔溶剂［Emin］［2-CNpyr］/EG（1∶2）与CO_2的反应路径有三条（图2-21），生成羧酸盐、氨基甲酸盐和碳酸盐三种产物，在不同CO_2浓度的条件下，三种产物的所占比例是不同的。

总体来说，离子液体稳定性好、不易降解，但价格较高、黏度较大，因此，与混合胺复配形成新的吸收剂是下一步发展方向。中科院过程所Wang等也对离子液体复配混合胺吸收剂在$100m^3/h$装置上进行测试，结果表明，CO_2平均捕集率90.65%，解吸气中CO_2含量（干基）平均99.6%，平均再生能耗较30% MEA降低34.3%。

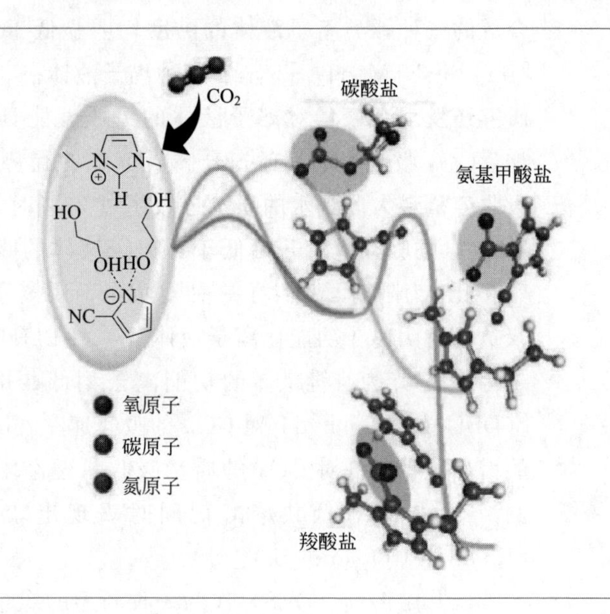

图 2-21
[Emin][2-CNpyr]/EG 吸收 CO_2 的机理

2.6.3 纳米流体吸收剂

纳米材料是指在三维空间中至少有一维处于纳米量级（1～100nm）或由它们作为基本单元构成的材料。纳米流体由美国的 Argonne 国家实验室的 Choi 等首次提出，即以一定比例在液体中添加金属或非金属纳米颗粒而形成一类稳定的固液悬浮液。在 CO_2 吸收领域，将纳米颗粒均匀分散到有机胺吸收剂基液中形成稳定液体，利用纳米材料尺度上的优势，可有效促进 CO_2 吸收和再生过程中的气液传质，此外还可提高吸收剂的热稳定性，降低蒸气压等。

（1）纳米流体吸收剂制备

制备纳米流体吸收剂常用的纳米颗粒有 SiO_2、Al_2O_3、TiO_2 等。若采用磁性纳米颗粒，例如 Fe_3O_4 和 NiO_2，再配合外加磁场，将会获得更佳的强化传质效果。常用的有机胺吸收剂有乙醇胺（MEA）、二异丙醇胺（DIPA）、二乙醇胺（DEA）、甲基二乙醇胺（MDEA）、哌嗪（PZ）等。

纳米流体吸收剂的制备方法主要包括“一步法”和“两步法”。“一步法”是采用蒸发沉淀法在基液中直接生成纳米颗粒，形成纳米流体。反应过程通常需要微波、激光或者等离子体等技术的协助。

“两步法”是先制备好纳米颗粒，再通过机械搅拌、超声波震荡等方式直接与吸收剂基液进行混合。对于黏弹性流体，有些研究者采取高压微射流来分散纳米颗粒，剪切率高达 $1\times10^6 s^{-1}$。为了提高纳米流体吸收剂的稳定性，十二烷基硫酸钠（SDS）、聚乙二醇（PEG）、（聚乙烯吡咯烷酮）PVP、十二烷基苯磺酸钠（SDBS）、十六烷基三甲基溴化铵（CTAB）、乙酸和油酸等表面活性剂可作为助剂加入吸收剂当中。"两步法"目前被广泛应用于纳米流体的制备。

（2）纳米流体吸收剂 CO_2 吸收性能

近年来，研究者普遍使用强化因子（E）来研究纳米流体吸收剂的 CO_2 吸收性能。强化因子的定义如式(2-60）所示，其中 $X_{nanofluid}$ 为纳米流体吸收剂的 CO_2 吸收参数，例如吸收速率和吸收容量等；X_{amine} 为未添加纳米颗粒的吸收剂的相应参数。若 E 大于 1，则说明纳米颗粒对 CO_2 吸收过程具有强化作用，反之则有抑制作用。强化因子可以分为速率强化因子和吸收容量强化因子（Eu）。其中，速率强化因子又可以分为基于某段时间内 CO_2 平均吸收速率强化因子（Er）和液相传质系数强化因子（El）。吸收容量强化因子（Eu）可以通过平衡反应器（EQ）测得；某段时间内 CO_2 平均吸收速率强化因子（Er）一般由鼓泡反应器（BR）测得；液相传质系数强化因子（El）则可以由湿壁塔反应器（WWC）测得。

$$E=\frac{X_{nanofluid}}{X_{amine}} \tag{2-60}$$

纳米流体吸收剂 CO_2 吸收容量的提高主要源于纳米颗粒本身对 CO_2 的吸附作用。其强化吸收的幅度与纳米颗粒的孔隙结构和比表面积有关。Jiang 等研究了纳米 TiO_2 和 Al_2O_3 颗粒对 CO_2 吸收的影响规律，他们发现对于 0.06%TiO_2 和 0.06%Al_2O_3 的 MEA 溶液，CO_2 饱和吸收容量分别提高了 0.7%和 0.02%。Kim 等发现 SiO_2 纳米颗粒的 PZ/K_2CO_3 溶液的 CO_2 吸收容量提高了 12%。Eu 通常随着纳米颗粒质量分数的提高而提高，但是对于速率强化因子来说，则存在一个最优的纳米颗粒质量分数。Wang、Jiang 等研究了纳米 CO_2、Al_2O_3、SiO_2 和 MgO 颗粒对 MEA、MDEA、PZ 吸收剂的 CO_2 吸收剂速率影响规律。如图 2-22 所示，纳米颗粒对 CO_2 吸收速率的促进作用随着颗粒质量分数呈现先上升后下降的规律，最高强化因子对应的纳米颗粒质量分数在 0.02%～0.08%范围内。

除了纳米颗粒之外，吸收剂基液本身对纳米流体的 CO_2 吸收性能也会产生显著影响。Jiang 等在鼓泡反应器中研究了基于 MEA 和 MDEA 的纳米流体吸收剂的 CO_2 吸收性能。研究结果表明，基于 MDEA 的纳米流体相比基于 MEA 的纳米流体具有更高的 CO_2 吸收强化因子。不同纳米颗粒的强化作用也因吸收剂基液的不同而不同。对于 MDEA 吸收剂，几种纳米颗粒强化吸收作用排序如下：TiO_2＞MgO＞Al_2O_3＞SiO_2；而对于 MEA 吸收剂，则呈现 TiO_2＞SiO_2＞Al_2O_3 的规律，这主要是吸收剂的制备方法、反应器类型以及增强因子不同导致的。

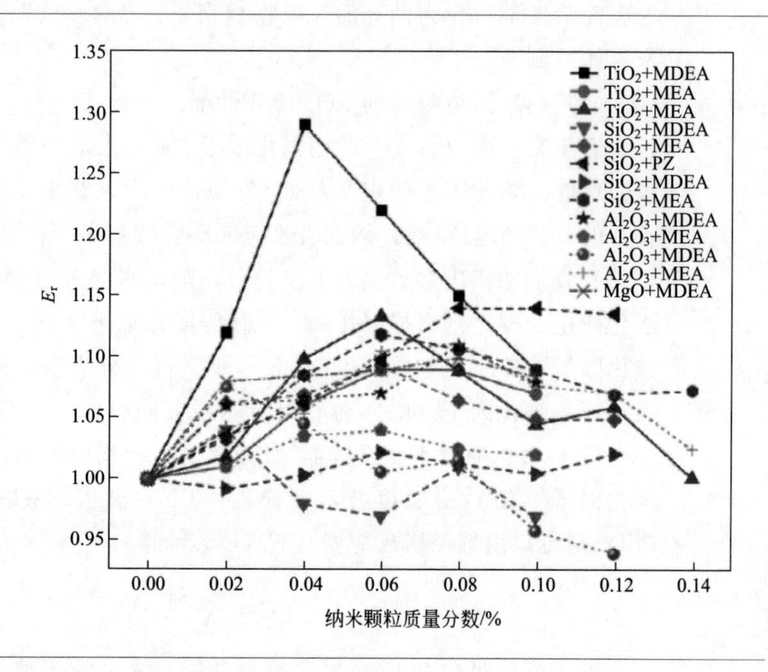

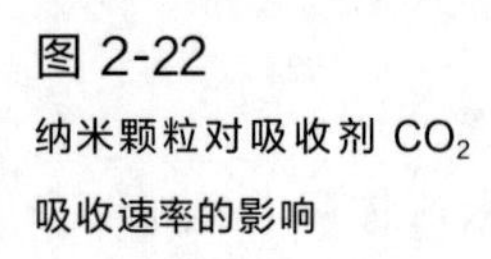
图 2-22
纳米颗粒对吸收剂 CO_2 吸收速率的影响

（3）纳米流体吸收剂强化 CO_2 吸收的机理

气泡破碎机理（bubble breaking effect）、传输机理（shuttle effect）和边界层混合机理（boundary mixing effect）是目前被广大研究者接受的纳米流体吸收剂强化 CO_2 吸收的机理。

气泡破碎机理主要解释了鼓泡反应器中的纳米颗粒强化传质机理。在鼓泡反应器中，气体在被鼓入吸收剂的过程中产生许多细小的气泡，给气体吸收提供了充足的传质面积。气泡在液体中上升时会互相碰撞，当气泡表面张力平衡被打破时，气泡会发生聚并。气泡破碎机理认为纳米颗粒可以有效地抑制气体鼓泡吸收过程中气泡的聚并，从而提高气液传质面积。Kim 等采用光学技术观察了纳米流体中气泡的大小和聚并，并与水中的气泡演变进行对比，但是在可观察的尺度内并没有观察到明显的气泡破碎现象。

传输机理由 Kars 等最先提出，在该理论中，纳米颗粒作为载体将 CO_2 分子从气液界面不断输运到液相中，从而强化 CO_2 的吸收过程。某些纳米颗粒对 CO_2 具有很强的吸附能力，当其在气液界面进行不规则的布朗运动时，在气相中不断地吸附 CO_2，并在液相中解吸，循环往复，起到促进 CO_2

传质的作用。即使在纳米颗粒的质量分数比较低的情况下，传输机理所起到的促进传质作用仍然非常显著。

边界层混合机理又名水利效应机理。在双膜传质理论中，传质阻力主要存在于气相边界层和液相边界层中，通常忽略气液边界、气相主体和液相主体中的传质阻力。基于纳米颗粒强烈的布朗运动和微对流，边界层混合机理认为纳米颗粒可以促进传质边界层的重新混合，从而降低液相传质边界层的厚度。Kluytmans 等发现 CO_2 扩散层由于纳米颗粒的加入而降低。纳米颗粒强化气体吸收并不是某一种机理所引起的，而更可能是多种机理的共同作用。Jung 等认为强化的 CO_2 吸收是由气泡破碎机理和边界层混合机理引起的。广大研究者已对这三种机理的存在达成了共识，但是哪种机理占主导作用还需要进一步研究。

2.6.4　胶囊吸收剂

胶囊吸收剂 CO_2 吸收技术是近年来发展的新型 CO_2 捕集技术。该技术利用微流控制方法将吸收剂封装在高 CO_2 渗透性的聚合物材料中，形成直径 100～1000μm、壁厚 10～50μm 的胶囊颗粒。这些微米级颗粒大大提高了吸收过程中单位吸收剂的气液接触面积，因此胶囊吸收剂相比于传统的化学吸收剂技术具有更高的 CO_2 吸收速率。该技术也为易结晶或者高黏度吸收剂的应用提供了可能。美国的 Lawrence Livermore National Laboratory 首次实现了 Na_2CO_3 溶液的封装。通过实验，他们发现相比于溶液直接吸收 CO_2，胶囊 Na_2CO_3 吸收剂能够提高 CO_2 吸收速率达 100 倍。另外，胶囊吸收剂技术能够有效地解决吸收过程中 $NaHCO_3$ 的结晶问题。

（1）制备原料和装置

胶囊吸收剂主要由两部分组成：核心吸收剂以及包裹住吸收剂的外壳材料。一系列吸收剂包括碳酸盐溶液、有机胺、离子液体等被广泛应用于 CO_2 捕集。碳酸盐溶液由于其较慢的 CO_2 吸收速率和反应产物易结晶的缺点往往被研究者所忽略，而胶囊技术则给这类吸收剂的应用提供了可能。Vericella 和 Nabavi 等均成功制备了基于碳酸盐溶液的胶囊吸收剂，他们发现 30% K_2CO_3 胶囊吸收剂的 CO_2 吸收容量可达 1.6～2mmol/g。

胶囊吸收剂外壳材料的选择对吸收剂的制备十分重要。合适的外壳材料需要满足以下几个要求：

① 与吸收剂互不相溶且不发生化学反应；

② 可以在吸收剂存在的情况下发生固化反应；

③ 在 CO_2 吸收和再生过程中，固化外壳保持化学和机械稳定性；

④ 高 CO_2 渗透率和低溶剂渗透率。

紫外聚合的液体材料在紫外线的照射下可以发生快速的聚合反应从而固化，是胶囊外壳材料的理想选择。在紫外固化聚合物材料中，硅胶具有较高的 CO_2 渗透率和高温（>120℃）下良好的机械强度，因此具有很高的应用潜力。

另外，除了吸收剂和外壳材料之外，在胶囊吸收剂制备过程中还需要载液来剪切吸收剂和外壳材料以形成独立的胶囊。根据 Rayleigh 不稳定理论，一种液体被另外一种液体截断主要取决于这两种液体的相对黏度。内侧液体黏度与外侧液体的黏度比越低，内侧液体越容易被剪切。40%甘油的水溶液具有较高的黏度（>10mPa·s）并且与外壳材料不互溶，因此可以作为携带液体。另外，聚乙烯醇也被添加进携带液体作为表面活性剂。

胶囊 CO_2 吸收剂的制备装置主要有玻璃毛细管装置和微电子机械系统装置（MEMS）。玻璃毛细管装置最先由哈佛大学 David Weitz 教授课题组提出，可用于制备双乳液液滴（图 2-23）。玻璃毛细管装置主体由两个截面为圆形的毛细管和一个截面为正方形的毛细管组成。吸收剂液体、外壳材料液体和携带液体分别通入反应器的三个入口。其中，吸收剂和外壳液体从同一个方向通入，外壳材料在吸收剂外侧包裹吸收剂材料，形成一个同心圆柱流。而携带液体从另外一个方向通入，在三种流体交汇处剪切吸收剂和外壳材料的圆柱流，连续形成独立的胶囊吸收剂。胶囊的大小可以由这几个毛细管之间的距离以及毛细管的尺寸决定，而生产速率可以由吸收剂液体、外壳材料液体和携带液体的速率来决定。

图 2-23
胶囊吸收剂制备装置示意图

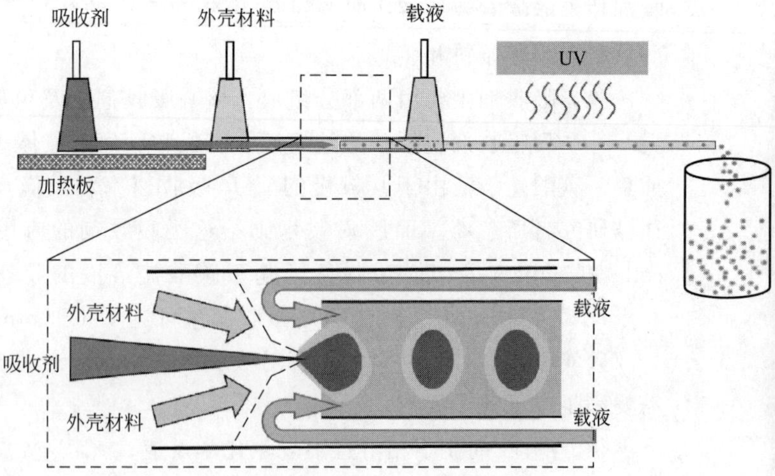

微电子机械系统装置（MEMS）被广泛应用于制药、生物技术等领域的微胶囊制备中。MEMS利用软光刻技术将微米级的通道刻在柔性材料上，例如聚二甲基硅氧烷（PDMS），形成一个厘米尺度的芯片。不同的流体被泵入芯片，通过其中的微通道生成各种结构的微胶囊。与玻璃毛细管装置相比，MEMS的操作更加便捷，装置本身也更加稳固。更重要的是，MEMS可以实现高产率、大规模的微胶囊制备。虽然使用MEMS制备微胶囊不是一个全新的领域，但是用于微胶囊CO_2吸收剂的制备还未曾有相关报道。

（2）胶囊吸收剂的CO_2捕集性能

胶囊吸收剂能够有效提高气液接触面积从而促进CO_2的吸收。Vericella等研究了3%质量分数的K_2CO_3胶囊吸收剂的CO_2捕集性能。他们发现相比于未被封装的吸收剂，胶囊吸收剂的CO_2吸收速率提高了将近十倍。同时，30% Na_2CO_3胶囊吸收剂的CO_2吸收中的结晶过程也被可视化呈现出来，如图2-24(a)～(c)所示。另外，基于离子液体胶囊吸收剂也表现出较好的CO_2捕集性能。图2-24(d)和(e)为两种胶囊离子液体吸收剂的CO_2吸收量随着时间的变化曲线。可以看出，胶囊离子液体吸收剂的CO_2吸收速率随着时间逐渐降低并最后达到平衡状态，并且远远高于未被封装的吸收剂，在CO_2吸收速率上表现出较大的优势。

图2-24

胶囊吸收剂的CO_2捕集性能

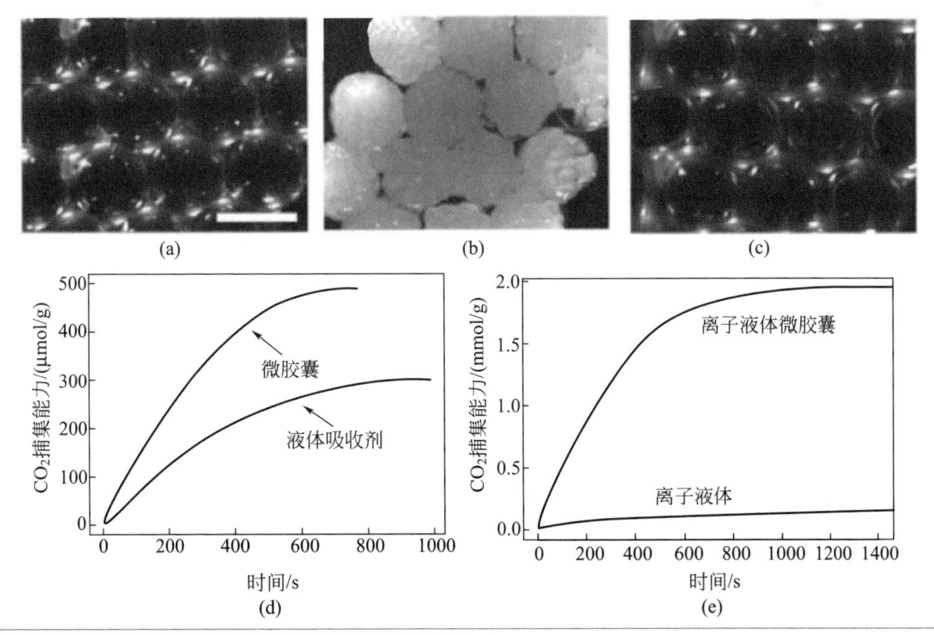

尽管胶囊吸收剂表现出一定的吸收性能优势，同时不易降解，但要实现工业化应用，还需要解决在吸收过程中的运行不稳定性、制造过程中成本高等问题。

2.6.5 催化吸收剂

催化吸收剂是指在有机胺吸收剂中加入固体酸性氧化物等催化物质组成复合吸收剂体系，可有效提高吸收速率、促进解吸，从而降低再生能耗。国内外研究学者在开发性能良好的催化剂方面做了大量研究，取得一定的研究成果。典型的催化剂包括固体酸性氧化物、酸性树脂、金属氧化物及其复合催化剂等，催化剂的类型、组分及其促进 CO_2 吸收与解吸性能见表 2-10。

表 2-10 典型的催化剂

类型	催化剂	促进 CO_2 吸收与解吸性能
固体酸性氧化物	氢型分子筛(HZSM-5)	MEA 的 CO_2 吸收效率提高 38%，热负荷降低 42%；MEA/AMP/PZ 混合胺的热负荷降低 61.6%
	沸石分子筛(SAPO-34)	75～95℃，添加比 0.01～0.015，可循环使用 5 次
	硅胶、H-丝光沸石	MEA/MDEA/PZ 解吸性能提高 1360%，相对能耗降低 66%
酸性树脂	FPC3500、IRC86、MAC-3	提高赖氨酸钾吸收剂的 CO_2 解吸容量
金属氧化物	γ-Al_2O_3	MEA 的 CO_2 吸收效率提高 23.6%，热负荷降低 30%
	TiO_2	98℃，MEA 再生能耗降低 25%
	$TiO(OH)_2$	添加量 $w=2\%$，提高 MEA 解吸速率；70℃下，Na_2CO_3 水溶液 CO_2 解吸量提高 490%；可循环使用 50 次
	CuO、NiO、MnO_2 等	降低再生温度，提高 CO_2 解吸容量(2.5～3.6 倍)
复合催化剂	Al_2O_3/HZSM-5	95℃，MEA 的热负荷降低 23.3%～34.2%
	SO_4^{2-}/TiO_2	提高解吸速率
	Fe_2O_3 改性 MCM-41	提高 MEA 解吸性能，减低再生能耗
	$SO_4^{2-}/ZrO_2/SiO_2$	SZ/SiO_2 为 15%，MEA 的 CO_2 吸收速率提高 35%，能耗降低 36%

固体酸性氧化物包括氢型分子筛（HZSM-5）、沸石分子筛（SAPO-34）、硅胶、H-丝光沸石等，对有机胺及其混合胺主要通过提高传质速率来提高 CO_2 吸收效率和解吸速率，从而降低再生能耗。在多数固体酸性氧化物催化剂作用下，有机胺与 CO_2 的反应机理仍然是两性离子反应机理。

SAPO-34实验结果表明可循环多次使用。Amberlite FPC 3500、Amberlyst15离子交换树脂、Amberlite IRC86、Dowex MAC-3实验结果表明，酸性树脂对赖氨酸钾吸收剂的CO_2解吸具有促进作用，且明显高于HZSM-5。金属氧化物包括氧化铝、氧化钛、氧化铜、氧化镍等，添加量一般低于5%，通过提高CO_2解吸速率、降低再生温度，从而降低再生能耗。实验研究表明，$TiO(OH)_2$对MEA水溶液解吸的促进作用明显优于HZSM-5、硅胶和TiO_2，且在50次循环中促进效果没有明显改变。复合催化剂是指将固体酸性氧化物等与金属氧化物复合制备催化剂，用于提高有机胺的CO_2吸收与解吸性能。使用金属（铁，铝，钼）改性的MCM-41催化剂可以降低氨基溶液的再生热负荷。Fe_2O_3改性的MCM-41(MFe)催化剂可以将解吸性能提高到206%～337%。

2.6.6 酶吸收剂

碳酸酐酶（carbonic anhydrase，CA）是于1940年发现的第一种锌酶，能高效地催化CO_2的可逆水合反应，可将CO_2水合反应的一级反应速率常数提升至$1.6\times10^6 s^{-1}$。研究学者对碳酸酐酶的结构和催化机理进行了探讨，研究了不同结构类型的碳酸酐酶对CO_2水合反应反应速率的影响，研究结果表明，虽然碳酸酐酶结构差异较大，但催化的活性位点相同，都是二价的锌离子或其他相关金属离子对于CO_2的亲核进攻，可明显地提高CO_2水合的速率。CO_2水合反应过程主要分为以下两步：

① CO_2水合生成碳酸

$$CO_2+H_2O \rightleftharpoons H_2CO_3 \tag{2-61}$$

② 碳酸电离生成碳酸氢根和碳酸根

$$H_2CO_3 \rightleftharpoons HCO_3^- +H^+ \tag{2-62}$$

$$HCO_3^- \rightleftharpoons CO_3^{2-} +H^+ \tag{2-63}$$

上述反应中，式(2-59)的反应速率较小，是整个反应的限速步骤。当引入碳酸酐酶（CA）作为催化剂时，CO_2水合反应的机制发生改变，变为以下两个步骤（如图2-25所示）。

① 与Zn^{2+}相连的H_2O去质子化形成$EZnOH^-$，由于氢键系统等结构的存在，使得与Zn^{2+}相连的OH^-（$EZnOH^-$）中氧具有很强的亲核性，它能亲核进攻结合于疏水袋中的底物CO_2，首先形成$EZnHCO_3^-$，$EZnHCO_3^-$中的HCO_3^-被溶剂水分子取代，形成$EZnH_2O$和HCO_3^-。

图 2-25

碳酸酐酶催化 CO_2 水合反应机理（M. E. Russo et al）

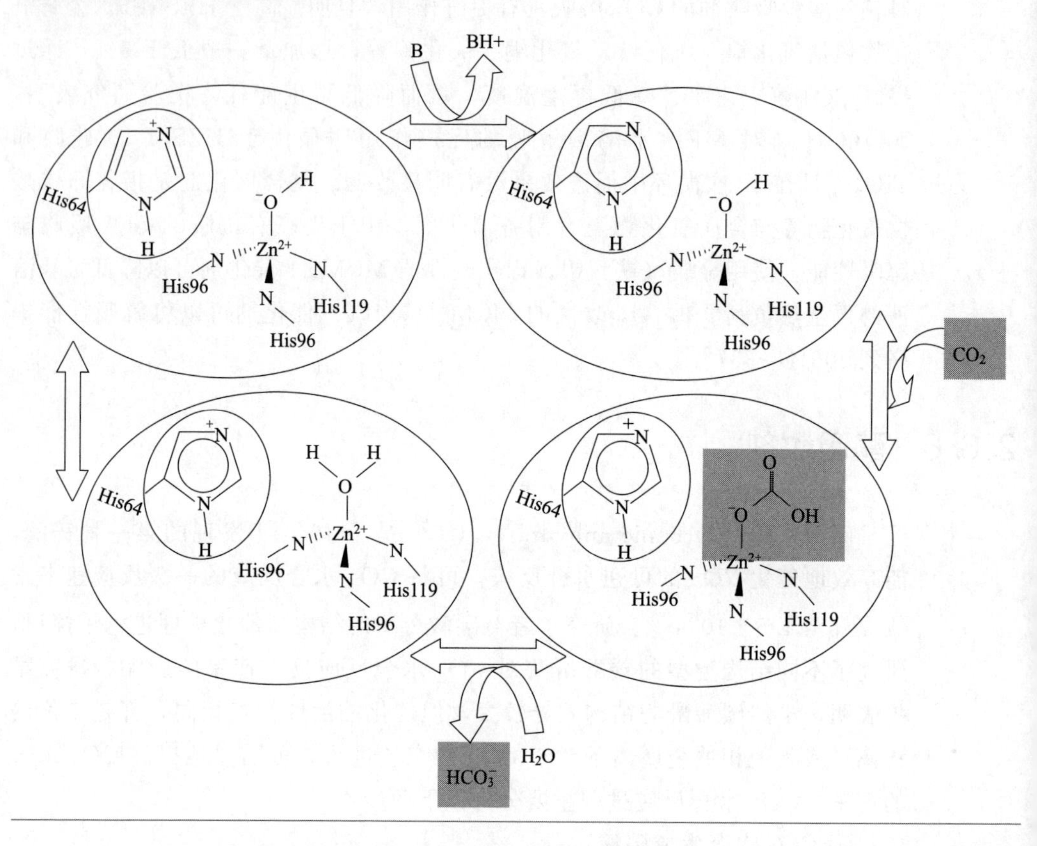

② $EZnH_2O$ 通过酶分子中的质子转运体将质子（H^+）转运至溶剂中，并还原为具有催化活性的 $EZnOH^-$。在催化过程中 H^+ 向溶剂中转运主要是通过酶分子活性区域 His-64 实现的，并且该步骤也是 CA 催化反应的限速步骤。

pH 和温度对 CA 的稳定性影响较大。研究表明，在室温及高浓度酶存在的条件下，CO_2 具有最大水合速率，碳酸酐酶在 pH 7～11 范围内都很稳定，其中最适 pH 值为 8.3，最适温度为 37.5℃。有学者提出将碳酸酐酶加入到 K_2CO_3，但随着反应的进行，不断增加的 HCO_3^- 会促使酶活性降低甚至失去活性。近年来，有人提出将碳酸酐酶添加到传统单一有机胺类溶液中，这样既提高了胺类溶液与 CO_2 的反应速率，同时产生的少量 HCO_3^- 又不会影响碳酸酐酶的催化活性。将碳酸酐酶分别应用到 MEA、DEA、MDEA、AMP 胺吸收剂中，研究发现，加入碳酸酐酶之后，MDEA 的 CO_2 吸收速率高于 MEA 吸收剂，由此可以看出碳酸酐酶对叔胺的催化效果最为明显。目前碳酸酐酶对有机胺吸收剂性能的影响研究尚有不足，主要表现在以下几方面：

① 高温下 CA 的稳定性。由于有机胺吸收剂的再生过程在中高温（80～120℃）下进行，CA 对温度的耐受性有待研究。

② 酶固化问题有待解决。与固体催化剂类似，在连续流动的有机胺吸收剂体系中，碳酸酐酶有可能发生固相沉积，不利于连续流动过程的控制；目前的研究有提出将 CA 固化至填料表面，提高对有机胺吸收剂与 CO_2 反应过程的催化，但研究结果有待进一步验证。

③ 流动相中，酶催化的有机胺液相吸收 CO_2 传质过程有待研究。根据酶颗粒与气、液相不同的接触状态，双膜理论有可能不适用其传质过程，有待进行新的传质动力学模型研究。

2.6.7 吸收剂的发展

化学吸收法 CO_2 捕集技术自 20 世纪 90 年代提出以来，通过全世界研究者的共同努力已经形成了若干完备的工艺流程，并进行了许多工业示范。目前，该技术面临的主要挑战是高昂的投资成本和较大的运行能耗。

而吸收剂是 CO_2 化学吸收系统的“血液”，串联了吸收塔、贫富液换热器、再生塔、再沸器等主要设备。吸收剂的密度、黏度、比热容、挥发性等物理参数，以及化学反应速率、降解特性、反应热等化学特性对整个 CO_2 捕集系统的运行和能耗有着决定性作用。

目前，MEA 等单一胺、混合胺吸收剂已经完成工程示范和大规模工业应用，相变吸收剂、少水胺吸收剂以及功能化离子液体等因能显著降低再生能耗，下一步将进行中试试验验证和部分工业应用，该类吸收剂进行大规模工业应用前，需要解决少水体系有机胺在烟气复杂组分条件下降解问题，需要解决吸收剂的黏度高导致吸收塔、换热器等传质传热变差的问题，需要解决由挥发性显著导致的挥发性有机污染物排放严重问题，需要解决由含水量较低导致的系统工艺水平衡问题，同时也需要解决吸收剂的规模化制备困难等问题。为了进一步降低捕集成本，未来需要发展颠覆性 CO_2 捕集吸收剂，包括纳米流体吸收剂、胶囊吸收剂、胺基催化吸收剂、电化学吸收剂等。纳米流体和胺基催化吸收剂通过纳米颗粒和固体催化剂强化 CO_2 传热传质过程，降低能耗，需要解决吸收剂长期运行稳定性（颗粒团聚等）问题。电化学吸收剂通过利用电化学再生工艺，提高化学吸收法 CO_2 捕集工艺的灵活性，有望应用于化工过程和移动源 CO_2 捕集等场景。

思考题

1. CO_2 化学吸收的化学反应原理是什么？

2. 化学吸收法捕集 CO_2 工艺中，吸收塔、再生塔内 CO_2 传质过程是怎样的？影响因素有哪些？

3. 化学吸收工艺的主要设备包括哪些？

4. 请说明化学吸收工艺中，吸收剂再生能耗的组成部分。

5. CO_2 化学吸收工艺中，可能产生的污染物有哪些？

6. 理想吸收剂应该如何选择？

7. 试分析两相吸收剂分相和节能原理。

参考文献

[1] Kierzkowska-Pawlak H. Kinetics of CO_2 absorption in aqueous *N*,*N*-diethylethanolamine and its blend with *N*-（2-aminoethyl）ethanolamine using a stirred cell reactor [J]. International Journal of Greenhouse Gas Control，2015，37：76-84. DOI：10. 1016/j. ijggc. 2015. 03. 002.

[2] Sutar P N，Vaidya P D，Kenig E Y. Activated DEEA solutions for CO_2 capture-A study of equilibrium and kinetic characteristics [J/OL]. Chemical Engineering Science，2013，100（2013）：234-241. http：//dx. doi. org/10. 1016/j. ces. 2012. 11. 038. DOI：10. 1016/j. ces. 2012. 11. 038.

[3] Ramachandran N，Aboudheir A，Idem R，et al. Kinetics of the absorption of CO_2 into mixed aqueous loaded solutions of monoethanolamine and methyldiethanolamine [J]. Industrial and Engineering Chemistry Research，2006，45（8）：2608-2616. DOI：10. 1021/ie0505716.

[4] Xu G W，Zhang C F，Qin S J，et al. Kinetics study on absorption of carbon dioxide into solutions of activated methyldiethanolamine [J]. Industrial and Engineering Chemistry Research，1992，31（3）：921-927. DOI：10. 1021/ie00003a038.

[5] Xu Z，Wang S，Chen C. Kinetics study on CO_2 absorption with aqueous solutions of 1,4-butanediamine，2-（diethylamino）-ethanol，and their mixtures [J]. Industrial and Engineering Chemistry Research，2013，52（29）：9790-9802. DOI：10. 1021/ie4012936.

[6] Aronu U E，Gondal S，Hessen E T，et al. Solubility of CO_2 in 15，30，45 and 60 mass% MEA from 40 to 120℃ and model representation using the extended UNIQUAC framework [J/OL]. Chemical Engineering Science，2011，66（24）：6393-6406. http：//dx. doi. org/10. 1016/j. ces. 2011. 08. 042. DOI：10. 1016/j. ces. 2011. 08. 042.

[7] Cousins A，Cottrell A，Lawson A，et al. Model verification and evaluation of the rich-split process modification at an Australian-based post combustion CO_2 capture pilot plant [J]. Greenhouse Gases：Science and Technology，2012，345：329-345. DOI：10. 1002/ghg.

[8] Kvamsdal H M，Haugen G，Svendsen H F. Modelling and simulation of the esbjerg pilot plant using the cesar 1 solvent [J/OL]. Energy Procedia，2011，4：1644-1651. http：//dx. doi. org/10. 1016/j. egypro. 2011. 02. 036. DOI：10. 1016/j. egypro. 2011. 02. 036.

[9] Fang M，Xiang Q，Zhou X，et al. Experimental study on CO_2 absorption into aqueous ammonia-based blended absorbents [J/OL]. Energy Procedia，2014，61：2284-2288. http：//dx. doi. org/10. 1016/j. egypro. 2014. 12. 438. DOI：10. 1016/j. egypro. 2014. 12. 438.

[10] Lombardo G，Agarwal R，Askander J. Chilled ammonia process at technology center Mongstad-first results [J]. Energy Procedia，2014，51：31-39. DOI：10. 1016/j. egypro. 2014. 07. 004.

[11] Mclarnon C R，Duncan J L. Testing of ammonia based CO_2 capture with multi-pollutant control technology [J/OL]. Energy Procedia，2009，1 (1)：1027-1034. http：//dx. doi. org/10. 1016/j. egypro. 2009. 01. 136. DOI：10. 1016/j. egypro. 2009. 01. 136.

[12] Lombardo G，Agarwal R，Askander J. Chilled ammonia process at technology center mongstad-first results [J/OL]. Energy Procedia，2014，51：31-39. http：//dx. doi. org/10. 1016/j. egypro. 2014. 07. 004. DOI：10. 1016/j. egypro. 2014. 07. 004.

[13] Yu H，Qi G，Xiang Q，et al. Aqueous ammonia based post combustion capture：results from pilot plant operation，challenges and further opportunities [J]. Energy Procedia，2013，37：6256-6264. DOI：10. 1016/j. egypro. 2013. 06. 554.

[14] Li Q，Wang Y，An S，et al. Kinetics of CO_2 Absorption in concentrated K_2CO_3/PZ mixture using a wetted-wall column [J]. Energy and Fuels，2016，30 (9)：7496-7502. DOI：10. 1021/acs. energyfuels. 6b00793.

[15] Qi G，Liu K，Frimpong R A，et al. Integrated bench-scale parametric study on CO_2 capture using a carbonic anhydrase promoted K_2CO_3 solvent with low temperature vacuum stripping [J]. Industrial and Engineering Chemistry Research，2016，55 (48)：12452-12459. DOI：10. 1021/acs. iecr. 6b03395.

[16] Thee H，Nicholas N J，Smith K H，et al. A kinetic study of CO_2 capture with potassium carbonate solutions promoted with various amino acids：glycine，sarcosine and proline [J/OL]. International Journal of Greenhouse Gas Control，2014，20：2120-2222. http：//dx. doi. org/10. 1016/j. ijggc. 2013. 10. 027. DOI：10. 1016/j. ijggc. 2013. 10. 027.

[17] Ghosh U K，Kentish S E，Stevens G W. Absorption of carbon dioxide into aqueous potassium carbonate promoted by boric acid [J]. Energy Procedia，2009，1 (1)：1075-1081. DOI：10. 1016/j. egypro. 2009. 01. 142.

[18] Zhu D，Fang M，Lv Z，et al. Selection of blended solvents for CO_2 absorption from coal-fired flue gas. Part 1：monoethanolamine (MEA) -based solvents [J]. Energy and Fuels，2012，26 (1)：147-153. DOI：10. 1021/ef2011113.

[19] Knudsen J N，Andersen J，JENSEN J N，et al. Results from test campaigns at the 1 t/h CO_2 post-combustion capture pilot-plant in esbjerg under the EU FP7 CESAR project [J/OL]. 1st Post Combustion Capture Conference，2011：2-3. http：//www. ieaghg. org/docs/General _ Docs/PCCC1/Abstracts _ Final/pccc1Abstract00010. pdf.

[20] Artanto Y，Jansen J，Pearson P，et al. Pilot-scale evaluation of AMP/PZ to capture CO_2 from flue gas of an Australian brown coal-fired power station [J/OL]. International Journal of Greenhouse Gas Control，2014，20：189-195. http：//dx. doi. org/10. 1016/j. ijggc. 2013. 11. 002. DOI：10. 1016/j. ijggc. 2013. 11. 002.

[21] Wang X，Akhmedov N G，Hopkinson D，et al. Phase change amino acid salt separates into CO_2-rich and CO_2-lean phases upon interacting with CO_2 [J/OL]. Applied Energy，2016，161：41-47. http：//dx. doi. org/10. 1016/j. apenergy. 2015. 09. 094. DOI：10. 1016/j. apenergy. 2015. 09. 094.

[22] Yuan Y，Rochelle G T. CO_2 Absorption rate in semi-aqueous monoethanolamine [J/OL]. Chemical Engineering Science，2018，182：56-66. https：//doi. org/10. 1016/j. ces. 2018. 02. 026. DOI：10. 1016/j. ces. 2018. 02. 026.

[23] Pakzad P，Mofarahi M，Izadpanah A A，et al. An experimental and modeling study of CO_2 solubility in a 2-amino-2-methyl-1-propanol（AMP）+ *N*-methyl-2-pyrrolidone（*N*MP）solution [J/OL]. Chemical Engineering Science，2018，175：365-376. https：//doi. org/10. 1016/j. ces. 2017. 10. 015. DOI：10. 1016/j. ces. 2017. 10. 015.

[24] Wang T，Yu W，Liu F，et al. Enhanced CO_2 absorption and desorption by monoethanolamine（MEA）-based nanoparticle suspensions [J]. Industrial and Engineering Chemistry Research，2016，55（28）：7830-7838. DOI：10. 1021/acs. iecr. 6b00358.

[25] Lai Q，Toan S，Assiri M A，et al. Catalyst-TiO（$OH)_2$ could drastically reduce the energy consumption of CO_2 capture [J/OL]. Nature Communications，2018，9（1）：1-7. http：//dx. doi. org/10. 1038/s41467-018-05145-0. DOI：10. 1038/s41467-018-05145-0.

[26] Vericella J J，Baker S E，Stolaroff J K，et al. Encapsulated liquid sorbents for carbon dioxide capture [J]. Nature Communications，2015，6：1-7. DOI：10. 1038/ncomms7124.

[27] Lee Y-Y，Penley D，Klemm A，et al. Deep eutectic solvent formed by imidazolium cyanopyrrolideand ethylene glycol for reactive CO_2 separations [J]. Acs Sustainable Chemistry & Engineering，2021，9（3）：1090-1098.

第3章

CO_2化学吸收关键设备

本章介绍化学吸收工艺系统中的主要设备，包括吸收塔、再生塔、换热器、压缩机等，并介绍了关键设备选型和设计。

3.1 CO_2 吸收塔

3.1.1 吸收塔种类

吸收塔是利用化学吸收剂来脱除烟气中 CO_2 等，从而达到所要求的净化指标的设备。考虑到反应效率和传质推动力，一般采用气液逆流接触的传质设备。

逆流的气液传质设备主要有填料塔及板式塔（图 3-1）。填料塔属于微分接触逆流操作，其中填料为气液接触的基本构件。板式塔属于逐级接触操作，塔板为气液接触的基本构件。在有降液管的塔板上气相与液相的流向相互垂直，属错流型。无降液管的穿流塔板则属逆流型。

图 3-1
典型吸收塔结构

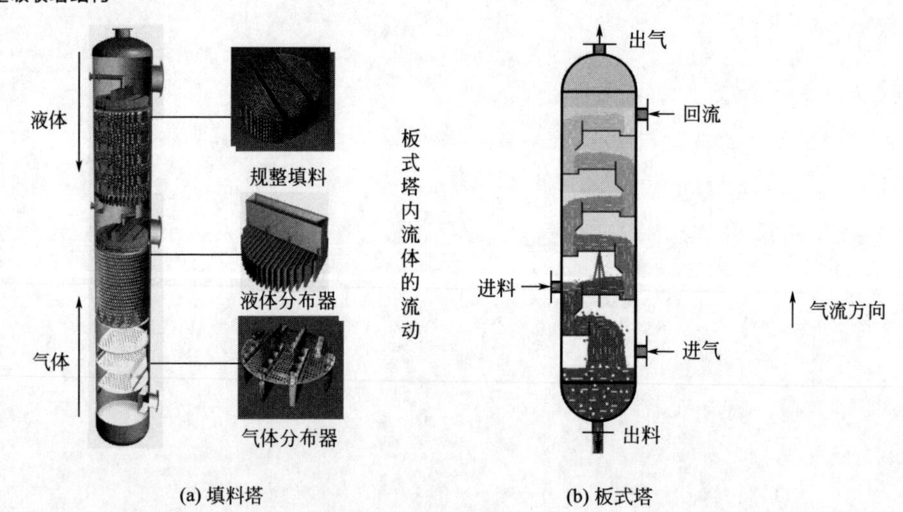

(a) 填料塔　(b) 板式塔

填料塔与板式塔的性能对比如表 3-1。

表 3-1　填料塔与板式塔对比

类型	板式塔	填料塔
结构特点	每层板上装配有不同型式的气液接触元件或特殊结构，如筛板、泡罩、浮阀等；塔内设置有多层塔板，进行气液接触	塔内设置有多层整砌或乱堆的填料，如拉西环、鲍尔环、海尔环、矩鞍填料等散装填料，波纹板、格栅、脉冲等规整填料；填料为气液接触的基本元件

续表

类型	板式塔	填料塔
操作特点	气液逆流逐级接触	微分式接触，可采用逆流操作，也可采用并流操作
设备性能	空塔速度(亦即生产能力)高，效率高且稳定；压降大，液气比的适应范围大，持液量大，操作弹性小； 液相过大塔板可采用多溢流； 塔内温度有变化时，板式塔影响滞后，易于调节，温度微小变化可不用调节，操作相对稳定； 检修吹扫、清洗，板式塔比较方便	大尺寸空塔气速较大，小尺寸空塔气速较小；低压时分离效率高，高压时分离效率低，传统填料效率较低，新型乱堆及规整填料效率较高； 大尺寸压降小，小尺寸压降大； 要求液相喷淋量较大，持液量小，操作弹性大； 常减压操作下，塔高相比板式塔可大大降低； 填料压降比塔板小很多，节能；处理发泡物质比塔板好，减少雾沫夹带；填料负荷弹性范围比较宽泛
制造与维修	直径在 800mm 以下的塔安装困难，检修清理容易，金属材料耗量大	填料制备复杂，造价高，检修清理困难，低温环境下可采用非金属材料制造
适用场合	处理量大，操作弹性大，带有污垢的物料	低压环境，处理强腐蚀性、液气比大、操作要求压力降小的物料

胺法化学吸收工艺需考虑溶液的发泡问题。板式塔中气流从溶液中鼓泡通过，较易导致发泡。但由于有适当的板间距，泡沫不易连接。填料塔内溶液在填料表面构成连续相，一旦发泡则较难控制。

值得注意的是，近年来高效规整填料在 CO_2 吸收塔中获得了广泛应用。因此，对于吸收塔，本文将着重介绍填料塔的设计、选型、计算及优化。

3.1.2 填料塔的设计

填料塔内装有一定高度的填料，液体沿填料自上向下流动，气体由下向上同液膜逆流接触，进行物质传递。常应用于蒸馏、吸水、萃取等操作中。根据结构特点分为散装填料（阶梯环、鲍尔环等颗粒填料）和规整填料（丝网波纹填料和孔板波纹填料)。

填料塔是以塔内的填料作为气液两相间接触构件的传质设备。填料塔的塔身是一直立式圆筒，底部装有填料支承板，填料以乱堆或整砌的方式放置在支承板上。填料的上方安装填料压板，以防被上升气流吹动。液体从塔顶经液体分布器喷淋到填料上，并沿填料表面流下。气体从塔底送入，经气体分布装置（小直径塔一般不设气体分布装置）分布后，与液体呈逆流连续通过填料层的空隙，在填料表面上，气液两相密切接触进行传质。填料塔属于连续接触式气液传质设备，两相组成沿塔高连续变化，在正常操作状态下，气相为连续相，液相为分散相。

当液体沿填料层向下流动时，有逐渐向塔壁集中的趋势，使得塔壁附近的流量逐渐增大，这种现象称为壁流。壁流效应造成气液两相在填料层中分布不均，从而使传质效率下降。因此，当填料层较高时，需要进行分段，中间设置再分布装置。液体再分布装置包括液体收集器和液体再分布器两部分，上层填料流下的液体经液体收集器收集后，送到液体再分布器，经重新分布后喷淋到下层填料上。填料塔具有生产能力大，分离效率高，压降小，持液量小，操作弹性大等优点。填料塔也有一些不足之处，如填料造价高；当液体负荷较小时不能有效地润湿填料表面，使传质效率降低；不能直接用于有悬浮物或容易聚合的物料；对侧线进料和出料等复杂精馏不太适合等。

填料塔的设计流程如下：①塔的工艺模拟；②填料的选择；③塔径的确定；④填料层高度的确定；⑤填料压降的计算；⑥填料塔内件的设计。

3.1.2.1 塔的工艺模拟

根据原料组成、分离要求、操作条件与设计的工艺要求，进行塔的工艺模拟计算。吸收塔的工艺模拟可以采用通用的化工系统模拟软件，如 Aspen Plus、Invensys Simsci ProII、Aspen Hysys、Protreat、Promax 等。通过选择合适的状态方程和计算方法，可以计算得到吸收塔的尾气中 CO_2 的含量，以及用于塔内件设计的气液相负荷数据（包括气液相的流量、密度、黏度、表面张力、热容、焓值等）。

3.1.2.2 填料的选择

填料是装在填料塔内的传质元件，主要是用来扩大液相与气相之间接触面积和提高塔分离效率的重要内件设备。填料的选择包括填料的材质、种类与构型、尺寸等。

填料材质的选择，通常要考虑装置的设计温度、材质的耐腐蚀性、强度及价格等。目前填料材质主要以金属、陶瓷、塑料三大类材料为主。考虑到烟气的腐蚀性，用于吸收塔的填料通常是不锈钢材质如 304、304L、321、316L 等或塑料填料。

常用的填料主要有两大类：散装填料和规整填料（图 3-2）。填料种类的选择，是指选用规整填料还是散装填料。这一问题尚未有明确的结论，一般气膜控制的吸收和真空精馏应优先选择规整填料；液膜控制的吸收、高压精馏、气液膜共同控制的吸收，宜选用持液量较大、液相湍动较大的散装填料。

填料的构型和品种的选择要考虑填料的性能，这些性能指标主要是生产能力、传质效率、压降、堆积密度、价格、强度、可清洗性、装卸方便性、抗堵性能、抗结垢性能等。因此，要求填料能提供大的气液接触面，即要求具有大的比表面积，并要求填料表面易于被液体润湿，只有润湿的表面才是气液接触表面。填料一般要求生产能力大，气体压降小。因此要求填料层的空隙率大，不易引起偏流和沟流，以及经久耐用具有良好的耐腐蚀性，较高的机械强度和必要的耐热性，取材容易，价格便宜。

图 3-2

填料的选择

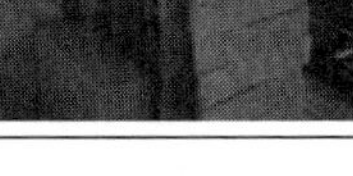

(a) 波纹填料

(b) 规整型波纹填料

(c) 散装填料

（1） 规整填料

规整填料是在塔内按均匀几何图形排布、整齐堆砌的填料。规整填料能实现每个理论级的压降最小，故可降低塔底物料温度而节能，尤宜用于需多级分离和热敏物系的分离，分离效率高、阻力小、通量大、操作弹性大、放大效应不明显。同时，它能克服散堆填料的液体随机流动，使液体趋向均布。

规整填料有金属孔板、金属刺孔板、金属网孔（板网）、金属丝网、塑料孔板、格栅（格利奇）等类型（图 3-3）。

图 3-3

典型规整填料

(a) 金属孔板

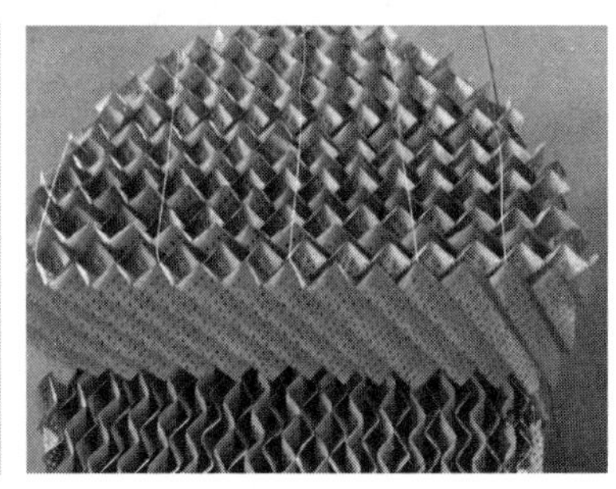

(b) 金属丝网

① 金属网孔（板网）波纹填料。金属网孔波纹填料是用金属薄板冲压、拉伸成特定规格的压延网片，其表面形成规则的菱形网孔，然后冲压成波纹形状的一种填料，这种填料综合了丝网填料与波纹板填料的优点，具有重量轻、压降低、效率高的特点。

② 金属丝网波纹填料。金属丝网填料是目前世界各国应用比较广泛的高效填料，其主要优点是：理论板数高，通量大，压降低；低负荷性能好，理论板数随气体负荷的降低而增加，几乎没有低负荷极限；操作弹性大；放大效应不明显；能够满足精密、大型、高真空精馏装置的要求。为难分离物系、热敏性物系及高纯度产品的精馏分离提供了有利的条件。

③ 金属孔板波纹填料。金属孔板波纹填料是在金属薄板孔表面打孔、轧制小纹、大波纹，最后组装而成。它在工业上的应用最广泛，可用于塔径十几米的超大型塔器。此种填料可应用于负压、常压和加压操作，是传统的工业高效填料。

④ 金属压延孔板波纹填料。压延孔板波纹填料（也称刺孔板波纹填料），它由 0.1～0.12mm 厚金属薄板刺孔、轧制波纹而成的。由于表面刺有许多小孔，延长了气液在填料表面的滞留时间，使塔内气液交换更加充分，提高了分离效率。该填料其几何尺寸与孔板波纹填料相似，小孔孔径为 0.4～0.5mm，该填料通常用耐腐蚀不锈钢制造，用于油脂行业及精细化工、制药设备等。

⑤ 陶瓷板波纹填料。具有非常好的耐酸碱腐蚀性能和表面润湿性能，而且可在高温下操作。天津大学和清华大学开发了一种新型陶瓷板波纹填料，具有良好的亲水性能，在陶瓷表面可形成极薄的液膜，液膜湍动和气流倾斜，既增大了接触传质面积，又增大了空隙率，提高了分离效率和通量，减小了压降和能耗，提高了产量。同时产品表面粗糙，具有较好的毛细作用，水溶液能够有效润湿填料表面。

规整填料结构优化的一个重要方向是降低压降从而降低填料塔的运行能耗。瑞士苏尔寿公司在 1977 年推出了 Mellapak 系列波纹板式的规整填料，促进了规整填料的大规模应用。此后，在 Mellapak 的基础上进行优化设计和改进，相继研发成功 Montz-pak 等规整填料，如图 3-4。实验测试表明，波纹板片底部结构对于填料处理能力至关重要，因为底部的弯曲有利于液体顺利排出。通过波纹几何形状的微调可以进一步提高规整填料的性能。Montz 低压降 A3 丝网填料（波纹倾角为 60°），在效率相同的条件下，降低了 20%的压降。苏尔寿 BX 填料的高性能填料也可以获得类似的效果。

(2) 散装填料

散装填料是具有一定几何形状和尺寸的颗粒体，在塔内以散装的形式堆积。

图 3-4

改进型低压降规整填料

(a) Mellapak Plus结构

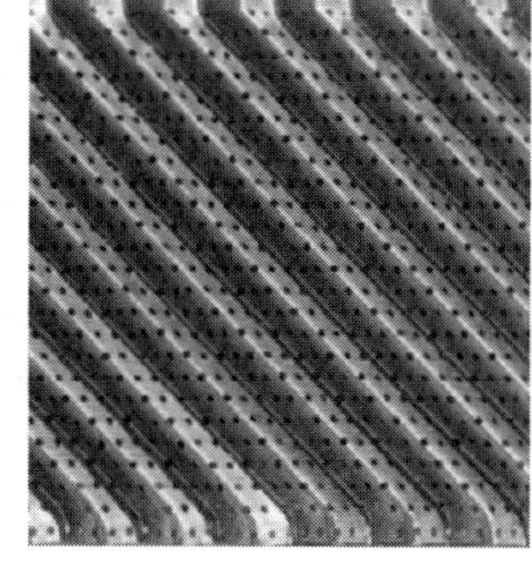

(b) FLEXIPAC HC结构

(c) Montz B1-MN结构

散装填料通量大、阻力小、易检修。散装填料可分金属材质与塑料材质。产品有矩鞍环、阶梯环、鲍尔环、拉西环等（图 3-5）。

图 3-5

散装填料的选择

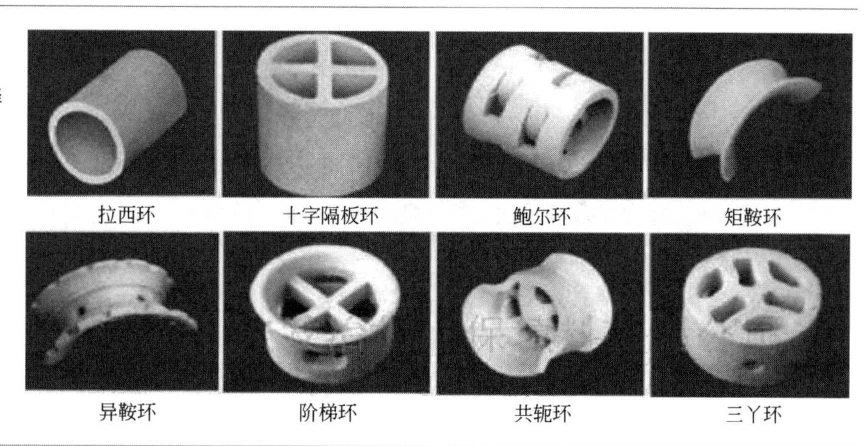

① 内弯弧型筋片扁环填料。扁环填料是在参考了国外各种填料的基础上，优选出的最佳设计，进一步降低了填料的压降，具有机械强度高、处理能力强、返混小、传质效率高等优点。现在有一型、二型、三型等系列产品。

② 矩鞍环填料。矩鞍环填料是一种将环形填料和鞍形填料两者的优点结合于一体的填料。矩鞍环填料具有通量大、压降低、传质性能好、强度高、不易破损等优点。其综合性能比拉西环、鲍尔环等填料有明显提高。流体力学性能及传质性能均优于阶梯环填料，是一种性能优良的填料。

③ 阶梯环填料。阶梯环填料是在鲍尔环填料的基础上发展起来的一种环状散装填料。它对鲍尔环有两点改进：第一点改进是阶梯环的高直比为1∶2；第二点改进是在环的一端有一个较短的喇叭形状大口。这样的设计改善了填料层内气液分布，而且增加了气液接触点，有利于液体均匀分布及膜表面的不断更新，使传质得到强化，气体分离效率大大提高。

④ 双翻边短环填料（CMR）。双翻边短环具有阶梯环填料的优点，同时因为双翻边在增加填料本身强度的基础上可减少材料的厚度，从而降低了成本。填料表面再经过打沙处理后，效果更佳。

⑤ 鲍尔环填料。鲍尔环填料是在拉西环填料的壁面上开了长方形小窗，同时环内增设了附件，从而改善了流体分布和环内表面的有效利用率，可使压降减小、通量增大、传质性能提高。

（3）塑料填料

塑料填料是由高分子有机物质聚乙烯、聚氯乙烯、氯化聚乙烯、聚偏氟乙烯、聚丙烯、聚四氟乙烯等加工制备的填料，国内一般多采用聚丙烯材质加工。塑料填料分为塑料散装填料如多面空心球、花环、海尔环、阶梯环、鲍尔环、矩鞍环、异鞍环、共轭环、扁环、拉西环、雪花环、六棱形环等和塑料规整填料。

塑料材质比重小，加工制备的填料和构件重量轻，具有较高的韧性，且易于加工成型，是一种具有吸引力的材料。由塑料材质制成的填料具有价格低廉、耐化学腐蚀性能好、操作费用低、重量轻、可重复使用、空隙率大、通量大等特点，广泛用于石油、化工、氯碱、煤气、环保等行业的中低温（60～150℃）提馏、吸收及洗涤塔中。

塑料填料优点比较突出，但也存在缺点，主要体现在材料表面润湿性能差。填料塔内气、液两相呈逆流接触，填料上的液膜表面即为气液两相的主要传质界面，而液体能否在填料表面铺展成膜又很大程度上取决于填料表面的润湿性，聚丙烯为非极性高分子材料，具有较低的表面自由能，导致材料表面润湿性能较差。

目前国内外对聚丙烯亲水改性的研究众多，聚丙烯的亲水改性方法主要可以分为材料本体改性与表面处理两大类型。就材料本体改性而言，目前国内外主要有熔融共混改性、熔融接枝改性、溶液接枝改性等改性手段；就材料表面改性而言，目前国内外主要有表面粗糙法、等离子处理法、火焰处理法、物理法、表面接枝聚合等。目前，较适用于聚丙烯填料改性的方法主要有熔融共混改性与表面粗糙法两种，浙江大学实验表明，采用这两种改性技术，改性塑料填料性能与不锈钢填料接近。

3.1.2.3 塔径的确定

计算填料塔的塔径，首先要计算泛点气速，以泛点气速为基准，对于不发泡物性，实际操作气速一般为泛点气速的 60%～80%，对于易发泡物系，实际操作气速一般为泛点气速的 40%～60%。不同填料选择系数不同。

泛点气速采用贝恩-霍根关联式计算：

$$\lg\left[\frac{u_F^2}{g}\left(\frac{a}{\varepsilon^3}\right)\left(\frac{\rho_v}{\rho_L}\right)\mu_L^{0.2}\right]=A-K\left(\frac{W_L}{W_V}\right)^{\frac{1}{4}}\left(\frac{\rho_v}{\rho_L}\right)^{\frac{1}{8}} \tag{3-1}$$

式中 u_F——泛点气速，m/s；

g——重力加速度，9.81m/s^2；

a——填料比表面积，m^2/m^3；

ε——填料层空隙率，m^3/m^3；

ρ_v、ρ_L——气相、液相密度，kg/m^3；

μ_L——液体黏度，mPa·s；

W_L、W_V——液相、气相的质量流量，kg/h；

A、K——关联常数，见表 3-2。

表 3-2 常用填料的 A、K 值

填料类型	填料	A	K
散装填料	塑料鲍尔环	0.0942	1.75
	金属鲍尔环	0.1	1.75
	塑料阶梯环	0.204	1.75
	金属阶梯环	0.106	1.75
	瓷矩鞍	0.176	1.75
	金属环矩鞍	0.06225	1.75
规整填料	金属丝网波纹填料	0.3	1.75
	塑料丝网波纹填料	0.4201	1.75
	金属网孔波纹填料	0.155	1.47
	金属孔板波纹填料	0.291	1.75
	塑料孔板波纹填料	0.291	1.563

填料塔的塔径：

$$D=2\sqrt{\frac{G}{3600\pi\rho_G u_G}} \tag{3-2}$$

式中 D——塔径，m；

G——气相质量流量，kg/h；

ρ_G——气相密度，kg/m^3；

u_G——空塔气速，m/s。

3.1.2.4 填料层高度的确定

通常采用传质单元法或理论板数法计算填料层高度 Z，或从理论上说，填料塔内的两相浓度沿塔高连续变化，属连续（微分接触）传质设备，故用传质单元法计算填料高度较为合理。但在工程上，特别是精馏和吸收，习惯用理论板数法。但由于计算会有与实际情况不符的情况，因此计算出的填料层高度与实际生产需要之间会有一定出入。为了保证安全生产，也为了使生产发生波动时留有适当的调节余地，故实际采用的填料高度还应乘上一个1.3～1.5倍的安全系数。

$$Z=H_{OG}\times N_{OG}=N_{OL}\times H_{OL} \tag{3-3}$$

$$Z=N_T\times \text{HETP} \tag{3-4}$$

式中 H_{OG},H_{OL}——气、液相总传质单元高度，m；

N_{OG},N_{OL}——气、液相传质单元数；

N_T——理论板数；

HETP——等板高度或当量高度。

3.1.2.5 填料压降的计算

对真空精馏及常压吸收塔，必须进行压降的计算，当全塔压降大于允许值时，必须放大塔径或更换填料品种规格。

全塔压降包括填料层压降和塔内件压降两部分，填料层压降是全塔压降的主要部分，一般通过查取Strigle通用压降关联图（图3-6）获得压降值。由于计算的压降值总会与实际生产有一定的差距，特别是填料层中产生污垢后，故计算值也应引入一定的安全系数。Strigle图是用等压降线将气液相负荷、物性、填料结构的影响联系在一起，其中 F_p 反映填料的形式和尺寸，C_S 是与气速有关的参数（具体查化工设计手册）

由于Strigle通用压降关联图计算较为复杂，实际应用过程中一般根据填料厂商提供的负荷因子 F_S～单板压降 ΔP 关联图表计算压降。

3.1.2.6 填料塔塔内件

填料塔内件设计是否完善，是保证填料达到预期性能的重要条件。例如分布器设计不当将严重影响填料的传质效率，填料支承设计不当将使填料层提前液泛，影响其生产能力。

填料塔内件一般包括：液体分布器、收集器、除沫器、填料压圈、填料支承、气体入口分布器等。

（1）液体分布器和收集器

① 槽式液体分布器：槽式液体分布器是一种综合性能优良的液体分布器。

图 3-6
Strigle 通用压降关联图

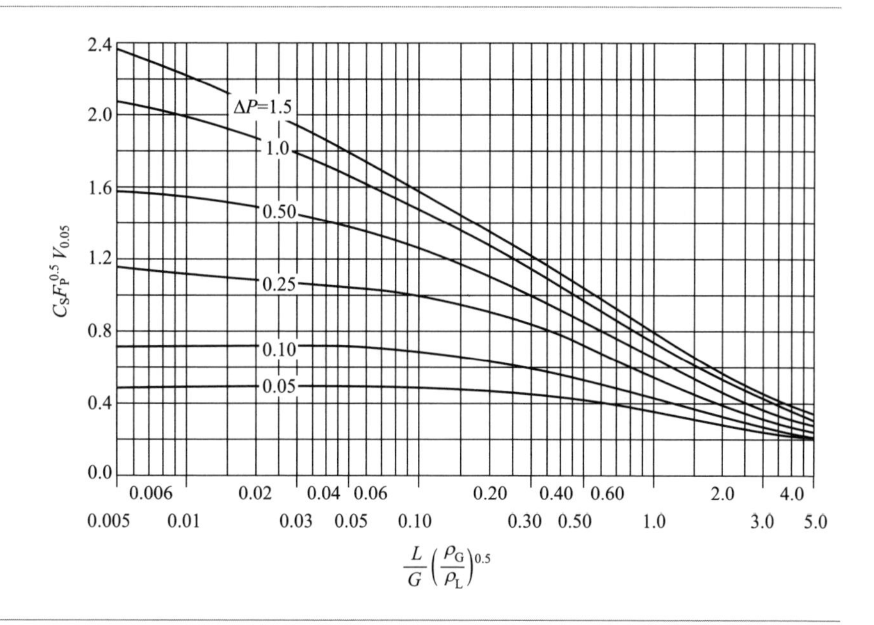

槽式液体分布器具有安装简便，液体分布均匀，喷淋点密度大，压降极低等优点，目前应用十分广泛。中国矿业大学与中石化联合优化改进的溢流复合槽式液体分布器可减少和防止填料塔的放大效应和端效应，从而减少塔高和塔径，实现造价与操作费用的降低。

② 槽盘式气液分布器：槽盘式气液分布器兼具液体收集器、液体分布器、气体分布器三者功能，具有所占用空间高度低、抗堵塞能力强、无液沫夹带、操作弹性大及压降低等优点（图 3-7）。

图 3-7
液体分布器

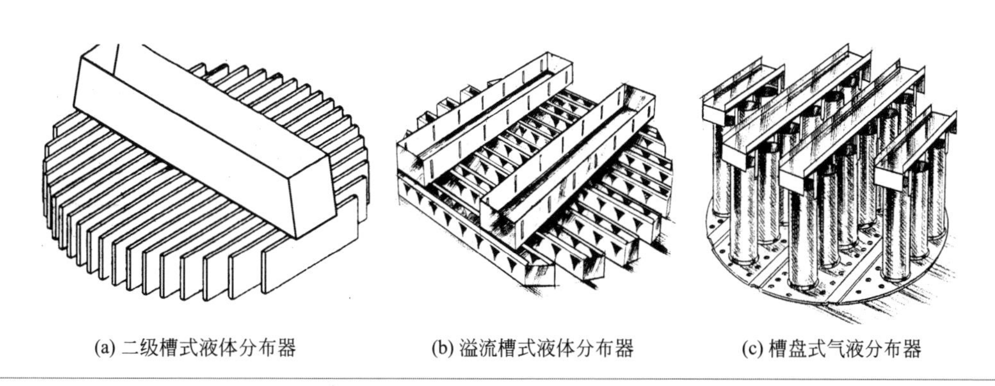

(a) 二级槽式液体分布器　(b) 溢流槽式液体分布器　(c) 槽盘式气液分布器

③ 遮板式液体收集器：遮板式液体收集器是一种置于填料层下面，用来收集塔内分布均匀度已经达不到要求的液体，以便再分布或侧线采出的装置。不影响气体分布的均匀性，压降小，可忽略不计。

(2) 除沫器

除沫器是安装于塔顶气体出口前，用于分离出塔气体中夹带的液滴，既减少物料损失，又可减少放空气体中夹带的有害成分，从而避免环境污染。

除沫器主要是由丝网、丝网格栅组成丝网块和固定丝网块的支承装置构成，丝网为各种材质的气液过滤网，气液过滤网是由金属丝或非金属丝组成(图 3-8)。丝网除沫器不但能滤除悬浮于气流中的较大液沫，而且能滤除较小和微小液沫，广泛应用于化工、石油、塔器制造、压力容器等行业的气液分离装置中。

图 3-8
丝网除沫器

抽屉式除沫器采用 HG/T 21586—1998 标准，是由若干块丝网除沫元件构成，通过导轨插入塔体内。该除沫器的特点是操作、维修时，可在塔体外更换除沫元件，丝网除沫器可采用国产或进口优质材料，Q235、304、304L、321、316L、F46、NS-80、镍丝、钛丝及合金等材质可由用户自行选用。

(3) 气体入口分布器

工业生产中常用的气体分布器有多孔直管式、直管挡板式、切向号角式、单切向环流式、双切向环流式和双列叶片式气体分布器等。

① 多孔直管式气体分布器。多孔直管式是目前炼化减压塔中较常用的一种分布器，其结构见图 3-9。进料管延伸至入口对侧塔壁附近，管下方及侧方开长条孔。气流由条形孔中喷出至塔底，再折而向上，沿管长各孔气速依次增大，结果是近塔壁处两端气速较高，管上方形成旋涡，塔中心处气流向下，气液两相进料时，液量分布与气速分布相似。因此，气液集中于管两端喷出，形成雾沫夹带；气液分布不均，局部气速较高，阻力很大。

② 直管挡板式气体分布器。直管挡板式气体分布器是多孔直管式的简便改进，除去了多孔直管式下方的多孔部分，取而代之的是数块弧形挡板，其位置沿气流方向依次升高，从而减少冲击，降低阻力（图 3-10)。

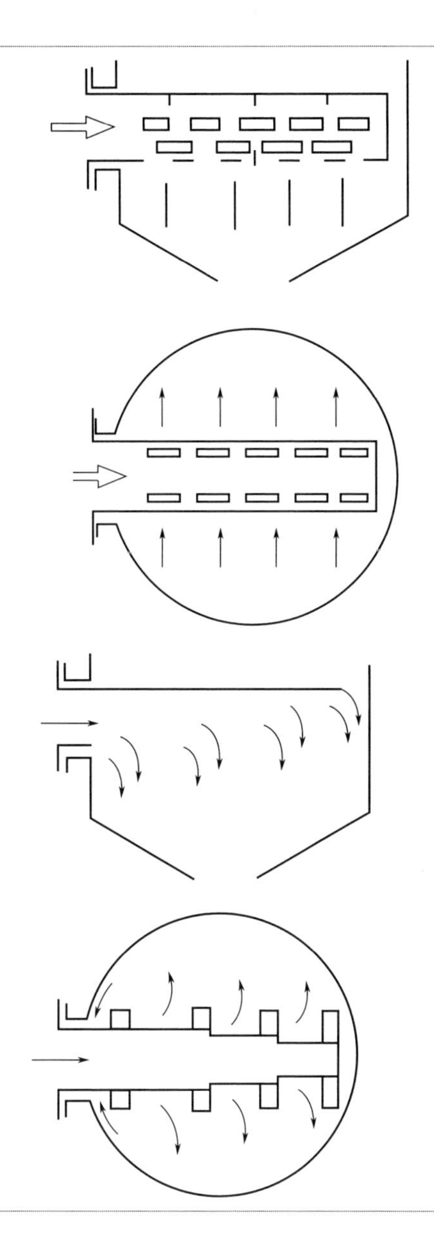

图 3-9
多孔直管式气体分布器

图 3-10
直管挡板式气体分布器

③ 切向号角式气体分布器。切向号角式气体分布器是减压塔中常用的结构形式，其进气管切向进入塔内，在管口处有向下倾斜的号角形导流罩，气液混合物以高速切向进入渐扩的喇叭口，进入塔内后沿塔壁向下旋转至塔底再折而向上运动。因此会在塔中央形成向上的气旋，由于离心力的作用，雾沫夹带量很少，阻力较小。喇叭口倾角设计要适当，否则液面将上移至进气口，使全塔发生震动（图 3-11）。

图 3-11

切向号角式气体分布器

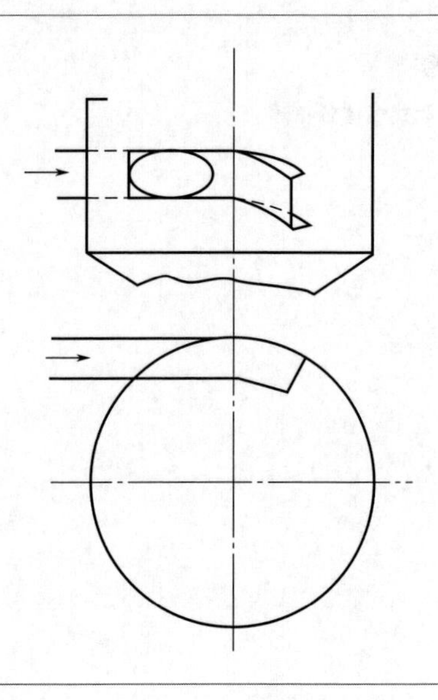

④ 单切向环流式气体分布器。由美国 Glitsch 公司研制开发，气流切向进入环形流道，依次被多个弧形叶片导流向下，并逐渐减速，至塔底后折而向上，进入内筒。由于四周气流涌向中心，所以塔中心的气速较高，液体受离心力作用，沿塔壁流下，液沫夹带很少。分布器本身阻力小，但是进料管中两相流阻力大（图 3-12）。

图 3-12

单切向环流式气体分布器

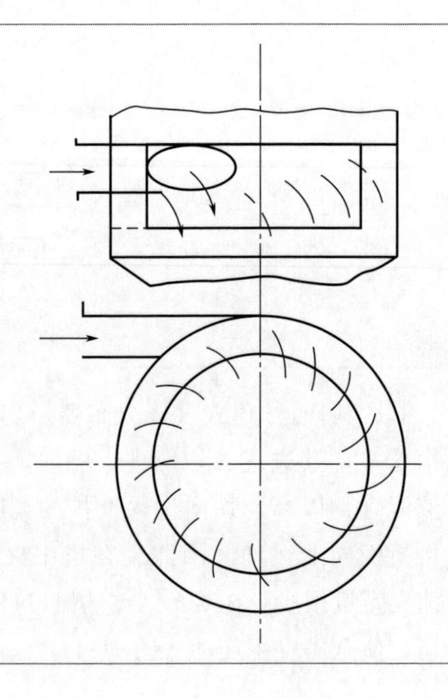

⑤ 双切向环流式气体分布器。双切向环流式气体分布器是由清华大学在美国 Glitsch 公司单切向环流式气体分布器基础上研制的，物料径向入塔后由导流板分成两部分，进入由塔壁、内套筒和顶板组成的马蹄形通道，依次被弧形导流叶片导向塔底并折而向上，气速分布较均匀，液沫夹带量少，阻力较小，综合性能颇为优良，较适合气液传质反应，多应用于大型吸收填料塔（图 3-13）。

图 3-13
双切向环流式气体分布器

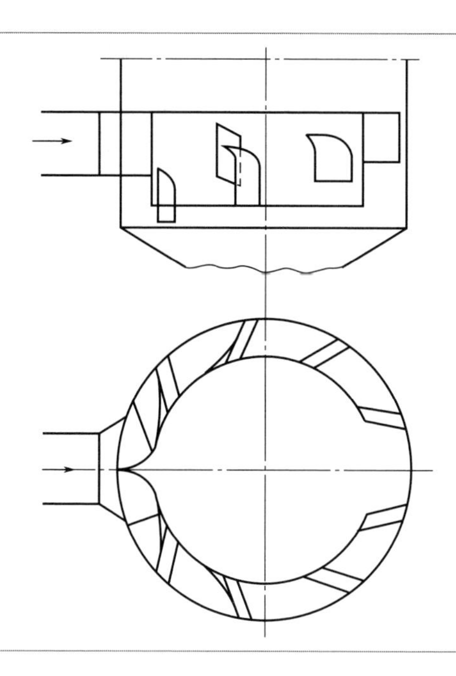

国内较多高校和研究机构对双切向环流式气体分布器进行了改进。其中中国矿业大学陆诗建团队优化设计了适用于大规模 CO_2 捕集反应塔的 V 叶片型双切向环流式气体分布器，可使方形塔进气烟气流场分布达到近似圆塔的效果（图 3-14）。

⑥ 双列叶片式气体分布器。双列叶片式气体分布器是瑞士 Sulzer 公司主推的产品，最大可用于直径 10m 以上的塔中，其基本结构如图 3-15。物料径向入塔，进口两侧有两列导流弧形叶片，其顶部、底部均封闭，气流沿两列叶片左右分开，冲向塔壁并折转向上，故两侧边壁处气速较高，中间部分气流向下，有旋涡产生。其特点是先将径向气体沿水平方向分布开，然后利用塔壁的作用使水平分开的气体折而向上流动。双列叶片式气体分布器的气体均布性能较为出色。并且其在塔内的占位较低，气体为水平分布，避免了其对塔釜液体的扰动，使操作时塔釜液位比较稳定。但其结构特点也决定了它在均布气体的同时，使气体在塔内产生了环流现象，

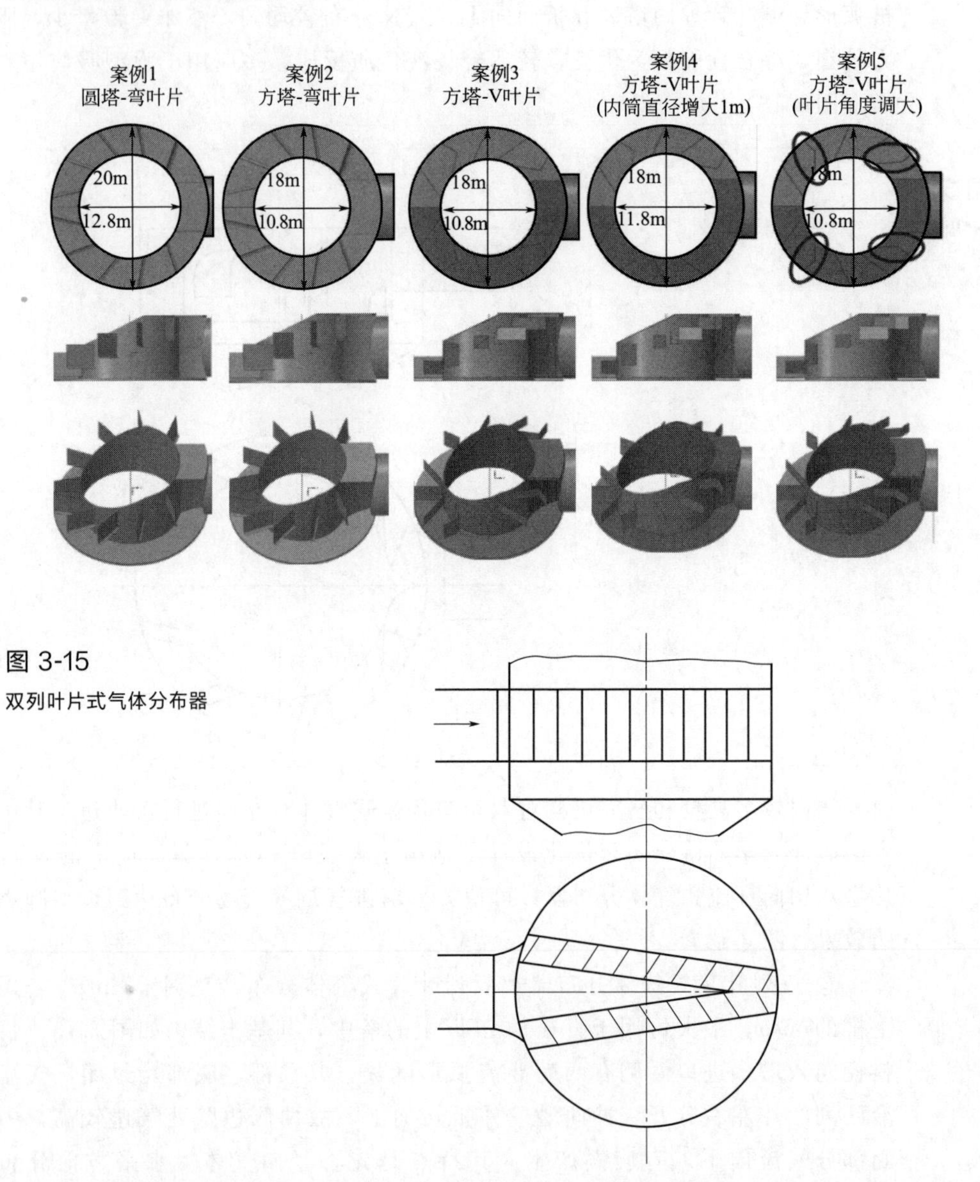

图 3-14
V 叶片双切向环流式气体分布器

图 3-15
双列叶片式气体分布器

影响了分布效果。因此近年来一直受到国内外设计者的关注，并不断对其进行研究改进，旨在保持其优点的基础上使其性能更加出色，从而使其得到更加广泛的应用。

3.1.3　板式塔的设计

塔板又称为塔盘，用以使两种流体密切接触，进行两相之间的热质交换，以达到分离液体混合物或气体混合物组分目的的圆形板，一般开有许多孔，并常设置促使两种流体密切接触的零件（图 3-16）。塔板根据各种不同的结构，主要有泡罩塔板、筛板、浮阀塔板等。

图 3-16
塔板结构

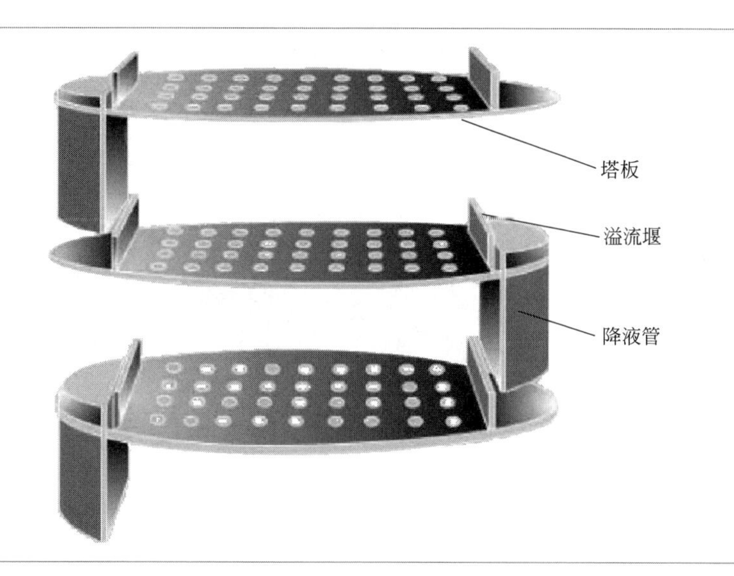

3.1.3.1　塔板的类型及特点

（1）泡罩塔板

泡罩塔板是应用最早的传质设备之一。特点是不易发生漏液现象，有较好的操作弹性，当气液有较大波动时，仍能维持几乎恒定的解吸效率（图 3-17）。

（2）筛板

筛板结构简单，造价低廉。特点是气体压降小，板上液面落差小，生产能力及板效率均较泡罩塔板高。

（3）浮阀塔板

浮阀塔板兼有泡罩塔板和筛板的优点，是应用最为广泛的塔板。特点是生产能力大，操作弹性大，塔板效率高，气体压降及液面落差小，造价低。

（4）斜孔塔板

斜孔塔板板面斜孔孔口反向交错排列，避免了气液并流所造成的气流不断加速现象，改善了气液流动的合理性，板上低而均匀的稳定液层，降低了雾沫夹带量。特点是生产能力大，塔板压降小，塔板效率高，结构简单，造价相对较低，特别适合于物料易自聚的精馏体系。

图 3-17
塔板类型

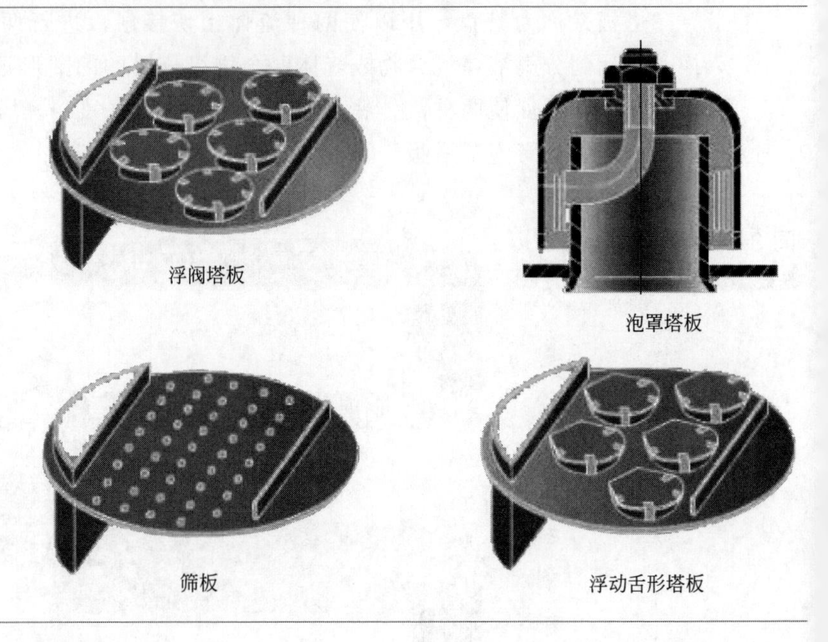

(5) 垂直筛板

垂直筛板的传质是气液在并流喷射状态下完成的，气体为连续相，液体为分散相。液体从帽罩侧孔喷出，被分散成大量的小液滴，为气液传质提供了很大的表面积。同时，由于液滴的剧烈碰撞，不断更新，维持很高的传质、传热推动力。垂直筛板的特点是传质效率高（比浮阀塔板高10%以上）；处理能力大（比浮阀塔板高50%以上）；操作弹性大（可达到3以上），塔板压降小；抗堵塞能力强，使用寿命长、易检修。

3.1.3.2 新型垂直筛板

新型垂直筛板（new VST）为性能优良的并流喷射塔板。

(1) 结构

新型垂直筛板的结构有多种形式，它在塔板上开有大孔（有圆型、方型、矩形孔等），孔上相应布置有各种形式的帽罩（如圆形、方形、矩形、梯形），并设有降液管。降液管的设置与普通塔板（浮阀塔板、筛板、泡罩塔板，下同）基本一样。

(2) 主要特点

体现在帽罩的构造上，其中最普通也是最典型的为圆形帽罩（称为标准帽罩)，它由罩体、盖板组成，其材料可使用碳钢、低合金钢或陶瓷。

(3) 操作原理

普通塔板气液流动接触呈泡沫状态，在塔板上气液两相系错流接触，而new VST上气液流动接触呈喷射状态（气液两相取并流接触形式)。来自上一层塔板的液体从降液管流出，横向穿过各排帽罩，经帽罩底隙流入罩内；从孔板上升的来自下一层塔板的气体使液体形成液膜（日本文献认为是圆环膜)，气流与液膜在罩内进行动量交换，液膜被分裂成液滴和雾沫，帽罩内气液两相以湍流状态进行激烈的热质交换（有时有化学反应)，而后两相流从罩壁的小孔沿水平方向喷射而出，气相和液滴在板间空间翻腾并分离后，气相升至上一层塔板，而各帽罩喷射出的液滴由于相互撞击，一些小液滴撞合聚并变大，与原来的大液滴一起落到塔板上，其中一部分又被吸进帽罩再次被拉膜、破碎，其余部分随板上液流进入下一排帽罩或迂回于一个帽罩内外，最后经降液管流到下一层塔板。

(4) 主要技术特性

① 负荷能力大。其气（汽）速可达普通塔板的1.5～2.0倍。

② 传质效率高。与浮阀塔板相比较其传质效率高出10%～20%（浮阀塔板具有高传质效率是公认的)。

③ 压降小。仅为浮阀塔板压降的一半左右。

④ 塔板间距小。一般情况可在250～350mm。

⑤ 操作弹性好。其操作弹性可与浮阀塔板（公认的操作弹性最好的塔板）相当，为4～5。

⑥ 操作条件适应性强。可适用于高压强与较低真空以及高液气比与低液气比下操作。在不同情况下，虽然液面波动范围大，但对板效率却影响不大。

⑦ 具有独特的防自聚堵塞能力。

⑧ 操作简便可靠。这类塔板从工业开工启动到稳定运行所需时间很短，这与它具有很好的传质效率有关，并且能持续稳定生产。

3.1.3.3 导向浮阀塔板

(1) 导向浮阀塔板的形式

导向浮阀塔板到目前为止，已开发了三种形式：矩形、梯形以及组合导向浮阀塔板，其中矩形导向浮阀塔板已成功地应用于工业生产。

(2) 导向浮阀塔板的结构特点

① 导向浮阀塔板上配有导向浮阀，在导向浮阀的上面开有适当大小的导向孔，其开口方向与塔板上的液体流动方向一致。在操作中，借助导向孔吹

出的少量气体的动能推动塔板上的液体向前流动，以减小甚至消除塔板上的液面梯度（图 3-18）。

② 导向浮阀为矩形或梯形，两端设有阀腿，在操作中，气体不是向四面吹出，而是从两侧吹出，气流方向与塔板上的液流方向相互垂直，可减小塔板上的液体返混程度。

③ 导向浮阀上开有一个或两个导向孔，由导向孔喷出的水平气流推动液体向前流动，在塔板两侧的弓形区域内，安装具有两个导向孔的导向浮阀以加速液体流动，从而消除塔板上的液体滞止区。

④ 对于较大的液流强度，为消除塔板上的液面梯度，可适当增加双孔导向浮阀在塔板上所占的比例。

⑤ 导向浮阀具有两只阀腿，操作时，不会出现 F1 型浮阀那种旋转现象，故导向浮阀塔板在结构上十分可靠，不易磨损，不会脱落，操作安全可靠。

图 3-18
导向浮阀结构
1—阀孔板；2—导向浮阀；3—导向孔

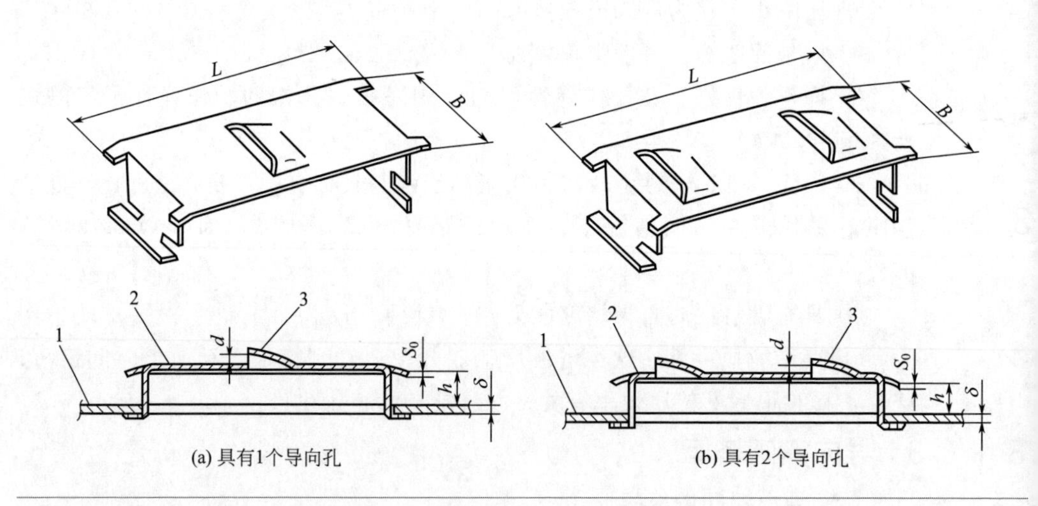

3.1.4 填料吸收塔设计案例

中国矿业大学陆诗建团队对某电厂 200 万吨/年烟气 CO_2 捕集工程进行设计，CO_2 化学吸收系统吸收段采用三段 5m 高的 252Y 规整填料，水洗段采用一段5m高的125Y规整填料。吸收段的主要作用是采用有机胺吸收液对烟气中CO_2进行吸收脱除，实现CO_2捕集回收；水洗段的主要作用是用洗涤水对净化尾气进行洗涤，降低净化尾气对胺液的夹带，减少胺液的跑损。

其吸收塔水力学核算结果见表3-3。

表3-3　吸收塔水力学核算表

序号	项目	单位	数值(水洗段)	数值(吸收段)
1	塔径	m	20	20
2	空塔气速	m/s	1.6	1.5
3	空塔动能因子	$Pa^{0.5}$	1.6	1.6
4	泛点率	%	37.1	46.0
5	喷淋密度	$m^3/(m^2 \cdot h)$	9.4	20.0
6	持液量	%	3.2	4.7
7	每米填料压降	mbar/m	0.6	0.76
8	填料段总压降	mbar	3.0	11.3

3.2　CO_2再生塔

3.2.1　塔体设计

再生塔（也可称为“解吸塔”）用于使CO_2气体从富液中解吸，富液向塔下部流动。为了增强溶液再生效果和提供热量，通常设有再沸器使胺液产生蒸汽，蒸汽在再生塔内加热溶液并与解吸的酸气一起向上流动，塔顶则有回流流下以降低酸气分压和维持系统溶液组成稳定。

再生塔多使用规整填料塔或浮阀塔。根据理论板数的要求和多年实际运行的经验，再生塔多采用10～15m的规整填料或20～30层浮阀塔盘。

结合再生塔的工艺特点，其塔板的设计又有以下特殊之处：

① 胺液为发泡物系，其塔板的阀孔动能因子要比无泡沫的正常系统更低，这意味着，在同样的气相负荷下，再生塔需要更高的塔板开孔率。

② 通常在一定的气液负荷和塔径条件下，塔板间距小则雾沫夹带量大，适当增加塔板间距，可使雾沫夹带量减少。对于易起泡的物料，塔板间距应选得大些。另外由于再生塔的板数并不多，因此通常其板间距选为600mm。

③ 富液入口上部的塔板，液相负荷低，其堰上液层高度通常小于13mm，尤其当塔处于低负荷操作时，其堰上液层高度更低。由于塔板及溢流堰制造和安装上的误差，使得堰上液流不均匀，引起板上液体的不均匀流动，因此，该部分塔板的出口堰应增加齿形堰。

④ 富液入口下部的塔板，液相负荷高，降液管停留时间短，但由于胺液的易发泡特性，应保证降液管停留时间在7s以上，且底隙流速应小于0.3m/s或更低。

⑤ 塔板下部的集液箱用于液体抽出，为半贫液出口或与再沸器连接口。集液箱应尽可能地减少漏液，可采用焊接结构。对于改造装置，若条件不允许，也可采用可拆卸结构，但应做好集液箱的密封，防止大量液体直接漏入塔釜。

3.2.2 塔内件设计

(1) 填料塔塔径计算

利用贝恩-霍根泛点气速方程求解泛点气速 u_f：

$$\lg\left[\frac{u_f^2}{g}\times\frac{a}{\varepsilon^3}\times\frac{\rho_G}{\rho_L}\eta_L^{0.2}\right]=A-1.75\left(\frac{q_{mL}}{q_{mG}}\right)^{\frac{1}{4}}\left(\frac{\rho_G}{\rho_L}\right)^{\frac{1}{8}} \tag{3-5}$$

上式中 A、a、ε 为经验值，溶液密度 ρ_L 取样测定，采用密度分析仪，液体黏度 η 取样测定，采用黏度分析仪。

$$\text{空塔气速 } u=0.7u_f \tag{3-6}$$

设计解吸气流量为：

$$Q=\frac{\pi D^2}{4}\times u \tag{3-7}$$

求解解吸塔塔径为：

$$D=\sqrt{\frac{4Q}{\pi u}} \tag{3-8}$$

(2) 填料层高度确定

与吸收填料塔计算类似，采用式(3-3)、式(3-4) 进行计算。

3.2.3 填料解吸塔设计案例

中国矿业大学陆诗建团队对某电厂200万吨/年烟气 CO_2 捕集工程进行设计，解吸段采用两段5m高的452Y规整填料。解吸段的主要作用是采用蒸气对溶液进行加热实现氨基甲酸盐或其他 CO_2 反应的化合物分解。

其解吸塔水力学核算结果见表3-4。

表3-4 解吸塔水力学核算表

序号	项目		单位	数值
1	塔径		m	13
2	空塔气速		m/s	1.2
3	空塔动能因子		$Pa^{0.5}$	1.1
4	塔盘部分	开孔率	%	11.4
5		喷射泛点率	%	26
6		阀孔动能因子	$Pa^{0.5}$	7.8
7		降液管泛点率	%	20
8		单板压降	mbar	6.4
9	填料部分	泛点率	%	57.1
10		喷淋密度	$m^3/(m^2 \cdot h)$	52.7
11		持液量	%	7.8
12		每米填料压降	mbar/m	0.66
13		填料段总压降	mbar	6.6

3.3 其他设备和系统

3.3.1 CO_2 烟气预处理塔

一般烟气预处理采用填料塔，填料塔是最常用的气液传质设备之一，具有生产能力强、分离效率高、压降小、操作弹性大的优点。针对烟气 CO_2 化学吸收过程，目前烟气预处理塔已经成为关键设备之一，主要目的是通过烟气的预处理，实现颗粒物、SO_2 的深度脱除，同时维持进吸收塔的烟气温度在合适的反应区间内，确保后续化学吸收-解吸过程长期高效运行。目前新建碳捕集装置均设有烟气预处理塔。

对于常规 CO_2 化学吸收系统而言，通常布置于燃煤机组脱硫系统下游，燃煤烟气经脱硫后的温度范围通常在40～50℃之间，经过超低排放改造后烟气中 SO_2 含量10～35mg/m^3，NO_x 含量20～50mg/m^3。烟气 NO_x 与捕集化学吸收剂不发生反应，所以烟气预处理主要考虑降低 SO_2 含量，降低出口烟气温度。一般情况下，经过简单处理后的烟气可直接进入吸收塔，但为了使后续 CO_2 的吸收-解吸过程高效率运行，需要进一步控制燃煤烟气中 SO_2 的含量，从而减少 SO_2 对化学吸收剂的影响。烟气预处理塔内安装有填料，根据烟气中 SO_2 的含量进行选择性碱洗，一般来说当 SO_2 的浓度超过 $26mg/m^3$ 时，应对其进行洗涤，以确保吸收溶液的清洁高效。

预处理塔是 CO_2 化学吸收预处理的核心设备。通常从预处理塔顶部喷淋而下的处理液与来自预处理塔底部的含硫烟气逆向对流反应，实现烟气残留 SO_2 的深度脱除。为了增强烟气预处理效果，通常预处理塔中布置有一层或多层填料，填料的类型选择及结构布置方式是影响烟气预处理效率的关键因素。

预处理塔填料通常可采用塑料型材质或金属型材质，其对比见表 3-5。

表 3-5　预处理塔填料材质对比

项目	优点	缺点
塑料材质	价格低廉、耐化学腐蚀性能好、重量轻	表面润湿性能差
金属材质	润湿性能强、耐高温	制造成本高

3.3.2　换热器

在醇胺法捕集 CO_2 中，胺溶液与烟气在吸收塔通过气液逆流接触进行脱碳，并将得到的富液通入解吸塔，经解吸后得到 CO_2 蒸气和热贫液，热贫液经换热器冷却后重新进入吸收塔。通常，热贫液的温度在 120℃左右，为保证 CO_2 的吸收效果，不能直接通入吸收塔，需要先冷却至 40℃左右。因此，在吸收塔和解吸塔之间安装贫富液换热器，既能冷却热贫液，减少冷却水量；又可将冷富液加热到较高温度，降低再生能耗。此外，CO_2 化学吸收工艺换热器还包括贫液冷却器、再生气冷却器、级间冷却器、再沸器等。

广泛用于工业领域的换热器有两大类：管壳式换热器和板式换热器。

3.3.2.1　管壳式换热器

管壳式换热器主要包括列管式换热器、U 形管式换热器、浮头式换热器和绕管式换热器。贫富液换热器采用这几种常见的换热器存在一些优势和不足，如表 3-6 所示。

表 3-6　管壳式换热器比较

换热器类型	优点	缺点	应用于化学吸收换热器存在的问题
列管式换热器	耐温耐压能力强	换热效果差，设备体积大，成本高	系统整体成本高
U形管式换热器	结构简单，便于清洗	壳程存在短路区域	换热效果较差
浮头式换热器	耐温耐压能力强，方便清洗	结构复杂，造价高，易泄漏	成本高，密闭性差
绕管式换热器	结构紧凑，体积小，传热面积大	制造困难，造价高，不易清洗	工作环境不匹配，堵塞不易清洗

U形管式换热器适用于高温、高压及腐蚀性强的场合，并且管束可以抽出，在电厂、煤化工及空分等领域应用广泛。但其壳程存在短路区域，影响了换热效果。

浮头式换热器可在温度低于450℃，压力低于6.5MPa环境下工作，广泛应用于两种介质温差大的热交换场合。浮头式换热器的壳程可以抽出进行清洁，但在浮头处容易泄漏。醇胺法捕集 CO_2 装置的胺液具有强碱性和氨味，要求换热器具有强密闭性，使用浮头式换热器时易产生安全问题。

绕管式换热器结构紧凑，单位体积的有效传热面积大，换热系数较高，最大操作压力可以达到21.56MPa，适用于在小温差下需要传递较大热量且管内介质操作压力较高的场合，相应的制造成本也比较高。而胺液换热器的工作压力通常低于2MPa，对操作压力的承载力要求不是很高。且壳程绕管密布，堵塞后无法清理，仅适合于超洁净流体换热。

3.3.2.2　可拆式板式换热器

板式换热器在换热器市场的占比约为28%，其优点主要体现在结构紧凑和传热效率高。板式换热器根据连接方式可分为可拆式板式换热器、半焊接式板式换热器和全焊接式板式换热器，目前，针对可拆式换热器的研究比较多。

可拆式板式换热器结构简单，主要由多块换热板片、橡胶密封垫、导杆和压紧板等组成。相邻板片间形成流道，冷、热流体在各自流道通过板片传导热量，即每片板是一个传热单元。同时，板片可以拆卸下来清洗，还可以增减板片数量来调整换热面积。但由于板片之间采用橡胶密封垫形式密封，不耐高温和高压。密封胶垫多采用三元乙丙橡胶、丁腈橡胶、氟橡胶等材质，使用过程中存在老化及有机溶剂溶解等问题。清洗维护也比较费时、费力，拆卸清洗、重新组装后易发生泄漏。

3.3.2.3 全焊接板式换热器

全焊接板式换热器根据换热芯体有没有放在承压外壳中，可以分为非板壳式和板壳式两大类。其中，非板壳式主要包括全焊接板框式换热器、钎焊板式换热器、纯逆流焊接板式换热器、螺旋板式换热器、板翅式换热器等；板壳式换热器根据板片的几何形状可以分为圆形板片板壳式换热器和方形板片板壳式换热器，如图 3-19 所示。全焊接板式换热器具有换热系数高、耐高温、耐高压、密封性好、不易泄漏、易清洗以及维护费用低的特点，近年来受到研究人员和工业生产的广泛关注。

图 3-19
全焊接板式换热器结构分类

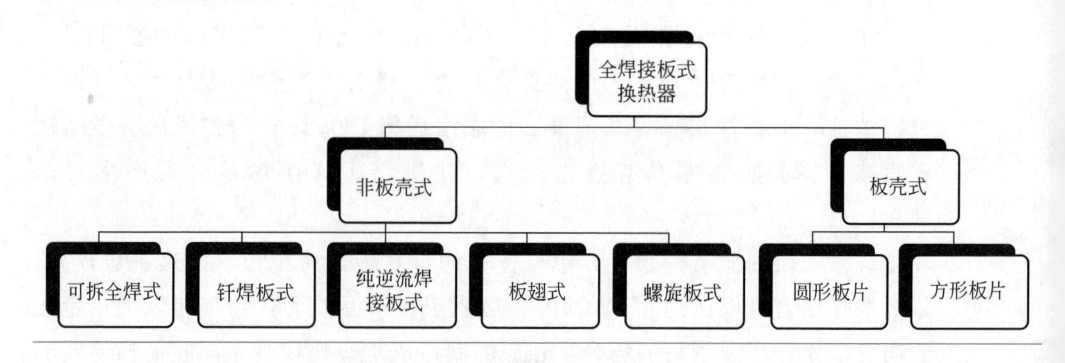

全焊接板式换热器主要是由多块薄板片堆叠而成，通过上下导杆固定，以焊接的方式密封，结构紧凑，流体在流道的流动相互独立，如图 3-20 所示。板片可拆，可通过改变板片数量来控制换热面积。

3.3.2.4 人字形波纹全焊接板式换热器

图 3-21 包括了人字形波纹板最重要的几何参数。一般来说，几何参数可分为两类：波纹和板材尺寸。前者包括 V 形角 β、表面波纹波长 λ 和波纹深度 b，而板长 L 和板宽 W 及板厚 δ、孔口间有效长度 L_p 和宽度 W_p 以及孔口直径 D_p 属于后者。此外，由波纹波长和深度确定的两个参数，波纹的纵横比 γ 和波纹的放大系数 η 定义如下：

$$\gamma=\frac{2b}{\lambda} \tag{3-9}$$

$$\eta=\frac{1}{6}\left[1+\sqrt{1+\left(\frac{\pi\gamma}{2}\right)^2}+4\sqrt{1+0.5\left(\frac{\pi\gamma}{2}\right)^2}\right] \tag{3-10}$$

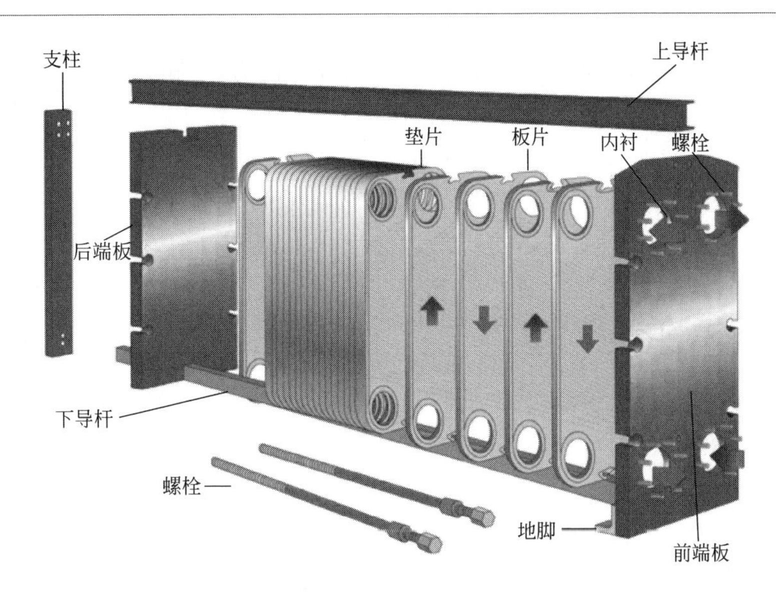

图 3-20
可拆式换热器结构形式

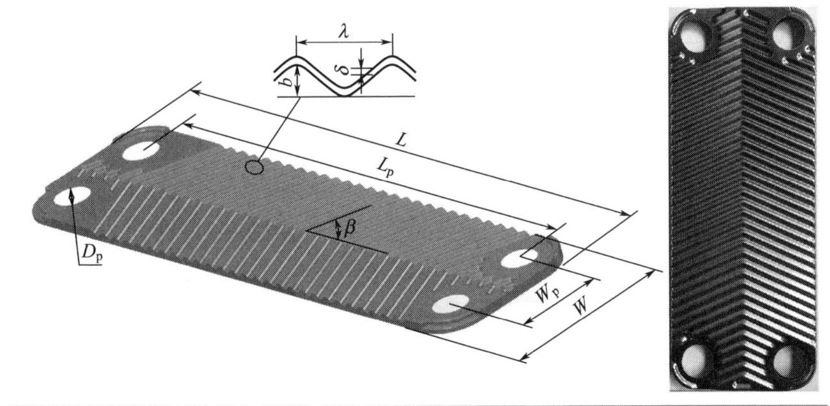

图 3-21
人字形波纹板结构示意图

这两个无量纲数被认为是表征波纹对板式换热器有效性最重要的波纹参数。

通常板式换热器的板片厚度在 0.6～1mm 之间，板间通道为 2～4mm。衡量板式换热器的性能主要看板片的传热系数、承压能力和板间流道阻力大小。

3.3.2.5 印制电路板式换热器

印制电路板式换热器（printed circuit heat exchanger，PCHE）是一种细微通道紧凑型板式换热器，其具有耐高温（700℃）、耐高压（50MPa）、超高效（高达 98%）、低压降、高紧促度（传统管壳式换热器 1/6～1/4）、耐腐蚀、寿命长等诸多优点。

印制电路板式换热器（PCHE）采用“化学刻蚀”的方法，在传热板表面加工多个直径为 0.5～2mm 的微小流道；然后，利用“真空扩散”技术将传热板焊接在一起（图 3-22）。通过以上加工技术，PCHE 可在极端环境下运行（温度高于 700℃，压力高于 50MPa），且比表面积大于 $2500m^2/m^3$。相同热负荷条件下，PCHE 体积大约为管壳式换热器的 1/5。而且，换热器热侧出口温度和冷侧入口温度的差值能够接近 1K，而管壳式换热器一般在 12K 以上。因此，PCHE 可以实现较小温差传热，减少不可逆损失。

图 3-22

印制电路板式换热器结构示意图

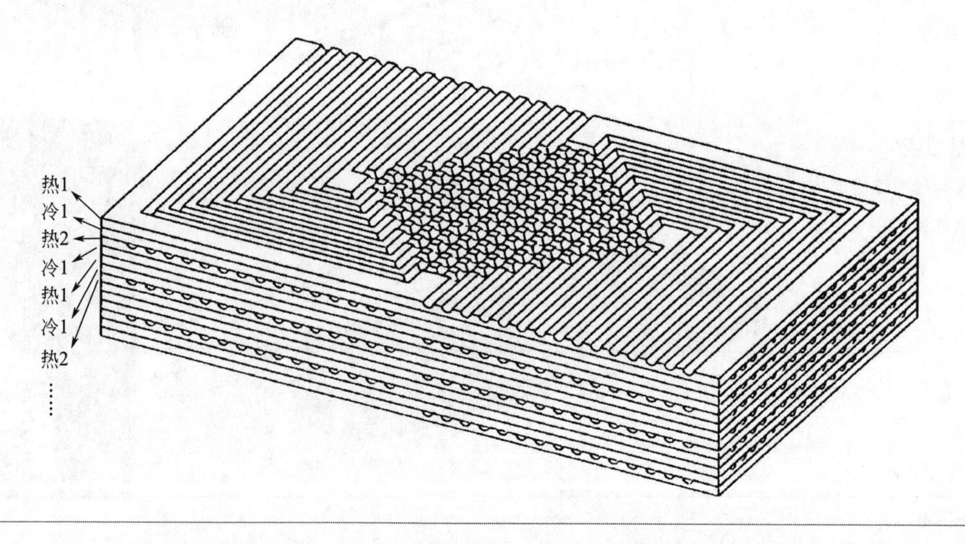

印制电路板式换热器可用于 CO_2 捕集贫富液换热器换热、再生气换热冷却、LNG 气化器换热、超临界 CO_2 布雷顿循环发电等，可实现多股流体的同步热量交换。

3.3.2.6 板式换热器强化技术

不同的研究小组已经研究了强化技术在板式换热器中的应用，特别是在单相传热方面。具体来说，大多数研究采用了被动技术，即板表面根据以下三类之一进行修改：压花表面；二次波纹表面、粗糙表面。

第一种表面特征是在板上排列各种独立的压花（图 3-23），其效果类似于翅片板。与传统的人字形波纹管相比，这种板对型压花结构具有沉积和结垢少、压力损失小、清洗维护方便等优点。

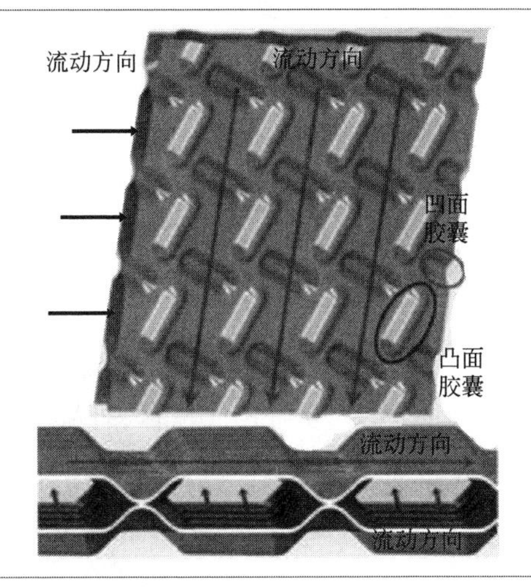

图 3-23
板对型压花的板式换热器结构示意图

图 3-24 是波纹型板式换热器和星号型板式换热器。试验数据表明，波纹板换热器具有最高的换热率，但摩擦系数也最大。

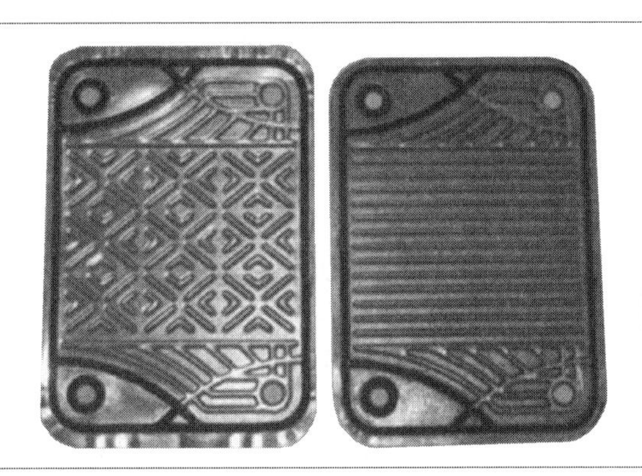

图 3-24
波纹型和星号型板式换热器结构示意图

此外，研究表明气泡型、马蹄型和圆点型压花具有提高热工水力性能或改善热交换器紧凑性的潜力。在一样条件下的综合性能中，凹坑型压花板片比人字型板片更优异；其表现出结污垢少，压力损失小的特点。在相等流速的状况下，板片凹坑的深度更为关键，深度越小则性能会越优。

3.3.2.7　低端差全焊接板框式贫富液换热器的设计案例

山东旺泰公司为某化学吸收碳捕集项目生产的全焊接板框式换热器，板型选择为传热性能较好，阻力适用性更强的胶囊型板片。

换热器外形结构设计为四周可拆的全焊接板式换热器，该结构形式即能保证全焊接芯体板不易腐蚀，又可以通过四周板拆开清洗保证设备的长周期运行。全焊接板框式换热器由换热芯体、立柱、盲板、上盖板、下盖板、折流板、密封垫、支座等组成，如图 3-25。换热芯体的传热元件为全焊接板片，盲板为螺栓连接，拆卸方便。

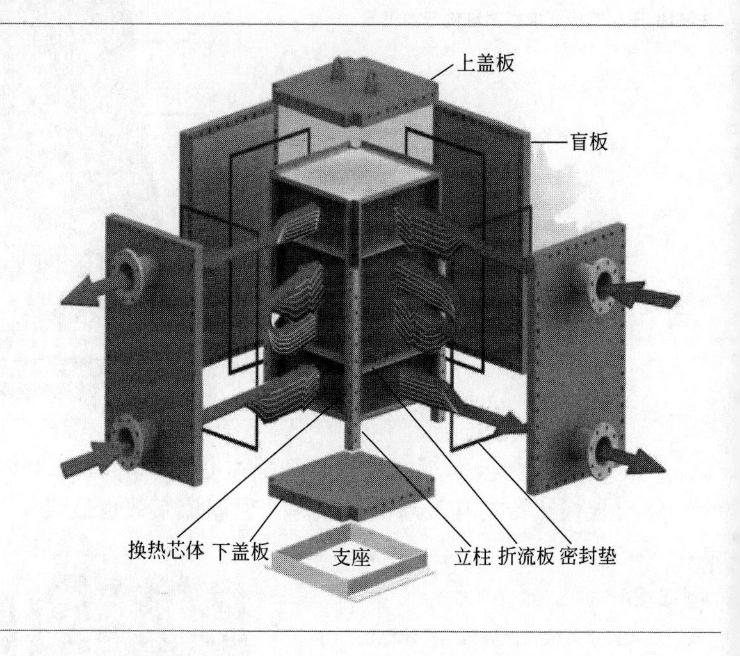

图 3-25
全焊接板框式换热器结构示意图

该全焊接板框式换热器主要特点有：

① 由于该换热板片无需冲切介质进出口孔，有效地避免了盲区的出现，无流体死区，增加了换热面积，提高了换热效率。

② 由于该换热板片采用了加强筋，起到了加强作用，避免了在工作时因介质压力过大而产生的变形，使得板片厚度可以适当降低。

③ 由于该换热板片不采用橡胶垫密封，而是采用电阻焊和氩弧焊进行双层焊接保护，大大提高了产品的设计压力和设计温度。

以国内某电厂 15 万吨/年烟气 CO_2 捕集纯化工程为例，在整个化学吸收系统的循环过程中，贫液的循环量为 452400kg/h，富液的循环量为 464800kg/h，热贫液的进口温度通常在 100～110℃，冷富液进口温度通常在 45～55℃范围内，设计的物性参数和进出口温度见表 3-7，要求设计换热端差达到 5℃。

表 3-7　碳捕集装置贫富液换热器参数

工艺条件	热侧		冷侧	
	进口	出口	进口	出口
介质名称	贫液		富液	
流量/(kg/h)	452400		464800	

续表

工艺条件	热侧		冷侧	
	进口	出口	进口	出口
温度/℃	106	57	52	98
工作压力/MPa	0.6		0.6	
流体类型	液	液	液	液
密度/(kg/m^3)	1020	1032	1061	1039
比热容/[kJ/(kg·K)]	3.274	3.213	3.191	3.221
热导率/[W/(m·K)]	0.472	0.4688	0.5667	0.5651
黏度/10^{-3}Pa·s	0.95	1.36	2.23	1.32

为了确保设备运行调节性，将设备拆分为两台并联，单台换热面积为 1000m^2，设计余量保证在 20%，设计结果如表 3-8 所示。

表 3-8　CO_2 捕集项目贫富液换热器设计结果

产品型号	WBH-1.0/150-2000-L	
设计压力/MPa	1.0(进口)	1.0(出口)
设计温度/℃	150(进口)	150(出口)
传热系数/[W/(m^2·K)]	1563.56	
换热面积/m^2	2000	
芯体材料	S30408	
板片厚度/mm	1.0	
板片规格/mm	1500×1500	
压降/kPa	95.55(进口)	175.78(出口)

3.3.3　CO_2 压缩机

CO_2 压缩机一般指将低压状态的 CO_2 气体压缩至一定目标压力的设备。烟气中的 CO_2 经过化学吸收后，获得较高浓度的 CO_2 气体，为节省投资、减少设备占地空间，通常需要将 CO_2 气体压缩至高压状态以便于后续储存、运输和利用。在这一过程中，CO_2 压缩机是最关键的设备之一。

3.3.3.1　CO_2 压缩机类型

压缩机种类繁多，不同工况和情境下的选型往往不同。压缩机按大类分为容积式压缩机和速度型压缩机。容积式压缩机通过机械力改变内部工作腔容积来压缩工质，使工质的压力升高；速度型压缩机则通过内部高速旋转构件对气体或蒸气做功，来提高工质压力。其中，容积式压缩机又可细分为往复式和旋转式，速度型压缩机又可分为轴流式、离心式和混流式压缩机。各种型号和种类压缩机优缺点不尽相同，体现在工质流量、工作压力范围、维修难易程度、尺寸和噪声等方面。下面对几种典型压缩机的特点进行对比总结，可为相关压缩机设备选型提供参考，详见表 3-9。

表 3-9　压缩机类型对比

序号	类型	特点
1	往复式压缩机	适用于中小气量；大多采用电动机拖动，一般不调速；气流量调节范围大；压比较高，尤其适用于高压和超高压；性能曲线陡峭，气量受压力影响小，排出压力稳定；排气不均匀有脉动，噪声较大；绝热效率高；机组结构复杂，外形尺寸和质量大；易损耗件多，维修量大
2	离心式压缩机	适用于大中气量；要求介质为干净气体；转速高，排量大；调节气量功率损失小；适用于高中低压；性能曲线平坦，操作范围较宽；排气均匀无周期性脉动；结构紧凑，体积小，质量轻；连续运转周期长，运转可靠，易损件少，维修量小。压比较低，热效率较低，流量过小时会产生喘振
3	轴流式压缩机	适用于大气量；尤其要求介质为干净气体；气量调节常通过调速实现，也可采用可调导叶和静叶，功率损失小；适用于低压；性能曲线陡峭，操作范围较窄；排气均匀，气流无脉动；体积小，质量轻；连续运转周期长，运转可靠，易损件少，维修量小
4	螺杆式压缩机	适用于中小气量，或含尘、湿、脏的气体；气量调节可通过滑阀调节或调速来实现，功率损失较小；适用于中低压；性能曲线陡峭，气量基本不随压力的变化而变化；排气均匀，气流脉动小；绝热效率较高；结构简单，外形尺寸和质量小；连续运转周期时间长，运行可靠，易损件多，无喘振

不同类型压缩机适用范围对比见图 3-26，可以看到往复式压缩机适用于中小输气量，压比较高并具有较宽的压力提升窗口，同时往复式压缩机排气

图 3-26
不同类型压缩机适用范围对比

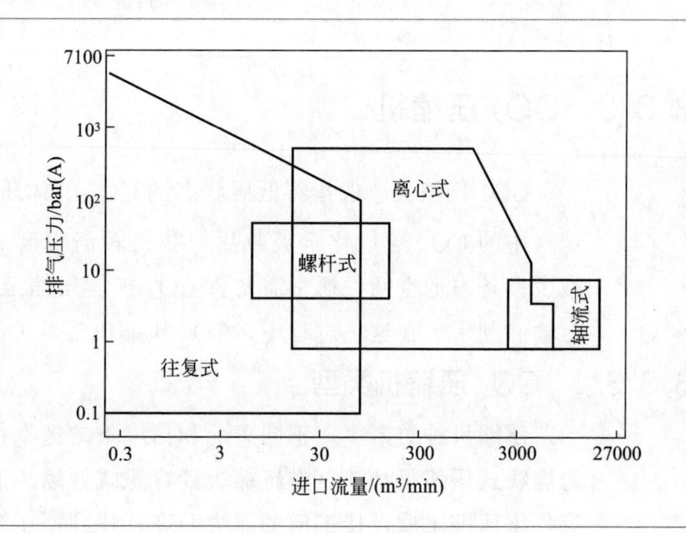

压力稳定，排气压力范围广，在特定压力范围内材料要求较低，采用普通钢材即可；螺杆式压缩机适用于中小气量，但相比往复式压缩机而言压比较低，排气压力可调范围相对较窄，多种工况下适应性强，同时易损件少，可靠性较高；离心式压缩机和轴流式压缩机适用于大中气量，其中离心式压缩机排气压力窗口相对较大，结构简单紧凑，尺寸较小，在一些对压缩工质由严格要求的情况下，离心式压缩机可以实现工质无油接触压缩，严格保证工质品质。轴流式压缩机是一种大型压缩机，往往使用于高气流量，可通过调节转速、导叶和静叶来实现压力的调控。

3.3.3.2　CO_2 压缩机技术现状

国内外往复式压缩机主要分为：低速往复式压缩机；中、高速往复式压缩机。

（1）低速往复式压缩机

低速往复式压缩机通常指的是按照 API 618 标准设计、制造的往复式压缩机。主要特征是：压缩机转速一般在 200～600r/min。由于转速的限制，低速往复式压缩机的个头比较大，一般为非撬装压缩机，需要到现场进行压缩机本体及管路系统的组装，国产低速往复式压缩机与进口低速往复式压缩机相同，安装复杂，但是相比进口往复式压缩机而言，国产低速往复式压缩机的成本可大幅度降低。

（2）中、高速往复式压缩机

中、高速往复式压缩机通常指的是按照 API 618 和 API 11P 设计、制造的往复式压缩机。主要特征是：压缩机的转速一般在 600r/min 以上。由于转速提高，压缩机的体积和重量相比低速往复式压缩机可大大减小，压缩机可以实现撬装化。压缩机出厂前，在工厂内进行压缩机和分离器、缓冲罐、管路系统等辅助系统的组装连接，完成组装后再出厂运往现场，如此可大大减少现场的安装工作量。同时，由于国外中、高速往复式压缩机技术已经非常成熟，压缩机的可靠性得到提高，设备的检修频率降低。主要不足是，进口中、高速往复式压缩机的价格相对较高。

近几年随着国内技术的发展和进步，国内厂家通过引进国外中、高速往复式压缩机技术，消化吸收后，国内可成撬组装压缩机，进一步自主生产往复式压缩机。

（3）CO_2 压缩机的冷却方式

压缩机冷却系统主要分为空冷和水冷两种类型，两种冷却方式具有各自的优缺点，如：对于空冷而言，具有使用方便，不需额外附加辅助设备及资源，压缩机通电，接通管道后即可使用的特点。但是安装时需考虑空间问题，为避免热风循环，造成压缩机超温停机，需空出较大的散热空间（压缩机安装空间大），必要时还需要加装导风罩；如环境清洁状况不好，则其散热表面易受灰尘覆盖，影响冷却效果。因此每隔一段时期，应用压缩空气将冷却器散热表面上的灰尘吹掉；冷却效果随环境温度变化而变化，冬天效果好，夏天比较差；除少数技术完备，工艺一流的国际大公司外，国内压缩机厂家在压缩机空冷技术上还不是很成熟。对于水冷而言，由于水的热容较空气大，因此热交换效果较空冷好，降温快、效率高；所需安装空间小，压缩机产生的巨大热量会通过水循环系统带走，因此在安装时无需过多考虑散热空间或加装导风罩；另由于冷却系统所用的冷却风机也较小，故压缩机的噪音相对于空冷型压缩机来讲，也低得多。但在拥有较多优点的同时，额外附加水循环系统、冷却水质量要求高等缺点也是制约其投入实际应用的原因。

因此，在实际应用过程中根据场地或环境工况，结合特定项目压缩机选型特点，因地制宜进行选择。相比更适宜于缺水地区或小型压缩机机组的空冷方式而言，采用水冷方式占地小、技术成熟，若采用循环水冷却，相对空冷器冷却投资更低，运行费用也更低。

3.3.4 CO_2 脱水干燥

CO_2 压缩液化过程中，通常要去除 CO_2 气体中的水分，主要是因为 CO_2 中含水容易引起后续 CO_2 液化、储存过程中出现设备或管路的腐蚀，因此需要增加 CO_2 脱水干燥工艺过程。CO_2 脱水干燥是指将含水 CO_2 气体除水，得到干燥 CO_2 气体的过程。

3.3.4.1 CO_2 干燥方法

常规 CO_2 脱水干燥一般采用低温分离法、固体吸附法和溶剂吸收法三种方法。低温分离法主要有节流膨胀制冷法和冷媒制冷法。节流膨胀制冷法又分为阀节流制冷和膨胀机制冷等方法。当压力一定时，气体的含液（水）量与温度成正比。通过脱除水分以降低 CO_2-水露点。

节流膨胀过程是指在较高压力下的流体（气或液）经多孔塞（或节流阀）向较低压力方向绝热膨胀的过程。根据热力学第一定律，可证明这是等焓过程，在此过程中气体体积增大，压强降低，因而温度降低。阀门节流膨胀制冷法脱水装置设备较为简单，具有一次性投资低、占地面积小、装置操作费用低等优点。膨胀机制冷脱水是利用系统外部能量控制外输水露点，实现对气体进行低温冷却气液分离的方法，通常适用于无可供气体节流降温的自然压力，为避免将气体升压后再进行节流降温过程，通常采用冷媒膨胀机制冷法，该法需额外增添加压设备，导致系统能耗增大，经济性降低。

液体吸收法是采用液体吸收剂脱除气相 CO_2 中所含水分的方法，这种方法是利用脱水溶剂的良好吸水性能，通过在吸收塔内进行气液传质脱除气相的水分，采用与 CO_2 互不反应同时吸水性较强的液体吸收剂对含水 CO_2 气体通过鼓泡或喷淋等方式进行除水。脱水剂中甘醇类化合物应用最为广泛，溶剂吸收法脱水常使用甘醇类化合物如乙二醇、二甘醇和三甘醇等作为吸收质。相对于前两者，三甘醇溶液具有热稳定性好、易于再生、吸湿性强、蒸气压低、携带损失量小、运行可靠、浓溶液不会固化等优点，因而在国外得到了广泛的应用。据统计，仅在美国投入使用的溶剂吸收法进行天然气脱水的工艺中，三甘醇溶液占到总溶剂使用量的约 85%。在我国，因考虑各类甘醇的产量及价格等因素，二甘醇和三甘醇均有采用，但总体以三甘醇溶液为主。

固体吸附法是利用含水 CO_2 流经固体干燥剂时，气相中的水分被干燥剂吸附脱除的原理，该法具有吸附水总量高、吸附选择性强、机械强度高、使用寿命长和具备可再生、无毒无害等特性。具有吸附作用的物质（一般为密度相对较大的多孔固体）被称为吸附剂，被吸附的物质（一般为密度相对较小的气体或液体）称为吸附质。吸附按其性质的不同可分为三大类，即化学吸附、活性吸附和物理吸附。目前采用较多的是物理吸附，依靠吸附剂与吸附质分子间的分子力（包括范德华力和电磁力）进行的吸附。其特点是：吸附过程中没有化学反应，吸附过程进行快，参与吸附的各相物质间的动态平衡在瞬间即可完成，并且这种吸附是可逆的。

图 3-27 是不同温度下的吸附等温线示意图。

从上图的 B—C 和 A—D 可以看出：在压力一定时，随着温度的升高吸附容量逐渐减小。实际上，变温吸附过程正是利用上图中吸附剂在 A—D 段的特性来实现吸附与解吸的。吸附剂在常温（即 A 点）下大量吸附原料气中的某些组分，然后升高温度（到 D 点）使被吸附组分得以解吸。从上图的 B—A 可以看出：在温度一定时，随着杂质分压的升高吸附容量逐渐增大；变压吸附过程正是利用吸附剂在 A—B 段的特性来实现吸附与解吸的。吸附剂在常温高压（即 A 点）下大量吸附原料气中的某些易吸附组分，然后降低其分压（到 B 点）使被吸附组分得以解吸。

图 3-27
吸附等温线示意图

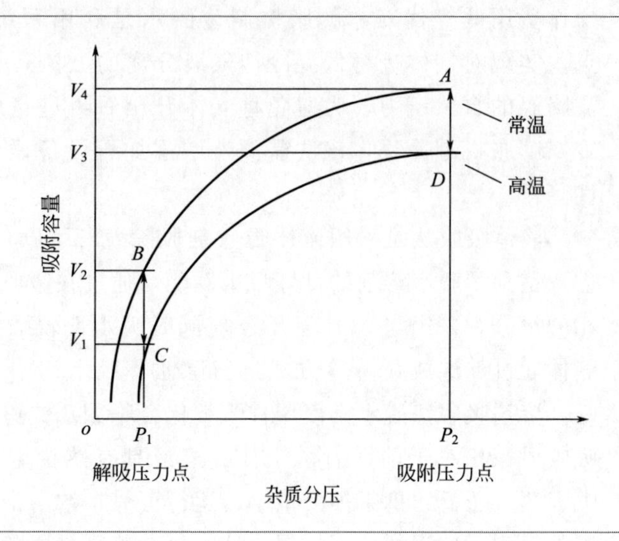

3.3.4.2 CO_2 脱水干燥剂

CO_2 干燥剂是 CO_2 干燥撬中的核心功能部件，常用的固体干燥剂有硅胶、活性氧化铝、分子筛等。一些常见的固体干燥剂物理性质见表 3-10，进一步展开对几种干燥剂的详细介绍。

表 3-10　一些干燥剂的物理性质

干燥剂	硅胶 Davison 03	活性氧化铝 Alcoa(F-200)	分子筛 Zeoehcm
孔径/10^{-1}nm	10～90	15	3,4,5,8,10
堆积密度/(kg/m^3)	720	705～770	690～750
比热容/[kJ/(kg·K)]	0.921	1.005	0.963
最低露点/℃	−96～−50	−96～−50	−185～−73
设计吸附容量/%	4～20	11～15	8～16
再生温度/℃	150～260	175～260	220～290
吸附热/(kJ/kg)	2980	2890	4190

（1）活性氧化铝

活性氧化铝是一种极性吸附剂，以部分水合与多孔的无定形 Al_2O_3 为主，并含有少量其他金属化合物，其比表面积可达 250m^2/g 以上。例如，F-200 活性氧化铝的组成为：Al_2O_3 94%、H_2O 5.5%、Na_2O 0.3% 及 Fe_2O_3 0.02%。

由于活性氧化铝的湿容量大，故常用于水含量高的气体脱水。但是，因其呈碱性，可与无机酸发生反应，故不宜用于酸性天然气脱水。此外，因其微孔孔径极不均匀，没有明显的吸附选择性，所以在脱水时还能吸附重烃且在再生时不易脱除。通常，采用活性氧化铝干燥后的气体露点可达−70℃。

(2) 硅胶

硅胶是一种晶粒状无定形氧化硅，分子式为 $SiO_2 \cdot nH_2O$，其比表面积可达 $300m^2/g$。Davison 03 型硅胶的化学组成见表 3-11。

表 3-11 Davison 03 型硅胶化学组成（干基）

名称	SiO_2	Al_2O_3	TiO_2	Fe_2O_3	Na_2O	CaO	ZrO_2	其他
组成/%	99.71	0.10	0.09	0.03	0.02	0.01	0.01	0.03

硅胶为极性吸附剂，它在吸附气体中的水蒸气时，吸附量可达自身质量的50%，即使在相对湿度为60%的空气流中，微孔硅胶的湿容量也达24%，故常用于水含量高的气体脱水。硅胶在吸附水分时会放出大量的吸附热。此外，它的微孔孔径也极不均匀，没有明显的吸附选择性。采用硅胶干燥后的气体露点可达−60℃。

(3) 分子筛

目前常用的分子筛系人工合成沸石，是强极性吸附剂，对极性、不饱和化合物和易极化分子特别是水有很大的亲和力，故可按照气体分子极性、不饱和度和空间结构不同对其进行分离。

分子筛的热稳定性和化学稳定性高，又具有许多孔径均匀的微孔孔道和排列整齐的空腔，故其比表面积大（$800\sim1000m^2/g$），且只允许直径比其孔径小的分子进入微孔，从而可使大小和形状不同的分子分开，起到了筛分分子的选择性吸附作用，因而称之为分子筛。分子筛能够处理温度极高的气体，并且比活性氧化铝和硅胶脱水深度深。分子筛的成本也最高，人工合成沸石是结晶硅铝酸盐的多水化合物，其化学通式为 $Me_{x/n}[(AlO_2)_x(SiO_2)_y]\cdot mH_2O$，式中，Me 为正离子，主要是 Na^+、K^+ 和 Ca^{2+} 等碱金属或碱土金属离子；x/n 是价数为 n 的可交换金属正离子 Me 的数目；m 是结晶水的摩尔数。

根据分子筛孔径、化学组成、晶体结构以及 SiO_2 与 Al_2O_3 的物质的量之比不同，可将常用的分子筛分为 A、X、Y 和 AW 型几种。几种常用分子筛化学组成见表 3-12。

表 3-12　几种常用分子筛化学组成

型号	孔径/10^{-1}nm	化学式
3A	3～3.3	$K_{7.2}Na_{4.8}[(Al_2O_3)_{12}(SiO)_{12}]\cdot mH_2O$
5A	4.9～5.6	$Ca_{4.5}Na_3[(AlO_2)_{12}(SiO)_{12}]\cdot mH_2O$
10X	8～9	$Ca_{60}Na_{26}[(AlO_2)_{86}(SiO)_{106}]\cdot mH_2O$
NaY	9～10	$Na_{56}[(AlO_2)_{56}(SiO)_{136}]\cdot mH_2O$

水是强极性分子，分子直径为 0.27～0.31nm，比 A 型分子筛微孔孔径小，因而 A 型分子筛是气体或液体脱水的优良干燥剂，采用分子筛干燥后的气体露点可低于－100℃。在天然气处理过程中常见的几种物质分子的公称直径见表 3-13。

表 3-13　天然气中常见的几种物质分子公称直径

分子	H_2	CO_2	N_2	H_2O	H_2S	CH_3OH	CH_4	C_2H_6	C_3H_8	nC_4～nC_{22}	iC_4～iC_{22}
公称直径/10^{-1}nm	2.4	2.8	3.0	3.1	43.6	4.4	4.0	4.4	4.9	4.9	5.6

3.3.5　CO_2 液化制冷

CO_2 可以气、液、固三种形式存在，对于 CO_2 化学吸收工艺来说，经过 CO_2 压缩-脱水后，获得高压干燥的 CO_2 气体，液化制冷主要是减少 CO_2 体积，便于后续的运输和利用。考虑到捕集的 CO_2 后续利用，液态 CO_2 可广泛用于工业和食品等行业。为此，需将高压干燥 CO_2 气体进一步液化为 CO_2 液体。CO_2 液化制冷是 CO_2 化学吸收工艺的关键步骤之一，该步骤是通过调节高压 CO_2 气体的温度和压力参数，使 CO_2 由气相转变为液相的过程。由 CO_2 相图可知，通过调整 CO_2 温度和压力参数可使 CO_2 在特定条件下达到对应的饱和蒸气压，从而使该特定状态下的 CO_2 气体液化。

(1) CO_2 液化方法

常用的 CO_2 液化方式主要有低温液化和高压液化两种方式。

低温液化的原理是利用压缩机将气相 CO_2 压缩至目标压力（如 2.0MPa）后，采用制冷剂工质制冷，降低气相 CO_2 温度，吸收 CO_2 潜热，使之降低到对应压力下的饱和温度，从而使 CO_2 液化，通常只需将 CO_2 温度降至－20℃左右。该方法的优点是：①在较低的环境温度下，对压力需求不高，只需要较低的压力即可实现气相 CO_2 的液化，这样可降低设备要求，减少初期投资；②虽然该方法对环境温度要求高，但对于 CO_2 产量规模较大的情况而言，低温液化方法可采用管道运输的方式，节约整体 CO_2 系统成本。但是，低温 CO_2 液化方法的系统复杂，需要单独设置低温制冷设备。

高压液化方式则是在常温条件下进行，通过单方面提高气相 CO_2 的压力使之液化，此时需要压缩机对 CO_2 气体压缩做功，提高气相 CO_2 压力至临界压力之上，这种 CO_2 的液化方式对压力需求较高（以室温 31℃为例，该温度下的临界压力为 7.6MPa）。为达到较高的压力条件，一般需要多级压缩过程来实现，同时为降低压缩功耗通常需要采用多级冷却的方法，降低单级压缩后的 CO_2 温度。该方法的优点是：①系统组成简单，不需要额外设置制冷机组，仅需冷却水即可；②液化后的 CO_2 储存条件易满足，可在常温条件下储存于钢瓶中。但是同样存在不足，如：对于多级压缩而言，随压缩末端压力的提升，压缩机及其配套设备的造价增加明显，成本大幅提升。

目前对于 CO_2 化学吸收工艺来说，通常工程规模在年产万吨级以上，如何有效地解决规模化 CO_2 液化将面临一系列挑战。针对低温液化和高压液化这两种方式，有学者进行了同样产能条件下的投资比对，结果表明，对于两种工艺初期投资费用及系统运行能耗而言，CO_2 高压液化的方式要略低于低温液化。然而，考虑到 CO_2 生产规模较大，若采用高压液化的方式将会对 CO_2 产品的运输带来极大困难，以年产 1 万吨 CO_2 为例，每日用于储存 CO_2 的钢瓶需求量超过 1000 个，若考虑钢瓶的周期性运转，钢瓶的需求量将大大增加。另外，大规模钢瓶运输会降低 CO_2 有效运载量，提高运输成本，因此对于长期运行的大规模 CO_2 化学吸收工艺来说，CO_2 低温液化的方式可能更为适用，目前国外已有应用管道输送液化后 CO_2 的工程应用实例。

（2）CO_2 液化撬

CO_2 液化撬是 CO_2 化学吸收工艺液化制冷过程最关键的设备之一，CO_2 液化撬由多种设备组成，经过多种设备的配合工作使高压干燥 CO_2 气体转化为液态 CO_2。主要工作原理是利用液化装置中的制冷剂蒸发后吸收气相 CO_2 热量，降低气相 CO_2 温度，使之完全冷却为液态。CO_2 冷却后进入下游工序，或进入精制过程加工成为食品级 CO_2，或直接进入储罐进行储存。

液化撬主要包括压缩机（制冷剂）、蒸发器（CO_2 液化器）、冷凝器、循环冷却水系统等。制冷剂在压缩机中加压后运送至蒸发器内气化制冷，吸收气相 CO_2 热量使之转变为液态。气化后的制冷剂在冷凝器中冷凝降温，随后继续被输送至压缩机进行加压并以此循环使用。如前文所述，CO_2 化学吸收工艺中的 CO_2 液化过程多采用低温制冷方式，以 2.0MPa 压力的气相 CO_2 来说，此处需将 CO_2 温度降至－20℃左右。

(3) CO_2 液化制冷剂

来自蒸发器的低温低压的气态制冷剂工质进入压缩机中被压缩成高温高压的制冷剂气体，然后进入冷凝器。在冷凝器中，气态制冷剂被冷却水冷却凝结成液态制冷剂，制冷剂液体通过节流阀（膨胀阀）后进入蒸发器，制冷剂液体吸热气化成为气体，使被冷却对象的温度降低。CO_2 制冷剂是 CO_2 液化制冷的核心部分之一，选用合适的制冷剂可优化冷量配置、节约系统资源。制冷剂种类繁多，从制冷剂组成上可分为无机化合物、氟氯烃、碳氢化合物和混合制冷剂。按制冷剂工作压力可分为低压、中压和高压制冷剂，按制冷温度区间可分为高温制冷剂（温度通常在 0～10℃）、中温制冷剂（温度通常在－20～0℃）和低温制冷剂（温度通常在－60～－20℃），通常低温制冷剂的工作压力较高，高温制冷剂的工作压力较低。一些常见的制冷剂的组成及性质见表 3-14。

表 3-14　常见制冷剂参数

编号	名称	分子式	蒸发温度/℃	临界温度/℃	临界压力/MPa
R134a	四氟乙烷	CH_2FCF_3	－26.2	101.1	4.07
R600a	异丁烷	C_4H_{10}	－11.8	135	3.65
R290	丙烷	C_3H_8	－42.1	96.8	4.26
R22	二氟一氯甲烷	CHF_2Cl	－40.8	96	4.996
R115	乙烯	C_2H_4	－38.7	80	3.12
R502	二氟一氯甲烷/乙烯(共沸)	CHF_2Cl/C_2H_4	－45.6	82.1	4.07

开发研究高效环境友好型的制冷剂一直是相关领域专家学者不懈努力的方向之一，并且已经发现几种环境友好型的制冷剂，如：R134a 等。但是在实际工程应用中的应用仍然较少，目前市面上大多数的制冷剂仍采用 R22。R22 制冷剂属于含氢的氟氯代烃，可溶于乙醚和氯仿等有机溶剂，具有性质稳定、无腐蚀性、毒性较低和使用成本低等多种优点。虽然 R22 存在一定环境潜在威胁，如破坏臭氧层潜值和全球变暖潜值均较高等，但相比其他制冷剂具有明显优势，仍被广泛应用于制冷机组。以新型 R134a 制冷剂为例进一步说明：对比 R22 和 R134a 制冷剂，R134a 制冷剂的比热容较大，但蒸发潜

热小，对等排气量的压缩机而言，R134a制冷剂的冷冻能力仅为R22制冷机组的60%；R134a制冷剂的热导率比R22更低，热量传递速率相对较低，因此对于同样结构的换热面而言，R134a制冷剂往往需要更大的换热面积；R134a制冷剂吸水能力是R22的20倍，同样条件下采用R134a的制冷机组对密封及干燥除水的要求更高；R134a制冷机组需要采用专用的压缩机和脂类润滑油，但是脂类润滑油不仅价格较高，往往还具有高吸水性、高起泡性和高扩散性，导致系统运行的经济性和稳定性低于采用矿物油的R22制冷机组。

此外，R22使用过程中不允许有石蜡和硅等污染物，如需润滑则必须使用矿物油作为润滑剂。在使用R22作为制冷剂的制冷系统内，节流装置通常采用内径大于0.6mm的毛细管，针对特定系统的具体尺寸需要在合适的实验条件下得出。此外，若R22中进入水分，则易发生镀铜现象，为避免影响制冷系统的使用寿命，必须使用内部干燥且密封的部件，防止水分进入。

思考题

1. 简述碳捕集工艺主要设备有哪些？
2. 化学吸收塔主要部件有哪些，有什么作用？
3. 什么是泛点气速？如何选择吸收塔速度？
4. 再生塔和吸收塔有什么不同？
5. 化学吸收工艺换热器有什么要求？
6. 压缩机有哪几种，各有什么特点？

参考文献

[1] 任海伦，安登超，朱桃月，等．精馏技术研究进展与工业应用［J］．化工进展，2016，35（6）：1606-1626.

[2] 张近，王黎．聚丙烯孔板波纹填料表面改性研究［J］．化学工程，1999，21（7）：19-21.

[3] 彭荣华，杨明平，李国斌．金属板波纹填料塔在乙醛生产中的应用［J］．应用能源技术，2001，4：8-10.

[4] 韩联国，杜刚，杜军峰．填料塔技术的现状与发展趋势［J］．中氮肥，2009，32（6）：32-34.

[5] Jasmin Kemper，Linda Sutherland，James Watt，et al. Evaluation and analysis of the performance of dehydration units for CO_2 capture［J］．Energy Procedia，2014，63：7568-7584.

[6] 郑建坡，史建公，刘春生，等．二氧化碳液化技术进展［J］．中外能源，2018，23（7）：81-88.

[7] 刘春明，董飞跃，陈浦，等．阿克气田CO_2液化及管道输送技术［J］．化学工程与装备，2014，7：114-116.

[8] Integration of pipeline operations sourced with CO_2 captured at a coal-fired power plant and injected for geologic storage：SECARB phase III CCS demonstration [J]. Energy Procedia，2013，37：3068-3088.
[9] 赵福艳，张丁川，路贵香．制冷技术的研究进展 [J]. 技术与信息，2020，3：136-137.
[10] 赵文浩．双列叶片式气体分布器的性能研究 [D]. 天津：天津大学，2009.

第4章

CO_2 化学吸收热整合和工艺优化

本章介绍化学吸收工艺优化技术，主要可以分为对化学吸收系统本身的热整合以及化学吸收系统与整个燃煤电厂汽水系统热集成和工艺优化。化学吸收系统热整合包括强化吸收、强化再生、系统热量整合等。化学吸收系统与整个电厂汽水系统的热集成包括再沸器疏水再循环，第二类吸收式热泵，脱碳废热预热空气等技术。

4.1 化学吸收系统热整合

化学吸收法可以适应电厂出口大流量、低 CO_2 浓度（8%～15%）的复杂成分的烟气，分离的 CO_2 气体的纯度高，是目前相对较为成熟、应用范围最广且具有商业化发展前景的燃烧后捕集方法。化学吸收法典型工艺流程如下图 4-1 所示。来自锅炉的燃煤烟气经预处理后进入吸收塔与氨基吸收液反应，烟气中 CO_2 被吸收，吸收富液经贫富液换热器加热后送入再生塔加热再生，解析 CO_2，吸收贫液经贫富液换热器换热后送回吸收塔循环吸收 CO_2。该化学吸收关键技术是吸收剂、高效塔器和系统节能工艺研究。

图 4-1
化学吸收法典型工艺流程示意图

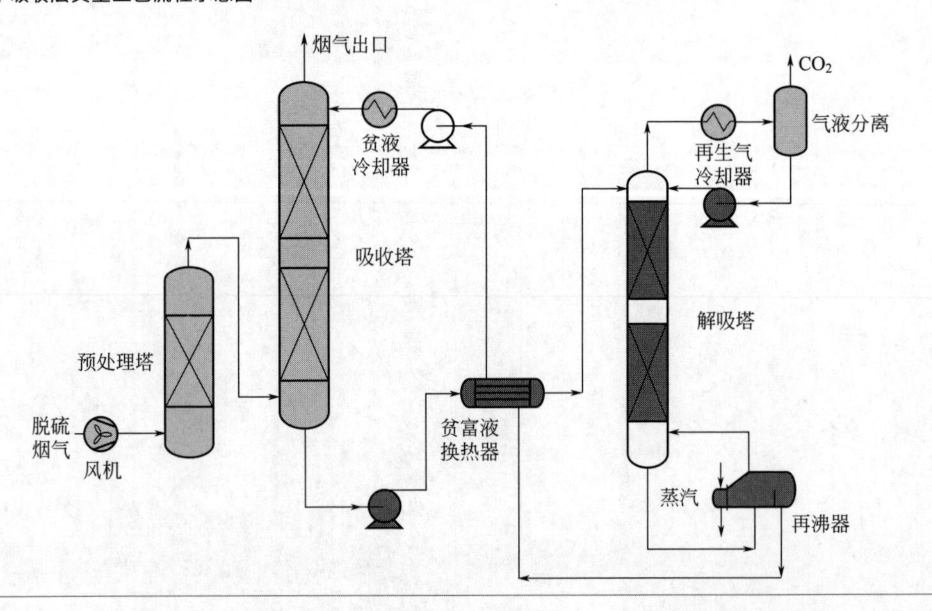

CO_2 化学吸收工艺目前总体能耗较高，为了降低 CO_2 捕集能耗，研究者们提出了各种热整合和工艺优化技术，主要可以分为对捕集系统本身的热

整合以及与整个燃煤电厂汽水系统耦合和工艺优化。

化学吸收系统的热整合包括对捕集流程进行局部或全局的流程热整合和优化，来改善化学吸收的能量体系，从而降低投资和能耗，可以具体分为以下 3 个发展方向：强化吸收、强化再生、系统热量整合等。

4.1.1　节能工艺介绍

4.1.1.1　强化吸收工艺

强化吸收是对吸收塔及配套设备进行工艺改进或创新，旨在通过提高溶液循环吸收容量、吸收的平衡及动力学等方式提升捕集系统的吸收能力。

（1）吸收塔的中间冷却工艺

由于醇胺等吸收剂吸收 CO_2 反应放热，吸收剂经过吸收塔会有 20～30℃的温度上升，导致吸收剂吸收能力下降，所以中间冷却工艺是通过对吸收富液冷却来增加富液负荷以及循环容量来减少解吸能耗。工艺流程如图 4-2 所示，通过在吸收塔塔板中设置中间冷却器，将完成一部分吸收的溶液全部或部分引入冷却器，水冷完成后重新注入吸收塔继续吸收烟气中 CO_2。然而，较低的吸收塔温度导致化学动力学和 CO_2 扩散能力降低，吸收效果会通过低温下较好的反应负荷补偿。因此中间冷却工艺适用于热动力较差的化学胺类，中间冷却工艺的贫液负荷、冷却位置、分流部分和冷却温度需要根据所选溶剂进行针对性优化，同时需考虑冷却器投资成本、中间冷却器冷却水耗与节能效果的平衡点。

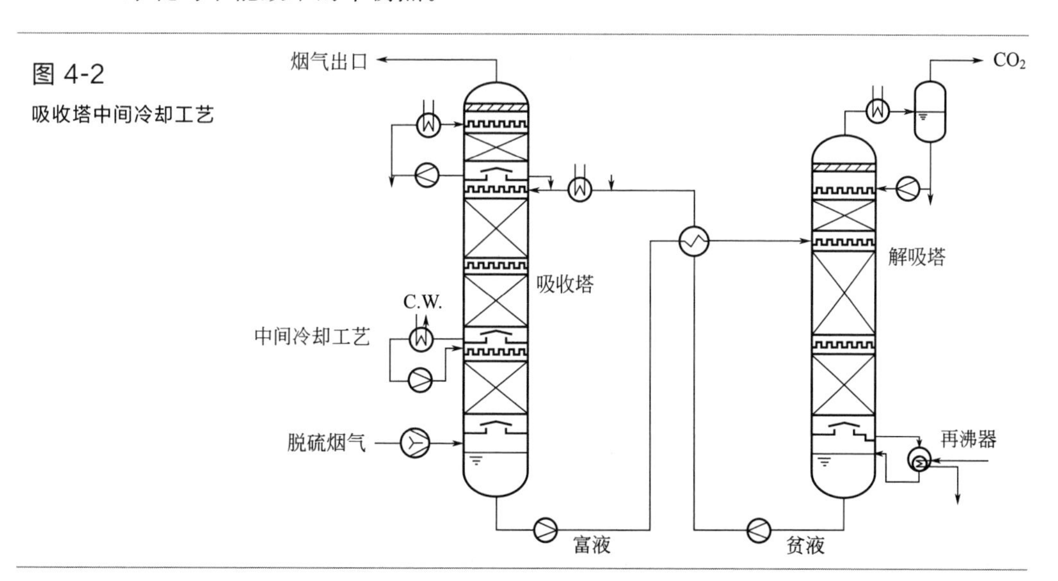

图 4-2
吸收塔中间冷却工艺

该工艺首先由 Butwell 和 Kubek 等在专利中提出，Geleff 等在此基础上提出使用吸收塔塔底的冷富液冷却一部分塔中的贫液，Liang 等将工艺拓展为中间多级冷却工艺。Plaza 等研究表明中间冷却工艺能降低 15％吸收塔填料高度，Moullec 等模拟结果表明，当中间换热器位于吸收塔的中下部时，再生热耗相比传统工艺降低了 3.5％，Li 等优化了中间冷却器位置和冷却温度，经改进后再沸器负荷能降低 1.8％，浙江大学模拟研究发现，中间冷却器可以降低系统能耗 1.5％～5％，而且可以提高捕集效率。虽然该工艺会有冷却水耗，但同时会减少贫液冷却器冷却水耗，所以对总水耗的综合影响不大。

（2）富液再循环

富液再循环工艺流程如图 4-3 所示，该工艺将吸收塔塔底已经吸收过烟气 CO_2 的富液经泵再注入吸收塔中上部，相当于增加溶剂在吸收塔的停留时间和循环吸收容量，通过降低对循环溶液流量的需求可以降低解吸量和能耗，并有降低吸收塔塔高的潜在可能。该工艺适用于循环吸收容量较大的胺类吸收剂，但需要综合考虑泵的投资和运行成本对系统经济性的影响。

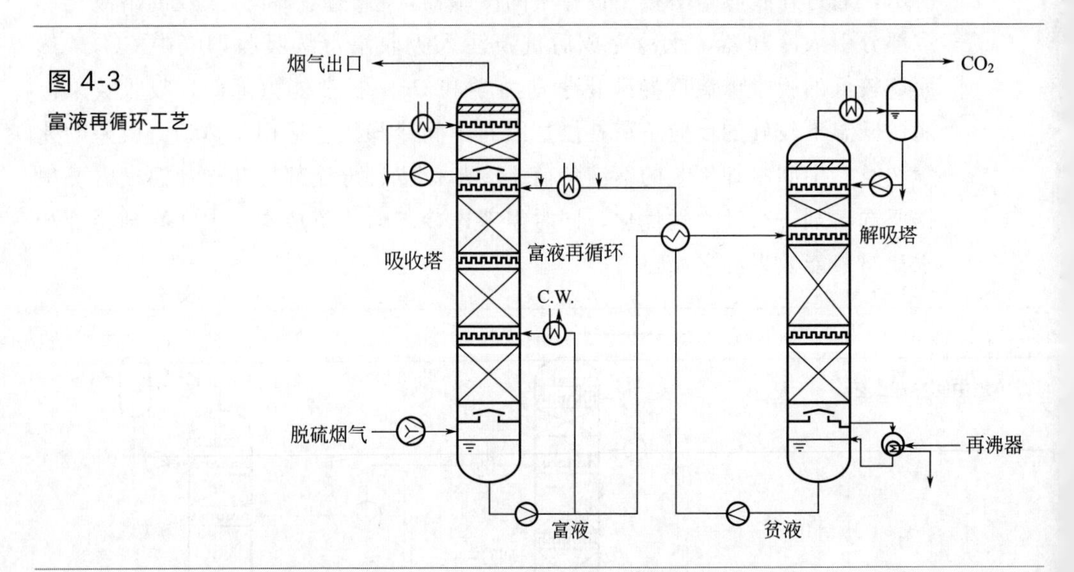

图 4-3
富液再循环工艺

该工艺最早由 Benson 在本菲尔工艺上使用，Baburao 等在此基础上提出了吸收塔中间冷却与富液再循环结合的工艺，该工艺相比传统工艺能耗能降低 2％～5％。

（3）烟气增压工艺

该工艺旨在通过提升 CO_2 在吸收塔的传质驱动力以强化吸收，压缩 CO_2 产生的成本又经吸收升温的烟气做功得到补偿。具体工艺过程如图 4-4，在注入吸收塔前，脱硫烟气先经过压缩机加压到 3bar（1bar=1×10^5Pa，下同）左右，增压会提高 CO_2 在吸收塔中的分压，根据亨利定律，溶解于溶液的 CO_2 量会有提升，实现富液负荷的增多和所需溶液循环流量的减少，进而降低能耗。为了节省压缩成本，在吸收塔吸收热量的烟气经补充额外的热量后，在涡轮机中膨胀做功，但需要考虑压缩机和塔器投资增加对经济性的影响。

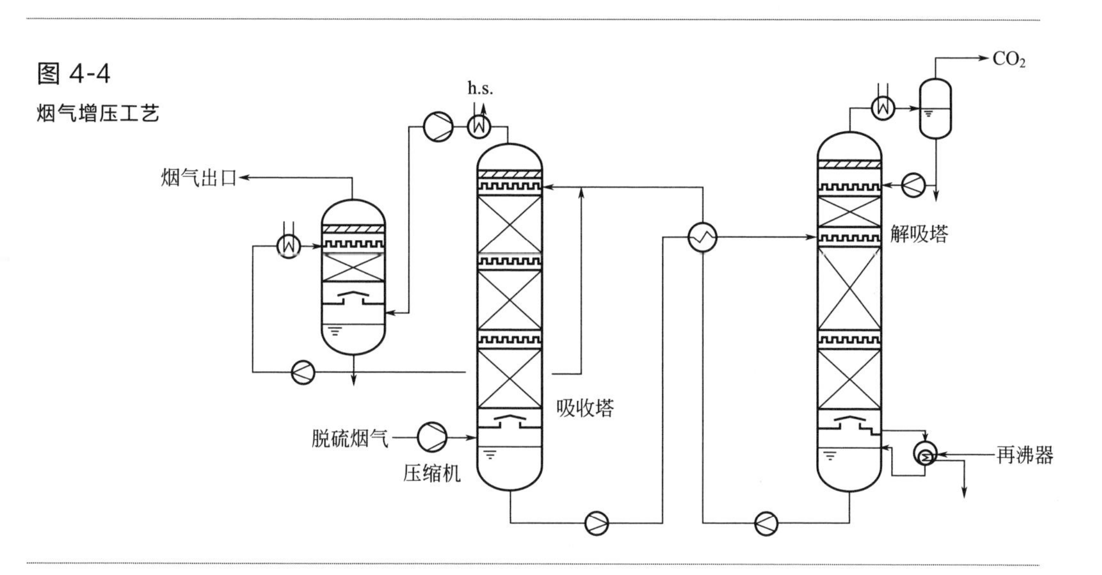

图 4-4
烟气增压工艺

4.1.1.2　强化再生工艺

强化再生是对再生塔及再生设备进行配置及布置的改进，具体可通过降低热量供给、回收再生气热量以及改善再生的平衡及动力学性能等方式提升再生性能。

（1）直接蒸汽再生工艺

直接蒸汽汽提再生工艺流程如图 4-5。从低压汽轮机气缸中提取的过热蒸汽，被直接注入再生塔中，从富液中汽提再生 CO_2，循环吹扫蒸汽通过一个换热器，可回收部分再生塔塔顶的冷凝热，这部分能耗占原传统再生方式的 35%。Fang 等通过模拟和实验对直接蒸汽再生工艺的最小能耗进行了优化，研究结果表明乙醇胺（MEA）通过直接蒸汽再生工艺后 CO_2 再生能耗降低至 2.98GJ/t CO_2，比传统再生能耗低 23%。Wang 等进一步研究了直接蒸汽再生过程中再生塔的传质传热过程，发现在塔顶存在强烈的闪蒸过程，这导致潜热的大量减少。直接蒸汽再生可以直接嵌入在传统的 CO_2 捕获系统中而无需更换其他设备。但该工艺存在着吹扫蒸汽会被污染，难以回收利用的问题。

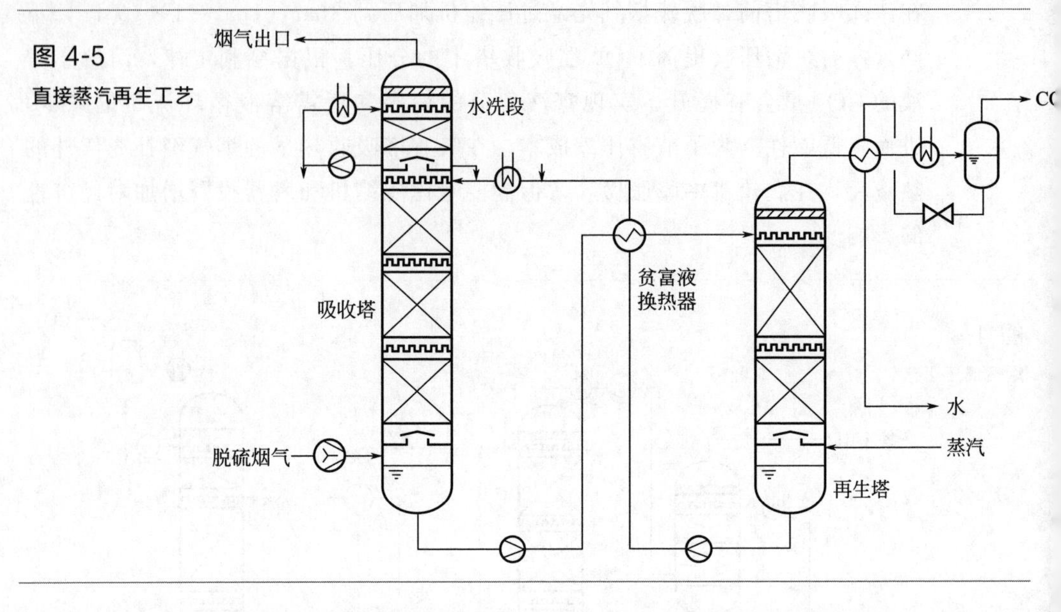

图 4-5
直接蒸汽再生工艺

（2）再生塔中间加热

再生塔中间加热的原理是从再生塔中间抽取半再生的贫液（半贫液），经过加热后再送回再生塔中，如图 4-6 所示。最常采用的用来加热这部分半贫液的热流股是从再沸器中出来的热贫液。中间加热再生塔整合了来自再沸器的热贫液与来自再生塔顶部的富液的热量，从而优化了再生塔内的温度分布，使得再生塔中的温度曲线与理想的再生温度曲线更为接近。通过改进为中间加热再生塔，碳捕集过程总体能耗可以减少 4.6％～6.1％。

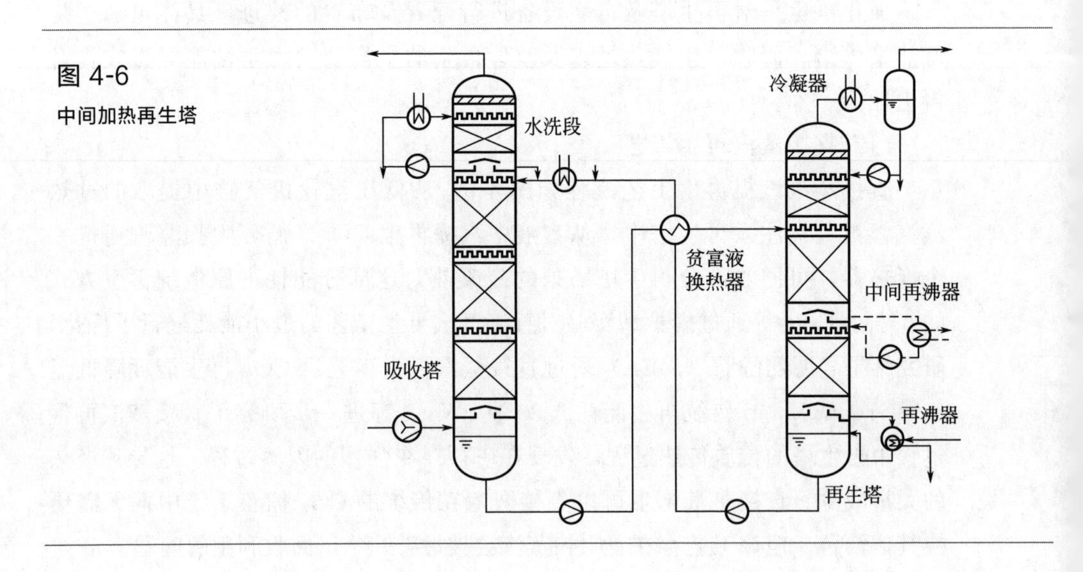

图 4-6
中间加热再生塔

（3）热贫液闪蒸工艺

热贫液闪蒸工艺（MVR）是指将再生塔底出口的热贫液闪蒸出主要成分为 H_2O 和 CO_2 的气体，经过压缩后送回再生塔底部，如图 4-7 所示。蒸汽压缩后达到较高的温度再注入再生塔后，可以减少再沸器的负荷。此外，离开闪蒸罐的贫液温度下降，经过贫富液换热器后富液温度被提高到一个较低的温度再注入再生塔顶端，再生塔顶冷凝负荷下降。贫液蒸汽的压缩可以在贫液喷射器或机械压缩机中操作，最佳的闪蒸压力由再生塔操作压力决定。若不考虑投资，则最佳的闪蒸压力是再沸器操作压力的一半，当再生塔操作压力为 2bar，闪蒸罐操作压力为 1bar，热泵效率为 60%时，可以得到的热泵能效比（coefficient of performance，COP）约为 12。文献表明贫液闪蒸工艺可以降低再生能耗 11.6%。

（4）富液蒸汽压缩工艺

该工艺顾名思义，是将离开贫富液热交换器后进入再生塔前的热富液进行闪蒸，得到的气体经过压缩后送至再生塔塔底，留下的液体泵入再生塔顶，如图 4-7 所示。由于闪蒸后的气体中 CO_2 含量较高，这种工艺没有贫液闪蒸工艺的效果好。

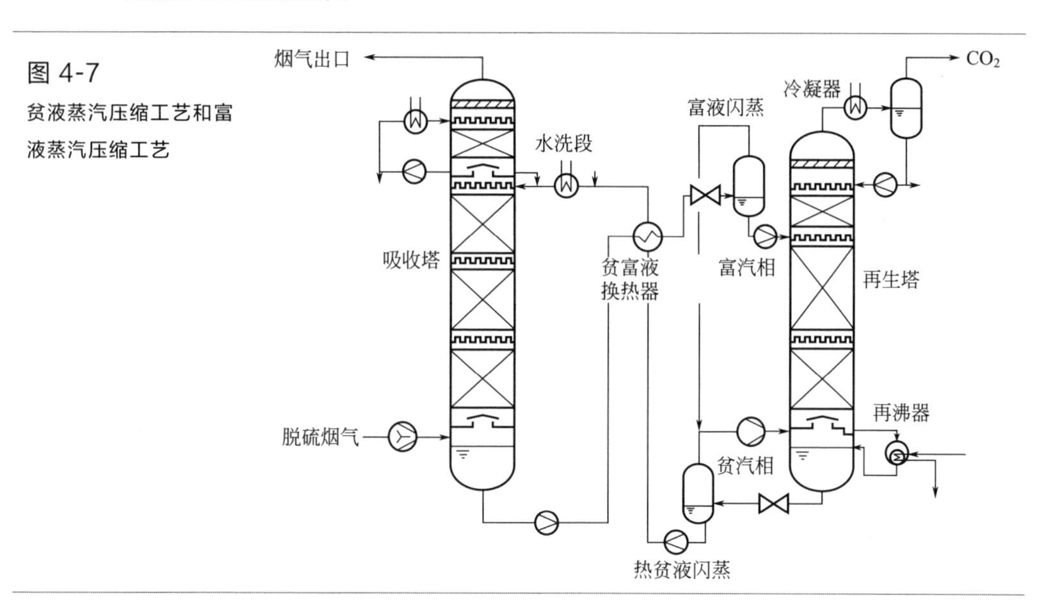

图 4-7
贫液蒸汽压缩工艺和富液蒸汽压缩工艺

4.1.1.3　系统热量整合

（1）富液分级流工艺

富液分级流工艺将吸收塔底富液分为两股：一股冷富液直接在再生塔顶进料，与再生塔塔顶产生的再生气直接接触换热，一股冷富液通过贫富液换热器被再生塔塔底热贫液预热，由塔板的中上部位进料，如图 4-8 所示。富液分级流工艺既能提高大部分热富液的温度，又能降低再生塔流出再生气的水蒸气含量。

Oyenekan 和 Rochelle 等发现该工艺能降低再沸器热负荷 10%～12%，Zhao 等在分级流工艺中增置冷凝换热器，可进一步降低热耗和冷凝负荷。

图 4-8

富液分级流工艺

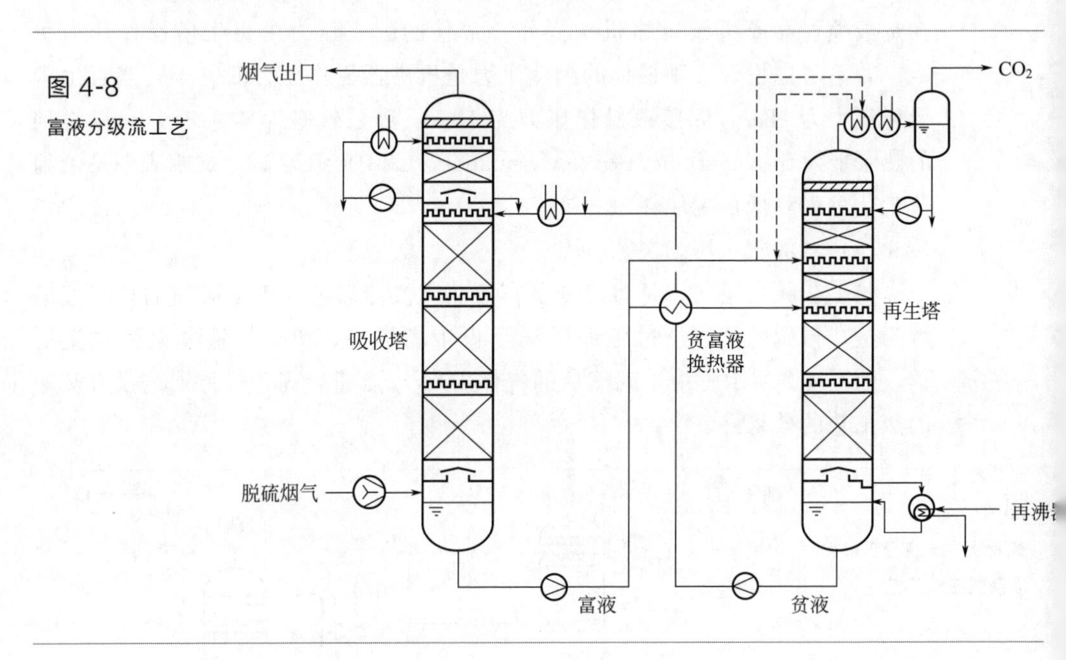

（2）贫富液换热器平行布置

在传统的工艺流程中，系统中仅有一个贫富液换热器使吸收塔塔底的冷富液能从再生后的热贫液换取热量，贫富液换热器的功能就是回收再沸器供给的热量。贫富液换热器平行布置旨在通过优化这部分热量的回收率来降低能耗。该工艺将冷富液或者热贫液分成两股或多股流，并送入不同的贫富液换热器进行换热，如图 4-9 所示，平行布置使贫富液换热过程更精细化，可以通过改变冷富液或热贫液的分流比例、每个换热器的类型、面积等参数对贫富液换热进行进一步优化。因此，该工艺可以降低贫富液换热端差，提升进入再生塔富液的温度和降低进入吸收塔贫液的温度，但该工艺增加了系统的复杂性。Gelowitz 等和 Cousins 等在传统 MEA 捕集工艺上加入贫富液换热器平行布置工艺，发现能耗能降低 13%～18%，Lin 等通过将富液分级流工艺与贫富液换热器平行布置工艺联合使用，发现当量功耗相比仅使用分级流系统下降 6%。

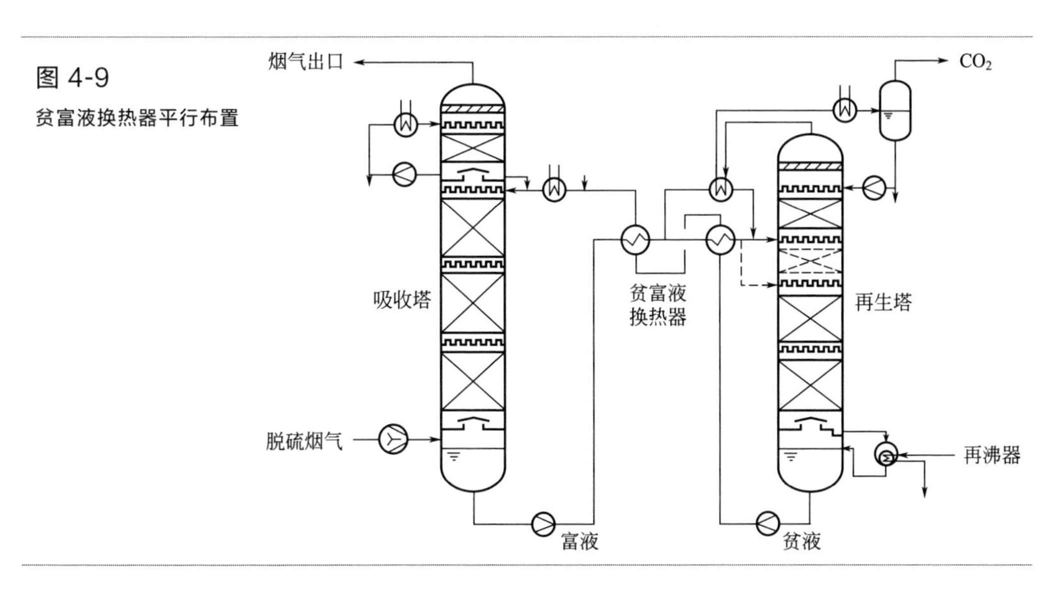

图 4-9
贫富液换热器平行布置

（3）再生塔顶出口冷凝旁路工艺

该工艺的原理是不将再生塔出口的冷凝器中的回流水送回再生塔顶，而是将这部分冷凝水直接送回吸收塔，如图 4-10 所示。通过这种流程改进，再沸器中的蒸汽需求量减少了 0～10％。也有学者提出，可以使用贫富液换热器出口的热贫液加热这部分冷凝水后再送回再沸器，通过计算发现这种方式可以减少 11％的蒸汽消耗。

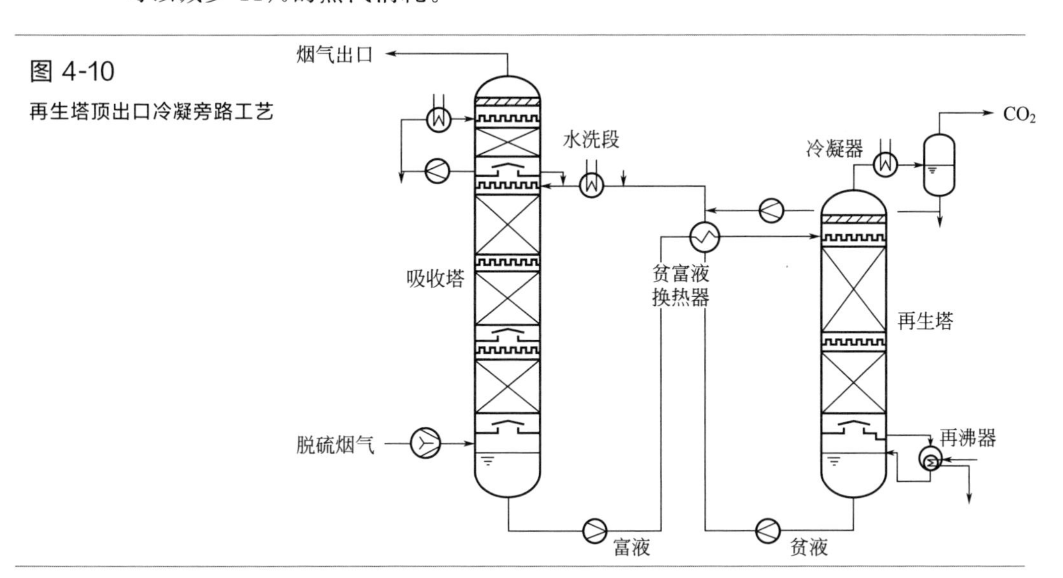

图 4-10
再生塔顶出口冷凝旁路工艺

（4）多级压力再生塔

多级压力再生塔是指利用来自一个高压再生塔的余热供给一个较低压力

的再生塔，如图 4-11 所示。该工艺通常与分级流工艺相耦合，因为后者可以提供贫液和半贫液。最简单的多级压力塔布置被称为串联型再生塔，经过贫富液换热器加热后的富液被送入两个（或多个）再生塔中，较低压力再生的热量来自于较高压力再生塔底的热流体（即可以是塔底的贫液）。例如，采用高压热贫液加热低压的再沸器或采用高压再生塔再沸器的冷凝水提供低压再生塔所需的热量。多级压力再生塔可以有多重不同的配置方式，研究表明该工艺可以减少 5.5%～25.3%的碳捕集总能耗。

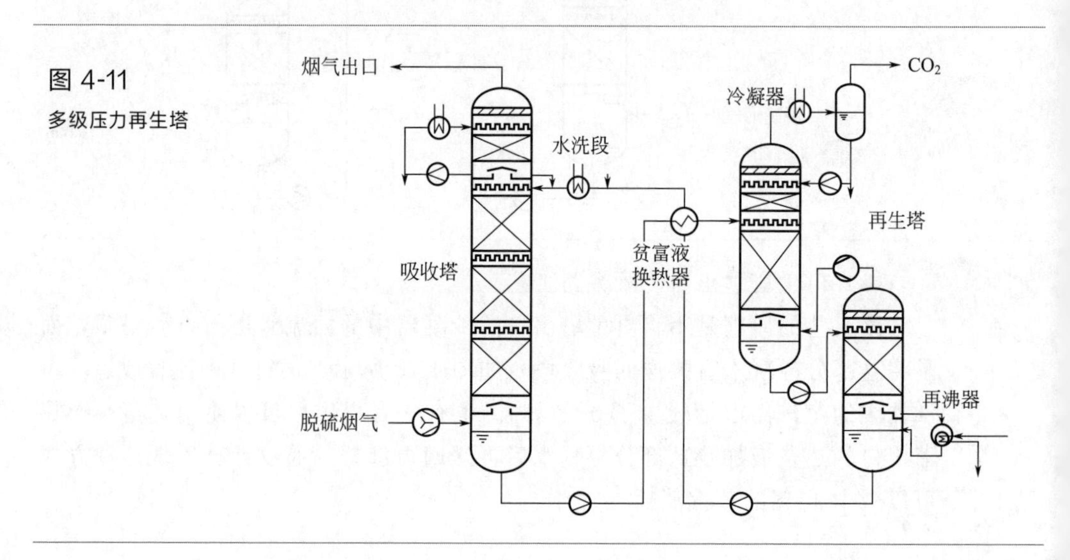

图 4-11
多级压力再生塔

4.1.2 化学吸收系统工艺优化模拟

CO_2 化学吸收系统工艺一般采用 Aspen Plus 化工流程软件进行模拟计算。Aspen Plus 是基于稳态化工模拟、优化、灵敏度分析和经济评价的大型化工流程模拟软件，由美国 Aspen Tech 公司研发，是唯一能处理带有固体、电解质、生物质和常规物料等复杂体系的流程模拟系统，可用于各种操作过程的模拟及从单个操作单元到整个工艺流程的模拟。

Aspen Plus 主要由三部分组成：①物性数据库。Aspen Plus 具有工业上最适用且完备的物性系统，计算式可自动从数据库中调用基础物性进行传递性质和热力学性质的计算。此外，Aspen Plus 还提供了几十种用于计算传递性质和热力学性质的模型方法。②单元操作模块。通过 50 多种单元操作模块和模型的组合，可以模拟用户需要的流程。对于 CO_2 捕集系统而言，最重要的是吸收塔、再生塔、换热器、闪蒸器之间的结合。除此之外，Aspen Plus 还提供了灵敏度分析、工况分析等模型分析工具，方便操作，节约时间。③系统实现策略。作为一个完整的模拟系统软件，除了数据库、操作单元以外，Aspen Plus 还包括数据输入、解算策略、结果输出。

本部分内容针对 100 万吨/年的 CO_2 捕集系统进行了基础方案的设计和模拟，采用 Aspen Plus 化工流程软件建立了完整的 MEA 捕集 CO_2 过程系统模型，进行工艺参数优化和热整合。

（1）吸收剂质量分数影响

MEA 的吸收浓度的变化区间为 20%～40%，由图 4-12 可知，随着 MEA 质量分数的增加，吸收剂流量大幅度降低，再生能耗也有显著的下降，同样主要是由于吸收剂循环流量显著降低，导致贫液冷却负荷下降，贫液冷却水需求量减少。

图 4-12

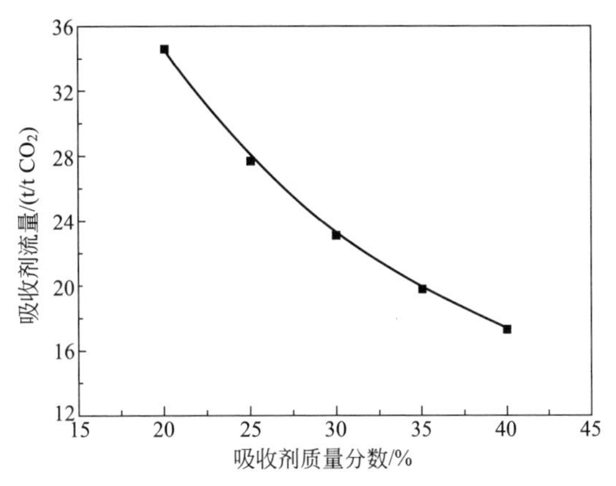

(a) 吸收剂质量分数对吸收剂流量的影响

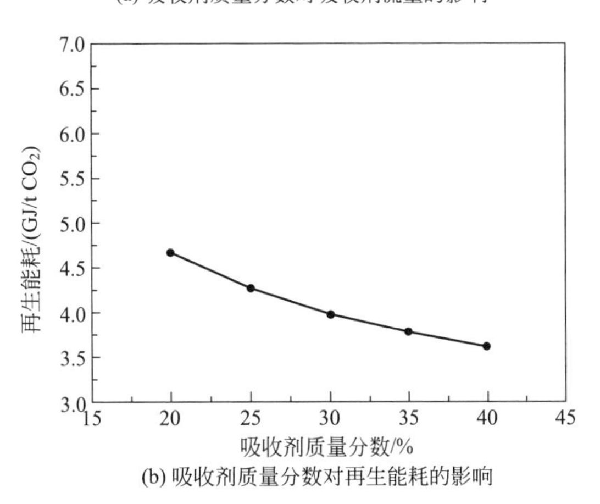

(b) 吸收剂质量分数对再生能耗的影响

图 4-12
吸收剂质量浓度对各性能指标的影响

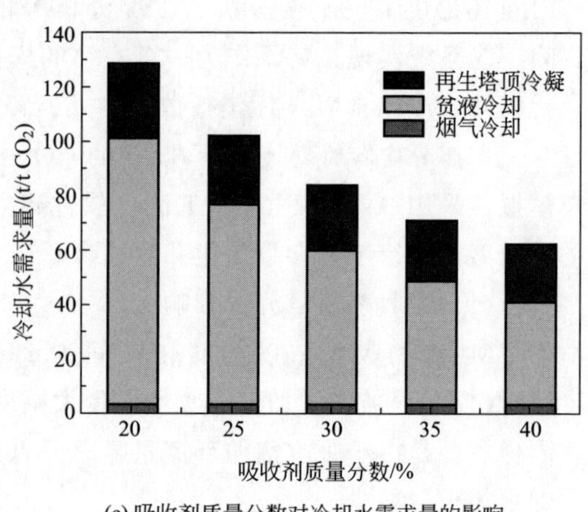

(c) 吸收剂质量分数对冷却水需求量的影响

虽然当吸收剂质量分数为 40%时，再生能耗与冷却水流量都比较低，但是通过对再生塔底温度分析发现，40%浓度 MEA 在 2bar 的再生塔内塔底的吸收剂温度为 125℃，在该温度下 MEA 的降解较快，造成吸收剂损失的同时也会加速对再生塔等设备的腐蚀。同时 MEA 浓度过高则黏度显著增加，导致 MEA 容易在填料塔内起泡、沟流和液泛，也加重了泵的负担。此外，换热系数也会下降，换热器投资提高。因此综合考量各个原因，工业上选择采用的 MEA 最佳浓度为 30%。

（2）贫富液换热器端差

从再生塔塔底出来的热贫液温度一般在 120℃左右，这部分热量可以经过贫富液换热器传递给将要进入再生塔的富液，将富液预热至较高的温度，从而减少再生塔中再沸器的负荷。进入吸收塔顶的贫液温度又要求降低至 40℃，因此在贫富液换热器中预先将热贫液冷却至某一温度（如 60℃左右）可以极大地节约贫液冷却器中冷却水的消耗量。

由图 4-13 可知，随着贫富液换热端差减小，再生能耗几乎成线性降低，每减小 5℃，再生能耗降低约 0.35GJ/t CO_2。冷却水需求量随贫富液换热端差的减小先降低后略有增加。贫富液换热端差减小会导致换热器换热面积大幅增加，制造成本会相应增加。

考虑到贫富液换热端差的降低对再生能耗带来显著的降低效果，需要寻求其节约再生能耗与增加投资之间的平衡关系。同时，为保证冷端温差在可行范围内，贫富液换热器端差最低控制在 5℃。

图 4-13

贫富液换热端差对各性能指标的影响

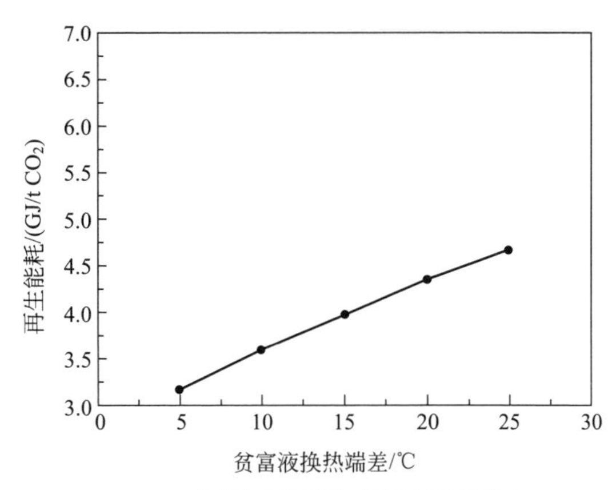

(a) 贫富液换热端差对再生能耗的影响

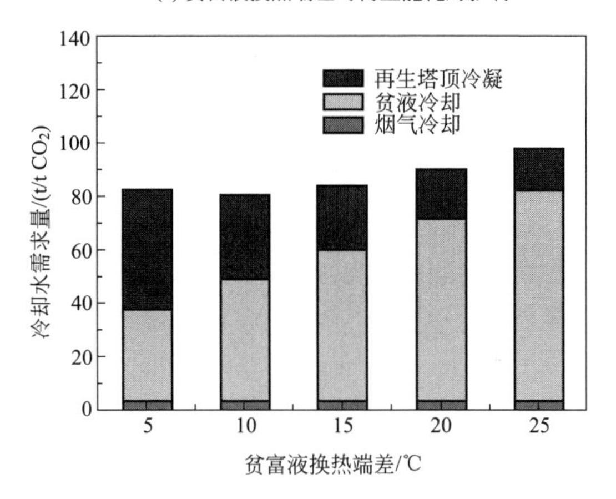

(b) 贫富液换热端差对冷却水需求量的影响

（3）再生塔操作压力

由图 4-14 可知，再生塔操作压力为 2bar 时，再生能耗达到最小值为 3.99GJ/t CO_2。再生塔操作压力提高，会提高再生塔顶的温度，导致再生过程的传质推动力提高，从而提高整个再生塔内 CO_2 传质速率。而再生塔压力继续增大时，又会有抑制 CO_2 从溶液中解吸出来的作用，因而再生塔操作压力大于 2bar 时，再生能耗有小幅度增加。再生压力提高，可以降低后续 CO_2 加压处理时的 CO_2 压缩机功耗。再生塔压力决定了再生塔底温度，其随再生压力的提高几乎成线性增加。过高的塔底温度不仅需要提高再沸器用低压蒸汽的品质，使得汽轮机输出功率进一步降低，也会带来溶剂降解和设备腐蚀的问题。此外，过高的再生塔操作压力提高了塔的设计和建造难度。

图 4-14

再生塔操作压力对各性能指标的影响

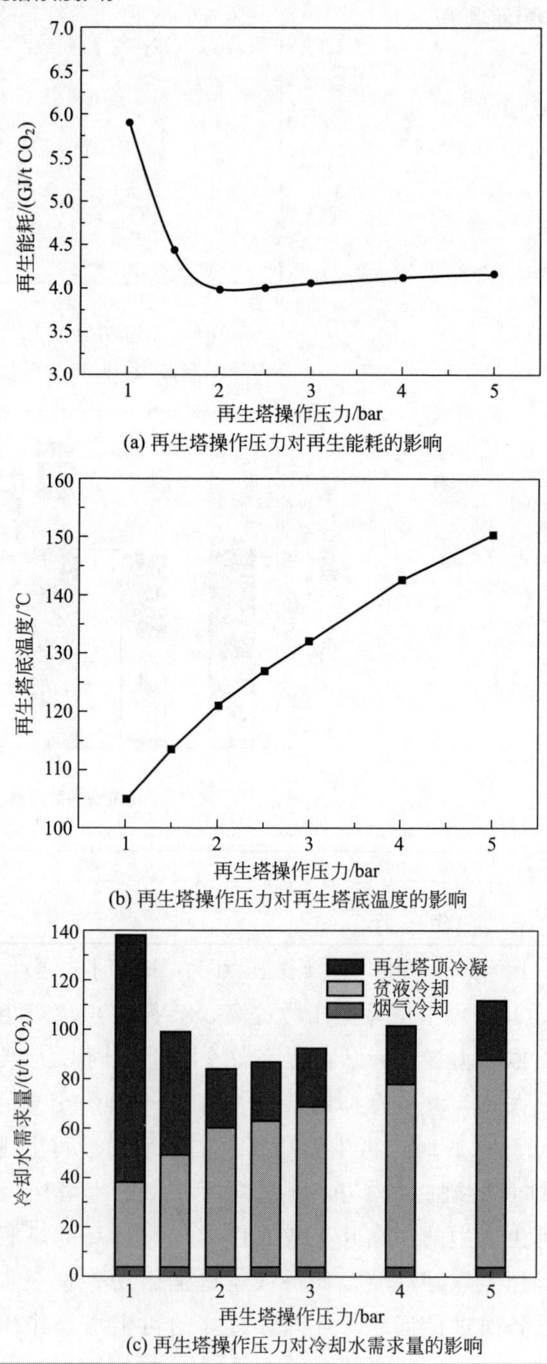

(a) 再生塔操作压力对再生能耗的影响

(b) 再生塔操作压力对再生塔底温度的影响

(c) 再生塔操作压力对冷却水需求量的影响

随着再生塔压力增加，冷却水需求量先大幅度降低再小幅度增加。这是因为再生塔压力增加时，一方面塔内 CO_2 再生量增加，而 H_2O 蒸发量减少，使得塔顶冷凝器负荷下降；另一方面，塔底贫液温度增加，经贫富液换热器后进入贫液冷却器的吸收剂温度升高，增加了贫液冷却器的冷却负荷。两者之间的综合效果导致了在 2bar 时总冷却水需求量有最小值。

通过分析可以得出，再生塔的最佳操作压力为 2bar，此时再生能耗和总冷却水需求量均取得最小值。2bar 再生压力下对应的塔底温度为 121.2℃，此温度下 MEA 吸收剂降解量可以接受，且塔设备的制造和操作也实际可行。

（4）级间冷却工艺

吸收塔中随着贫液从塔顶自上向下流动，MEA 溶液吸收 CO_2 逐渐达到饱和，由于吸收过程是放热反应，提高了吸收剂在吸收塔内的温度。级间冷却工艺从吸收塔中下段某位置把吸收剂抽出，经冷却后再送回吸收塔，从而可以增加富液中的 CO_2 负荷。如图 4-15 所示，通过这种方式使吸收塔内吸收剂保持一个合适的温度。在此过程中，冷却温度和级间冷却器的位置是值得研究和优化的变量。

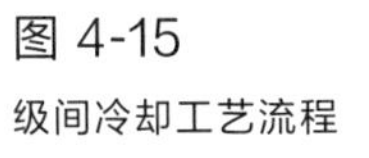

图 4-15
级间冷却工艺流程

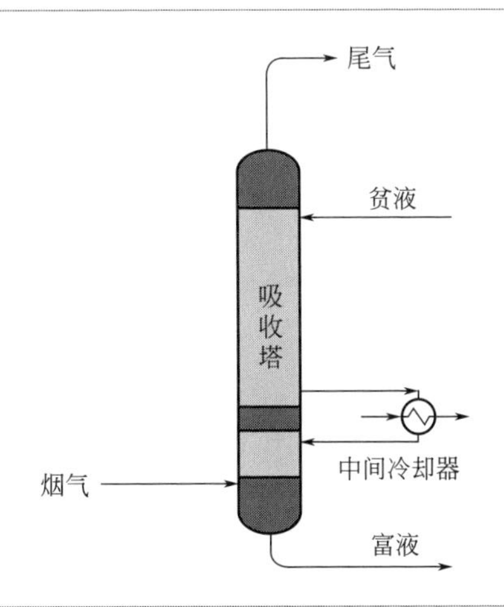

图 4-16 展示了级间冷却器位置在第 15 级时，随着级间冷却吸收剂的目标温度不断降低，再生能耗也逐渐降低，并且都低于参考方案的再生能耗。假设将吸收剂冷却至 30℃，对应的再生能耗为 3.87GJ/t CO_2，相对于参考方案降低了 3%。级间冷却的另一个影响是能够增加塔底的富液负荷。

级间冷却工艺由于增加了一个冷却器，需要多考虑一部分冷却水需求，即级间循环冷却水。通过对各部分冷却水的计算，可以得出随着级间冷却温度的降低，总冷却水需求量变化不大。

图 4-16
级间冷却温度对各性能指标的影响

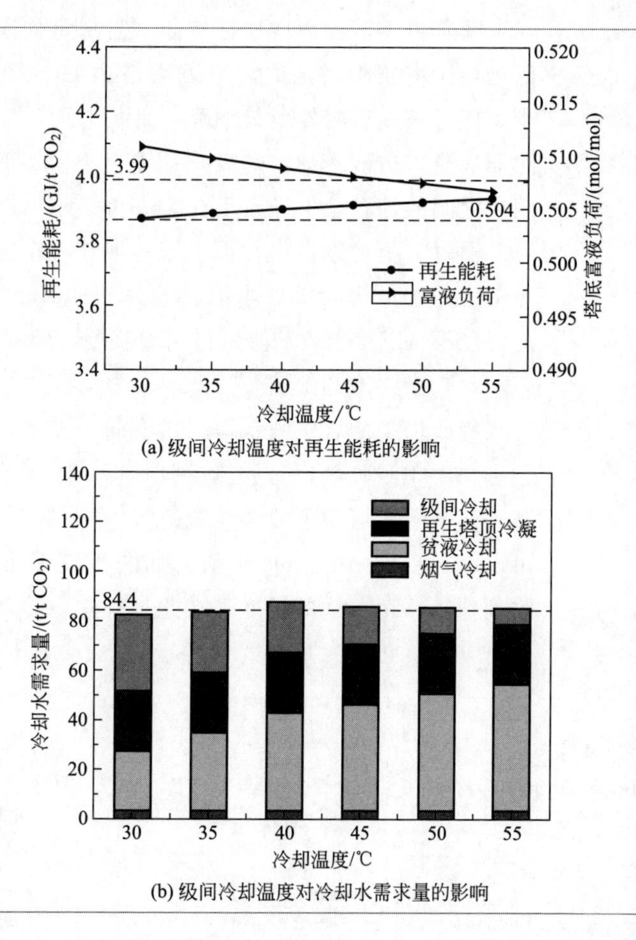

(a) 级间冷却温度对再生能耗的影响

(b) 级间冷却温度对冷却水需求量的影响

除了级间冷却温度外，级间冷却器的位置，即从吸收塔的哪一级等效塔板上将吸收剂抽出，经冷却后再送回该塔板，也对级间冷却工艺的效果有重要的影响。从图 4-17 中可以看出，级数越大（级间冷却器位置越低），再生能耗越低。当级间冷却器位于第 19 级时再生能耗最小，为 3.78GJ/t CO_2，相对于参考方案降低了 5.3%。此时的塔底富液负荷为 0.516mol CO_2/mol MEA，比参考方案增加了 0.012mol CO_2/mol MEA。

从冷却水需求量上看，级间冷却器所处位置越低，总冷却水需求量越少。

当级间冷却器位于第 19 级，冷却温度为 30℃时，吸收塔内温度分布如图 4-18 所示。可以看出，有级间冷却工艺方案的气液相温度在整体上都低于无级间冷却的参考方案。由于级间冷却器安装的位置较低，对吸收塔上部的温度影响较小，不会影响上半部分吸收剂的吸收速率。吸收塔越往下段，有级间冷却工艺方案和参考方案的温度差距越大，传质推动力之间的差距也越大。有级间冷却工艺的方案吸收塔再生塔底富液出口温度为 32.2℃，相对于参考方案的 45.1℃减少了 12.9℃，因而可以较大程度地减少贫液冷却水需求。

图 4-17

级间冷却器位置对性能指标的影响

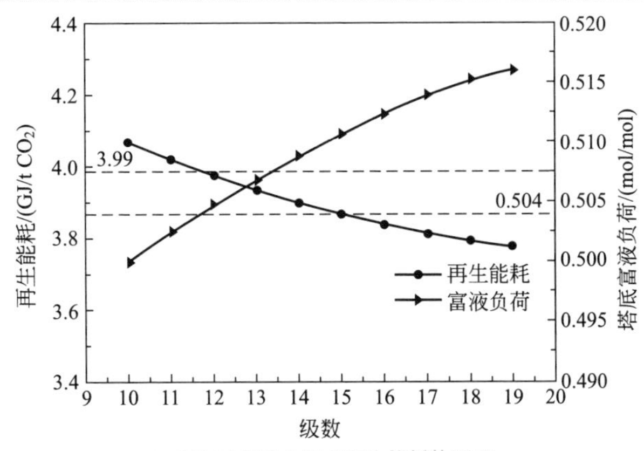

(a) 级间冷却器位置对再生能耗的影响

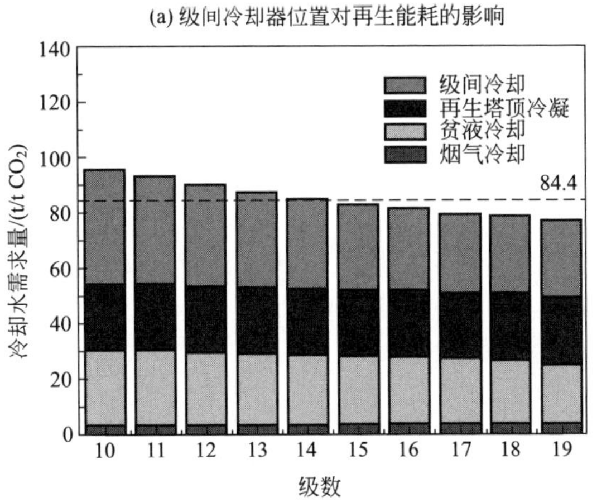

(b) 级间冷却器位置对冷却水需求量的影响

图 4-18

级间冷却工艺吸收塔内温度分布

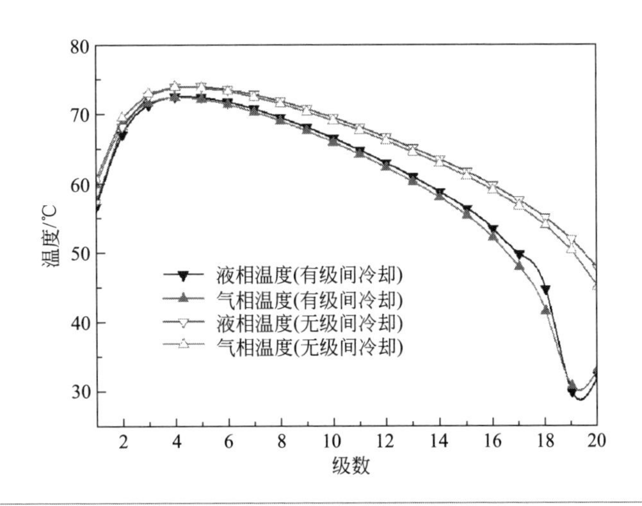

（5）富液分级流工艺

富液分级流工艺流程如图 4-19 所示。从吸收塔底出口的冷富液在进入贫富液换热器前分为两股，其中一股流量较小的冷富液不经过贫富液换热器直接注入再生塔第 2 级（第 1 级为冷凝段），另外一股流量较大的富液经过贫富液换热器加热后从再生塔上部稍低的位置送入塔内再生。通过这种方式，分流出的那部分冷富液可以回收再生塔顶部高温水蒸气的潜热，达到降低再生能耗的目的。

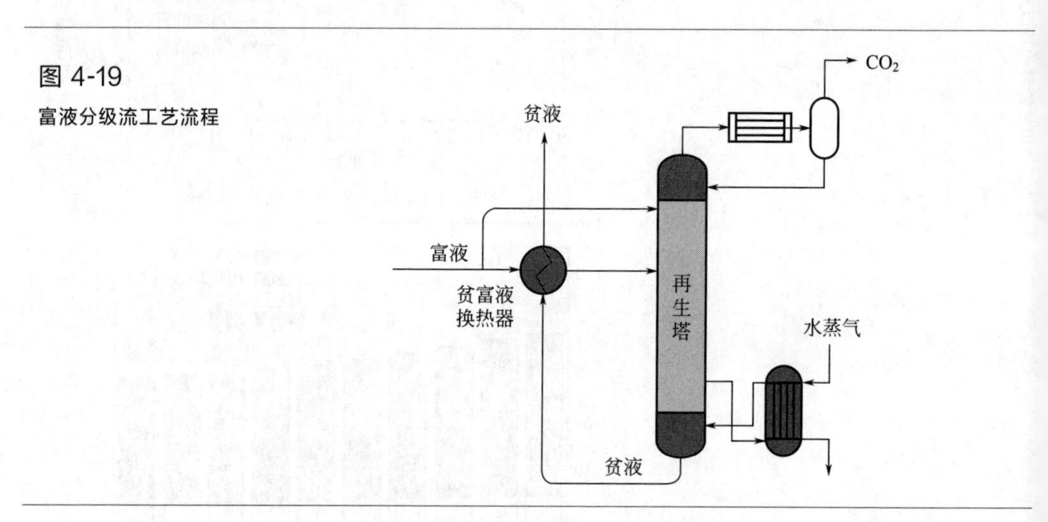

图 4-19
富液分级流工艺流程

进入再生塔冷富液的分流比例是一个关键参数，因为分流比例过高，换热后贫液温度较高，部分显热无法利用；分流比例过低，达不到回收再生塔顶潜热的效果。图 4-20 显示了分流比例为 0～50%范围内改变时再生能耗的变化，其中冷富液从再生塔第 2 级送入再生塔，加热后的富液从第 6 级进入再生塔。结果显示当分流比例为 25%时，再生能耗存在最低值，为 3.5GJ/t CO_2，相对于参考方案降低了 12.3%。随着分流比例增加，总冷却水需求量不断上升。

为探究富液分级再生工艺降低能耗的内在原因，图 4-21 进一步描绘了有无富液分级流工艺再生塔内的温度和气相浓度分布比较，其中富液分级流工艺的分流比例为 25%。由图可以看出，分流出的冷富液显著地降低了再生塔第 2 级等效板的温度，因此可以回收蒸汽中的能量，有效降低了再沸器的负荷和塔顶冷凝负荷。有富液分级流工艺的再生塔中段大部分区域内温度高于参考方案，这是由于进入贫富液换热器的富液流量减少，因而被提升到了更高的温度，导致有富液分级流工艺的再生塔内 H_2O 蒸发更多。相对于参考方案，富液分级流工艺再生塔内中段大部分区域 H_2O 分压较大，CO_2 分压较小，增加了再生过程的传质推动力，更有利于再生。

图 4-20

分流比例对性能指标的影响

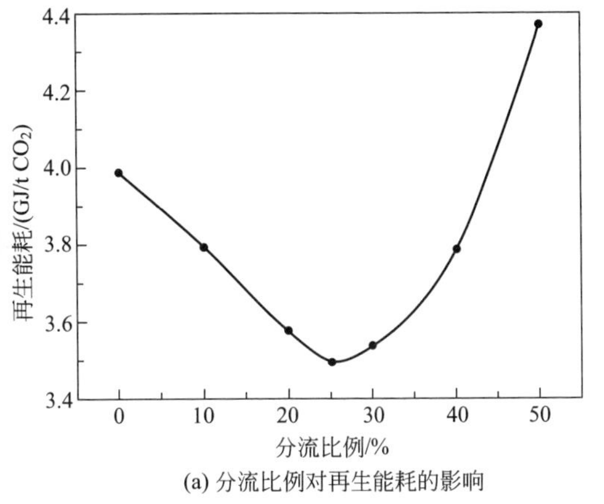

(a) 分流比例对再生能耗的影响

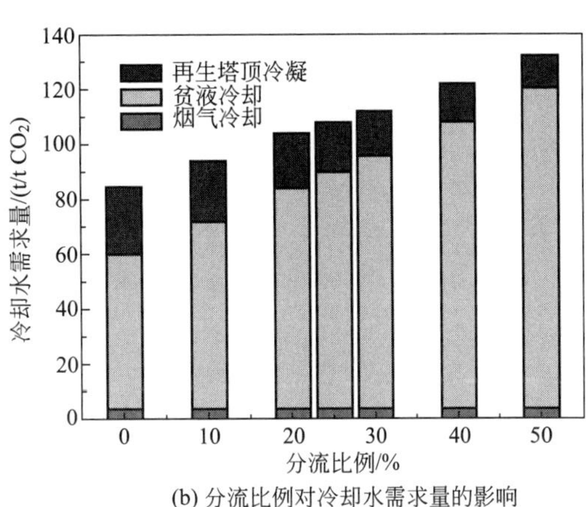

(b) 分流比例对冷却水需求量的影响

图 4-21

有无分级流工艺的再生塔内分布比较

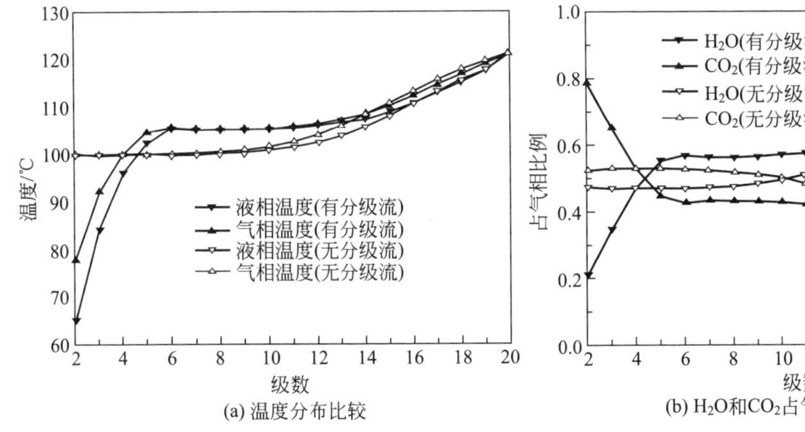

(a) 温度分布比较

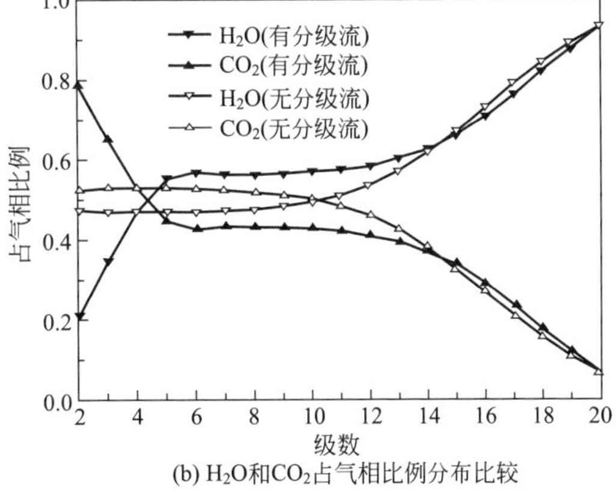

(b) H_2O和CO_2占气相比例分布比较

（6）新型低能耗工艺集成整合

将级间冷却工艺和富液分级流工艺整合集成到一个脱碳系统中，形成新型低能耗工艺方案，其系统流程如图 4-22 所示。经过优化，采用 30% 的 MEA，吸收塔入口烟气温度为 35℃，贫液温度为 40℃，贫富液换热器端差为 7℃，级间冷却工艺采用在第 19 级等效板处冷却至 30℃，并加上

25%分流比例的富液分级流。除此之外，为了大幅度降低投资，吸收塔填料采用塑料材质的 Mellapak 250Y。模拟计算后得到的指示参数如表 4-1 所示。

图 4-22
新型低能耗工艺系统图

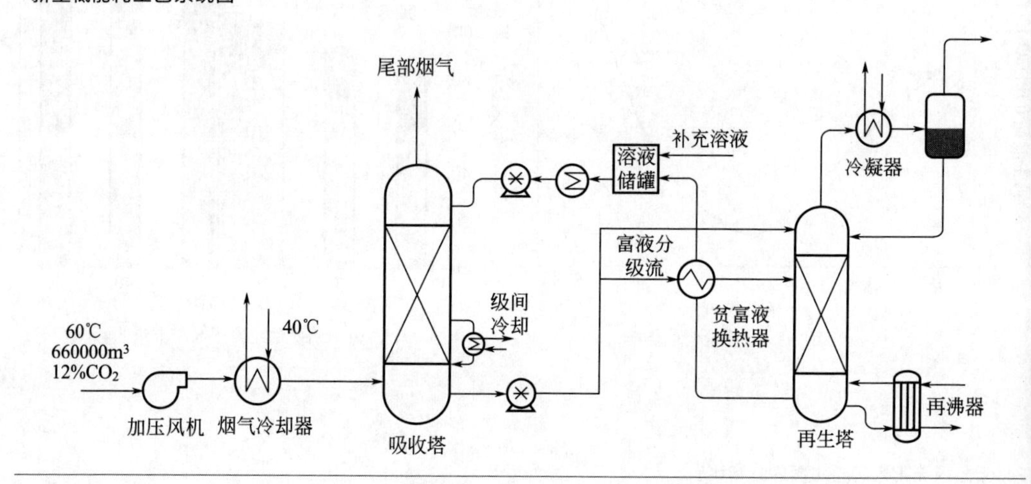

表 4-1　新型工艺方案和参考方案的结果参数比较

参数	单位	参考方案	新型工艺方案
CO_2 贫液负荷	mol CO_2/mol MEA	0.301	0.25
CO_2 富液负荷	mol CO_2/mol MEA	0.504	0.512
再沸器负荷	GJ/t CO_2	3.99	3.02
吸收塔塔径	m	14	13.3
吸收塔填料高度	m	15.2	12
再生塔塔径	m	8	7.8
再生塔填料高度	m	12	10
吸收液循环流量	t/t CO_2	23.09	18.4
中间冷却水用量	t/t CO_2	—	22.4
贫液冷却水用量	t/t CO_2	57.19	18.52
再生气冷却水用量	t/t CO_2	24.17	32.88
烟气冷却水用量	t/t CO_2	3.04	3.04
总冷却水用量	t/t CO_2	84.4	76.84

新型工艺方案的操作贫液负荷为 0.25mol CO_2/mol MEA，并由于添加了级间冷却工艺，吸收塔底富液负荷为 0.512mol CO_2/mol MEA，负荷循环区间较参考方案高出 0.06mol CO_2/mol MEA。所需吸收剂循环流量为 18.4GJ/t CO_2，相对于基础方案下降了 20.3%。由于吸收剂循环流量显著减少，吸收塔和再生塔设备的直径减小、填料层高度降低，在节约设备投资方面具有显著的优势。新型工艺方案的再生能耗为 3.02GJ/t CO_2，相比于参考方案下降了 24.3%，具有显著的降低能耗效果。虽然新型工艺方案增添了级间冷却环节，但总冷却水用量为 76.84t/t CO_2，比参考方案总冷却水需求量低 9%。原因主要是由于贫富液换热器换热端差的提高，以及级间冷却工艺使得贫富液交换器入口冷富液温度降低，使得贫液出口温度显著降低，大大减少了贫液冷却器对贫液冷却水的需求。新型工艺方案中贫液冷却水用量为 18.52t/t CO_2，仅为参考方案的三分之一。然而新型工艺方案中的再生塔顶冷凝冷却水用量高出参考方案，这是因为贫富液换热端差提高后，进入再生塔的热富液温度上升，即使在一部分分流冷富液的协助冷凝作用下，再生塔顶冷凝器负荷仍高于参考方案。

新型工艺方案在降低能耗方面取得了显著的效果，但由于其增加了一些设备，操作系统复杂性也有所提升，因此需要继续对系统整体的投资和操作成本进行研究，从而对实际工程应用起到指导的作用。

4.2 化学吸收系统和电厂热整合

一般来说，基于 MEA 化学吸收法的燃煤脱碳电厂中，再沸器的负荷达 3.5～4.5GJ/t CO_2，使用 120℃左右的再生蒸汽提供再生热，考虑 10℃的贫富液换热温差，抽汽参数至少为 130℃。通常，再生蒸汽采用燃煤电厂汽轮机中、低压缸连通管抽汽，导致脱碳燃煤电厂汽轮机输出功减少。另外，在 CO_2 捕获和压缩过程中，压缩机和泵也需要消耗一部分的轴功或电功。与此同时，抽汽供能过程和 CO_2 捕集及压缩过程也产生热量损耗。以目前超（超）临界汽轮机组为例，当 CO_2 捕集率为 90%时，其系统发电净效率将由 41%～45%大幅下降至 30%～35%，脱碳能效惩罚一般在 10 个百分点以上，这一能耗代价过于巨大，阻碍了其大规模应用。

针对上述脱碳燃煤电厂能效惩罚大的问题，本节基于脱碳单元供能侧优化，废热梯级利用以及脱碳与供热集成优化，提出具有良好应用前景和综合性能的大规模脱碳火力发电系统优化集成方案，并进行技术经济性分析。

4.2.1 化学吸收系统与电站锅炉尾部受热面的热集成

以某典型 1000MW 超超临界燃煤发电机组为案例，其发电系统流程如图 4-23 所示。设计煤种为烟煤，所用煤的收到基成分中碳、氢、氧、氮、硫、水和灰含量分别为：56.26％、3.79％、12.11％、0.82％、0.17％、18.1％和 8.75％，低位发热量为 21.13MJ/kg。所用的汽轮机组为一次中间再热系统，高、中、低压缸分缸布置，同轴连接。回热系统为三高四低一除氧（三级高压加热器 RH1、RH2、RH3，四级低压加热器 RH5、RH6、RH7、RH8 和除氧器 DEA），各级回热加热器 RHs 汽源由汽轮机抽汽供给。煤在锅炉中燃烧，释放的热量加热蒸汽，新蒸汽进入高压缸做功后进入再热器进行二次加热，再热后的蒸汽依次进入中压缸、低压缸继续做功，低压缸排出的乏汽进入凝汽器冷凝为凝结水，由凝结水泵打入回热系统，依次通过四级低压加热器、除氧器、给水泵、三级高压加热器，加热后的给水进入锅炉吸热成为新蒸汽完成循环。以第四级抽汽为汽源的小汽机驱动耗功较大的给水泵，电站中的其他泵与风机采用电驱动。电站回热系统中各级回热加热器具体参数及额定工况下的热力学性能参数分别见表 4-2、表 4-3 所示。锅炉燃烧所需要的空气经鼓风机鼓风，锅炉尾部的空气预热器 AP 预热；燃烧产生的烟气经空气预热器放热后，经

图 4-23
1000MW 超超临界燃煤发电机组发电系统流程图

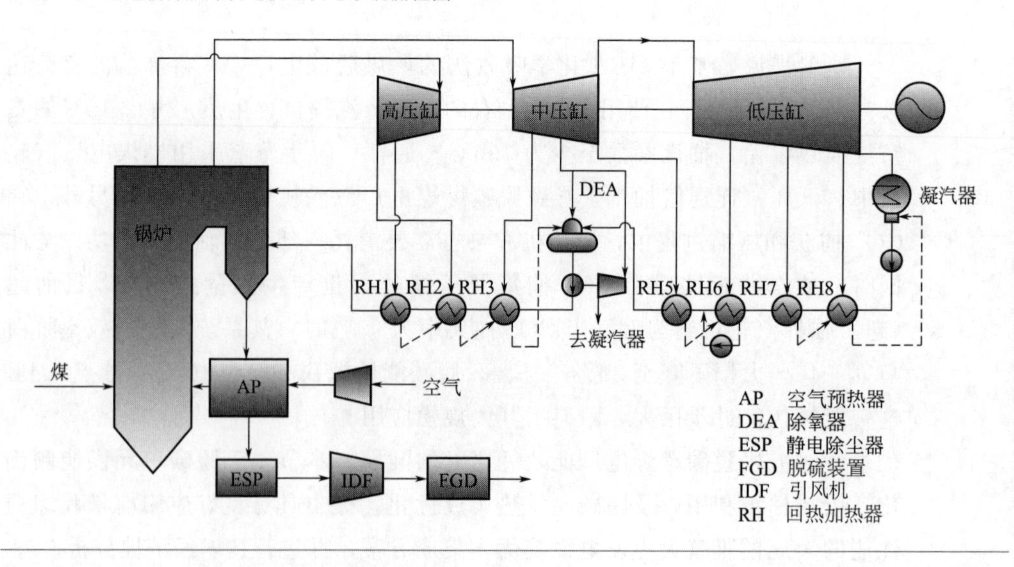

静电除尘器 ESP、脱硫装置 FGD 处理达排放标准后排放，引风机 IDF 抽引烟气流经烟气处理装置，并维持锅炉负压运行。

表 4-2 电站各级回热加热器的热力参数

项目	温度/℃	压力/MPa	饱和温度/℃	抽汽量/(kg/s)
1# 回热加热器	421.5	8.58	297.7	49.1
2# 回热加热器	376.0	6.29	276.7	89.3
3# 回热加热器	481.9	2.66	225.6	36.9
除氧器	378.7	1.30	188.7	32.7
5# 回热加热器	287.2	0.66	160.5	36.1
6# 回热加热器	190.6	0.27	128.1	41.1
7# 回热加热器	90.2(0.984)①	0.071	88.9	24.8
8# 回热加热器	66.8(0.945)①	0.027	65.6	26.1

① 括号中的值表示蒸汽的干度。

表 4-3 电站系统热力学性能参数

项目	单位	数值
给煤量	kg/s	113.9
煤的低位发热量	kJ/kg	21130.8
主蒸汽压力/温度/流量	MPa/℃/(kg/s)	26.25/600.0/860.1
冷再热蒸汽压力/温度/流量	MPa/℃/(kg/s)	6.29/376.0/721.7
热再热蒸汽压力/温度/流量	MPa/℃/(kg/s)	5.65/600.0/721.7
乏汽压力/温度/流量	kPa/℃/(kg/s)	5.75/35.4/473.4
汽轮机输出功率	MW	1096.4
净发电功率	MW	1087.0
净发电效率	%	45.2

常规基于 MEA 吸收法 1000MW 燃煤脱碳电站系统流程如图 4-24 所示，在上文介绍的电站基础上，加入基于 MEA 的化学吸收系统，包括 CO_2 捕集单元与 CO_2 压缩单元。吸收剂 MEA 溶液呈弱碱性，与烟气中的 SO_x 和 NO_x 反应产生不可再生反应物会增加吸收剂的损耗，因此，燃煤锅炉排出的烟气须先经过脱硝单元 SCR，静电除尘器 ESP，引风机 IDF 和脱硫单元 FGD 等烟气处理装置除去酸性气体以及其他颗粒物等后再进入脱碳单元。进入脱碳单元的烟气为克服脱碳过程的压降，先经压缩机增压后进入吸收塔，

与自塔顶进入的30%MEA水溶液逆流接触，脱除CO_2成为净化烟气后排入大气。MEA溶液与烟气中的CO_2反应生成不稳定盐类，随溶液从吸收塔底部排出；吸收了CO_2的溶液，即富液，后依次经富液泵和贫富液换热器后进入解吸塔。富液在解吸塔中发生CO_2解吸反应，解吸生成高纯度的CO_2。低CO_2含量的MEA吸收液，即贫液由解吸塔底部排出，经贫富液换热器和冷却器后，回到吸收塔进行下一循环。

图 4-24

常规基于 MEA 吸收法 1000MW 燃煤脱碳电站系统流程图

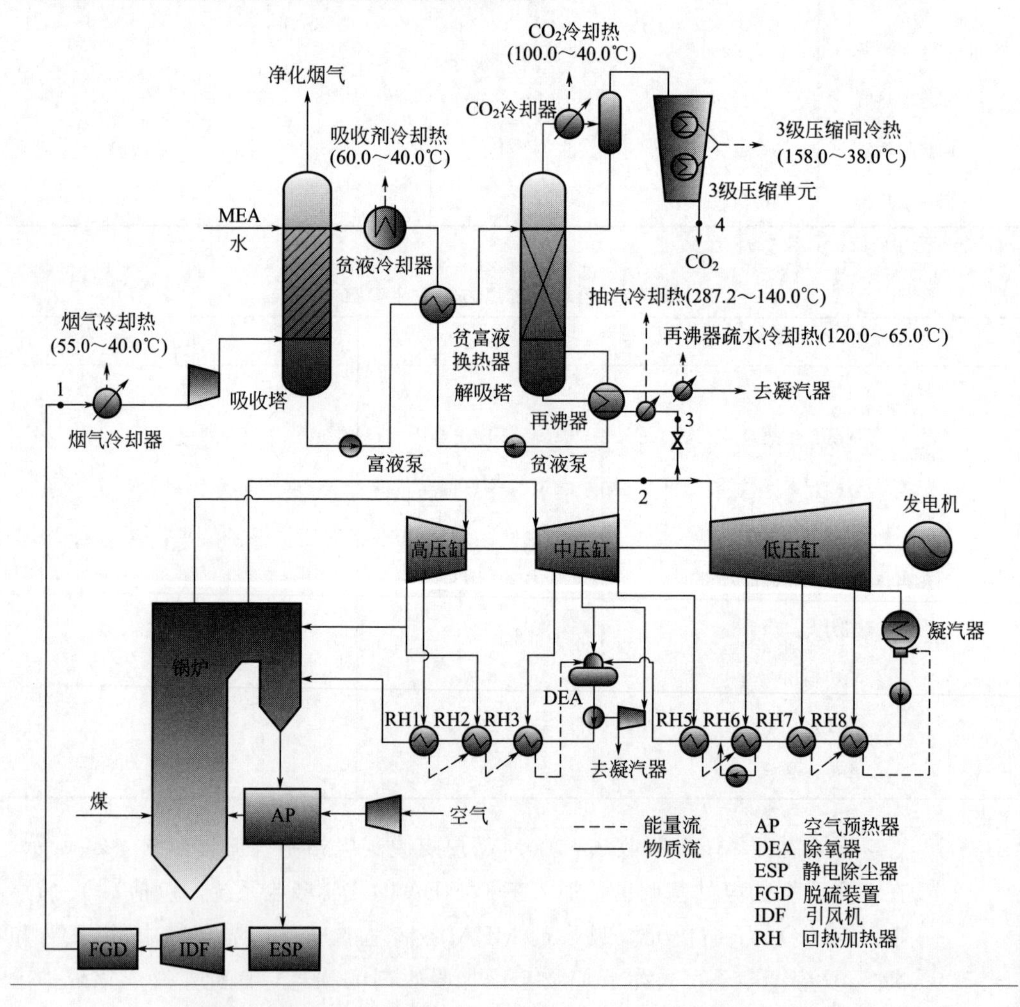

自解吸塔得到的高纯度CO_2经CO_2冷却器冷却去湿后进入多级压缩单元。如表4-4列出了常规的基于MEA吸收法1000MW燃煤脱碳电站系统中脱碳单元的具体参数。

表 4-4　脱碳单元参数

脱碳单元		三级压缩单元	
烟气量/(kg/s)	1144.17	压缩进口压力/MPa	0.19
烟气压力/MPa	0.10	压缩进口温度/℃	40.0
烟气温度/℃	40.0	第一级出口压力/MPa	0.67
CO_2 捕集率/%	90.0	第二级出口压力/MPa	2.35
烟气成分(摩尔分数)%		压缩机出口压力/MPa	8.00
CO_2	13.7	压缩机出口温度/℃	38.0
H_2O	8.4		
N_2	73.8		
O_2	4.1		

系统脱碳单元包含多个耗能与放能过程，涉及不同品位能量的产生与利用。由于吸收塔内发生的反应为放热反应，烟气需先经烟气冷却器冷却至 40.0℃，循环进入吸收塔的贫液也需要冷却至 40.0℃左右，以保证吸收反应能够顺利进行。而在解吸塔内，吸收剂 MEA 再生是吸热反应，需要消耗大量热量，常规脱碳系统抽取中、低压缸连接管处的蒸汽来提供脱碳过程所需的再生热。一般该处的蒸汽温度过高（常规燃煤机组参数为 0.66MPa/287.2℃），会引起 MEA 溶液的降解，造成吸收剂损失进而影响解吸过程的进行。为了避免这种情况发生，常规解决办法是将蒸汽节流降压冷却降温后（常规燃煤机组降低至 0.27MPa/287.2～130.0℃）进入再沸器。再沸器出口的疏水，即抽汽放热后凝结的水，温度高达 120.0℃，为了不影响凝汽器的安全稳定运行，该疏水也需经冷却器降温后再排入凝汽器。由此可见，为保证脱碳过程的顺利进行，脱碳单元内部流程对能量的利用具有一定的要求。

图 4-25 所示的能流图表现了常规燃煤脱碳机组脱碳单元的能量输入输出特性，流入脱碳单元的能量包括由用于提供解析塔再生热的汽轮机中、低压缸连通管抽汽，驱动泵和压缩机的运行电能，以及燃烧后烟气携带的热量；流出脱碳单元的能量包括散热、烟气冷却热（55.0～40.0℃）、吸收剂冷却热（60.0～40.0℃）、抽汽冷却热（287.2～130.0℃）、再沸器疏水冷却热（120.0～65.0℃）、对捕集的 CO_2 压缩过程中的压缩前冷却热（100.0～40.0℃）和多级压缩间冷却热（158.0～38.0℃）等。脱碳单元输入的能量在量上与输出的能量相等，但大部分输出的能量热力学参数则相对较低，直接成为废热损失，是造成火电机组脱碳能效降低的主要原因。

图 4-25
脱碳单元的能流图

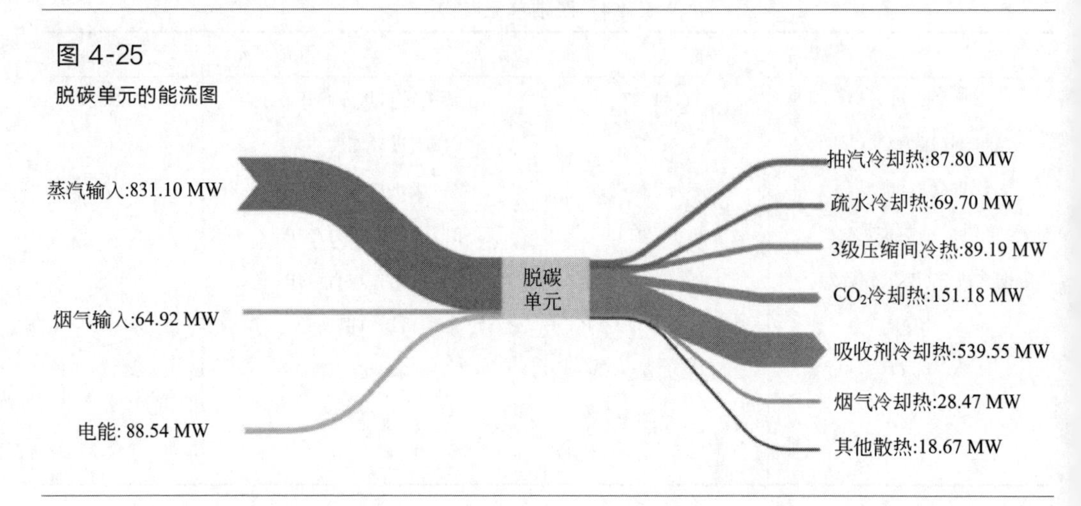

为保证解吸塔解析过程的顺利进行，采取直接降低抽汽参数来满足热量的需求，这种方法虽然简单易行，但造成了蒸汽能量的大量损失：除热损失外，再沸器进口蒸汽经节流阀降压，压力从 0.66MPa 降低到 0.27MPa，压力损失也不可忽视。高参数的蒸汽能量降品位利用，最终呈现为汽轮机的出功损耗、脱碳燃煤机组的能效惩罚。同时，脱碳单元需抽取的大量蒸汽，使得低压缸入口蒸汽量大幅减少，入口蒸汽压力下降，机组效率大幅降低，甚至会影响低压缸的安全运行。

针对常规基于 MEA 吸收法燃煤脱碳电站系统的特点与不足，可以将基于 MEA 吸收法燃煤脱碳电站进行热集成，提高系统的能量利用效率，其系统流程如图 4-26 所示。燃煤脱碳电站锅炉尾部受热面的热集成系统，可减少对高品位抽汽能量的利用；可引入吸收式热泵提质利用低品位废热；可将不同品位的脱碳单元废热回收利用于锅炉尾部受热面，同时对锅炉排烟能量的利用再分配。主要热集成措施总结为：①再沸器疏水再循环；②第二类吸收式热泵；③脱碳废热预热空气。

(1) 再沸器疏水再循环

如图 4-27 所示，取再沸器出口的部分疏水（参数为 0.27MPa，120.0℃）泵至再沸器入口，使之与节流后的脱碳用抽汽进行混合。经节流后的抽汽过热度用于蒸发疏水，最终形成一股饱和蒸汽（参数为 0.27MPa，130.0℃），可进入再沸器提供再生热。若再沸器负荷不变，即如果所需的再生热量不变，由于部分疏水回收了抽汽冷却热，脱碳用抽汽量会相应减少。

图 4-26

基于 MEA 吸收法燃煤脱碳电站锅炉尾部受热面的热集成系统

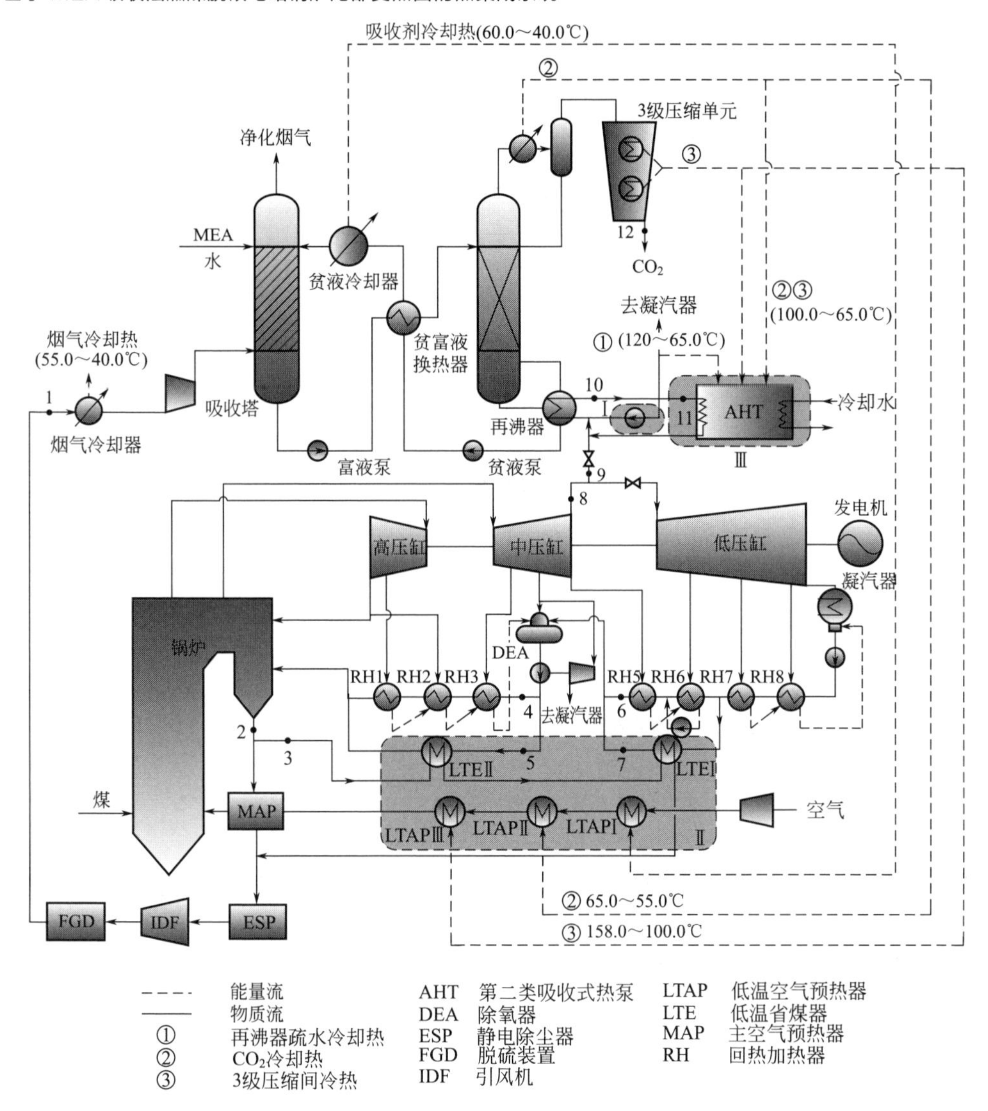

图 4-27

再沸器疏水再循环流程图

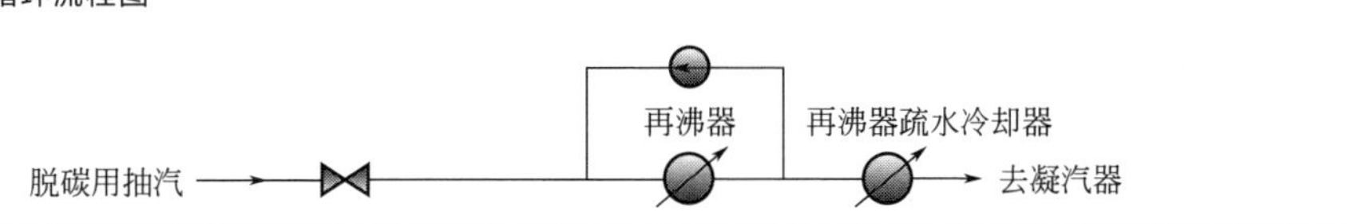

（2）第二类吸收式热泵

引入第二类水-溴化锂吸收式热泵，设计能效 COP 为 0.5，热泵内的最小换热温差为 5℃。图 4-28 为热泵循环的流程简图，热泵中以水为循环工质，系统中的再沸器疏水冷却热（120.0～65.0℃）、CO_2 冷却热（100.0～65.0℃）和三级压缩间冷热（100.0～65.0℃）均可作为热泵驱动热源，分别为热泵蒸发器、再生器提供热量。热泵再生器中为溴化锂的浓溶液，压力较低，温度较低；吸收器中为溴化锂的稀溶液，压力较高，温度较高。

图 4-28

集成系统中引入的第二类吸收式热泵循环流程简图

①再沸器疏水冷却热；②CO_2 冷却热；③3 级压缩间冷却

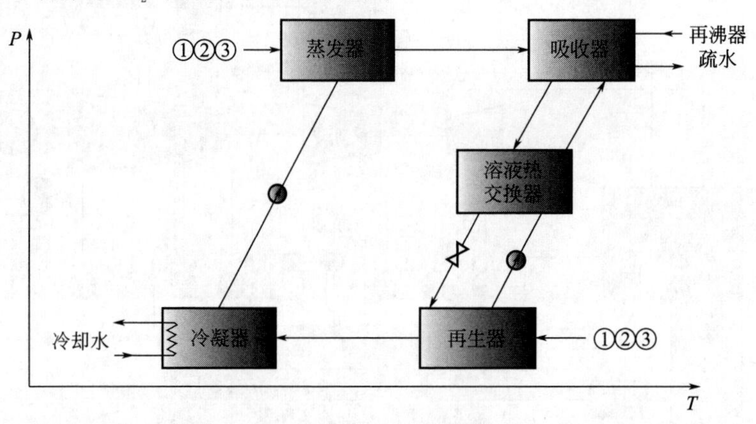

水蒸气在热泵吸收器中被溴化锂浓溶液吸收，释放出的热量加热部分再沸器的疏水，可使之达到一定参数（0.27MPa/130.0℃），进入再沸器提供部分 MEA 吸收剂再生热。引入第二类吸收式热泵回收系统中可用的低温废热，提升能量品质后利用于脱碳单元再沸器，在再沸器负荷不变的前提下，脱碳用抽汽量可以进一步降低。

（3）脱碳废热预热空气

在常规脱碳电站的锅炉尾部烟气与空气的换热过程中，25.0℃的空气在空气预热器中被 378.0℃的烟气加热至 343.0℃，而空气预热器出口的排烟以 128.5℃进入静电除尘器，该过程存在较大的换热温差，产生了较大的㶲损。如图 4-29 所示，在集成系统中，利用吸收剂冷却热（60～40℃）、CO_2 冷却热（65～55℃）和三级压缩间冷热（158～100℃）的脱碳单元废热分级预热空气，使空气在三级低温空气预热器中升温至 88.6℃，再进入主空气预热器与 378.0℃的锅炉排烟换热。在锅炉尾部烟气流量、排烟温度和空气预热器出口空气温度不变的前提下，通过空气分级加热，不仅有效地回收了部分脱碳单元废热，减少了主空气预热器中烟气与空气的换热㶲损，还可以节省出部分 378.0℃的烟气旁路进入低温省煤器，替代部分抽汽加热回热系统给水，增加汽轮机组出功。

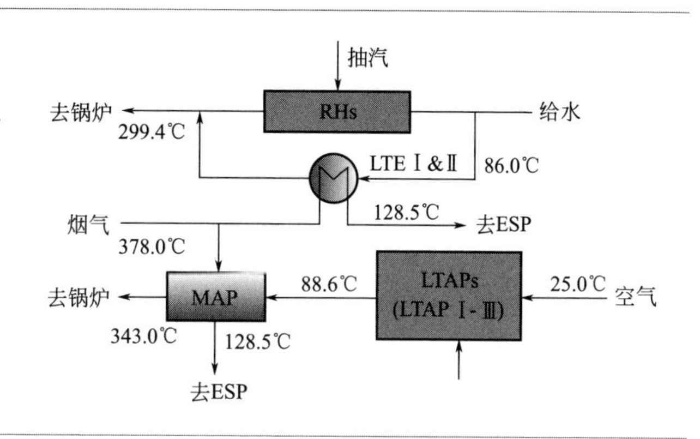

图 4-29
回收脱碳单元废热空气预热过程流程简图

AP—空气预热器；ESP—静电除尘器；LTAP—低温空气预热器；LTE—低温省煤器；MAP—主空气预热器；RH—回热回热器

燃煤电厂脱碳系统的大规模应用尚未推广普及，搭建百万燃煤机组匹配的脱碳单元耗时耗资，因此可以借助专业软件展开模拟，分析其优势。利用模拟得到的数据，可提前在理论上验证提出方案的节能效果，避免盲目开展工程建设。EBSILON Professional 软件是电站设计优化的现代化工具，用于计算热力过程的各参数；ASPEN Plus 软件是化工过程模拟的重要软件之一，可辅助模拟化学吸收法脱碳过程，通过软件内置的模块、部件的选用及部件间的逻辑连接关系实现机组实体的模拟，其准确性和可靠性均得到过验证。表 4-5 和表 4-6 分别给出了 EBSILON Professional 和 Aspen Plus 模拟中主要组件的使用及其包含的一些基本假设。

表 4-5　EBSILON Professional 模拟中主要组件的基本模型假设

组件	模型
锅炉	飞灰排出、内置一次再热循环的黑箱模型
汽轮机	高/中/低压缸的绝热效率分别为 0.898/0.922/0.882； 机械效率为 0.998；热损失为 0
回热加热器	设定各级回热加热器的上、下端差； 各级抽汽的压力损失在 3.3%～5.0%之间；不考虑热损失
凝汽器	冷却水参数为 25.0℃/0.1MPa； 上端差为 5℃，压损为 0.005MPa

续表

组件	模型
水泵	绝热效率等于0.825;机械损失为0.998; 凝结水泵出口压力为1.25MPa,给水泵出口压力为34.51MPa
发电机	发电效率为0.99
风机	效率为0.990
空气预热器	入口烟气/空气压力分别为0.098MPa/0.1009MPa, 无热损失,沿程压损忽略不计

表4-6 Aspen Plus模拟中主要组件的基本模型假设

组件	模型
烟气压缩机	Compr模块,绝热效率为0.85,排气压力为0.12MPa
吸收塔	RadFrac模块,无冷凝器和再沸器,八级塔板, 塔内初始压力为0.10MPa;塔内压降0.01MPa
再生塔	RadFrac模块,无冷凝器,kettle式再沸器,8级塔板, 塔内初始压力0.21MPa,塔内压降0.01MPa
CO_2贫液负载率	0.30(mol CO_2/mol MEA)
CO_2富液负载率	0.45(mol CO_2/mol MEA)
贫-富液换热器	HeatX模块,热流出口温度为40.0℃
冷却器	Heater模块,最小换热温差为15.0℃
泵	Pump模块,效率为0.80
发电机	机械效率为0.95
CO_2压缩机	Compr模块,绝热效率为0.85,进口压力为0.19MPa; 出口压力分别为0.67MPa/2.35MPa/8.0MPa,压比分别为3.53/3.51/3.40

不同系统的能量利用复杂程度不同，采用系统的净发电效率作为对比能量利用程度的指标，对燃煤发电机组、常规燃煤脱碳系统、热集成系统进行对比分析。系统净发电效率η_{net}的计算公式如式(4-1)：

$$\eta_{net}=\frac{P_{gross,p}}{Q_{in}}=\frac{P_g-\sum P_i}{m_{coal}\cdot LHV} \tag{4-1}$$

式中，$P_{gross,p}$表示系统净发电功率，kW；m_{coal}表示煤的质量流量，kg/s；Q_{in}表示系统输入能量，kW；LHV表示煤的低位发热量，kJ/kg；P_g，$\sum P_i$分别表示系统总发电功率，kW，系统辅机耗功，kW。系统辅机的耗功在燃煤发电机组中包括给水泵、凝结水泵等的耗电量，脱碳单元包含

CO_2 捕集及压缩单元耗电量，提出的热集成系统中还包括热泵的耗电量。

表 4-7 给出了燃煤发电机组、常规燃煤脱碳系统和热集成系统的热力学分析结果。可以看出，与常规脱碳电站相比，热集成系统脱碳用抽汽量降低了 59.32kg/s，系统净输出功率增加了 81.0MW；与燃煤发电机组相比，热集成系统脱碳带来的能效惩罚由 13.75 个百分点降低到 10.39 个百分点，净效率达 34.71%。

表 4-7 全系统热力性能表

项目	单位	燃煤发电机组	常规脱碳机组	热集成系统
输入煤的质量流量	kg/s		113.9	
主蒸汽的质量流量	kg/s		860.1	
给煤的低位发热量	MJ/kg		21.13	
脱碳用抽汽的质量流量	kg/s	—	304.55	242.08
系统净发电功率	MW	1087.0	754.35	835.35
系统净发电效率	%	45.2	31.35	34.71
脱碳能效惩罚[①]	%	—	13.85	10.39

① 脱碳的能效惩罚为脱碳系统的净发电效率与未加入脱碳系统案例电站的净发电效率的差值。

从能量流动的角度看，图 4-30 给出了常规燃煤脱碳电站系统和燃煤脱碳热集成系统的全系统能量转换与分布特性，可以看出脱碳单元废热回收和空气预热过程能量分布情况。在热集成系统中的能量流动主要有以下变化：引入了再沸器疏水再循环（LTE）技术和第二类吸收式热泵（AHT）技术两个集成措施，脱碳用抽汽能量为 630.57MW，比常规脱碳系统少了 200.47MW；62.28MW 的脱碳单元功率被回收于空气预热过程，节省了省煤器的热量，最终这部分热量被输入到了汽水系统的给水中；脱碳用抽汽的量减少，更多的蒸汽进入低压缸做功，凝汽器功率损失比常规脱碳系统高 186.05MW。

在集成系统中，脱碳低品位废热的再利用，降低了换热过程温差，进而㶲损也减小。在此，为得到集成系统的热力学完善效果，阐释系统节能机理，借助图像㶲分析法进行直观解析。图像㶲分析法可在同一个坐标系中体现能量变化和能量品位变化的关系，纵坐标 A 为能量品位，横坐标 ΔH 为能量的变化；其中能量品位 A 是一个无量纲数，其定义如式(4-2)：

$$A = \Delta\varepsilon / \Delta H \tag{4-2}$$

式中，$\Delta\varepsilon$ 为换热过程㶲变化；ΔH 为换热过程能量变化。

图 4-30
燃煤脱碳电站全系统能流图

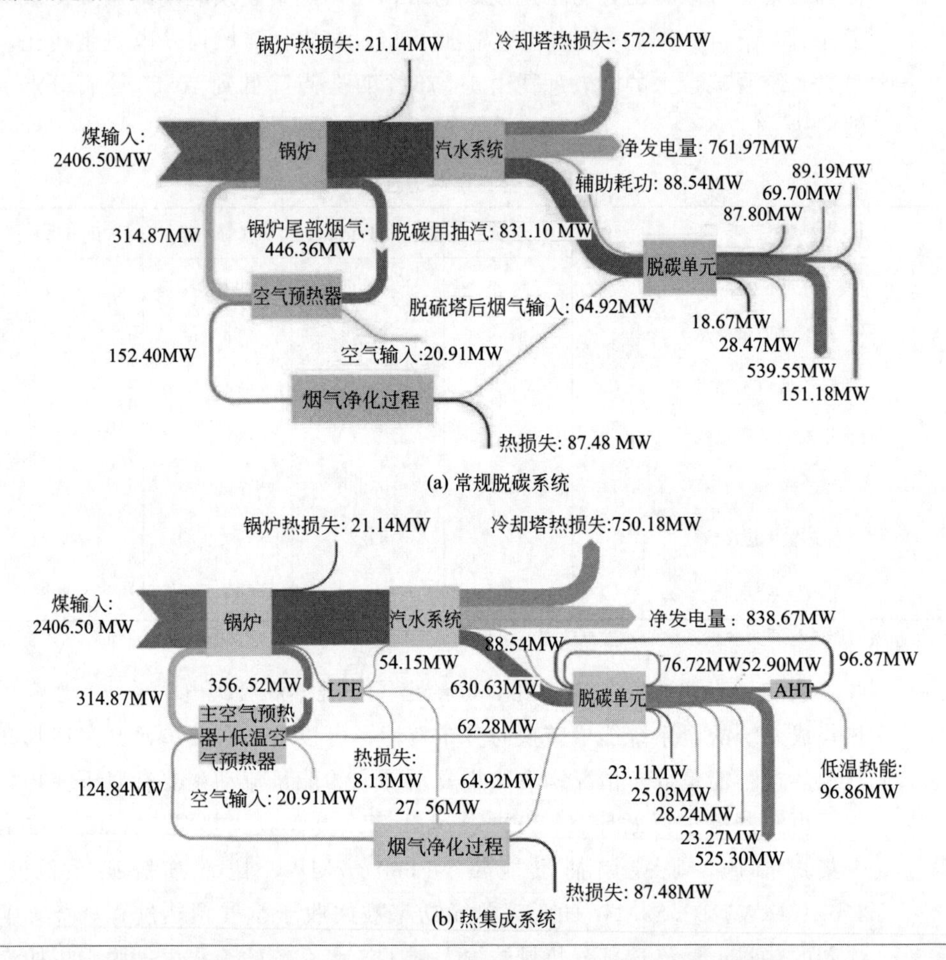

(a) 常规脱碳系统

(b) 热集成系统

在换热过程中，能量释放侧 A 的变化曲线与能量接受侧 A 的变化曲线之间的面积表示能量传递过程中的㶲损失，即 EUD 图中阴影面积。如图 4-31 与图 4-32 所示为再沸器热源传热和空气预热过程的系统 EUD 图对比。

以㶲分析为核心的热力学第二定律，换热过程的流动工质的热流㶲 E_i（kW）计算如式(4-3)：

$$E_i = m_i[(h_i - h_0) - T_0(s_i - s_0)] \tag{4-3}$$

式中，m_i 表示流动工质的质量流量，kg/s；h_i，h_0 分别表示流体在所给的温度和环境温度下具有的焓，kJ/kg；T_0 表示环境温度，K；s_i，s_0 分别表示流体在所给温度和环境温度下的熵，kJ/(kg・K)。

图 4-31

再沸器热源传热 EUD 图

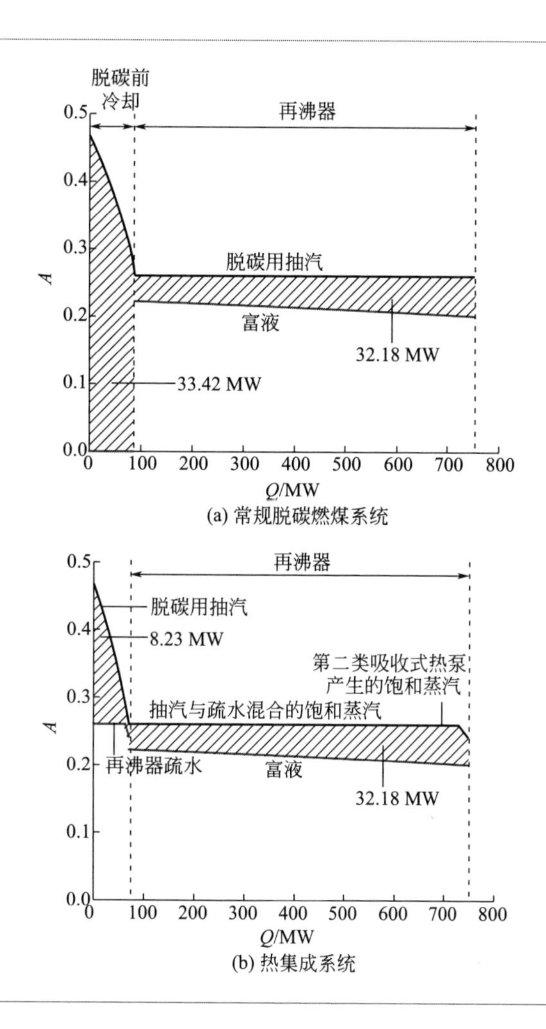

如图 4-31 所示，由于两脱碳系统脱碳单元的参数保持一致，所以再沸器内部的换热㶲损保持一致，均为 32.18MW；在常规脱碳系统中，抽汽需冷却后进入再沸器，造成了 33.42MW 的㶲损。热集成系统中，借助疏水再循环措施，所需的脱碳用抽汽量减小，抽汽冷却热也相应降低。最终，热集成系统的再沸器供能过程㶲损相较于常规脱碳系统的降低了 25.19MW。热集成系统的㶲损减少主要来自于对供能侧（抽汽）与再沸器能级不匹配问题的解决。在图 4-32 中，常规脱碳系统空气预热器入口的烟气和空气能级差距较大，产生了 33.49MW 的㶲损。而在热集成系统中，空气首先在三级低温空气预热器中被热水加热，能级提升，后续进入主空气预热器，被部分尾部排烟加热。基于能量梯级利用的原理，分级预热空气，使得整个空气预热过程的㶲损降低了 22.24MW。

图 4-32
空气预热过程的 EUD 图

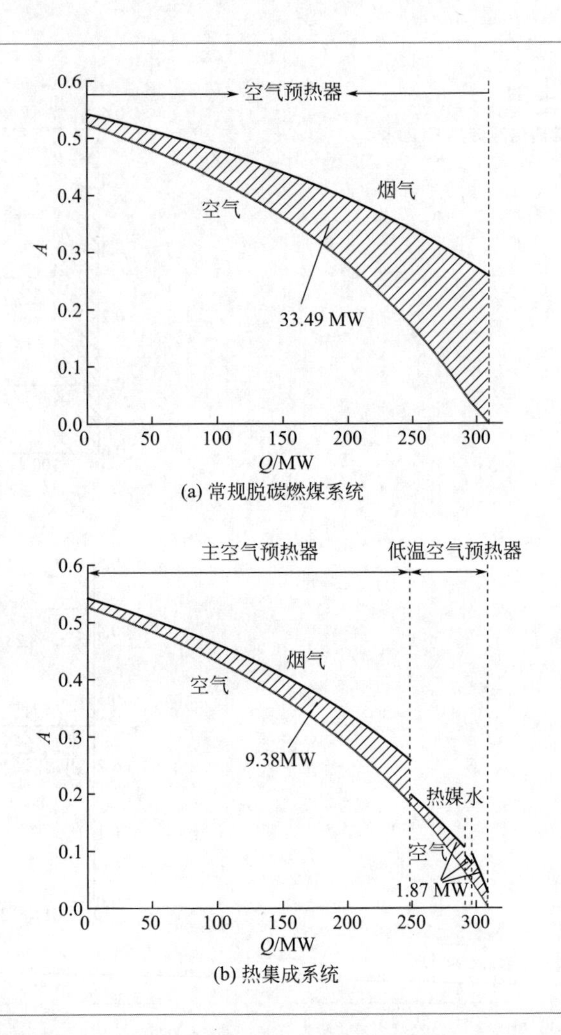

综合上述的集成措施的分析，利用再沸器疏水再循环和第二类吸收式热泵，一定程度上缓解了脱碳用抽汽与再沸器能级不匹配问题，能够节省部分脱碳用抽汽，增加汽轮机出功；脱碳废热预热空气，耦合利用了锅炉尾部受热面的能量，回收利用脱碳单元的大量低品位废热，减小了空气预热过程中的换热㶲损，使脱碳燃煤电站的整体性能得到改善。

为证实涉及发电和碳减排过程的燃煤脱碳热集成电站系统的经济可行性，主要采用发电成本 COE 和 CO_2 减排成本 COA 作为经济性评价指标，对比常规燃煤机组、常规脱碳燃煤发电系统和热集成脱碳燃煤发电系统的这两项指标值，可揭示热集成系统对经济性的影响。

发电成本 COE 可用于综合衡量脱碳单元对发电系统造成的效率和经济损失，计算公式如式(4-4)：

$$COE=\frac{FC_L+CC_L+OMC_L}{P_{gross}Nw} \tag{4-4}$$

式中　FC_L——年燃料成本，美元；

CC_L——年投资成本，美元；

OMC_L——年运行维护成本，美元；

P_{gross}——系统发电功率，kW；

N——年运行小时数，h；

w——系统容量因子。

表 4-8 列出了计算 COE 时的基本假设。

年燃料成本 FC_L 的计算如式(4-5)：

$$FC_L=3.6m_{coal}\times LHV\times Nwp_{coal} \tag{4-5}$$

式中　p_{coal}——基于低位发热量的煤价，美元/MJ。

年投资成本 CC_L 的计算式为

$$CC_L=CRF\times FCI\times(1+\alpha') \tag{4-6}$$

式中　CRF——资金回收系数；

FCI——设备投资，百万美元；

α'——建设期间利率。

资金回收系数可用式(4-7) 计算：

$$CRF=[k(1+k)^n]/[(1+k)^n-1] \tag{4-7}$$

式中　k——折现率；

n——设备寿命。

表 4-8　关于 COE 计算的基本假设

项目	数值
煤价(p_{coal})	4.09 美元/GJ
折现率(k)	12.0%
设备寿命(n)	30a
建设期间利率(α')	设备投资的 9.8%
年运行和维护费用(OMC_L)	设备投资的 4.0%
年运行时间(N)	5000h
系统容量因子(w)	0.8

在燃煤机组加入脱碳系统后，系统有设备的增加或改造，各个设备的投资可根据规模因子法计算，具体公式如式(4-8)：

$$FCI=FCI_0\left(\frac{S}{S_0}\right)^f \tag{4-8}$$

式中　FCI_0——在设备规模为 S_0 时的设备投资，百万美元；

FCI——在设备规模为 S 时的设备投资，百万美元；

f——规模因子。

计算热集成系统电站的经济性时，常规燃煤脱碳电站在案例燃煤电站基础上增加了 MEA 吸收法 CO_2 捕集工艺和 CO_2 三级压缩中间冷却单元的投资；对于热集成脱碳系统，在常规脱碳燃煤机组的基础上进行了系统集成，增加了第二类吸收式热泵、再沸器疏水再循环泵、两级低温省煤器和三级低温空气预热器的投资。同时，由于空气预热过程的热负荷分布有变化，因此主空气预热器的换热面积也会发生变化，从而设备投资也会相应发生变化。通过计算可得出各空气预热器和低温省煤器的换热面积，按照规模因子法可计算出相应设备的投资，进而得到全系统的总投资。表 4-9 为主要设备投资计算参数。

表 4-9　热集成系统主要设备的投资计算参数

设备	参比投资/百万美元	参比规模	规模参数	规模因子
MEA 吸收法的碳捕集工艺	139.97	894.22	入口烟气质量流量/(kg/s)	0.72
CO_2 三级压缩中间冷却	12.177	13	耗电/MW	0.67
第二类吸收式热泵	1.14	3.7	回收热能/MW	0.67
再沸器疏水再循环泵	0.02	250	工质的体积流量/(m^2/h)	0.14
低温省煤器	0.64	13149	换热面积/m^2	0.68
低温空气预热器	0.64	13149	换热面积/m^2	0.68
主空气预热器	6.24	353949	换热面积/m^2	0.68

各换热器的热负荷已知，换热量 Q(MW) 可由模拟获得，当换热器的总换热系数 K[W/(m^2·K)]、换热量 Q(MW) 和平均对数换热温差 Δt(K) 被确定后，换热面积 Area(m^2) 可以由式(4-9) 计算：

$$\text{Area}=\frac{Q}{K\Delta t} \tag{4-9}$$

在热集成脱碳系统中，引入了两级低温省煤器 LTEs 和三级低温空气预热器 LTAPs；锅炉尾部受热面的烟气热能重新分配，从而改变了热集成系统主空气预热器 MAP 的换热面积，影响系统的总投资。在主空气预热器中烟气与空气的换热，低温空气预热器中空气与热媒水的换热，低温省煤器中烟气与给水的换热都是逆流换热，其平均对数换热温差 Δt 可由式(4-10) 计算：

$$\Delta t=\frac{\Delta t_{\mathrm{d}}-\Delta t_{\mathrm{x}}}{\ln(\Delta t_{\mathrm{d}}-\Delta t_{\mathrm{x}})} \tag{4-10}$$

式中　Δt_{d}——换热器中较大温差，K；

Δt_{x}——换热器中较小温差，K。

对于低温省煤器和空气预热器总换热系数 $K_{\mathrm{LTE/LTAP}}$[$W/(m^2 \cdot K)$] 的计算，烟气主要以对流换热为主，辐射换热量可以忽略不计，可由式(4-11)计算：

$$K_{\mathrm{LTE/LTAP}}=\frac{1}{\dfrac{1}{\alpha_1}+\dfrac{1}{\alpha_2}} \tag{4-11}$$

式中　α_1——烟气换热系数，[$W/(m^2 \cdot K)$]；

α_2——凝结水换热系数，[$W/(m^2 \cdot K)$]。

低温省煤器、低温空气预热器均为汽水换热器，一般选择高频翅片管；不同之处在于，前者烟气走壳程，给水走管程；后者空气走壳程，热媒水走管程。烟气和空气的对流换热系数 α_1 计算如式(4-12)：

$$\alpha_1=0.134(\lambda_1/d)Re^{0.681}Pr^{0.33}(s/14.85)^{0.2}(s/t_{\mathrm{f}})^{0.1134} \tag{4-12}$$

式中　λ_1——烟气/空气的热导率，$W/(m^2 \cdot K)$；

d——管束的当量直径，m；

Re——烟气/空气的雷诺数；

Pr——烟气/空气的普朗特数；

s——翅片截距，m；

t_{f}——翅片厚度，m。

给水和热媒水的对流换热系数 α_2 计算如式(4-13)：

$$\alpha_2=0.021(\lambda_2/d)Re^{0.8}Pr^{0.125} \tag{4-13}$$

式中　λ_2——给水/热媒水的热导率，$W/(m^2 \cdot K)$。

对于回转式空气预热器，总换热系数 K_{AP} [单位：$W/(m^2 \cdot K)$] 计算如式(4-14)：

$$K_{\mathrm{AP}}=\frac{\zeta C_n}{\dfrac{1}{x_1\alpha_1}+\dfrac{1}{x_3\alpha_3}} \tag{4-14}$$

式中　ζ——利用系数，取0.9；

C_n——空气预热器旋转因子，取1.0；

x_1——空气预热器/主空气预热器中烟气份额，取0.42；

x_3——空气预热器/主空气预热器中空气份额，取0.46；

α_3——空气换热系数，W/(m^2·K)。

空气预热器中烟气和空气的换热系数 α［单位：W/(m^2·K)］可用式(4-15)计算：

$$\alpha=0.03(\lambda_1/d)Re^{0.03}Pr^{0.4} \tag{4-15}$$

CO_2 减排成本（COA）作为另一个评价脱碳系统经济性能的指标，体现了基于某一特定的净发电量下捕集单位 CO_2 所增加的成本，计算如式(4-16)：

$$COA=\frac{COE_{ref/pro}-COE_{host}}{e_{host}-e_{ref/pro}} \tag{4-16}$$

式中　e——CO_2 排放率，t CO_2/(MW·h)；

host——常规燃煤机组；

ref——常规脱碳燃煤发电系统；

pro——热集成脱碳燃煤发电系统。

表 4-10 给出了燃煤机组、常规脱碳燃煤系统和热集成系统的经济性能的具体参数。加入脱碳后系统比案例燃煤电站机组的发电成本高，一方面，脱碳过程中吸收剂再生会消耗大量蒸汽热能，造成系统发电量大幅下降；另一方面，脱碳单元的引入会增加系统总投资，且系统年投资成本和年运行维护成本均与投资呈正相关，燃煤电站加入脱碳发电成本大大提高。

表 4-10　燃煤机组、常规脱碳燃煤系统和热集成系统的经济性能对比表

项目	单位	常规燃煤机组	常规系统	热集成系统
设备投资(FCI)	百万美元	701.30	899.18①	925.96
系统发电量(W_{net})	MW	1089.0	754.4	838.7
年燃料成本(FC_L)	百万美元	141.74	141.74	141.74
年投资成本(CC_L)	百万美元	95.59	122.57	126.18
年运行维护成本(OMC_L)	百万美元	28.05	35.97	37.03
发电成本(COE)	美元/(MW·h)	61.04	99.51	90.90
CO_2 排放率(e)	t CO_2/(MW·h)	0.770	0.105	0.100
CO_2 减排成本(COA)	美元/t CO_2	—	57.90	44.25

① 常规脱碳燃煤电厂的设备投资为 899.18×10^6 美元，包括常规燃煤机组投资 701.30×10^6 美元，MEA 法 CO_2 捕集工艺过程投资 162.09×10^6 美元；CO_2 三级压缩中间冷却单元投资 35.80×10^6 美元。

热集成系统的总投资比常规脱碳系统高 26.78×10^6 美元，除增加的低温空气预热器和低温省煤器造成的总投资增加外，由于热集成系统中主空气预热器的烟气-空气换热温差比常规脱碳系统中小，其换热面积需要相对增大，投资相应有所增加。

热集成系统与常规脱碳系统相比，尽管年投资成本和年运行维护成本分别高出 3.61×10^6 美元、1.06×10^6 美元，但发电量增加了 84.3MW，最终热集成系统成本发电成本比常规脱碳系统成本低 8.61 美元/(MW·h)。

对于 CO_2 减排成本，热集成系统较传统脱碳系统低 13.65 美元/t CO_2，这是较低的发电成本和较小的 CO_2 排放率二者共同作用的结果。总的来说，尽管热集成系统的系统总投资在三个方案中最高，但是其出色的热力学性能弥补了系统年投资成本和年运行维护成本的增量，能够最终获得较好的经济性能。

4.2.2　化学吸收系统与电站汽轮机热力系统的热集成

常规基于 MEA 吸收法的 1000MW 脱碳燃煤电站 3#—5# 回热加热器和再沸器抽汽温度分布如图 4-33。可以看出，各级回热加热器抽汽过热度（抽汽温度和该压力下饱和蒸汽温度的差值）较高，最低为 126.7℃，最高达 256.3℃，出现在 3# 回热加热器；同时，在常规脱碳燃煤电站中，再沸器蒸汽抽汽过热度为 152.0℃，这部分热量不加利用地直接作为抽汽冷却热损失排放到环境中。

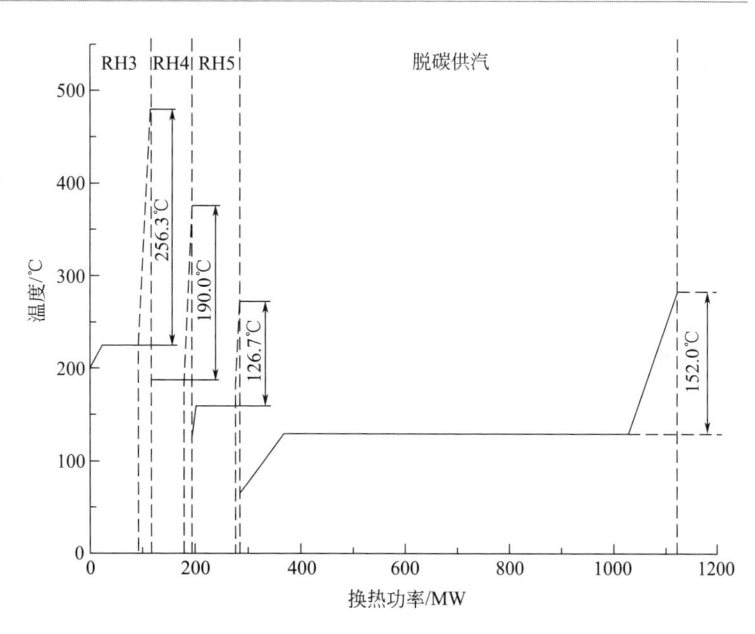

图 4-33
基于 MEA 吸收法的常规脱碳燃煤电站 3#—5# 回热加热器和再沸器抽汽温度分布

造成过热度如此之大的原因和机组较高的蒸汽参数密不可分。而针对提出的机组回热抽汽及脱碳抽汽过热度大的问题，本节提供了一种回热抽汽和脱碳抽汽温度匹配的新集成思路，基于 MEA 化学吸收法脱碳与电站汽轮机热力系统的热集成系统，其系统流程如图 4-34 所示。

图 4-34

基于 MEA 化学吸收法脱碳与电站汽轮机热力系统的热集成系统

APH—空气预热器；LTE—低温省煤器；WHAH—废热-空气换热器；IDF—引风机；ESP—静电除尘器；RH—回热加热器；FGD—烟气脱硫装置；SST—脱碳汽轮机；G—发电机

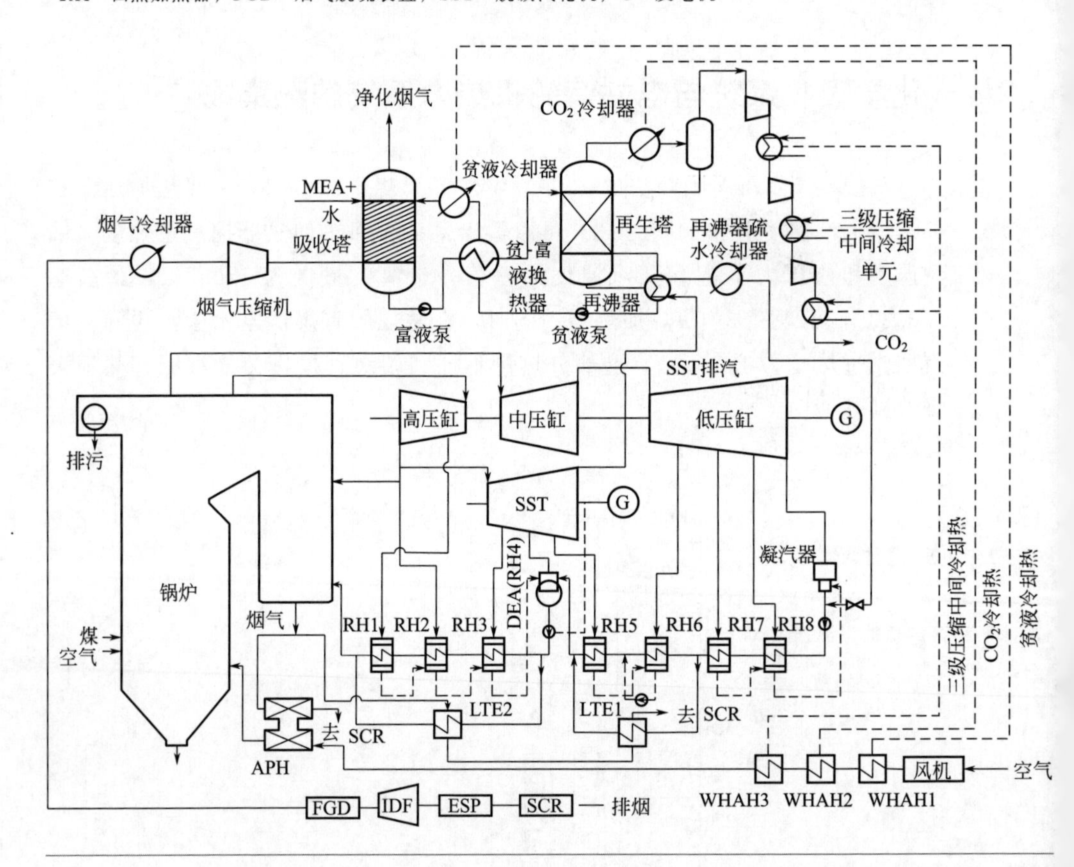

在热集成 MEA 法脱碳燃煤电站中：①由于新集成的脱碳汽轮机的进口蒸汽没有被锅炉内的再热器加热，因此进口蒸汽的温度和过热度都相对较低，脱碳汽轮机的排汽参数可与再沸器所需参数匹配，直接进入再沸器，为 MEA 再生提供能量，与常规脱碳集成方式相比，新系统不需要节流阀和抽汽冷却器，即不存在压力损失和抽汽冷却器冷却热损失，回收了

部分出功损耗，避免了部分热量耗散；②3#—5# 回热加热器的抽汽来自于该脱碳汽轮机，在抽汽压力等于常规燃煤机组抽汽压力的情况下，由于汽轮机进汽温度降低，抽汽过热度大大减小，回热加热器内部的换热㶲损失减小；③空气被预热到 130℃后进入空气预热器，一方面空气预热器内部的换热温差减小，换热㶲损失降低，另一方面可以节省出部分高温烟气，该部分烟气用于加热给水或凝结水，又可节省回热抽汽，进一步增加机组出功。

常规燃煤机组、常规和热集成脱碳燃煤发电系统热力循环模拟结果列于表 4-11 中。在热集成系统中，由于专门用于脱碳供汽的汽轮机从高压缸排汽抽取了近一半的蒸汽，进入锅炉的再热蒸汽质量流量减少了 50%；然而在锅炉输入热量不变的情况下，锅炉内部主蒸汽流量必然增加，结果显示：锅炉内主蒸汽流量增加了 92.9kg/s，是常规系统锅炉主蒸汽流量的 0.1 倍。

表 4-11 燃煤机组、常规和热集成脱碳燃煤发电系统热力循环模拟结果

项目	燃煤机组			常规脱碳系统			热集成脱碳系统		
	温度/℃	压力/MPa	质量流量/(kg/s)	温度/℃	压力/MPa	质量流量/(kg/s)	温度/℃	压力/MPa	质量流量/(kg/s)
主蒸汽	600.0	26.25	860.1	600.0	26.25	859.8	600.0	26.25	952.7
冷再热蒸汽	376.0	6.29	721.7	376.0	6.29	721.4	376.0	6.29	360.1
热再热蒸汽	600.0	5.65	721.7	600.0	5.65	721.4	600.0	5.65	360.1
1# 回热加热器	421.5	8.58	49.1	421.5	8.58	49.1	421.5	8.58	46.2
2# 回热加热器	376.0	6.29	89.3	376.0	6.29	89.3	376.0	6.29	84.1
3# 回热加热器	481.9	2.66	36.9	481.9	2.66	36.9	267.6	2.66	43.2
4# 回热加热器	378.7	1.30	32.7	378.7	1.30	32.7	192.2	1.30	45.3
小汽机抽汽	378.7	1.30	50.7	378.7	1.30	50.7	—	—	—
脱碳供汽	—	—	—	287.2	0.66	304.6	—	—	—
5# 回热加热器	287.2	0.66	36.1	287.2	0.66	36.1	162.5 (0.958)	0.659	41.4
6# 回热加热器	190.6	0.27	41.1	268.0	0.27	38.6	187.9	0.269	40.0
7# 回热加热器	90.2 (0.984)	0.071	24.8	132.2	0.071	23.7	88.8 (0.983)	0.071	28.3
8# 回热加热器	66.8 (0.945)	0.027	26.1	66.8 (0.992)	0.027	9.8	65.6 (0.944)	0.027	29.6

续表

项目	燃煤机组			常规脱碳系统			热集成脱碳系统		
	温度/℃	压力/MPa	质量流量/(kg/s)	温度/℃	压力/MPa	质量流量/(kg/s)	温度/℃	压力/MPa	质量流量/(kg/s)
排汽	35.4 (0.899)	0.006	473.4	35.4 (0.941)	0.006	188.5	35.4 (0.898)	0.006	262.3

对于脱碳供汽而言：热集成系统中，脱碳供汽为脱碳汽轮机的排汽，参数为130℃/0.27MPa，所需蒸汽的质量流量为332.4kg/s。热集成系统中脱碳供汽参数正是再沸器所需参数，解决了常规系统中脱碳供汽参数不匹配的问题；同时，脱碳汽轮机的排汽为湿饱和蒸汽，蒸汽具有一定的干度，蒸汽质量流量稍有增加。

对热集成系统的热力性能进行分析，系统的净发电效率 η_{net} 的具体计算公式如式(4-17)：

$$\eta_{net}=\frac{P_{steam}+P_{SST}-P_{fp}-W_{C\&P}/\eta_m}{m_{coal}\cdot LHV}=\frac{P_{gross,p}}{m_{coal}\cdot LHV} \tag{4-17}$$

式中 m_{coal}——煤的质量流量，kg/s；

LHV——煤的低位发热量，kJ/kg；

P_{steam}——汽轮机高、中、低压缸内蒸汽膨胀做功后经发电机发出的电功率，kW；

P_{SST}——脱碳汽轮机内蒸汽膨胀做功后经发电机发出的电功率，kW；

$W_{C\&P}$——CO_2 捕集及压缩单元的耗功，kW；

P_{fp}——给水泵的耗电功率，kW；

η_m——电机效率，%；

$P_{gross,p}$——热集成系统的发电功率，kW。

表4-12给出了燃煤机组、常规脱碳燃煤和热集成脱碳燃煤发电系统的整体热力性能对比结果。可以看出：常规脱碳燃煤发电系统的净发电功率为754.3MW，能效罚为13.85%；在热集成系统中，高、中、低压缸发电功率为782.8MW，与常规系统相比，减少了63.5MW。这是因为在热集成系统中，再热蒸汽流量减少了近50%，虽然主蒸汽流量有所增加，回热抽汽量也有所减少。然而，用于脱碳供汽的脱碳汽轮机发电功率为228.1MW，除了为电机驱动给水泵提供43.5MW的电功率外，最终将热集成系统的净发电功率增加了121.1MW，系统净发电效率为36.38%，比常规脱碳燃煤发电系统提高了5.03%，能效惩罚为8.79%。

表 4-12 常规燃煤机组、常规脱碳燃煤和热集成脱碳燃煤发电系统的整体热力性能对比结果

项目	单位	常规燃煤机组	常规脱碳燃煤系统	热集成脱碳燃煤系统
煤的低位发热量	MJ/kg		21.13	
给煤量	kg/s		113.9	
排烟质量流量	kg/s		1096.3	
锅炉输入热功率	MW		2406.6	
高、中、低压缸做功发电功率	MW	1096.5	846.3	782.8
脱碳汽轮机做功发电功率①	MW	—	—	228.1
CO_2 捕集及压缩单元耗电功率	MW	—	91.9	91.9
给水泵耗功(耗电)功率②	MW	39.3	39.2	43.5
系统净发电功率③	MW	1087.0	754.35	875.5
净发电效率	%	45.2	31.35	36.38
脱碳能效惩罚	%	—	13.85	8.79

① 脱碳汽轮机需要一个小的发电机与之匹配。
② 给水泵在常规系统中由小汽机的轴功驱动，在热集成系统中由电机驱动。
③ 系统净发电量表示考虑了 CO_2 捕集及压缩单元耗电和给水泵耗电后的系统发电量。

如前述，对热集成系统经济性进行评估，计算系统的发电成本。对于热集成系统来说，一方面增加了脱碳附加汽轮机 SST、热集成系统的中压缸 IPT 和低压缸 LPT、两级低温省煤器 LTEs 和三级废热-空气预热器 WHAHs，另一方面，常规脱碳燃煤系统中的驱动给水泵的小汽机 ST、汽轮机中压缸 IPT 和汽轮机低压缸 LPT 被替代。此外，还需考虑锅炉受热面的变化对设备投资的影响，主要包括低温再热器、低温过热器和空气预热器等。因此，与常规脱碳燃煤系统相比，热集成系统的设备投资变化 ΔFCI_{pro} 可由式(4-18) 计算：

$$\Delta FCI_{pro} = FCI_{SST} + \Delta FCI_{IPT+LPT} - FCI_{ST} + FCI_{LTEs} + FCI_{WHAHs} + \Delta FCI_{LTS+LTR+APH} \tag{4-18}$$

式中 FCI_{SST}——新增设备 SST 的投资，百万美元；

$\Delta FCI_{IPT+LPT}$——中压缸和低压缸的投资变化，百万美元；

FCI_{ST}——设备 ST 的投资，百万美元；

FCI_{LTEs}——低温省煤器的投资，百万美元；

FCI_{WHAHs}——废热-空气换热器的投资，百万美元；

$\Delta FCI_{LTS+LTR+APH}$——锅炉内部受热面的投资变化，百万美元。

低温省煤器、废热-空气换热器的换热面积计算可参考上节相关部分；表 4-13 列写了据规模因子法计算主要设备的参数。

表 4-13　主要设备的计算参数

设备	参比投资/百万美元	参比规模		实际规模	规模参数	规模因子
脱碳用汽轮机	5.7	32.5	SST	225.6	出功/MW	0.67
中压缸	5.7	32.5	MPT	212.4	出功/MW	0.67
低压缸	5.7	32.5	IPT	223.8	出功/MW	0.67
给水泵汽轮机	5.7	32.5	ST	43.8	出功/MW	0.67
低温省煤器	1.68	13725	LTE1	44868	传热面积/m^2	0.67
	1.68	13725	LTE2	14894	传热面积/m^2	0.67
废热空气预热器	1.68	13725	WHAH1	30974	传热面积/m^2	0.67
	1.68	13725	WHAH2	57247	传热面积/m^2	0.67
	1.68	13725	WHAH3	83439	传热面积/m^2	0.67
空气预热器	1.68	13725	APH_{ref}	310351	传热面积/m^2	0.67
	1.68	13725	APH_{pro}	728650	传热面积/m^2	0.67

在这里，锅炉内部受热面的投资变化 $\Delta FCI_{LTS+LTR+APH}$ 主要考虑的是过热器、再热器、空气预热器换热的面积变化。为实现热集成系统中锅炉的热平衡和受热面的重新布置，需要在常规燃煤机组锅炉的基础上进行修正。

在热集成系统中，主蒸汽质量流量增加，再热蒸汽质量流量减小；同时考虑到空气预热器进口空气温度因回收脱碳单元废热而有所升高，因此对应热风温度相同时，空气预热器内传热温差减小，空气预热器面积也随之改变。总体来说，锅炉受热面重新设计所遵循的原则是增加过热器的面积，同时减少再热器的面积，以配合热集成系统锅炉中再热蒸汽流量的减少和主蒸汽流量的增加。锅炉设计可参考如图 4-35 的锅炉能量平衡的设计逻辑框图。

重新设计的热集成系统锅炉受热面的布置示意如图 4-36 所示，相比原燃煤机组锅炉，其主要变化有：主烟道烟气份额减小，旁路烟道烟气份额增加。随着烟道烟气份额的变化，主烟道侧省煤器的给水比减小，旁路烟道侧省煤器的给水比增加。在保持水出口温度为 332℃的情况下，主烟道侧省煤器面积减小了一半；而旁路烟道侧省煤器面积是原来的 1.1 倍。此外，通过高温再热器的烟气流量的一半用于加热主蒸汽；低温再热器和高温再热器的面积都减少了一半。

图 4-35

热集成系统锅炉受热面能量平衡计算逻辑框图

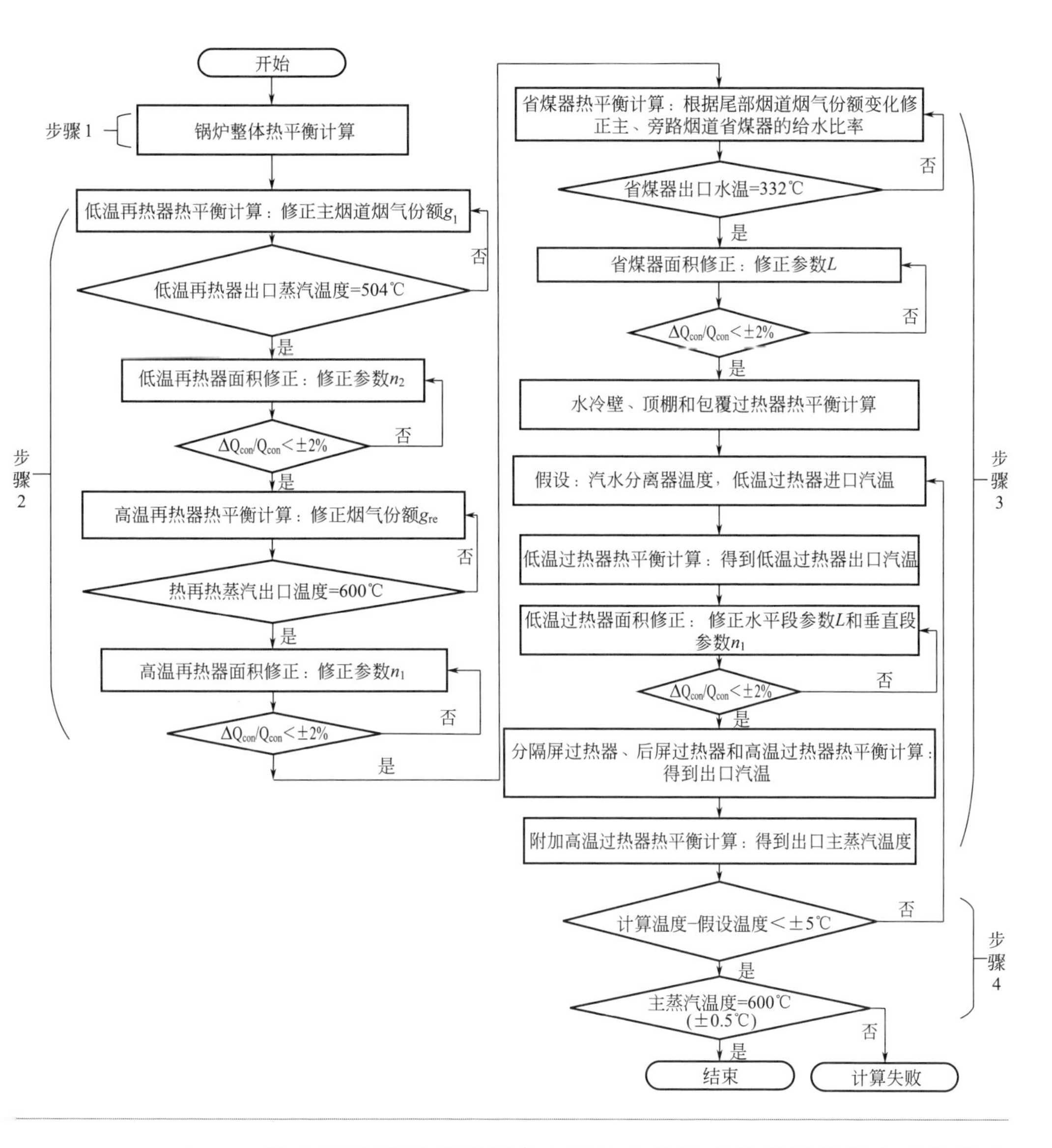

表 4-14 给出了常规脱碳燃煤发电系统和热集成脱碳燃煤发电系统的经济效益。结果表明：与常规脱碳燃煤发电系统相比，热集成系统的设备投资增加了 7.29 百万美元，考虑热集成系统中设备的增减以及锅炉受热面的变化对设备投资的影响；设备投资增加的同时，热集成系统比常规脱碳

系统的发电成本却减少了13.4美元/(MW·h)，这是由于热集成系统中发电量的增加比重超过了设备投资增加对发电成本的影响。同时，由于发电成本COE的降低和CO_2排放率的降低，热集成系统的CO_2减排成本减少了20.98美元/t CO_2。

图 4-36

热集成系统锅炉受热面布置示意图

①—分隔屏过热器；②—后屏过热器；③—高温过热器；④—高温再热器；⑤—低温再热器垂直段；⑥—低温过热器垂直段；⑦—低温再热器水平段；⑧—低温过热器水平段；⑨—省煤器；⑩—空气预热器；g_1—主烟道的烟气份额；g_{re}—加热再热蒸汽的烟气份额；n_1—管屏数；n_2—每片管屏管子数；L—管长；Ref—常规燃煤脱碳发电机组；Pro—新型燃煤脱碳发电机组

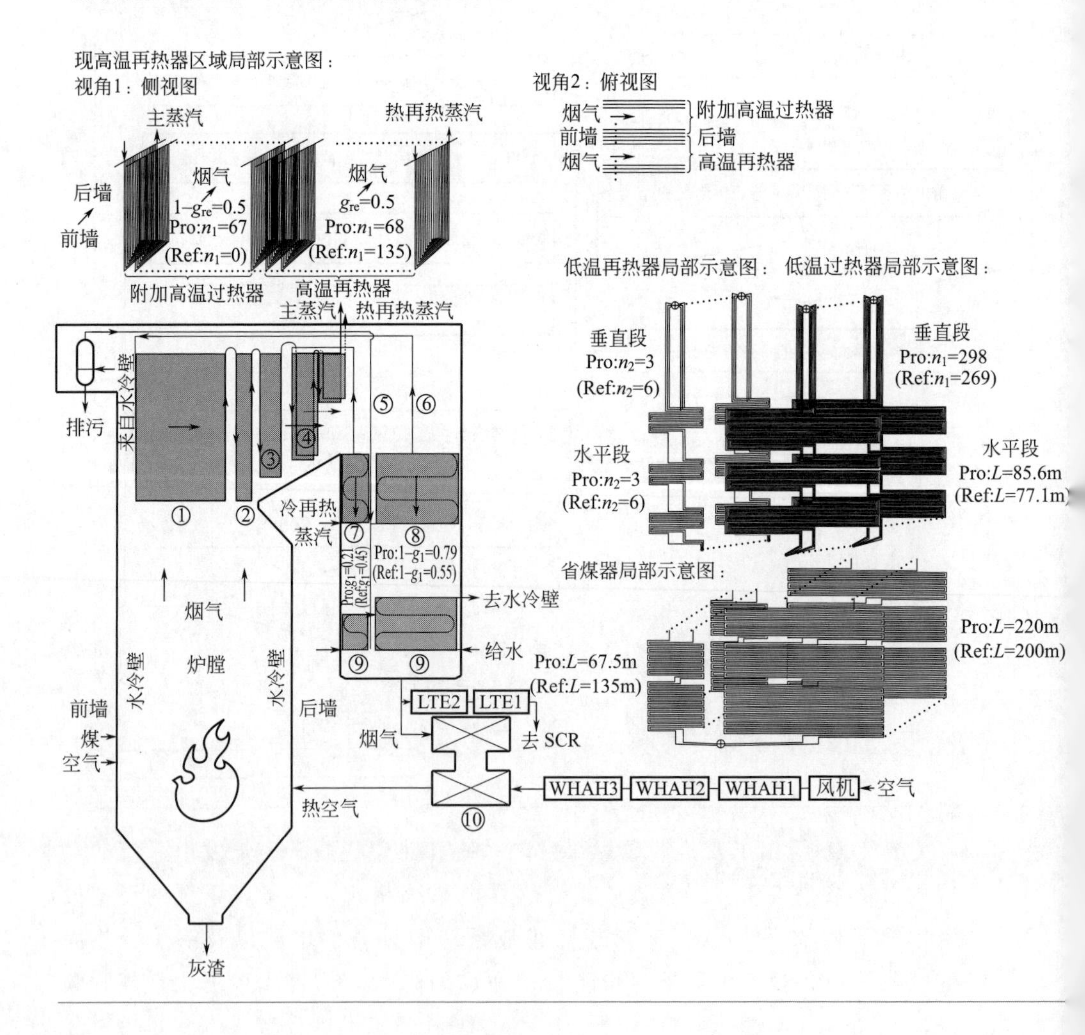

表 4-14　燃煤机组常规脱碳燃煤系统和热集成系统的经济性能对比

项目	单位	常规系统	热集成系统
设备投资(FCI)	10^6 美元	899.18	906.47①
系统发电量(W_{net})	MW	754.4	875.5
年燃料成本(FC_L)	10^6 美元	141.74	141.74
年投资成本(CC_L)	10^6 美元	122.57	124.58
年运行维护成本(OMC_L)	10^6 美元	35.97	36.56
发电成本(COE)	美元/(MW·h)	99.51	86.11
CO_2 排放率(e)	t CO_2/(MW·h)	0.105	0.091
CO_2 减排成本(COA)	美元/t CO_2	57.90	36.92

①热集成系统投资为 906.47×10^6 美元，与常规系统相比，减少的汽轮机投资为 4.51×10^6 美元，增加的低温省煤器投资为 2.17×10^6 美元，增加的废热-空气换热器投资为 5.13×10^6 美元，空气预热器的增加投资为 4.49×10^6 美元。

前文的热力学性能分析和经济性分析基于的都是系统的额定工况，如考虑到太阳能、风能等可再生能源在发电领域的比重越来越大，燃煤电厂的变工况运行分析作用越来越突出。燃煤电厂的阀门全开工况（VWO）、机组热耗保证工况（THA）以及 75%THA、50%THA 是四种典型运行工况。一般 THA 为设计工况，这里以 VWO 为基本工况。

利用 EBSILON Professional 软件对常规燃煤机组、常规脱碳燃煤发电机组和热集成脱碳燃煤发电机组的典型运行工况进行仿真。随着负荷的降低，机组所需煤量逐渐减少，如在 THA、75%THA、50%THA 工况下，机组输入煤量分别为基本工况的 90%、69%、47%。

根据不同工况下，机组给煤量的不同，用 Aspen Plus 软件模拟得到再沸器热负荷、CO_2 捕集及压缩单元耗功和废热在不同工况下的变化分布，如图 4-37 所示。对于脱碳机组，随着负荷的降低，输入煤量也随之减少，再沸器所需的再生热也因此而减小。从图中主要可以得出以下结论：①再沸器所需的再生热与烟气中的 CO_2 的含量成正比，随着输入煤量的减少而逐渐减小，同时，CO_2 捕集及压缩单元所产生的废热也随着烟气中 CO_2 的含量成正比降低；②再沸器前的蒸汽冷却热和再沸器后的疏水冷却热则根据抽汽质量流量的减少而降低；③CO_2 捕集及压缩单元所消耗的压缩功由于压缩机功率消耗的非线性特性，与 CO_2 质量流量下降比例不同。

图 4-38 描述了常规燃煤机组、常规脱碳机组和热集成脱碳机组的发电效率随运行工况的变化情况。可以看到：①对于发电效率而言，常规燃煤机组在 VWO 工况下达到最大值 45.17%，且随着负荷的降低，常规燃煤机组效

图 4-37
不同工况下再沸器热量、脱碳单元废热及耗功随给煤量的变化

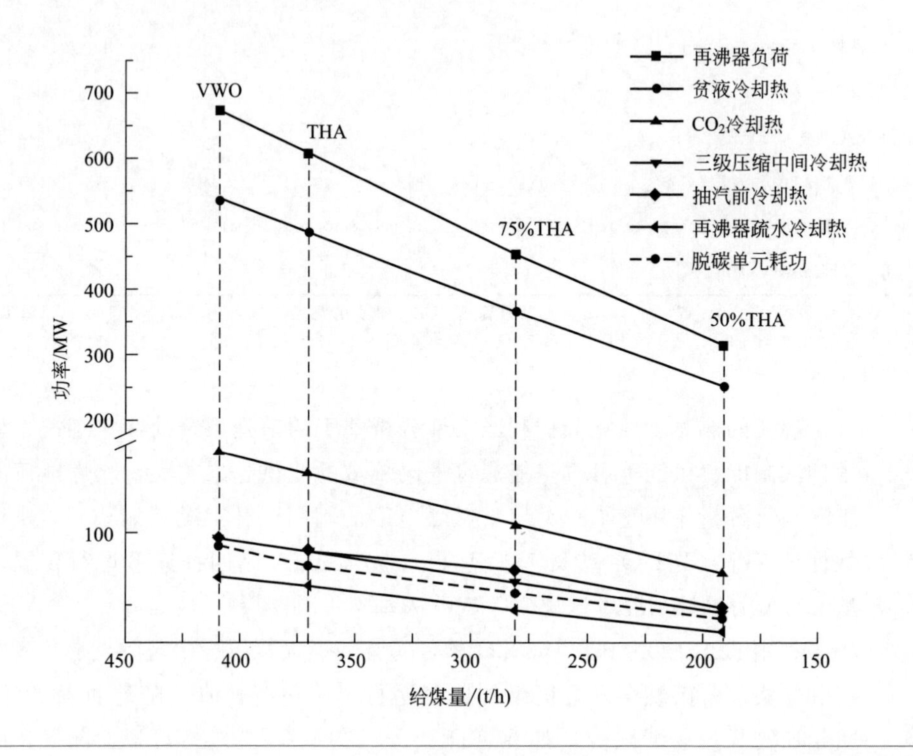

率逐渐降低；常规脱碳机组和热集成脱碳机组的发电效率峰值均出现在THA工况下，分别为32.06%和36.50%。这是由于一方面随着负荷降低，机组发电效率降低，而另一方面，抽汽的压力损失也逐渐减小，使机组出功增加，系统发电效率升高，这样，在THA工况下达到了最佳平衡，机组发电效率达到了最高值。②对于脱碳机组的能效惩罚而言，常规脱碳机组的能效惩罚随着负荷降低而减小，这是由于抽汽压力和再沸器之间的压力逐渐接近，压力损失所带来的出功损失减小，同时，能效惩罚的最大值和最小值之间相差2.96个百分点；热集成系统的能效惩罚在不同工况下基本可以保持不变，这主要是因为采用了SST之后，抽汽压力与再沸器压力总是匹配，显示出该系统在变工况下系统性能的稳定性。③热集成脱碳机组相比常规脱碳机组而言，能效惩罚都有所降低，且降低值随着负荷的降低而减小。VWO运行工况降低幅度最大，为5.03个百分点，50%THA工况下下降幅度最小，但仍有2.22个百分点。

图 4-38
不同工况下三个机组的发电效率变化

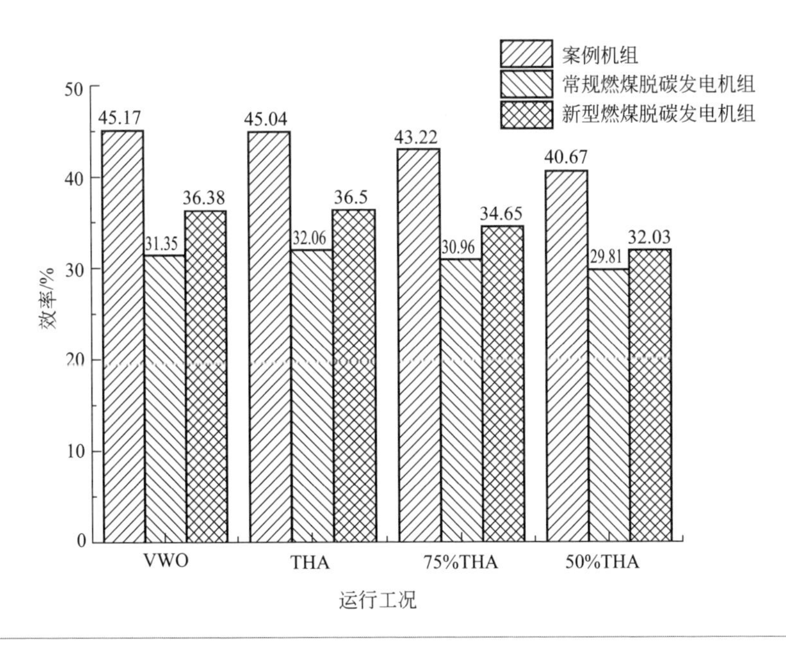

总的来说，与常规脱碳燃煤机组相比，热集成系统不仅能效惩罚更小，而且在不同运行工况下的能效惩罚也更稳定。

思考题

1. CO_2 化学吸收系统内部热整合可以从哪几个方向进行？
2. 级间冷却节能原理是什么？
3. 富液分级流节能原理是什么？
4. 化学吸收碳捕集系统如何与电厂系统进行热量整合？
5. 什么是能效惩罚？如何计算？

参考文献

[1] Xu G，Jin H，Yang Y，et al. A comprehensive techno-economic analysis method for power generation systems with CO_2 capture [J]. International Journal of Energy Research，2010，34 (4)：321-332.

[2] Van Wagener D H，Liebenthal U，Plaza J M，et al. Maximizing coal-fired power plant efficiency with integration of amine-based CO_2 capture in greenfield and retrofit scenarios [J]. Energy，2014，72：824-831.

[3] Plaza J M, Van Wagener D, Rochelle G T. Modeling CO_2 capture with aqueous monoethanolamine [J]. International Journal of Greenhouse Gas Control, 2010, 4 (2): 161-166.

[4] Liang H, Xu Z, Si F. Economic analysis of amine based carbon dioxide capture system with bi-pressure stripper in supercritical coal-fired power plant [J]. International Journal of Greenhouse Gas Control, 2011, 5 (4): 702-709.

[5] Le Moullec Y, Kanniche M. Screening of flowsheet modifications for an efficient monoethanolamine (MEA) based post-combustion CO_2 capture [J]. International Journal of Greenhouse Gas Control, 2011, 5 (4): 727-740.

[6] Li K, Cousins A, Yu H, et al. Systematic study of aqueous monoethanolamine-based CO_2 capture process: model development and process improvement [J]. Energy Science & Engineering, 2016, 4 (1): 23-39.

[7] 何弃. 二氧化碳化学吸收系统的工艺流程改进和集成优化研究 [D]. 杭州：浙江大学，2018.

[8] Benson H E. Separation of CO_2 and H_2S from gas mixtures: US3823222 [P]. Benfield Corporation, 1974.

[9] Baburao B S C. Advanced intercooling and recycling in CO_2 absorption [Z]. Alstom T L T D, 2011.

[10] Kishimoto A, Kansha Y, Fushimi C, et al. Exergy recuperative CO_2 gas separation in post-combustion capture [J]. Industrial & Engineering Chemistry Research. 2011, 50 (17): 10128-10135.

[11] Chu R, Atkinson J, Dillon D. An engineering and economic assessment of post-combustion CO_2 capture for 1100℉ series ultra-supercritical pulverized coal power plant applications [Z]. Electric Power Research Institute (EPRI) technical report 1014924, 2008.

[12] Sanchez Fernandez E, Bergsma E J, De Miguel Mercader F, et al. Optimisation of lean vapour compression (LVC) as an option for post-combustion CO_2 capture: net present value maximisation [J]. International Journal of Greenhouse Gas Control, 2012, 11: S114-S121.

[13] Neveux T, Le Moullec Y, Corrlou J P, et al. Energy performance of CO_2 capture processes: interaction between process design and solvent [J]. Chem. Eng. Trans, 2013, 35: 337-342.

[14] Xue B, Yu Y, Chen J, et al. A comparative study of MEA and DEA for post-combustion CO_2 capture with different process configurations [J]. International Journal of Coal Science & Technology, 2017, 4 (1): 15-24.

[15] Jung J, Jeong Y S, Lee U, et al. New configuration of the CO_2 capture process using aqueous monoethanolamine for coal-fired power plants [J]. Industrial & Engineering Chemistry Research, 2015, 54 (15): 3865-3878.

[16] Fang M, Xiang Q, Wang T, et al. Experimental study on the novel direct steam stripping process for postcombustion CO_2 capture [J]. Industrial & Engineering Chemistry Research, 2014, 53 (46): 18054-18062.

[17] Wang T, He H, Yu W, et al. Process simulations of CO_2 desorption in the interaction between the novel direct steam stripping process and solvents [J]. Energy & Fuels, 2017, 31 (4): 4255-4262.

[18] Oyenekan B A, Rochelle G T. Alternative stripper configurations for CO_2 capture by aqueous

amines [J]. AIChE Journal, 2007, 53 (12): 3144-3154.

[19] Zhao B, Liu F, Cui Z, et al. Enhancing the energetic efficiency of MDEA/PZ-based CO_2 capture technology for a 650MW power plant: process improvement [J]. Applied Energy, 2017, 185: 362-375.

[20] 杨阳. 燃煤电站尾部烟气氨法脱碳系统能耗特性及与电厂整合研究 [D]. 北京: 华北电力大学, 2012.

[21] 余景文. 氨水溶液脱除燃煤电站烟气中二氧化碳能耗研究 [D]. 北京: 清华大学, 2016.

[22] Oh S Y, Yun S, Kim J K. Process integration and design for maximizing energy efficiency of a coal-fired power plant integrated with amine-based CO_2 capture process [J]. Applied Energy, 2018, 216: 311-322.

[23] 中华人民共和国科学技术部, 国家自然科学基金委员会 [R]. 北京: 中国基础学科发展报告, 2001.

[24] 金红光, 张希良, 高林, 等. 控制 CO_2 排放的能源科技战略综合研究 [J]. 中国科学·技术科学, 2008, 38 (9): 1495-1506.

[25] 李新春, 孙永斌. 二氧化碳捕集现状和展望能源技术经济 [J], 2010, 22 (4): 21-26.

[26] Luis P. Use of monoethanolamine (MEA) for CO_2 capture in a global scenario: consequences and alternatives [J]. Desalination, 2016, 380: 93-99.

[27] 丁捷. 现役火力发电机组低能耗 CO_2 捕集的系统耦合 [D]. 北京: 华北电力大学, 2014.

[28] Zhang K F, Liu Z L, Li Y X, et al. The improved CO_2 capture system with heat recovery based on absorption heat transformer and flash evaporator [J]. Applied Thermal Engineering, 2014, 62 (2): 500-506.

[29] Yang Y P, Xu C, Xu G, et al. A new conceptual cold-end design of boilers for coal-fired power plants with waste heat recovery [J]. Energy Conversion and Management, 2015, 89: 137-146.

[30] 倪维斗, 陈贞, 李政. 我国能源现状及某些重要战略对策 [J]. 中国能源, 2008, 30 (12): 5-9.

[31] Zhai RR, Qi JW, Zhu Y, et al. Novel system integrations of 1000MW coal-fired power plant retrofitted with solar energy and CO_2, capture system [J]. Applied Thermal Engineering, 2017, 125: 1133-1145.

[32] Ishida M, Kawamura K. Energy and exergy analysis of a chemical process system with distributed parameters based on energy-direction factor diafram [J]. Industrial Engineering and Chemistry Process Design & Development, 1982, V21 (4): 690-695.

[33] Xu C, Bai P, Xin T T, et al. A novel solar energy integrated low-rank coal fired power generation using coal pre-drying and an absorption heat pump [J]. Applied Energy, 2017, 200: 170-179.

[34] Xu G, Hu Y, Tang B Q, et al. Integration of the steam cycle and CO_2 capture process in a decarbonization power plant [J]. Applied Thermal Engineering, 2014, 73 (1): 277-286.

[35] Xu C, Wang C L, Xu G, et al. Thermodynamic and environmental evaluation of an improved heating system using electric-driven heat pumps: a case study for Jing-Jin-Ji region in China [J]. Journal of Cleaner Production, 2017, 165: 36-47.

[36] Linnenberg S, Darde V, Oexmann J, et al. Evaluating the impact of an ammonia-based post-

combustion CO_2 capture process on a steam power plant with different cooling water temperatures [J]. International Journal of Greenhouse Gas Control, 2012, 10: 1-14.

[37] Roeder V, Kather A. Part load behaviour of power plants with a retrofitted post-combustion CO_2 capture process [J]. Energy Procedia, 2014, 51: 207-216.

[38] Chang H, Shi C M. Simulation and optimization for power plant flue gas CO_2 absorption log tripping systems [J]. 2005, 40 (4): 877-909.

第5章

烟气 CO_2 化学吸收工程介绍

本章主要介绍国家能源集团锦界电厂15万吨/年碳捕集示范工程，该示范工程采用混合胺吸收剂和各种节能工艺和设备，可以实现低能耗运行。此外，还介绍了目前世界上最大的碳捕集示范工程——加拿大边界坝100万吨/年CO_2化学吸收工程和美国佩特拉140万吨/年CO_2化学吸收工程以及华能上海石洞口电厂12万吨/年CO_2化学吸收工程等碳捕集示范工程项目。

CCUS已处于大规模示范或者商业化初期阶段，未来发展趋势是项目集群化。据全球碳捕集与封存研究院（GCCSI）2022年发布的《全球碳捕集与封存现状2022》报告指出，全球共有196个CCUS商业设施，总CO_2捕集能力超过2.4亿吨/年，较2021年新增了61个正在筹备中的CCUS项目。这些项目大部分采用化学吸收碳捕集技术，加拿大、美国和欧洲等发达国家在大规模碳捕集工业示范上走在前列，全球首个燃煤电站百万吨/年CO_2捕集项目——加拿大边界坝（Boundary Dam）电站烟气CO_2捕集工程于2014年10月2日正式投入运营。2017年1月投运的美国佩特拉项目设计碳捕集能力140万吨/年，产品用于驱油，是世界上规模最大的燃烧后CO_2捕集装置。

我国已经建成的化学吸收碳捕集技术示范项目包括华能上海石洞口12万吨/年燃烧后捕集工程、中石化胜利电厂4万吨/年烟气CO_2捕集工程、海螺集团5万吨/年水泥厂烟气化学吸收碳捕集项目、国能锦界电厂15万吨/年碳捕集示范工程等。

5.1 锦界电厂15万吨/年燃煤烟气CO_2捕集示范工程

5.1.1 项目概况

锦界电厂15万吨/年燃煤烟气CO_2捕集示范工程是国家能源集团在节能减排、低碳发展道路上的一次创新和实践。项目依托国家能源集团重大科技创新“15万吨/年燃烧后二氧化碳捕集和封存全流程示范”项目（项目编号SHGF-16-41），获得国家重点研发计划“用于碳捕集的高性能吸收剂/吸附材料及技术（2017YFB0603300）”的支持，同时被列为陕西省2018年重点建设项目。

该项目依托国能锦界能源有限责任公司（简称锦界电厂）燃煤机组建设，锦界电厂位于陕西省神木市锦界工业园区，是以电为核心，以煤为基础的煤电一体化综合能源企业，锦界电厂一、二期工程 4×600MW 亚临界空冷机组和配套煤矿于 2008 年建成投运，三期 2×660MW 超超临界机组扩建项目于 2020 年 12 月份投产。锦界电厂是国家“西电东送”北通道项目的重要启动电源点，电能通过 500kV 输电线路直送河北南网。配套的锦界煤矿是煤电一体化项目配套矿井，井田面积 141km^2，煤矿于 2004 年 4 月 1 日开工建设，2011 年 4 月进行改扩建，扩建后生产能力为 1800 万吨/年，同时建设运营 500 万吨/年设计运量铁路专用线（图 5-1）。

图 5-1
锦界电厂全景图

该燃煤电厂燃烧后碳捕集示范工程，采用先进化学吸收法工艺，标准状况下设计处理烟气量 100000m^3/h，装置在额定生产能力的 50%～110%范围内平稳运行。装置连续年操作时间 8000h，采用集富液分级解吸、级间冷却、贫液 MVR 闪蒸等多种高效节能工艺为一体的先进化学吸收工艺，创新应用高效低端差换热器、降膜再沸器、超重力反应器等先进设备和改性塑料填料，进一步降低捕集能耗和捕集成本，建成后可实现碳捕集率大于 90%、捕集 CO_2 浓度大于 99%、吸收剂再生热耗低于 2.4GJ/t，整体性能指标达到国际先进水平。该项目 2019 年 11 月开工建设，2021 年 1 月完成主体建设（图 5-2）。

15 万吨/年碳捕集示范工程依托锦界电厂 1 号机组建设，烟气抽取自 1 号机组脱硫出口管道上，如图 5-3 所示。

1 号机组锅炉为上海锅炉厂制造，亚临界Ⅱ型汽包炉，采用四角切圆燃烧方式。汽轮机是上海汽轮机厂生产，三缸四排汽、直接空冷凝汽式汽轮机。机组采用大量烟气净化的环保设施，包括 SCR 脱 NO_x 装置、静电除尘装置（ESP）、石灰石湿法烟气脱硫装置（WFGD），净化后的烟气通过烟囱排放。目前粉尘、SO_2、NO_x 等指标远低于相关环保标准要求，烟气成分见表 5-1。

图 5-2
15万吨/年碳捕集示范工程的全景图

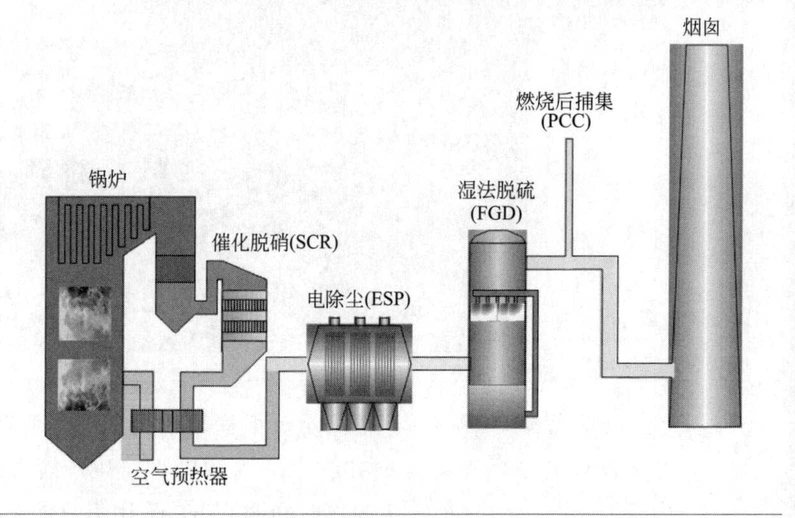

图 5-3
碳捕集示范项目烟气抽取位置及电厂超低排放流程图

表 5-1 CO_2 吸收示范工程烟气成分

组分	分子量	摩尔分数/%
CO_2	44.011	11.1
O_2	31.999	6.1
N_2	28.014	70.7
SO_2	64.065	<35mg/m^3
SO_3	80.064	—
颗粒物	—	<10mg/m^3
HCl	36.461	0.0001
HF	20.006	0.0001
H_2O	18.015	12.1
NO_x	—	<50mg/m^3

5.1.2 工艺流程

烟气来自锦界电厂 1 号机脱硫后出口烟道，经过脱硝、电除尘、脱硫后，由引风机抽取标准状况下约 $100000m^3/h$ 净烟气进入预处理单元，在预处理单元内经洗涤降温和深度脱硫后进入捕集单元。

在 CO_2 捕集单元中采用新型吸收剂吸收烟气中的 CO_2。为提高吸收能力，设置级间冷却工艺，从吸收塔中部对吸收液进行冷却，吸收后尾气经塔顶洗涤后排出。新型吸收剂吸收烟气中 CO_2 后成为富液，富液从吸收塔塔底流出后分为两股，一股进入贫富液换热器，热量回收后进入解吸塔上部，一股直接进入解吸塔顶部，解吸塔在再沸器的加热作用下，通过气提解吸出富液中的 CO_2，解吸后的富液变为贫液，从解吸塔塔底流出，解吸塔底部温度约为 105℃。解吸塔内解吸出的 CO_2 连同水蒸气从解吸塔塔顶排出，经气液分离器分离冷却除去水分后，温度降至 40℃以下，得到纯度 99.5%以上的 CO_2 产品气，随后进入压缩等后序工段进一步处理。解吸 CO_2 后的贫液进入闪蒸罐进行闪蒸，闪蒸出的气体进入吸收塔，贫液流出后进入贫富液换热器换热，用泵送至水冷器，冷却后进入吸收塔进行吸收。为了验证超重力反应器的解吸能力，与解吸塔并列设置超重力反应器，设计处理能力为 10%溶液。溶液往返循环构成连续吸收和解吸 CO_2 的工艺过程，如图 5-4 所示。

从解吸塔塔顶出来，冷却分离的产品气进入 CO_2 压缩单元压缩增压，压缩后的 CO_2 气体进入干燥单元进行脱水干燥，在干燥塔内对 CO_2 进行脱水处理，采用“两塔及预吸附塔”流程，以复合硅胶作为吸附载体。脱水后 CO_2 产品气进入液化单元，温度降至−20℃以下，完全液化后送至 CO_2 存储单元进行储存。硅胶再生为干气预干燥再生，冷吹为湿气冷吹，再生和冷吹后的 CO_2 经过冷却分离后返回脱水系统进行干燥。

此外，为了维持吸收剂清洁，约 10%～15%的贫液经过分离过滤；为处理系统的降解产物，设置胺回收加热器，需要时，将部分贫液送入胺回收加热器中，通过蒸汽加热再生回收。吸收剂在装置运行过程中会消耗损失，设置地下槽、补液泵用于吸收剂的配制和补充。

目前生产出的液态 CO_2 为工业级 CO_2，可用于驱油、咸水层封存及矿化等方向，现场预留生产食品级 CO_2 的场地。其中工业级 CO_2 通过装车泵装入槽车进行运输，实现咸水层封存及驱油封存。

图 5-4

15万吨/年新型燃烧后 CO_2 捕集工艺流程图

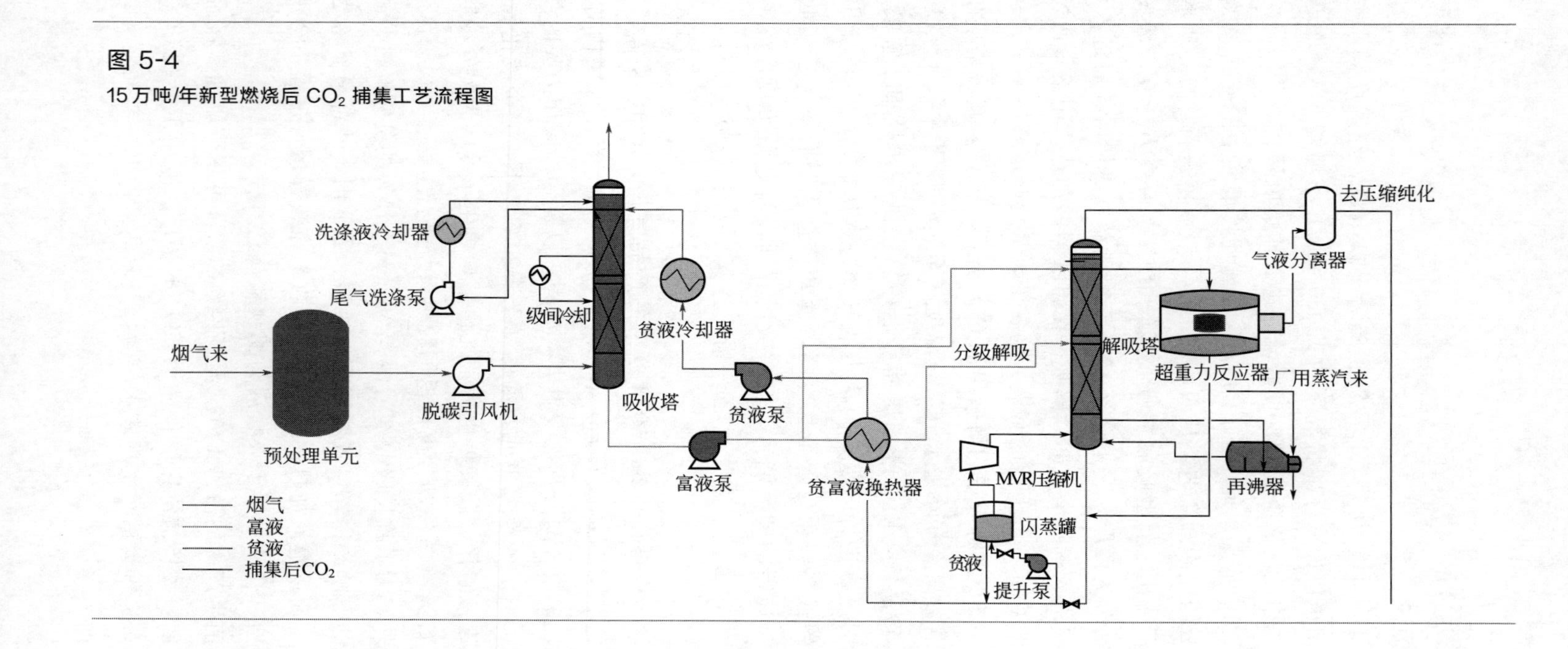

5.1.3 化学吸收剂特性

锦界电厂15万吨/年CO_2吸收工程在捕集单元设计采用了复合胺吸收剂、相变吸收剂和离子液体三类胺吸收剂，主要性能对比见表5-2。其中复合胺吸收剂和离子液体吸收剂工艺流程相同。如采用相变吸收剂，吸收CO_2后的化学吸收剂在分相罐中分层，上层贫液相去混合罐，下层富液相换热后去再生。

表5-2　三类吸收剂性能对比

	复合胺吸收剂	相变吸收剂	离子液体
密度/(g/cm^3)(30～80℃)	0.96～1.05	0.9～0.98	1.12～1.35
黏度/10^{-3}Pa·s(30～80℃)	0.68～2.56	1.89～9.86	2.45～7.5
溶液中的CO_2吸收负荷/(L CO_2/L溶液)	33	59	33
溶液中的CO_2解吸负荷/(L CO_2/L溶液)	12	40	12.5
再生温度/℃	约105	约100	90～100
反应热/(kJ/mol CO_2)(40～80℃)	78～97	—	35～60
再生能耗/(GJ/t CO_2)	2.7	2.5	2.5

本项目采用的复合胺吸收溶剂，活性胺与CO_2的反应机理与MEA类似，胺与CO_2反应形成不稳定的氨基甲酸盐，其最大吸收容量为1mol CO_2/mol胺。总反应方程式可以写为

$$CO_2+R_1R_2NH+H_2O=R_1R_2NH_2^++HCO_3^- \tag{5-1}$$

使用该活性胺，在同摩尔浓度下与MEA法相比，吸收能力提高、再生能耗下降。

（1）吸收剂实验室小试研究

前期进行的吸收剂实验室小试研究主要针对复合胺吸收剂，在常压温度为40℃，CO_2含量在12%左右的条件下，对比传统MEA吸收剂CO_2吸收量，结果表明复合胺吸收剂性能好于MEA。对复合胺吸收剂的再生能力进行评估，在常压温度为100℃，搅拌速率150r/min的条件下，结果表明复合胺吸收剂相比传统MEA溶剂具有更高的再生效率和再生能力。

（2）吸收剂中试研究

在标准状况CO_2含量为12%左右，原料气流量200～300m^3/h条件下对复合胺吸收剂进行中试验证，部分关键参数见表5-3。

表 5-3　复合胺吸收剂中试结果参数表

项目	数值
捕集率	约 94%
溶液循环量	$0.80m^3/h$
进气量	$270 \sim 280m^3/h$
蒸汽量	79～80kg/h
贫液 CO_2	约 19L/L
富液 CO_2	约 58L/L
再生能耗	2.7GJ/t CO_2

5.1.4　碳捕集系统介绍

整个碳捕集系统主要包括预处理单元、捕集单元、压缩单元、干燥单元和存储单元。

（1）预处理单元（水洗单元）

预处理单元主要作用是冷却去除烟气中部分水，以及含有的少量 SO_2、SO_3 等强酸性物质，减少对后续设备和管线的腐蚀以及吸收剂的影响。烟气在预处理单元中进行水洗，水洗后的烟气送入吸收塔，脱除 CO_2 的烟气由吸收塔顶直接排放。

预处理单元流程：预处理单元进口为电厂净化烟气，在预处理单元内经过水洗塔的碱洗，水洗塔高约 30m，直径超过 5m，内部充分的气液对流反应可有效地将烟气中的酸性物质去除。预处理单元主要由水洗塔、泵及冷却器等设备管道组成，流程图见图 5-5。

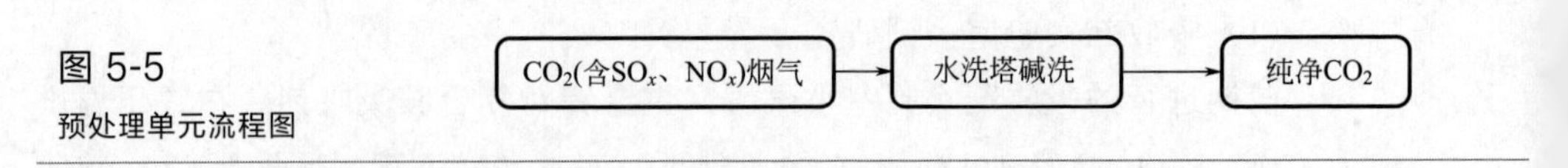

图 5-5
预处理单元流程图

锦界电厂 CO_2 捕集示范工程水洗塔内安装有塑料填料，工业水用于水洗塔烟气碱洗，碱洗排水返回工业水系统作去脱硫塔补水。图 5-6 为工人安装预处理单元填料场景。

（2）捕集单元及节能工艺

捕集单元是燃烧后 CO_2 化学吸收的核心部分，主要涉及 CO_2 吸收和解吸的循环过程。从水洗塔洗涤后的烟气经引风机送入吸收塔，吸收塔内装有

图 5-6
预处理单元填料安装现场

填料，复合胺吸收剂和烟气逆流通过吸收塔，在吸收塔内气液接触过程中复合胺吸收剂充分吸收烟气中的 CO_2。吸收 CO_2 后的富液由塔底经泵送入贫富液换热器，回收热量后送入再生塔，再生塔内装有填料，在再沸器的作用下进行解吸，解吸后的贫液经冷却后回吸收塔循环利用。解吸出的 CO_2 连同水蒸气经冷却分离除去水分后得到纯度 99.5%以上的 CO_2 产品气（干气），送入后序工段。再生气中被冷凝分离出来的冷凝水，用泵送至再生塔，再生塔底部操作温度约为 100-108℃。吸收塔高度超过 50m，直径超过 5m，再生塔高度约为 34m，直径约为 4m。

捕集单元设备组成复杂，包含多种反应塔、换热器等设备，主要有吸收塔，再生塔、级间冷却换热器、贫液冷却器、贫富液换热器、溶液煮沸器、再生气冷却器、气液分离器、洗涤液储槽及储罐、闪蒸压缩机及泵等。其中，吸收塔是捕集单元中最重要的设备之一。在吸收塔内装填的改性聚丙烯填料，具有耐化学腐蚀性能好、能耗低、操作费用低、重量轻、易装卸、可重复使用等特点，并且具有空隙率大、通量大、压降低和传质单元高度低、泛点高、气液接触充分、传质效率高等特点。实际装填采用分块式填料盘，提高填料安装精度，两层填料盘垂直布置，有效减小尺寸偏差及变形。捕集单元吸收塔及解吸塔装置见图 5-7。

CO_2 在吸收塔内与吸收剂的反应过程为放热反应，为实现 CO_2 化学吸收的热综合管理，降低下游再生过程能耗，捕集单元对下面几种节能降耗的工艺路线进行集成优化分析。

① 级间冷却工艺。级间冷却工艺是在传统流程的基础上，将吸收塔内其中一段溶液抽出，经冷却处理后再送回吸收塔相邻段。CO_2 吸收过程是一个放热反应，随着反应热的积累，吸收塔高温不利于吸收剂对 CO_2 的进一步吸收。通过在吸收塔中部装一个中间冷却器，吸收剂经过冷却后送回塔

图 5-7
锦界 15 万吨/年碳捕集示范工程——捕集单元

内以维持吸收塔的温度（40～50℃），改善吸收塔的吸收性能，使吸收剂吸收更多的 CO_2，从而使离开吸收塔的富液中 CO_2 负荷增加，提升吸收效果。

级间冷却器的具体布置可以采用不同方案，主要依据吸收剂入口温度，进一步结合吸收塔内的填料安装情况，分为吸收塔上部冷却、中间冷却和底部冷却 3 种冷却位置，见图 5-8。在吸收塔上端，吸收剂 CO_2 负荷较小，吸收的驱动力以化学反应驱动力为主，降低温度不利于吸收的进行。在吸收塔底端驱动力以传质驱动力为主，降低温度可以增加传质驱动力，使吸收剂进一步吸收 CO_2，富液 CO_2 负荷相应提高。级间冷却具有工艺简单，对 CO_2 捕集工艺系统影响较小等优点，能显著提高吸收负荷，降低再生过程能耗。

按照 GB/T 50441-2016《石油化工设计能耗计算标准》进行理论上的能耗折算，综合考虑级间冷却工艺增加的电耗，再生能耗降低约 5%。

② 分流解吸工艺。为更有效地回收系统热量和减小再生气冷凝换热器的热量，将离开吸收塔的富液分成两股物流，一股物流直接进入再生塔顶部，用于回收再生塔再生气热量，并冷凝再生气所携带水蒸气；另一股物流经贫富液换热器预热后进入再生塔，由于分流解吸，经贫富液换热器的物流流量减小，可加热到更高温度，上部解吸过程依靠再沸器产生蒸汽和预热物流产生蒸汽驱动，具体工艺系统示意图见图 5-9。

富液分流解吸操作具有稳定性高，对 CO_2 捕集工艺系统影响较小等优点，作为新型再生方式，能显著降低再生过程能耗。

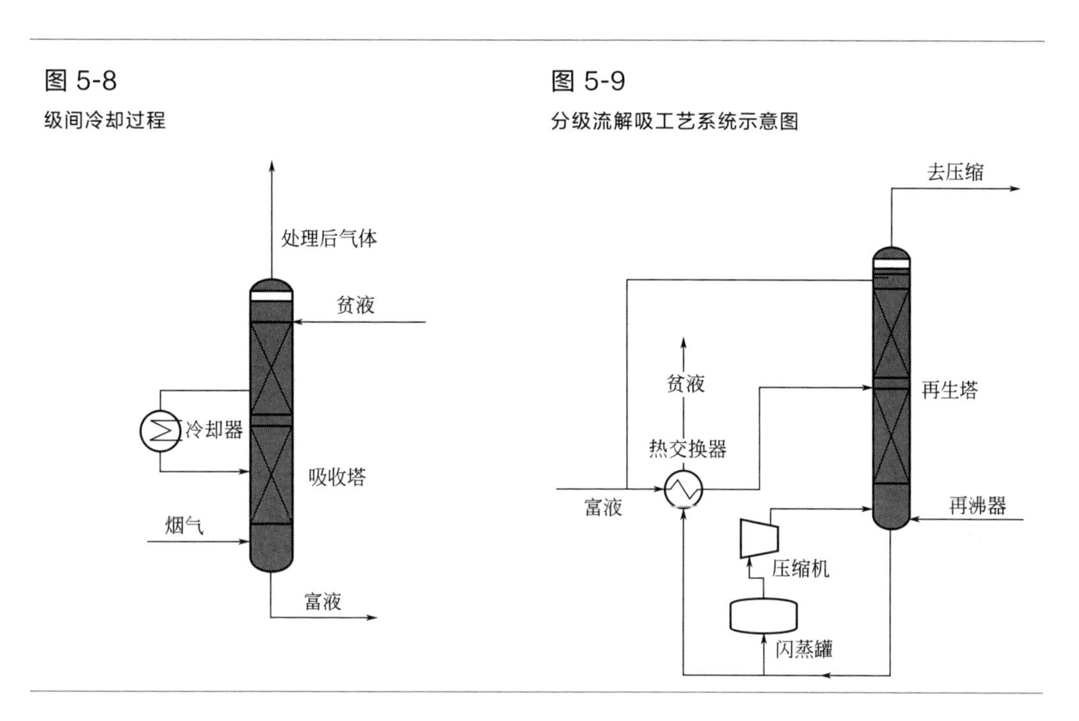

图 5-8
级间冷却过程

图 5-9
分级流解吸工艺系统示意图

可采用 ASPEN PLUS 建模计算模拟分流解吸工艺对能耗和水蒸发量降低效果。结果发现，富液分流解吸工艺中富液分配比 15%～25%时，再生气出口水蒸气摩尔分数显著降低，可有效回收再生气中 H_2O，此时富液再生能耗最低，再生能耗降低约 12.5%。

③ MVR 工艺。MVR 工艺原理为解吸塔底部出来的贫液经闪蒸降压后释放出一部分蒸汽，这部分蒸汽经闪蒸压缩机增压后进入解吸塔，与塔釜溶液直接接触换热，蒸汽逐步冷凝，释放出大量汽化潜热，可有效降低再沸器蒸汽用量，MVR 工艺又称闪蒸蒸汽余热回收工艺，由闪蒸罐和闪蒸气压缩机组成。工艺结构布置见图 5-10。

MVR 工艺可回收解吸塔底贫液的闪蒸蒸汽余热，可有效降低再生能耗，在碳捕集领域和污水余热回收领域均有成功的应用案例。

综合考虑 MVR 工艺闪蒸蒸汽压缩机的电耗、水耗，MVR 工艺能耗理论降低约 12%～20%。

（3）压缩单元

捕集纯化后得到的 CO_2 气体经分离器分离除去携带的游离水后进入 CO_2 压缩机进行增压。化工、石化常用压缩机主要有离心式压缩机、往复式压缩机、轴流式压缩机和螺杆式压缩机。综合考虑锦界 15 万吨/年碳捕集示范工程的后续运行和调节要求，采用螺杆式压缩机，配套无级气量调节系统。

图 5-10
MVR 工艺流程图

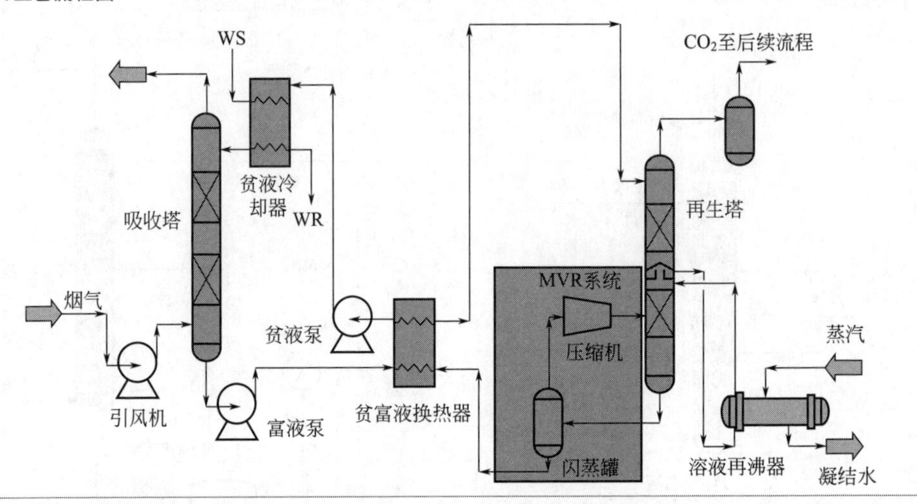

压缩单元是 CO_2 化学吸收工艺中最重要的过程之一。在压缩单元中对低压 CO_2 进行压缩，提高 CO_2 压力，将 CO_2 参数调整至下游液化工艺过程所需标准，工艺流程图见图 5-11，压缩单元进气组成见表 5-4。具体工艺流程为，经过捕集单元一系列过程得到 CO_2 气体，分离后对 CO_2 气体进行压缩。压缩单元主要设备为螺杆式压缩机，采用两级压缩，压缩机将 0.01～0.05MPa 的 CO_2 气体加压至 2.5MPa，同时需保证 CO_2 温度保持在 40℃。

图 5-11
压缩单元工艺流程示意图及现场压缩机图

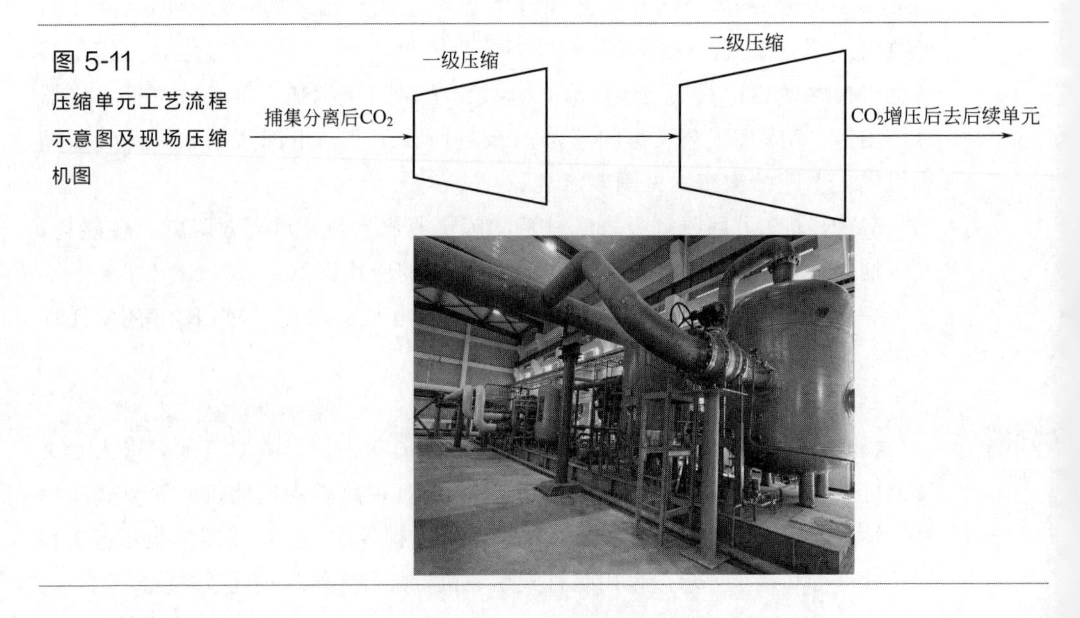

表 5-4 压缩单元进气组成

组分	体积分数/%
CO_2	＞94
N_2	＜0.5
H_2O	＜5
O_2	＜0.5

(4) 干燥单元

干燥单元是CO_2液化单元上游的重要工艺过程，经过干燥单元的处理，可脱除CO_2气体内的水分，进一步提升CO_2产品纯度。本项目选用硅胶作为主吸附剂，相比常规干燥剂，硅胶具有以下特点：①具有较高的湿容量；②在保证脱水效果的同时，降低再生温度，减少干燥能耗；③可满足脱水深度为要求水露点≤－40℃的工艺要求；④价格较低。对压缩后的CO_2气体干燥采用固体吸附法，固体吸附法是指气相中的水分被干燥剂吸附脱除，该法具有吸附水总量高、吸附选择性强、机械强度高、使用寿命长且可再生、无毒无害等特性。

干燥单元分为干燥脱水、干燥剂再生、冷却等过程，通过优化及程序化控制，干燥单元可实现干燥剂在线干燥-在线再生，并连续运行。具体工艺流程为CO_2气体首先经流量调节回路直接去干燥塔，干燥塔装填的干燥剂将CO_2中的水分吸附下来，使CO_2得以干燥；在一台干燥塔处于工作的状态下，另一台干燥塔再生，两塔交替进行干燥和再生，达到连续生产的目的，见图5-12。干燥塔的再生过程包括加热再生和干燥床层冷却两个步骤。

(5) 液化单元

液化单元是衔接CO_2捕集和下游产业应用的关键环节，将压缩干燥后的CO_2产品气进行液化，可减少CO_2产品后续运输和利用的成本投入。主要流程是来自上游压缩和干燥单元的高压CO_2进入液化单元内进行制冷降温，使CO_2温度降低到蒸发温度以下，使CO_2由气相转变为液相，便于储存和运输。

干燥后的CO_2气体进入液化撬内，液化制冷机组制冷剂的选择应兼顾安全性、经济性和环保要求，经液化冷却后，出口温度为－20～－25℃，压力为2.2～2.5MPa，冷量可根据负荷需求量自适应调节，主要指标参数见表5-5。

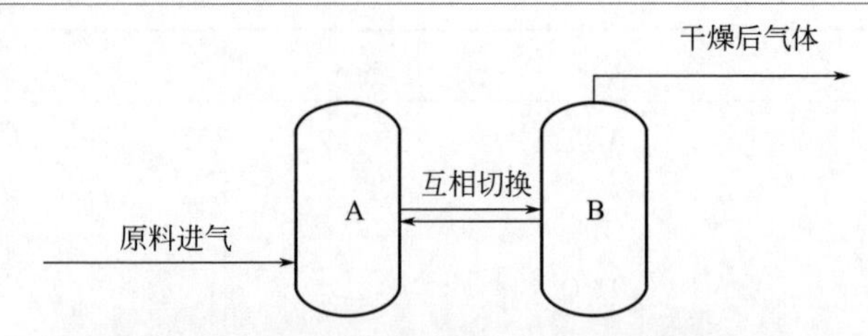

图 5-12
干燥单元主要工艺流程图及现场图

表 5-5 液化单元主要参数表

项目	参数
产品 CO_2 水露点	≤－40℃
进口压力	约 2.4MPa
液化进口温度	≤60℃
液化出口压力	2.2～2.5MPa
液化出口温度	＜－20℃

CO_2 液化单元主要工艺流程见图 5-13。

液化单元主要包括压缩机、蒸发器（CO_2 液化器）、冷凝器、循环冷却水系统等。制冷剂在压缩机中加压后运送至蒸发器内气化制冷，吸收气相 CO_2 热量使之转变为液态。汽化后的制冷剂在冷凝器中冷凝降温，随后继续被输送至压缩机进行加压并以此循环使用。如前文所述，CO_2 化学吸收工艺中的 CO_2 液化过程多采用低温制冷方式，以 2.0MPa 压力的气相 CO_2 来说，需将 CO_2 温度降至－20℃左右。

在 CO_2 化学吸收工艺中，脱水后的 CO_2 在液化单元中液化后需进一步精制，利用重组分如 N_2 等的沸点比 CO_2 低的特点，吸热升温后杂质组分先于液态 CO_2 蒸发，从而去除液态 CO_2 中的杂质，将纯度进一步提升至食品级 CO_2 指标，即 CO_2 纯度大于等于 99.99%。

来气 → 制冷装置 → 出液

图 5-13
CO_2 液化单元工艺流程及现场实体图

（6）储存及运输单元

高压管道介质输送技术在目前成熟的工业中应用较为普遍，如针对石油和天然气的输送。输送管道的设计和安装受内部输送介质的性质影响，一般认为，管道材质选择过程需要重点关注输送介质的密度、相态及腐蚀性等方面。CO_2 输运管道的布置设计和建设可以参照天然气输运管道的情况布置，包括 CO_2 后续在地质应用中可能涉及到的陆地及海水环境。天然气从气田开采之后经过干燥压缩后就近储存或转运至用户处，类似的，CO_2 经过捕集后可通过相似工艺过程输运至 CO_2 储存点。管道运输价格低，被认为是最具实践可能性的大量 CO_2 输运方式。20 世纪 80 年代起，为提高原油采收率，美国致力于 CO_2 输送管道的基础建设，利用管道将 CO_2 输送至油气田。大量 CO_2 输送通常采用浓相或者液相输送，这主要是由于同条件下气态输送 CO_2 会导致管道尺寸过于庞大，运输成本将大幅提高。但在我国，考虑到项目投资和 CO_2 运输安全性，目前大部分碳捕集项目都采用槽罐车运输。

综合考虑锦界电厂 CO_2 化学吸收示范工程实际情况，项目选择公路运输方式，主要工艺流程如图 5-14 所示。具体来自液化单元或精制单元的液态 CO_2 进入球罐储存，见图 5-15。经装车泵重装入槽车，运输到封存场地或者终用户处。

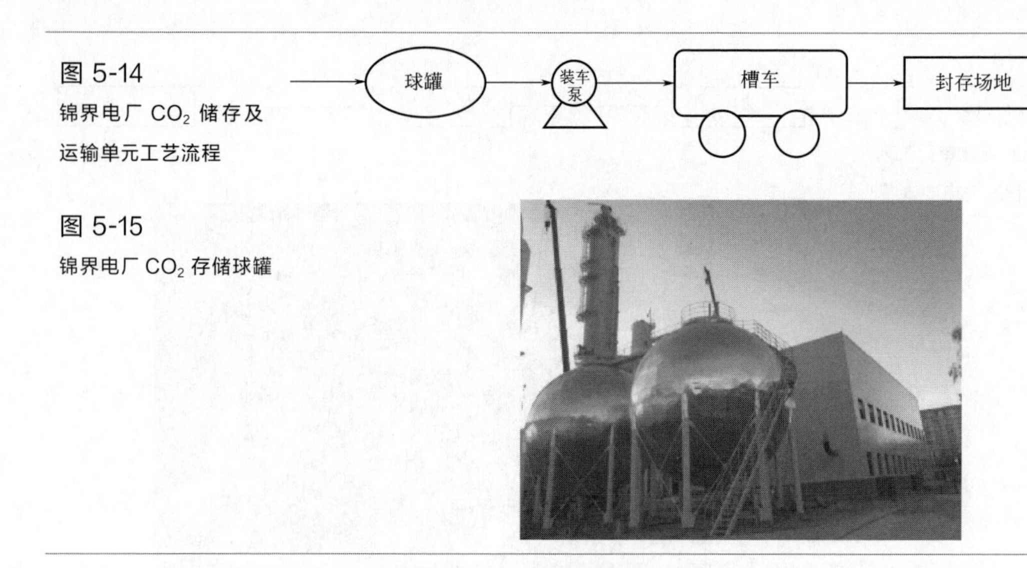

图 5-14
锦界电厂 CO_2 储存及运输单元工艺流程

图 5-15
锦界电厂 CO_2 存储球罐

5.1.5 控制和测量分析系统

5.1.5.1 控制系统组成

锦界15万吨/年燃烧后 CO_2 捕集示范工程的主控制系统（包括水洗、吸收、再生等单元），采用分散控制系统（DCS）实现系统全流程监控，主要功能包括：数据采集与处理，由DAS系统来实现；模拟量控制，由MCS系统来实现；开关量、顺序控制，由SCS系统来实现；压缩、干燥、液化、存储装车等单元（撬块），配套可编程逻辑控制系统（PLC），可实现就地监控需要；PLC与DCS由通信网络进行数据交换，实现远方监控需求。满足DCS对 CO_2 捕集系统的全流程控制。

5.1.5.2 控制系统配置

本工程采用的是和利时公司的DCS软硬件系统，工程师站1台、操作员站1台、配置DCS网络电源柜1面，控制柜3面，远程柜1面，工业电视机柜1面、火灾报警机柜1面。工程师站、网络电源柜、控制柜、工业电视机柜、火灾报警机柜布置在碳捕集区电控楼内，外围控制系统控制箱就地布置。

5.1.5.3 功能配置

（1）数据采集及处理系统（DAS）

① 过程变量的采集和处理。

a. 采集工艺系统各种参数、设备状态等信号；

b. 输入信号的正确性判断、数字滤波、非线性校正、参数补偿、故障检查等；

c. 参数计算，包括和、差、平均、最高、最低、累计、变化率、工程单位变换处理等。

② 报警及处理。对过程变量越限及重要事件进行报警，能进行定值报警和可变限值报警，报警死区可任意设定，能自动闭锁和消除不正确报警。可将最重要的报警项目或需要运行人员即时响应的报警项目设置成最高优先级并在 LCD 屏幕上设置专用报警区，当具有最高优先级报警信号出现时，可立即显示在任何画面上。也可设计专用报警画面，模拟光字牌进行显示。

③ 屏幕显示

a. 报警显示。

b. 图形显示（模拟图、棒图、趋势曲线、成组参数、软手操画面）。

c. 操作指导画面及帮助显示（通过优化软件给运行人员操作指导）。

d. SCS 步序及有关参数显示。

e. 故障系统状态显示。

④ 打印和报表。包括按预期事件和预定义事件自动形成报表并打印或人工请求打印。历史数据存储和检索功能由历史站来实现，主要功能包括：

a. 采集并归档实时过程数据；

b. 联机存储和归档；

c. 对检索请求进行响应；

d. 操作员事件、报警数据、SOE 等数据采集、处理并归档。

（2）模拟量控制系统（MCS）

模拟量控制系统主要对模拟量参数进行闭环或开环控制，使被控模拟量参数维持在设定值或预期目标值。主要功能组包括：

① 水洗单元。

a. 水洗塔液位（自动）调节。

b. 水洗水流量调节。

c. 水洗水温度（自动）调节。

d. 水洗水 pH 值（自动）调节。

② 吸收单元。

a. 吸收塔液位（自动）调节。

b. 吸收塔级间冷却温度（自动）调节。

c. 吸收塔级间冷却液流量（自动）调节。

d. 吸收塔液位（自动）调节。

e. 尾气洗涤流量（自动）调节。

f. 尾气温度（自动）调节。

g. 尾气洗涤液储槽液位（自动）调节。

h. 吸收塔入口烟气流量调节。

i. 贫液过滤器入口流量（自动）调节。

③ 再生单元。

a. 贫富液换热器富液出口流量分配调节。

b. 贫富液换热器富液出口温度调节。

c. 降膜再沸器胺液出口温度（自动）调节。

d. 闪蒸罐液位（自动）调节。

e. 闪蒸罐出口压力（自动）调节。

f. 闪蒸压缩机出口温度（自动）调节。

g. 胺回收加热器液位（自动）调节。

h. 胺回收加热器温度（自动）调节。

i. 再生气冷却器再生气出口温度（自动）调节。

g. 超重力反应器转速调节。

k. 超重力再沸器底部溶液出口温度（自动）调节。

l. 再沸液分离器液位（自动）调节。

④ 公共工程单元

a. 除盐水缓冲罐液位（自动）调节。

b. 凝结水回收罐水温（自动）调节。

c. 辅助蒸汽温压调节控制。

（3）顺序控制系统（SCS）

SCS 根据设备和系统特点设置子功能组级和驱动级，实现分级控制方式。可接受开关量、模拟量信号触发，以开关量信号完成相关逻辑控制，实现顺序启、停或开、关操作，单个设备启、停或开、关操作，以及系统及单个设备的联锁和保护功能。单个设备启、停或开、关等简单操作在这里不做累述，主要功能组包括：

① 泵阀的控制连锁及保护。

② 水洗塔入口烟气连锁保护控制。

③ 碱液槽液位连锁保护控制。

④ 吸收塔液位连锁保护控制。

⑤ 洗涤液储槽液位连锁保护控制。

⑥ 吸收塔液位连锁保护控制。

⑦ 闪蒸罐液位（自动）控制。
⑧ 地下槽液位（自动）控制。
⑨ 再生气分离器液位（自动）控制。
⑩ 贫液泵（自动）控制。
⑪ 富液泵（自动）控制。
⑫ 碱泵（自动）控制。
⑬ 地下槽自吸泵（自动）控制。
⑭ 尾气洗涤泵（自动）控制。
⑮ 回流补液泵（自动）控制。
⑯ 除盐水升压泵（自动）控制。
⑰ 循环水泵（自动）控制。
⑱ 凝结水升压泵（自动）控制。
⑲ 再生气分离器液位（自动）调节。
（4）可编程逻辑控制系统（PLC）
① 压缩单元。
② 液化单元。
③ 存储单元。
④ 装车单元。

5.1.6　环境保护

（1）废水污染物的来源及处理

项目生产废水主要为生产工段排出的废水，主要污染成分为极少量化学吸收液及少量油份。含油废水来自于生产区域内机泵冷却水以及装置内压缩单元分离器排水，包括设备、污染区地坪冲洗水在内的废水均会排到电厂工业废水系统中。

（2）废渣污染物的来源及处理

工业固体废弃物主要为生活垃圾以及干燥单元定期排放的吸附剂、干燥剂。生活垃圾可统一排放到电厂指定区域，最后由当地环保部门统一处理。对于干燥剂如来自于脱水单元的废硅胶，由于其本身不含有有毒物质，硅胶吸附的物质主要是水、少量的油份及 CO_2，几乎不含有硫、重金属等有害物质，可以填埋处理。

（3）噪声的来源及处理

工程装置区域内的主要噪声源如下：压缩机、引风机、机泵、节流等。

对压缩机、引风机等噪声较大的设备进行必要的降噪处理和隔声设施，如将压缩机设置在封闭的带有消声设施的压缩机房内，减低厂区的噪声。

（4）事故状况下污染物的来源及处理

事故是由于人为或自然因素造成气体外泄，一旦发生事故，污染物的排放量较大，容易污染环境，且 CO_2 含量达到一定值时，就会使人呼吸逐渐停止，最后窒息死亡，应在短时间内采取必要措施，如佩戴呼吸器，必要时送至医院急救处理。

5.1.7 捕集系统运行情况

15万吨/年碳捕集项目2021年6月通过168h试运行。吸收塔入口 CO_2 浓度为11%～13%，出口 CO_2 浓度为0.6%～1.0%，捕集率≥90%（图5-16）。再生塔 CO_2 产量>18.75t/h，再生塔底部温度101～108℃。压缩单元压缩机出口压力为2.3MPa，液化单元出口温度在−17～−20℃，干燥后 CO_2 纯度>99.5%，最高达到99.99%，干燥后水露点低于−40℃，储罐内温度低于−19.60℃，压力2.0MPa左右，满足设计要求，且运行稳定。168h试运行结束后，项目进行优化运行测试（表5-6）。

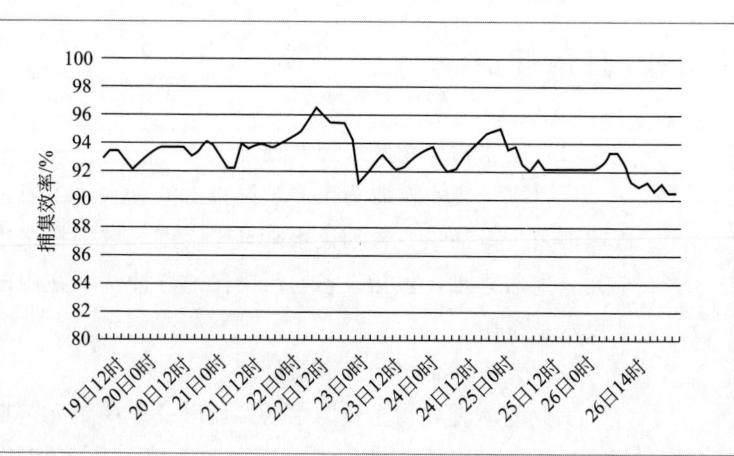

图 5-16
15万吨示范装置 CO_2 捕集效率曲线

测试结果表明，吸收塔内吸收剂的贫液冷却和级间冷却同时开启，控制吸收塔内吸收剂温度，保证了吸收塔的吸收效果；富液分级流工艺有效控制塔顶温度，再生气潜热得以有效回收；MVR工艺可以有效回收再生贫液热量降低再生能耗，运行时可实现化学吸收系统再生能耗低于2.35GJ/t。

表 5-6　锦界电厂碳捕集系统运行参数

参数名称	数值
正常烟气处理量/(m^3/h)	约 100000
入口烟气 CO_2 浓度/%	11～13
年运行时间/h	8000
CO_2 捕集量/(t/a)	150000
成品 CO_2 纯度/%	≥99.9
CO_2 捕集率/%	≥90
再生能耗/(GJ/t CO_2)	≤2.35

5.2　其他示范工程介绍

5.2.1　边界坝电厂 100 万吨/年 CO_2 化学吸收工程

加拿大边界坝（Boundary Dam）电厂（图 5-17）是世界上首个燃煤电站百万吨/年 CO_2 捕集项目，该项目是加拿大萨斯克彻温电力集团（Sask Power）旗下 CCS 产业公司的边界大坝工程，该工程主要对原有的煤炭发电厂 3 号机组进行改造，改造后的电厂 3 号燃煤机组发电能力为 139MW，每年大约可以捕集 100 万吨 CO_2 气体，CO_2 捕集率约为 90%。捕获的 CO_2 绝大部分出售给 Cenovus 能源石油公司，被运输到 Weyburn 油田用于驱油，未出售的 CO_2 注入盐水层，作为 Aquistore 项目的一部分，用于验证地下 CO_2 封存的可能性。同时该项目会产生副产物 SO_2，用于生产硫酸。该项目使用了 Cansolv 溶剂，这种溶剂具有低氧化降解潜力，低挥发性和低再生能耗的特性，保证了该项目的稳定高效运行，根据文献介绍，其是一种包含仲胺的混合胺，还包含有至少一种叔胺和一种催化剂。

图 5-17
加拿大 Boundary Dam 电厂

边界大坝项目改造耗资15亿加元。该项目工艺流程由壳牌全球解决方案的全资子公司Cansolv提供，工艺流程如图5-18所示。该项目进行了一个特殊的设计改进：选择性热集成与壳牌公司创新的SO_2/CO_2组合捕集系统，该系统有助于降低与碳捕集相关的能源需求，并且该技术使用可再生胺来捕获SO_2和CO_2，这意味着不会产生直接的废物副产品。采用这种方法，捕集装置的蒸汽需求显著降低。

该工艺流程可以分为SO_2处理部分和CO_2处理部分，首先，烟气进入SO_2吸收塔，与SO_2的吸收剂接触，除去SO_2，产生SO_2富液和气体；SO_2吸收段之前设置有烟气间接换热和直接接触降温环节。SO_2吸收塔采用陶瓷鳞片和碳砖防腐的水泥填料塔，长11m，宽5.5m，高31m。捕集所得的SO_2被送至化学车间制备硫酸。随后，气体进入CO_2吸收塔与CO_2吸收剂接触反应，除去CO_2，生成的气体经冷凝器冷凝除水后排放。反应后的SO_2富液经SO_2富液泵加压后进入贫富液换热器，升温后进入SO_2再生塔；富液在再生塔中与再沸器产生的高温气体接触，加热后析出SO_2，析出的气体经冷凝器除水后进入SO_2收集装置，反应后生成的液体经塔底再沸器后进入贫富液换热器进行换热，换热后的液体进入SO_2贫液罐循环利用。反应后的CO_2富液经CO_2富液泵加压后进入贫富液换热器升温后进入CO_2再生塔；富液在再生塔中与再沸器产生的高温气体接触，加热后析出CO_2，析出的气体经冷凝器除水后进入CO_2收集装置，反应后生成的液体经塔底再沸器后进入贫富液换热器进行换热，换热后的液体进入CO_2贫液罐循环利用。CO_2吸收塔也采用陶瓷鳞片防腐的水泥填料塔，长11m，宽11m，高54m。CO_2解析塔则采用304不锈钢填料塔，直径8m，高43m。捕集所得的CO_2经脱水后纯度达到99%，再由一个功率为1.45万kW的压缩机压缩至17MPa的超临界状态。这些超临界CO_2再通过管道被送往两个地方：一是约70km外的Weyburn油田，注入1700m深的油井用于强化采油（EOR）；二是附近2km远的Aquistore碳封存研究基地，注入3400m深的咸水层进行永久地质封存。

2014年9月—2018年3月，边界大坝机组CCS运行不断积累经验，对运行安全及施工缺陷、提高机组热再生回收能力、减少胺溶解剂降解等问题逐步优化，使边界大坝机组CCS系统运行水平逐步提高，整体碳捕集效率有所提升，系统停机时长有所减少，运行期间CO_2总捕获量达到200万吨。

2019年7月—2020年7月间，边界大坝三号机组月平均发电功率为104.45MW，CCS设备月平均服役在线时长达到75.3%，日平均CO_2捕获量达到2316t。其中以2020年7月为例，边界大坝CCS设备共捕集75503t CO_2，

图 5-18
加拿大 Boundary Dam 电厂碳捕集工艺流程

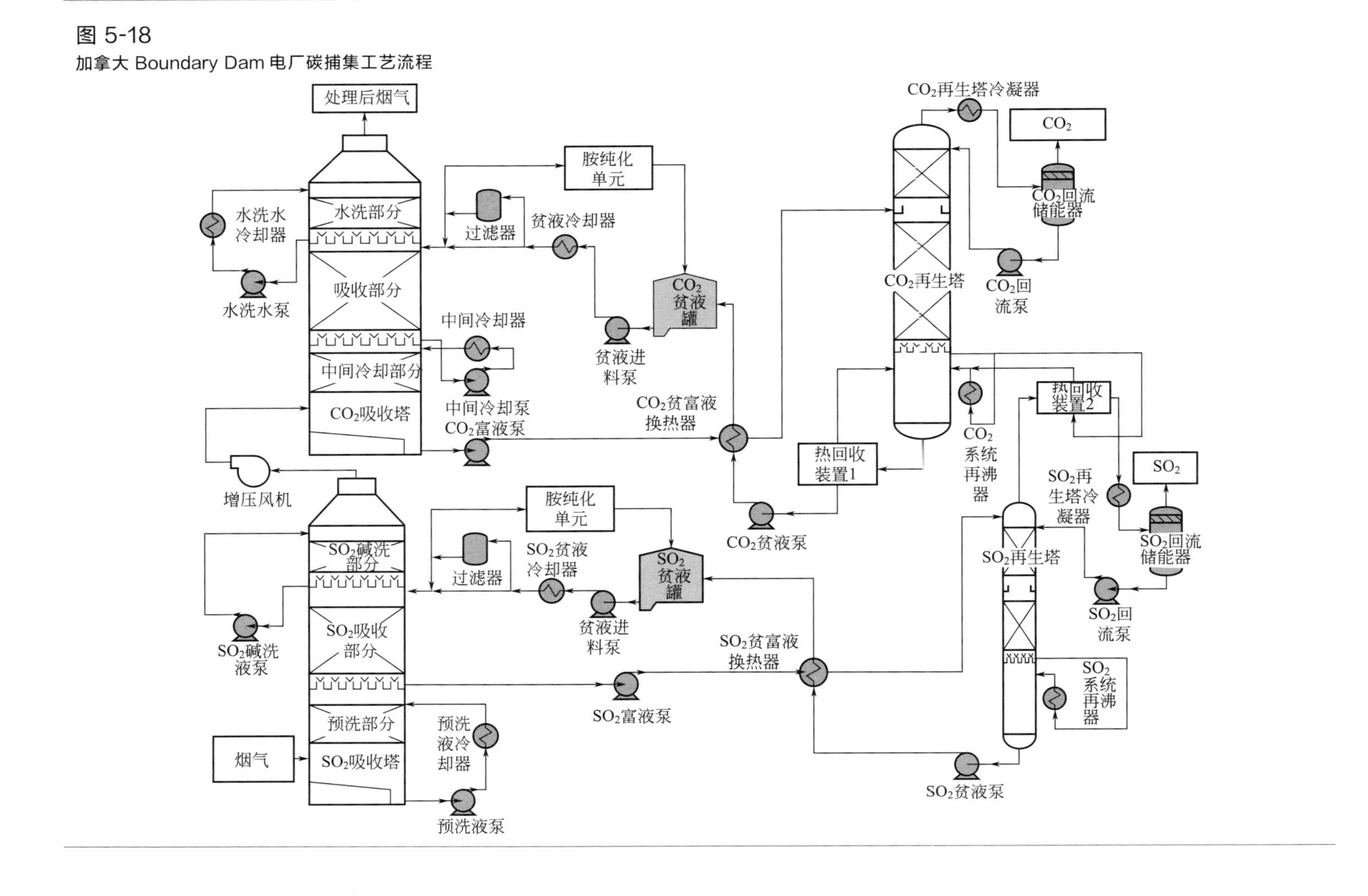

折算服役日均 CO_2 捕获量 2435t，单日捕获 CO_2 峰值 2627t，月服役在线时长达到 99.8%。整体而言，边界坝机组 CCS 系统运行稳定型逐渐增强，可靠性逐渐增大，为机组 CO_2 捕集利用提供了可靠支撑。作为第一个“吃螃蟹”的项目，边界大坝 CCS 项目在项目规划、项目设计、第三方评审、社区沟通、项目建设、项目运行管理、国际经验分享等方面积累了丰富的经验。在设计期间，边界大坝 CCS 项目没有考虑包括主要换热器在内的许多核心设备的必要冗余度，也没有充分重视烟气中的痕量污染物对工艺的潜在影响。这些缺陷导致系统在早期频繁出现故障。在建设期间，边界大坝 CCS 项目也遇到了许多工程挑战。相关人员认为，如果类似改造项目采用模块化设计，可以简化建设与安装过程，从而大幅降低工程造价。

5.2.2 佩特拉 140 万吨/年 CO_2 化学吸收工程

美国佩特拉（Petra Nova）CO_2 化学吸收工程是目前全球最大的燃煤电厂碳捕集项目工程，选址于得克萨斯州休斯敦西南部约 70km 处的 NRG 能源公司 WA Parish 电站。WA Parish 电站是美国最大的火力发电站之一，拥有 4 台燃煤机组和 6 台燃气轮机组，总装机容量达到 3700MW。Petra Nova 项目在 WA Parish 电站八号 650MW 机组建设实施，设计年 CO_2 捕获能力为 160 万吨，可捕集超过 30%的机组 CO_2 排放量，相当于一台 240MW 机组烟气量规模。该项目自 2014 年开工，至 2016 年底完成建设，2017 年 1 月投运，总投资超过 10 亿美元，其中美国能源部提供了 1.9 亿美元的资助，另有日本银行与瑞穗银行提供 2.5 亿美元贷款。后期日本三菱重工与关西电力为其提供技术支持。

Petra Nova 项目的技术路线采用化学吸收法，采用胺类化学吸收剂从电站尾气中捕集 CO_2，所采用吸收剂为日本三菱重工与关西电力公司合作开发的新型高性能吸收剂（KS-1），可通过蒸气再生，实现吸收剂重复利用。将捕集后的 CO_2（纯度超过 99%）压缩至超临界态并通过管道输送至油田，可用于提高油井的采收率。项目整体工艺路线见图 5-19。项目全景图见图 5-20。项目核心装置见图 5-21。

项目 CO_2 捕集率 90%以上，纯度高达 99.9%，单位捕集热耗约为 2.4GJ/tCO_2，捕集电耗为 226kWh/tCO_2，二氧化碳捕集综合成本为＄55～60/tCO_2。

项目将捕集的 CO_2 通过 132km 长的管道输送至 West Ranch 油田，可有效提高油田产量。West Ranch 油田日常石油采收量为 300 桶/d，应用 CO_2-EOR 技术之后，油田采收率大幅提高，最大采收量可提升至 15000 桶/d，相当于封存 CO_2 5200t CO_2/d。据测算该项目大致 7 年可收回投资。遗憾的是由于多方因素造成的油价下跌，导致了 Petra Nova 碳捕集项目在 2020 年 5 月暂时停止运行。

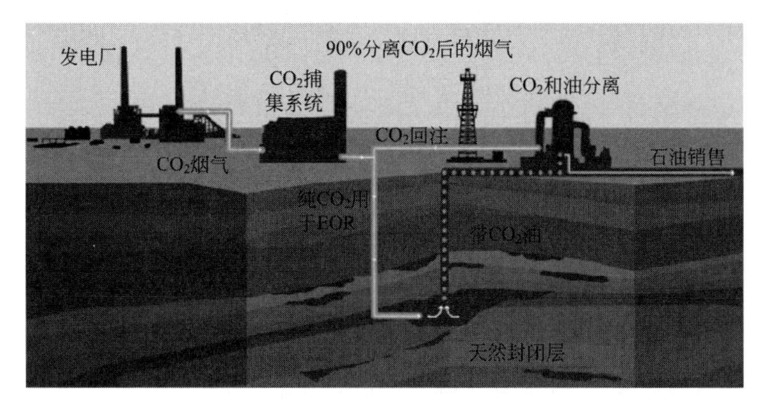

图 5-19
Petra Nova 项目工艺流程图

图 5-20
Petra Nova 项目全景图

图 5-21
Petra Nova 项目核心部分——碳捕集系统装置

5.2.3　华能石洞口第二电厂 12 万吨/年碳捕集工程

华能上海石洞口第二电厂 12 万吨/年 CO_2 捕集示范项目于 2009 年 12 月建成并投入示范运行，该工程依托石洞口第二电厂 660MW 国产超超临界机组配套建设。工程 CO_2 最大年捕集能力 12 万吨，年设计运行时间为 8000h，标准状况下处理烟气量为 66000m^3/h，产品纯度达到食品级标准。

该 CO_2 捕集示范项目主要由三部分组成：①以吸收塔为中心，辅以烟气预处理及增压设备；②以再生塔和再沸器为中心，辅以再生气冷却器以及分离器和回流系统；③介于以上两者之间的部分，主要有富液与贫液换热系统。其基本工艺流程如图 5-22 所示。可以看到系统引入脱硫后的烟气，在 CO_2 吸收塔前进行气水分离，除去烟气携带的水分和微量石膏，为保障 CO_2 流量，此处配备增压风机克服气体通过预处理系统和吸收塔时的阻力。在 CO_2 吸收塔中，从上部喷淋入塔的胺溶液与烟气逆流接触，CO_2 被胺溶液吸收，尾气由塔顶排入大气。在吸收塔上部设置水洗系统，以减少胺蒸气随烟气带出造成的胺液损失。吸收 CO_2 后的富液由塔底经泵送入贫富液换热器，回收贫液热量后，喷淋进入再生塔上部，通过汽提解吸部分 CO_2。经汽提解吸后的半贫液进入再沸器，使其中的 CO_2 进一步解吸。解吸 CO_2 后的贫液由再生塔底流出，经贫富液换热器、贫液冷却器冷却，冷却后的贫液进入吸收塔循环使用。最后，再生塔解吸出高浓度的 CO_2 气（干基，99.5%）经冷却后，分离除去所含的水分，送入后续精制工段，经过压缩、干燥、液化等工序后成为液态 CO_2 产品，采用罐车进行输送。

图 5-22

石洞口第二电厂 12 万吨/年 CO_2 捕集系统工艺流程

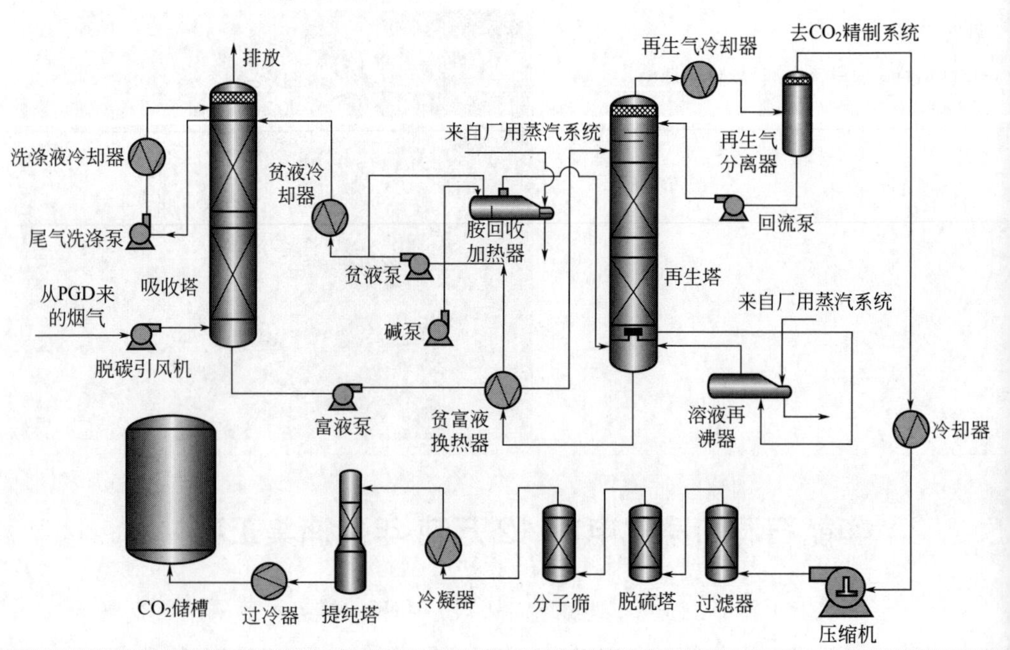

捕集系统主要运行参数如表 5-7 所示。

表 5-7　上海石洞口碳捕集系统运行参数

参数名称	数值
标准状况下正常烟气处理量/(m^3/h)	66000
每小时烟气捕集量/(t/h)	12.5
年运行时间/h	8000
CO_2 捕集量/(t/a)	100000
成品 CO_2 纯度/%	≥99.9
CO_2 捕集率/%	≥90

华能石洞口 CO_2 捕集项目是国内碳捕集领域内规模最大的工程之一，是华能继 2008 年在高碑店北京热电厂成功投运的 3000 吨/年 CO_2 捕集试验示范工程的成功放大，为国内 CO_2 捕集技术实践提供了重要的参考和借鉴。

5.2.4　海螺水泥 5 万吨/年碳捕集工程

海螺水泥 5 万吨/年碳捕集工程是全球首个水泥窑烟气 CO_2 捕集纯化示范工程。据 IEA 最新数据表明，水泥行业 CO_2 是主要人为 CO_2 排放源之一，约占人为 CO_2 排放总量的 7%。2020 年，我国水泥产量 23.77 亿吨，约占全球 55%，排放 CO_2 约 14.66 亿吨，约占全国碳排放总量 14.3%，吨水泥 CO_2 排放量约为 616.6kg，其中生料煅烧石灰石分解 CO_2 约 376.7kg，熟料耗煤排放 CO_2 约 193kg，综合耗电（扣除余热发电）折算碳排放约 46.9kg。

项目选址于安徽芜湖水东镇九华南路海螺集团白马山水泥厂，毗邻 104 省道和皖赣铁路要线，交通及物流条件便利，周围具有丰富的石灰石等矿产资源。2017 年，海螺水泥窑烟气 CO_2 捕集示范工程正式开工建设，2018 年底，此基于水泥熟料生产线的世界首个万吨级以上水泥窑烟气 CO_2 捕集纯化环保示范项目建成并成功投入运行，项目总投资达到 6200 万元，项目示范工程见图 5-23。

海螺水泥 CO_2 捕集示范工程基于水泥厂内 5 号窑炉尾部 30000m^3/h 的废气进行 CO_2 捕集、压缩除水、精制精馏、冷冻液化等操作，实现了在降低废气排放量的同时获得液体 CO_2 产品的目标。考虑到水泥窑炉尾部烟气 CO_2 浓度不高，同时气体分压相对较低，通过反复论证，综合考虑选择新型化学吸收法作为碳捕集的核心技术方案，工程采用吸收剂为大连理工大学开发的有机胺溶液，具有 CO_2 吸收量大、吸收成本低、可循环使用等优点，主要成分包含伯胺、仲胺和叔胺。窑炉尾气相关信息见表 5-8。

图 5-23
海螺水泥 CO_2 捕集纯化示范工程

表 5-8　海螺窑炉尾气

名称	指标
废气温度/℃	90
压力/kPa	100
CO_2/%	22.2

在 CO_2 捕集过程中，水泥窑烟气通过引风机送入脱硫水洗塔底部，分别经过水洗降温、脱硫净化、二次水洗去除杂质后，进入吸收塔底部，在吸收塔内烟气中 CO_2 被吸收剂吸收形成富液，富液通过泵送至换热器加热后，再送到解吸塔，在解吸塔内解吸出纯度 95%以上的二氧化碳；随后在 CO_2 纯化精制过程中，CO_2 从解吸塔顶部引出，经冷凝、分水后进入压缩机三级压缩，提升为 2.5MPa 的高压气体，气体再通过脱硫床、干燥床和吸附床，脱除气体中的油脂、水分等杂质，通过冷冻液化系统液化后，分别进入工业级精馏塔和食品级精馏塔精馏，得到纯度为 99.9%以上的工业级和纯度为 99.99%以上的食品级 CO_2 液体，并通过管道送至储罐中贮存。项目投运后液体 CO_2 年产量达 5 万吨，其中包括 3 万吨 99.9%以上纯度的工业级 CO_2（满足 GB/T 6052—2011）和 2 万吨 99.99%以上纯度的食品级 CO_2（满足 GB 1886.288—2016），分别储存在厂内靠西侧的 500m^3 工业级 CO_2 储罐和东侧的 400m^3 食品级 CO_2 储罐中，具体捕集纯化工艺流程见图 5-24。

虽然煤化工和燃煤电站对 CO_2 捕集和利用已有多年的工业化应用经验，但涉及水泥行业的碳捕集利用尚无先例，在政府的强力支持和企业的不断努力下，白马山水泥窑炉 5 万吨/年碳捕集工程开创了国内水泥行业 CCUS 先河，打通了窑炉尾部废气 CO_2 有效提纯至产业化利用的技术路线，对水泥行业 CO_2 减排起到示范和引领效应。

图 5-24

海螺水泥 CO_2 捕集纯化工艺

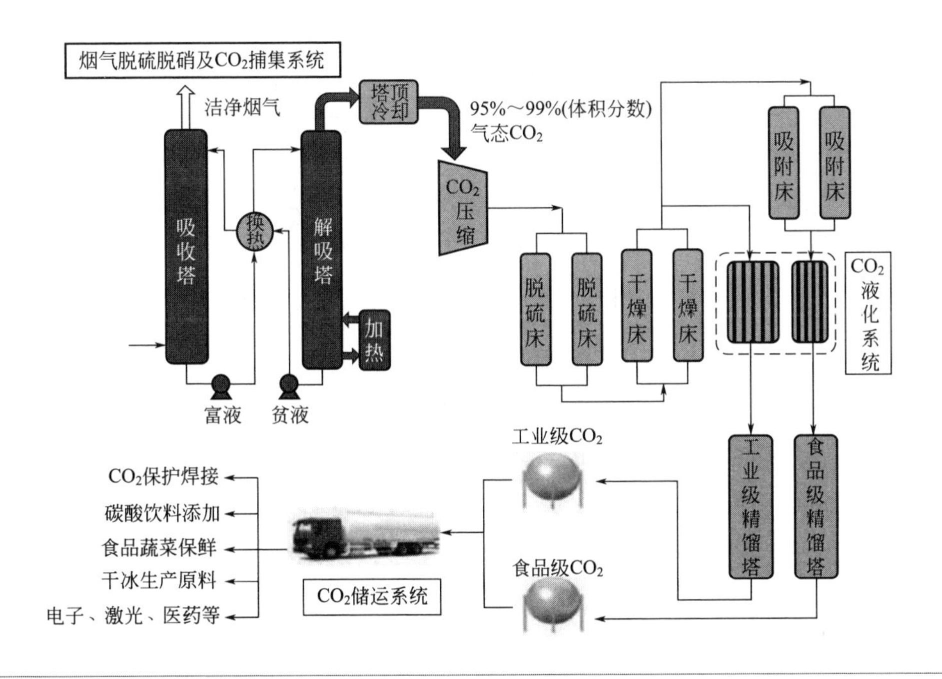

5.2.5　其他示范工程

（1）Powerspan 20t/d CO_2 化学吸收工程

2004 年起，Powerspan 与美国能源部国家能源技术实验室签订合作研究框架协议，共同研发 CO_2 捕集工艺（即 ECO_2 工艺过程）。该工艺过程适应性强，结合 Powerspan 电催化氧化（electro catalytic oxidation，ECO）技术，可替代常规烟气湿法脱硫及选择性催化还原脱硝，可实现集 SO_x、NO_x、汞及细颗粒物在内的一体化电厂多污染物控制技术，并对处理后烟气中的 CO_2 进行捕集。Powerspan ECO 处理单元耦合 ECO_2 捕集过程示范工艺流程如图 5-25。

ECO_2 采用氨基溶液作为吸附介质，利用氨基吸收液在低温区吸收烟气 CO_2，随后至高温区解吸，吸收液冷却后循环适用。氨基吸收液包含成分碳酸铵，CO_2 吸收和解吸过程反应见式(5-2)、式(5-3)。

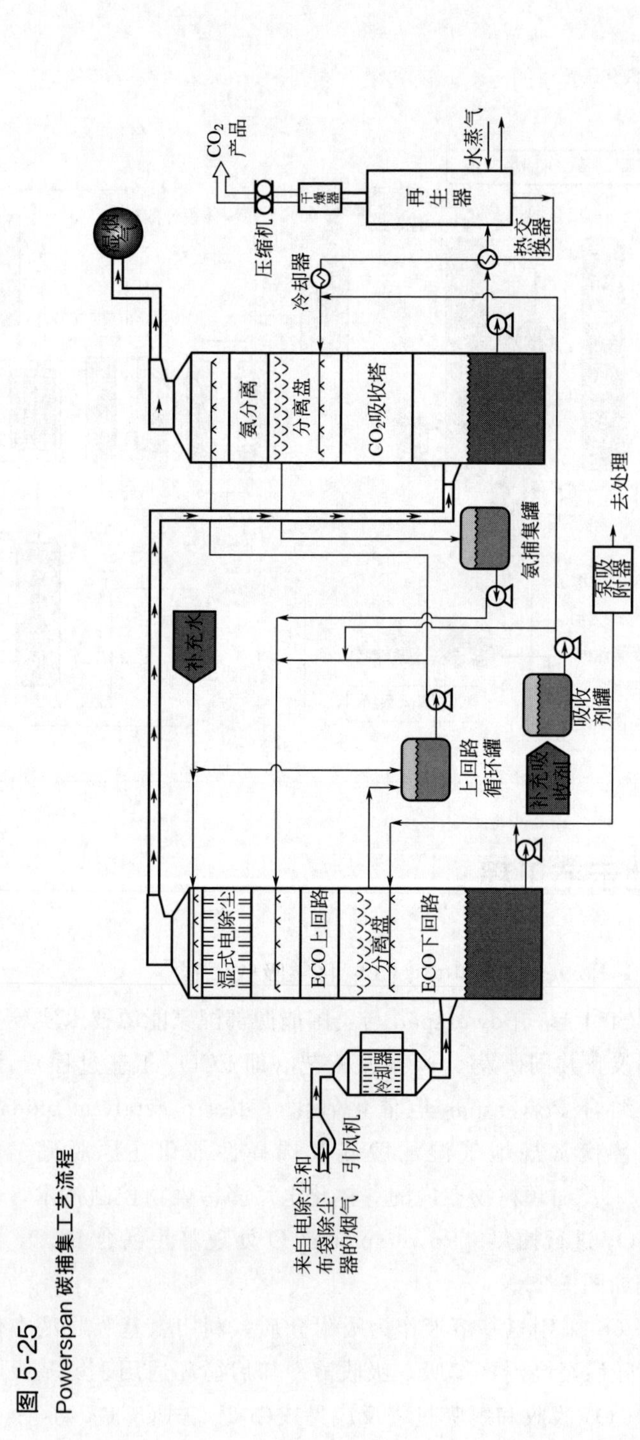

图 5-25 Powerspan 碳捕集工艺流程

$$CO_2+(NH_4)_2CO_3+H_2O \longrightarrow 2NH_4HCO_3 \tag{5-2}$$

$$2NH_4HCO_3 \xrightarrow{\triangle} (NH_4)_2CO_3+H_2O+CO_2 \tag{5-3}$$

ECO_2 氨基循环捕集 CO_2 方法相较于传统乙醇胺法具有一系列优点。传统乙醇胺法存在 CO_2 吸附容量低，对设备腐蚀性强，在 SO_2、NO_x、HCl 等烟气组分的作用下易降解等弊端。而 ECO_2 法具有更强的 CO_2 吸收能力，不会对设备造成腐蚀，处理复杂烟气组分时吸收剂不发生降解，可最大限度降低吸收剂损耗，具有更低的 CO_2 再生能耗。经过前期实验室技术开发，2008 年 Powerspan 公司对 ECO_2 技术开展小型工程示范，示范对象选择第一能源公司 50MW 的汉堡发电厂，该厂配备商用 ECO 处理单元，从开始投运至开展 CO_2 示范工程已稳定运行 4 年。引出 ECO 单元处理后的烟气进行 CO_2 捕集示范，预计捕获烟气中 90%以上的 CO_2，总量约为 20t/d，对捕集后的 CO_2 进行压缩，并验证压缩后管道输运及封存可能性。

ECO_2 可用于现有运行电厂和新建电厂翻新改造，被英国石油公司评价为具有应用前景燃烧后 CO_2 捕集技术。Powerspan 公司完成 120MW 商用 ECO_2 实施的可行性研究，项目选址于美国北达科他州，计划捕获 100 万吨/年 CO_2 并输送到现有 Dakota 气化公司管道系统。但如何控制 NH_3 挥发和 NH_4HCO_3 结晶堵塞管道是该技术工业化需要解决的难题。

（2）Plant Barry 15 万吨/年 CO_2 化学吸收工程

2009 年，日本三菱公司和美国南方公司合作开展燃煤电站 CO_2 捕集项目，针对 25MW 机组进行示范，预计实现年 CO_2 捕获量 10 万～15 万吨目标。项目选取美国亚拉巴马州的 Plant Barry 电站进行（图 5-26），隶属美国南方公司旗下 Alabama 电力公司，捕获后的 CO_2 将通过管道输送，封存至

图 5-26
Plant Barry 碳捕集项目

Citronelle 油田咸水层，地质注入系统见图 5-27。2009 年，美国能源部出资 2.95 亿美元作为保护合作伙伴计划（Cooperative Conservation Partnership Initiative，CCPI）部分资金，用于为期 11 年的 CCS 合同。2011 年，美国南方公司获得 1500 万美元资金，用于支付亚拉巴马州 Plant Barry 安装换热器等设备所需费用。示范工程选用日本三菱氨基吸收工艺（KM-CDR）为 CO_2 吸收技术路线，吸收剂选用 KS-1，项目于 2012 开始进行 CO_2 封存。

图 5-27

Plant Barry CO_2 地质注入系统

思考题

1. 目前国际上最大的碳捕集示范工程规模有多大？

2. 1 座 300MW、600MW 和 1000MW 火力发电厂年排放 CO_2 分别是多少？

3. 目前碳捕集工程运行主要难题是什么？

4. 目前 10 万吨/年燃煤烟气化学吸收工程电耗、蒸汽消耗、水耗各是多少？投资和运行成本需多少资金？

参考文献

[1] 环境保护部，国家质量监督检验检疫总局．火电厂大气污染物排放标准：GB13223-2011 [S].

[2] Carolyn K Prestona，Corwyn Bruceb，Michael J Monea. An update on the integrated CCS project at Sask Power's Boundary Dam，14th International Conference on Greenhouse Gas Control Technologies [J]. Melbourne，Australia Power Station，2018.

[3] IEAGHG. Integrated Carbon Capture and Storage Project at Sask Power's Boundary Dam Power Station，2015.

[4] Jesse Jenkins. Financing mega-scale energy projects：A case study of the PETRA NOVA carbon capture project. 2015.

[5] 屈紫懿．燃煤电厂烟气 CO_2 捕集技术经济性分析 [J]. 重庆电力高等专科学校学报，2019 (24)：31-34.

[6] IEA CSI. Technology roadmap-low-carbon transition in the cement industry. 2018.

[7] 陈永波．水泥行业首条烟气 CO_2 捕集纯化（CCS）技术的研究与应用 [J]. 新世纪水泥导报，2019（3）：6-8.

[8] Mclarnon C R，Duncan J L. Testing of ammonia based CO_2 capture with multi-pollutant control technology [J]. Energy Procedia，2009（1）：1027-1034.

[9] Esposito R，Harvick C，Shaw R，et al，Integration of pipeline operations sourced with CO_2 captured at a coal-fired power plant and injected for geologic storage：SECARB Phase III CCS demonstration [J]. Energy Procedia，2013（37）：3068-3088.

第6章

膜吸收技术

本章介绍膜 CO_2 吸收技术的基本原理、工艺流程、工艺设计要点与工程应用现状，并介绍了膜 CO_2 吸收和富 CO_2 吸收剂溶液膜减压再生技术的工艺过程与关键影响因素，最后对膜浸润风险与预防措施进行了分析。

6.1　膜 CO_2 吸收技术与工艺

6.1.1　膜 CO_2 吸收原理

在采用填料塔作为反应器的常规烟气 CO_2 化学吸收技术中，可选用高比表面积填料来扩大气液两相接触面积，从而提高 CO_2 吸收传质速率，如可采用规整填料来替代散堆填料。要获得更高的接触面积，必须成倍增加填料塔的尺寸和体积。同时，CO_2 化学吸收法中气液两相直接接触，会产生液相的起泡、夹带、沟流、溢流等问题。基于此，研究者提出了采用比表面积高的中空纤维膜接触器（典型结构如图 6-1 所示）进行烟气 CO_2 分离的设想。膜气体吸收技术（也称膜吸收法）是膜技术和气体吸收技术相结合的新型气体分离技术，它结合了膜分离技术的装置紧凑和化学吸收技术对 CO_2 选择性高的综合优点。在膜吸收法中，气体和吸收液并不直接接触，而是分别在膜两侧流动。同时，膜本身对气体没有选择性，只起隔离气体和吸收液的作用，防止气液两相的相互串扰。而对气体的选择性则通过吸收液自身的性质来实现。

图 6-1

典型的中空纤维膜接触器结构

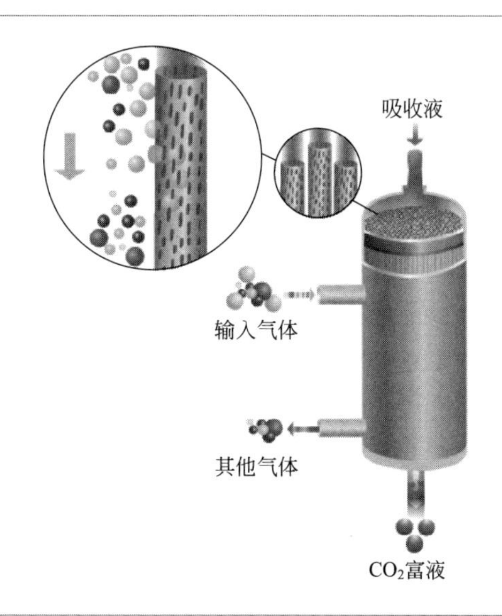

以膜吸收法分离烟气中 CO_2 为例介绍膜 CO_2 吸收技术（简称膜吸收技术）的基本工作原理，如图 6-2 所示。膜接触器主要由具有疏水性的中空纤维膜封装而成，在接触器内，烟气和乙醇胺（MEA）等吸收剂水溶液在膜丝内外分开流动，一般有顺流、逆流和错流三种运行方式。气-液两相可以在中空纤维膜管程或壳程内流动，一般选择气相在壳程内流动，而液相在膜管程内逆向流动，以获得更大的传质性能。运行过程中，在壳程流动的烟气会透过膜纤维壁上的膜孔（图 6-3）进入膜纤维管程，在管程内，CO_2 与在管程内流动的吸收剂发生化学反应而被吸收，从而在膜纤维内外之间形成 CO_2 浓度梯度（或 CO_2 分压差）。在这一浓度梯度的推动下，烟气中的 CO_2 不断通过膜孔进入膜管程而被吸收剂吸收。而气相中以 N_2 为主的其他惰性组分与液相不发生反应，因而其他组分在膜纤维内外的浓度基本不变，不能形成气体传质所需的浓度梯度。因此，理想状态下，其他组分不会通过膜孔进入液相，从而达到了分离 CO_2 的目的。

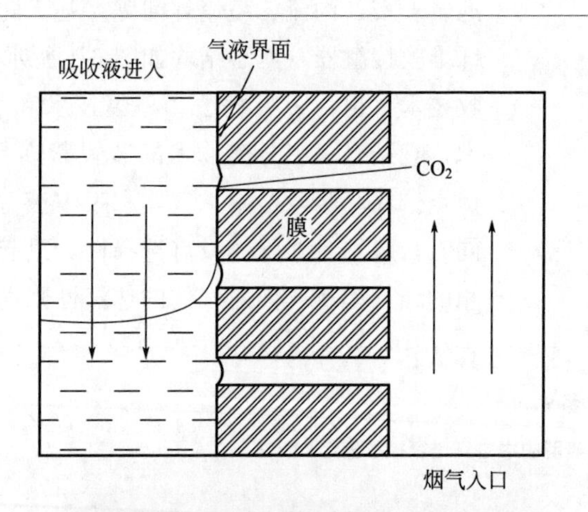

图 6-2
膜吸收基本原理

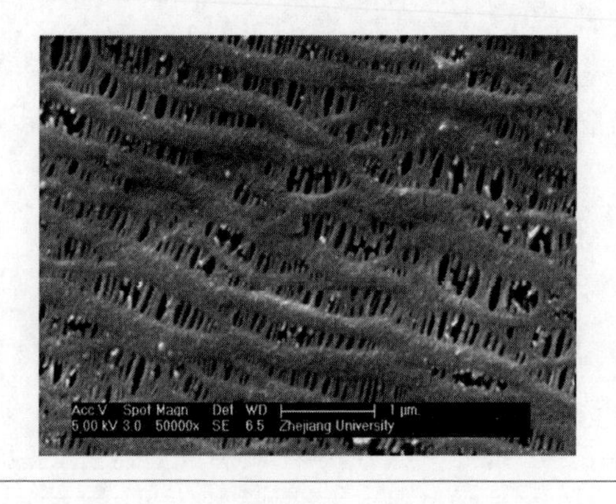

图 6-3
典型的中空纤维膜的膜孔结构

6.1.2　膜吸收过程中的质量传递

在膜吸收传质研究中，传质比表面积计算和传质系数预测是较为关键的部分。传质比表面积理论上应采用中空纤维膜壁面上膜孔的面积进行计算，但由于膜孔的不规则性及孔隙率的测试误差，较难计算实际的膜孔面积。但现有研究已证明，当采用中空纤维膜全面积作为传质面积时，传质系数的理论值与实验测试值吻合度很高，这说明可采用膜全面积作为膜吸收的传质面积。

在膜接触器的传质方面，研究主要集中在对传质系数的确定方面。对于中空纤维膜接触器，其传质过程主要包括了如下4个步骤：①气相边界层中的物质传质过程；②膜孔中的物质传质过程；③气液接触界面上物质溶解-吸收过程；④液相边界层中的物质传质过程。

由于在气液接触界面上的溶解-吸收过程中伴有化学反应进行，传质过程很容易进行，其阻力很小。因此，这部分的传质可以忽略不计，总传质速率仅考虑气相边界层传质、膜相传质和液相边界层传质3个过程。

图6-4为中空纤维膜传质示意图。显然，气相中的CO_2从气相主体传递到液相主体时，需要经历气相边界阻力层、膜阻力层和液相边界阻力层，其传质速率方程可描述为

$$J=k_G(C_G-C_{G,i})=k_M(C_{G,i}-C_{M,i})=Hk_L(C_{M,i}-C_L)=K_G(C_G-C_L) \tag{6-1}$$

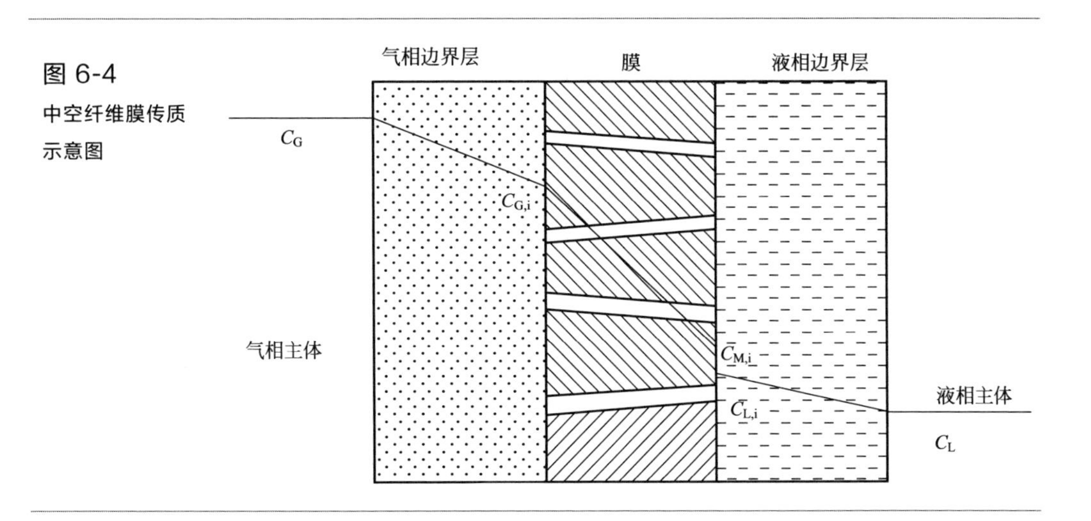

图6-4
中空纤维膜传质示意图

式中，J 为 CO_2 总传质速率，mol/(m^2·s)；k_G、k_L、k_M 和 K_G 分别为气相、液相和膜相分传质系数及总传质系数，m/s；H 为亨利常数；C_G 和 C_L 分别为气相主体及液相主体中的 CO_2 浓度，mol/m^3；$C_{G,i}$ 和 $C_{M,i}$ 分别为气-膜接触面和膜-液接触面上气相中的 CO_2 浓度，mol/m^3。

(1) 气相分传质系数

当气体在膜外（壳程）流动时，流动状态一般为层流流动，CO_2 组分在气相边界层中的传递过程主要为分子扩散过程。因此，气相分传质系数 k_G 可由以下公式计算

$$Sh_G=\frac{k_G d_e}{D_G}=5.8(1-\varphi)\left(\frac{d_e}{l}\right)Re_g^{0.6}Sc_g^{0.33} \tag{6-2}$$

式中，Sh_G 为舍伍德数；D_G 为气相扩散系数，m^2/s；φ 为填充因子；d_e 为水力直径（hydraulic diameter），m；l 为膜有效长度，m；Re 为雷诺数；Sc 为施密特数。

其中水力直径 d_e 可通过如下公式进行计算

$$d_e=\frac{4A_g}{l_w} \tag{6-3}$$

式中，A_g 为气流横截面积，m^2；l_w 为湿周，m。

(2) 膜相分传质系数

当膜孔中完全被气体充满时，膜相分传质系数不但与气体分子的扩散系数有关，还与膜的微观结构有关。由于实际中空纤维膜的微孔结构比较复杂，通常采用如下公式计算膜传质系数

$$k_M=\frac{D_M\varepsilon}{\tau\delta} \tag{6-4}$$

式中，ε 为孔隙率；δ 为膜壁厚；τ 为曲率因子，一般取 3～5，具体取值可根据试验数据确定；D_M 为膜等效扩散系数。

由于膜孔径一般为 0.02～0.2μm，而分子平均自由程为 10^{-8} 数量级，由此可以看出二者比值近似为 1，气体在膜孔中的扩散为连续扩散和 Knudsen 扩散共同作用，其扩散系数可根据分子运动论来计算

$$\frac{1}{D_M}=\frac{1}{D}+\frac{1}{D_k} \tag{6-5}$$

式中，D 为连续扩散系数；D_k 为 Knudsen 扩散系数。

Knudsen 扩散系数与气体压力无关，可以用下式进行计算

$$D_k=97.0r\left(\frac{T}{M_{CO_2}}\right)^{\frac{1}{2}} \tag{6-6}$$

式中，r 为膜孔的平均半径，m；T 为温度，K；M_{CO_2} 为 CO_2 分子量。

（3）液相分传质系数

当液相在膜内（管层）中作层流流动时，吸收过程为物理吸收时，液相分传质系数 k'_L 可由下式计算

$$Sh_L=\frac{k'_L d_e}{D_L}=1.62\left(\frac{d_e}{l}Re_1 Sc_1\right)^{0.33} \tag{6-7}$$

式中，液相扩散系数 D_L 可用下式计算

$$D_L=1.173\times10^{-16}(x_{H_2O}\phi_{H_2O}M_{H_2O}+x_A\phi_A M_A)^{0.5}\frac{T}{\mu_L V_{CO_2}^{0.6}} \tag{6-8}$$

式中，$\phi_A M_A$ 为有效分子量；x_A 为该组分的摩尔分数；V_{CO_2} 为 CO_2 的分子体积，$m^3/(kg\cdot mol)$；μ_I 为吸收液黏度，Pa・s。

与物理吸收相比，化学吸收时由于可溶组分在液相中被反应消耗，改变了液相中的溶质浓度分布，使得液相的传质速率加快，增大了整体吸收过程的传质速率，伴有化学反应的吸收过程的液相分传质系数可以定义如下

$$k_L=Ek'_L \tag{6-9}$$

式中，E 为反应增强因子，可以根据化学反应的有关理论来计算

$$E=\frac{\sqrt{M_{CR}\dfrac{E_i-E}{E_i-1}}}{th\sqrt{M_{CR}\dfrac{E_i-E}{E_i-1}}} \tag{6-10}$$

式中，E_i 为瞬间反应增强因子，M_{CR} 为化学吸收无因次准数，二者计算公式分别如下

$$E_i=1+\frac{D_{BL}C_{BL}}{bD_{AL}C_{Ai}} \tag{6-11}$$

$$M_{CR}=\frac{D_{AL}k_2 C_{BL}}{k'^2_L} \tag{6-12}$$

式中，D_{BL} 为液相吸收剂在液相中的扩散系数，m^2/s；D_{AL} 为气相中 CO_2 在液相中的扩散系数，m^2/s；C_{BL} 为吸收液浓度，mol/L；C_{Ai} 为界面平衡浓度，mol/L；b 为反应计量系数；k_2 为反应速率常数，L/(mol・s)。

（4）总传质系数

总传质系数方程为

$$\frac{1}{K_G}=\frac{1}{k_G}+\frac{1}{k_M}+\frac{1}{Hk_L} \tag{6-13}$$

6.1.3 膜吸收技术基本工艺流程

在膜吸收技术中，主要采用中空纤维膜接触器来替代传统 CO_2 化学吸收工艺中的填料吸收塔，而吸收剂富液大多依然采用传统的热再生塔进行再生，典型工艺流程如图 6-5 所示。

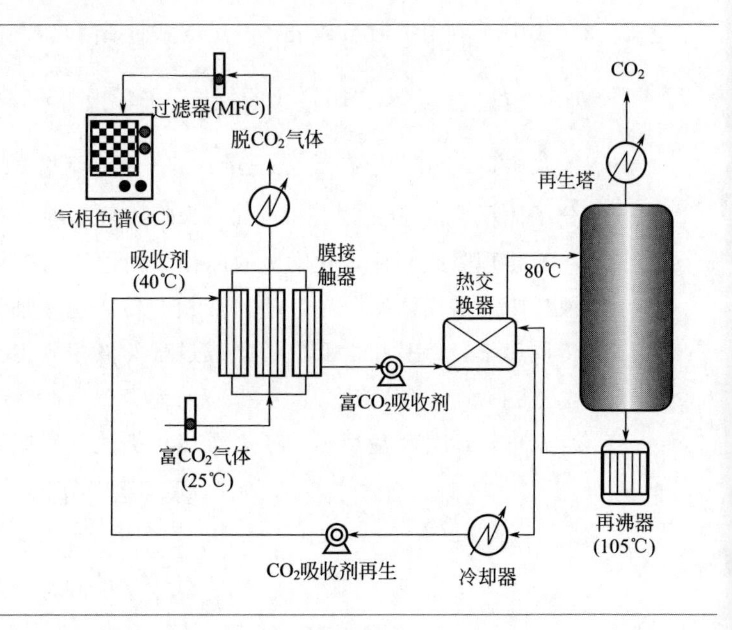

图 6-5
典型的 CO_2 膜吸收工艺流程

根据膜吸收机理，膜吸收中选用的中空纤维膜本身对气体并不具备选择分离性，而只是作为气液间的隔离介质，将气液隔开，而气体的选择分离依然由吸收剂来完成。因此，膜吸收技术能实现如下优势：①气液分开流动，避免了传统化学吸收法工艺中的液相起泡、沟流、夹带等操作难题；②膜的高比表面积特性（$1500 \sim 3000m^2/m^3$）决定了分离设备可采用更高的装填密度，因而可大幅降低反应设备体积和占地面积；③膜具备更高的传质能力；④膜接触器在运行中气液接触面积保持不变，设备具有良好的线性放大性。

6.1.4 膜吸收工艺设计与工程应用

6.1.4.1 膜吸收工艺设计要点

由图 6-5 可知，膜吸收技术与传统 CO_2 化学吸收技术相同，只是采用膜接触器（membrane contactor）替换 CO_2 吸收塔来进行 CO_2 吸收。因此，在膜吸收技术中，除膜接触器外，CO_2 再生塔、贫富液换热器、贫液冷却器、再沸器等主要装置或部件的设计可参照传统 CO_2 化学吸收法工艺，在此不做赘述。对于作为 CO_2 吸收装置的膜接触器而言，设计要点在于：

（1）膜面积（也称传质面积）的确定

其属于膜吸收技术中最关键的环节。对于某一气体处理量而言，所需的膜面积大小与 CO_2 传质系数和操作参数息息相关。在膜接触器中的 CO_2 传质系数可通过式(6-13）进行估算，也可通过数值模拟结合试验验证的方式来确定。由于膜吸收技术中常采用的中空纤维膜接触器具有良好的线性放大性，理论上也可对小试或中试研究中达到所需 CO_2 脱除效率时的最优膜面积进行线性放大，从而获得更大通量气体处理时所需的膜面积。但在线性放大中，还需要考虑到系统占地面积、空间等因素的影响，因而需要在试验研究中考虑到膜接触器排列组合的影响。

（2）CO_2 吸收过程压降

吸收过程中压降直接关系到系统能耗大小，同时也与膜的浸润风险息息相关。CO_2 吸收过程中的压降与膜内径、外径、膜孔隙率、膜填充量等参数相关，也与膜接触器排列组合方式相关，一般需要通过试验结合模拟仿真分析来估算。

（3）吸收剂的筛选

膜吸收技术本质上依然是 CO_2 化学吸收，因此，吸收剂依然需要满足高 CO_2 吸收速率、高 CO_2 循环携带量和低再生能耗等基本要求。但在膜 CO_2 吸收技术中，一般采用疏水膜，且在运行中膜孔要一直保持被气体充满，即不被吸收剂溶液浸润。因而，所筛选的吸收剂应该还具有比水更高的表面张力。

（4）膜材料选择

膜吸收技术对膜材料的要求是具有高的疏水性、价格低廉、长寿命、耐污染等特性。

（5）膜接触器排列组合方式

在高流量烟气处理场景下，所需的膜面积大，而现有商业化膜接触器的面积有限，单位接触器处理的烟气量也有限，因而在实际工程中需要对膜接触器进行放大。一般可采用膜接触器排列组合方式进行放大，因而需要筛选出合理的膜接触器排布方式。

6.1.4.2　膜吸收技术设计中的关键因素

（1）常用膜材料

膜吸收技术中所使用的中空纤维膜接触器主要由疏水性中空纤维膜封装

而成，常见的膜材料有聚乙烯（PE）、聚丙烯（PP）、聚四氟乙烯（PTFE）、聚偏氟乙烯（PVDF）、聚砜（PS）、聚二甲基硅氧烷（PDMS）、聚醚砜（PESF）等，其中商业化运行最广的PP膜材料。各种膜材料的特性如表6-1所示。

表6-1　不同膜材料的特性

类别	单位分子式	密度/(kg/m^3)	特性
聚乙烯(PE)	$—CH_2—CH_2—$	920～960	无臭，无毒，耐腐蚀，绝缘性能好，具有刚性、硬度和机械强度大的特性。耐热老化性差
聚丙烯(PP)	$—CH_2—CH(CH_3)—$	900～910	具有良好的耐热性、绝缘性，化学性质比较稳定，能耐80℃以下的酸、碱溶液及多种有机溶剂。收缩率较大，低温呈脆性，耐磨性不够高
聚四氟乙烯(PTFE)	$—CF_2—CF_2—$	2200	具有优秀的力学性能，自润滑性质，耐高低温、抗化学腐蚀，耐候性，优异的电性能及耐辐照
聚偏氟乙烯(PVDF)	$—CF_2—CH_2—$	1750～1790	具有优良的耐化学腐蚀、耐高温、耐氧化、高机械强度和韧性，卓越的耐候性、耐紫外线、耐辐射性能，及优异的介电性、压电性、热电性能
聚砜(PS)	—	1190～1360	优异的尺寸稳定性、耐热性、力学性能、抗蠕变性、介电性、耐蒸汽性及化学稳定性
聚二甲基硅氧烷(PDMS)	—	—	具有最广的工作温度范围(－100～350℃)，耐高低温性能优异，此外，还具有优良的热稳定性、电绝缘性、耐候性、耐臭氧性、透气性、很高的透明度、撕裂强度，优良的散热性以及优异的粘接性、流动性和脱模性
聚醚砜(PESF)	—	1370～1580	具有韧性、硬度好及显著的长期承载特点。在200℃性能仍能稳定，耐蠕变，在有负荷下可在180℃环境中使用。化学稳定性好，耐酸、碱，直链烃，汽油类。在－40～200℃之间电性能无明显改变，尺寸稳定性好

(2) 常用吸收剂

在膜吸收研究中，除了研究传统乙醇胺（MEA）、二乙醇胺（DEA）、三乙醇胺（TEA）、*N*-甲基二乙醇胺（MDEA）、2-氨基-2-甲基-1-丙醇（AMP）和哌嗪（PZ）等传统单一及混合吸收剂的CO_2吸收性能外，氨基酸盐吸收剂也得到了重视，如氨基乙酸钠（SG）、氨基乙酸钾（PG）、L-精氨酸钾（PA）、L-脯氨酸钾（PP）、肌氨酸钾（PS）和L-鸟氨酸钾（PO）等。氨基酸盐吸收剂具有与传统吸收剂（如MEA）可比的CO_2反应速率，但其水溶液的表面张力更高，膜浸润风险更低。同时，氨基酸盐吸收剂的蒸气分压可忽略不计，在运行中的挥发损失可忽略，且具有更好的抗氧化特性与可降解性。常见的吸收剂如表6-2所示。

表 6-2 研究中用于膜吸收技术的代表性吸收剂

吸收剂种类		气体组分	优劣势
强碱类吸收剂	NaOH 溶液	纯 CO_2; CO_2/CH_4	优势: 反应速率快;挥发性低,不降解。 劣势: 无法再生;成本高
物理吸收剂	水	纯 CO_2;CO_2/N_2	优势: 吸收剂再生容易;运行成本低。 劣势: 物理吸收,CO_2 脱除率低
	水	CO_2/CH_4(高压)	
	碳酸丙烯酯	CO_2/N_2	
	水 丙三醇	纯 CO_2	
有机胺类吸收剂	MEA、MDEA、AMP DEA、MEA/MDEA、MDEA/PZ、AMP/PZ、MEA/SG、MEA/NaCl	CO_2/N_2	优势: 种类繁多,一、二级胺吸收速率快,三级胺再生能耗低,CO_2 吸收容量大。 劣势: 具有一定的挥发性;易高温和氧化降解;腐蚀性强;表面张力低
无机盐和氨基酸盐类	K_2CO_3、Na_2SO_3、PG、PA、PG/K_3PO_4、PG + K_2HPO_4、CORAL®	CO_2/N_2;SO_2/N_2	优势: 表面张力高;吸收剂蒸气分压低;降解性弱,环境友好;与膜材料的兼容性好。 劣势: 对于氨基酸盐来说普遍再生困难,价格昂贵;对于 K_2CO_3 等无机盐来说吸收速率偏慢

(3)系统运行参数对膜吸收性能的影响

目前,关于膜吸收方面的研究大多集中在实验室,主要探究吸收剂种类、吸收剂浓度、温度、CO_2 负荷、液相流量等关键操作参数对膜吸收特性的影响,并从 CO_2 吸收性能与能耗角度对吸收剂贫液 CO_2 负荷和气液比等参数进行优化。值得注意的是,当气相压力相当时,无论是从何种富 CO_2 气体中分离 CO_2,操作参数对膜吸收性能的影响规律基本一致。因此,特以相关实验研究结果来说明运行参数对膜吸收性能的影响规律,所研究的吸收剂有乙醇胺(MEA)、二乙醇胺(DEA)、三乙醇胺(TEA)等常规有机胺类吸收剂,也包含氨基酸盐吸收剂 L-精氨酸钾(PA)和碱性氨基酸吸收剂 L-精氨酸(L-arginine)。实验中,吸收剂在膜管程内流动,而富 CO_2 气体在壳程内与吸收剂呈逆向流动。实验用膜接触器内外径分别为 0.018m 和

0.022m，有效长度0.32m、膜填充数量500根，总膜面积0.176m^2。膜接触器内填充疏水性聚丙烯（PP）中空纤维膜，膜内外径分别为360μm和450μm，平均孔径为0.1～0.2μm，孔隙率为40%～50%。

① 吸收剂浓度的影响。在膜吸收技术中，吸收剂浓度越高，液相边界层中未反应的吸收剂分子数越多，CO_2溶解度越大，有利于强化CO_2吸收，从而获得更高的CO_2脱除效率，如图6-6所示［实验条件为：40% CO_2/60% CH_4、吸收温度30℃、气液比16.67∶1（体积比）］。如果仅从CO_2吸收性能角度考虑，理论上应该选择更高的吸收剂浓度。但值得注意的是，对于有机吸收剂而言，吸收剂浓度越高，其表面张力越低，膜的浸润风险越高。但氨基酸盐吸收剂溶液的表面张力随浓度的增加而增大，因此氨基酸盐吸收剂更适合与膜吸收技术。从图6-6可知，在实验的质量浓度范围内，吸收剂对的膜吸收性能排序依次为：PA＞MEA＞DEA＞L-精氨酸＞TEA，同时发现TEA吸收剂的CO_2脱除性能对其浓度的变化并不敏感，这与吸收剂和CO_2之间的反应速率息息相关。总体而言，吸收剂与CO_2的二级反应速率常数越大，CO_2吸收性能越好。PA具有比MEA和DEA更高的二级反应速率常数，因而其具有对CO_2具有最高的脱除效率，而MEA的二级反应速率常数要高于DEA，因而MEA具有比DEA更好的CO_2脱除效果。但对于TEA而言，分子结构的氨基基团中不含任何活性H原子，其主要催化CO_2的水解反应生成碳酸氢盐，反应速率最低，因而CO_2脱除效果最差。显然，对于PA、MEA和DEA等与CO_2快速反应的吸收剂而言，膜吸收过程中其他参数恒定时，CO_2传质速率主要受制于液相边界未反应的吸收剂分子的数量，而对于TEA等低反应速率的吸收剂而言，传质速率主要受制于吸收剂与CO_2的化学反应过程。

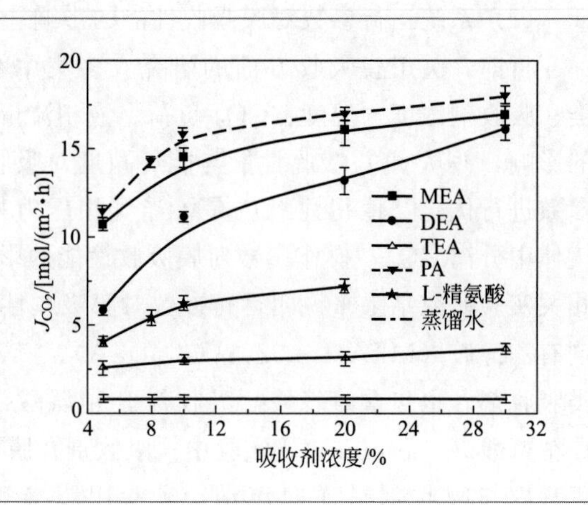

图6-6
吸收剂种类和浓度对膜吸收性能的影响

② 吸收剂溶液温度影响。吸收剂种类不同，对反应温度的敏感性不同，如图 6-7 所示（实验条件：40% CO_2/60% CH_4，20%新鲜吸收剂，气液比 16.67∶1）。MEA 对吸收液的温度具有相对较高的敏感性，随着温度的升高，膜吸收性能将呈现先上升后下降的变化趋势，并在 40℃时达到最大值。这说明，对于 MEA 而言，40℃为其较优的吸收温度。但氨基酸盐吸收剂 PA 的 CO_2 吸收性能却随着温度的升高而出现缓慢上升的趋势，这可能是因为温度越高，PA 溶液的黏度越小，越利于 CO_2 的传质。因此，在实际应用中，氨基酸盐吸收剂可比传统 MEA 选择更高的吸收反应温度，从而降低系统中贫液冷却能源消耗，进而有助于降低系统总能耗。

图 6-7
吸收剂溶液温度对膜吸收性能的影响

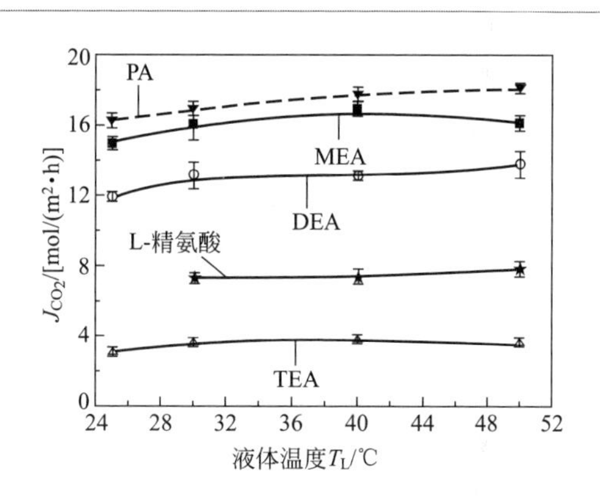

③ 吸收剂贫液 CO_2 负荷影响。在膜吸收过程中，由于 CO_2 不断从气相转移到液相中，吸收剂溶液内的 CO_2 负荷沿膜柱从液相进口到液相出口逐渐增加。因此，当膜进口的溶液初始 CO_2 负荷（也称贫液 CO_2 负荷）发生变化时，吸收过程中 CO_2 的分压梯度将会随之发生变化，导致膜吸收过程的 CO_2 传质性能发生变化，具体表现为贫液 CO_2 负荷越高，CO_2 传质系数越小，CO_2 分离性能越差，如图 6-8 所示（实验条件：40% CO_2/60% CH_4，吸收温度 30℃、气液比 16.67∶1）。显然，贫液 CO_2 负荷越高，吸收剂对 CO_2 吸收的增强因子 *ER*（即化学吸收与纯水吸收传质速率的比值）越小，因而膜吸收性能越差。

但值得注意的是，在探究操作参数影响时，除了考虑 CO_2 分离性能外，还需要综合考虑系统能耗。对于贫液 CO_2 负荷而言，虽然贫液 CO_2 负荷越小，膜吸收系统的 CO_2 分离性能越优，但也意味着在吸收剂富液再生过程中需要耗费更多的热量。因此，如果仅从系统再生能耗角度看，理论上应选

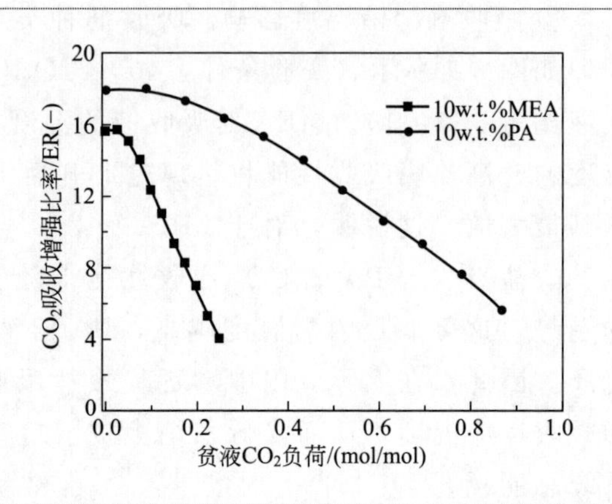

图 6-8
贫液 CO_2 负荷对吸收剂膜吸收性能的影响

择更高的贫液 CO_2 负荷。这表明再生能耗与贫液 CO_2 负荷成某种反比关系。但贫液 CO_2 负荷越高，膜吸收系统的 CO_2 脱除效果越差，导致单位 CO_2 回收能耗升高，这说明再生能耗也与 CO_2 回收量成反比关系。同时，贫液 CO_2 负荷越高，单位吸收液的 CO_2 吸收能力越低，单位 CO_2 分离所需的吸收液量越高，能耗越高。显然，再生能耗与单位 CO_2 的吸收液量成正比关系。因此，贫液 CO_2 负荷对系统能耗的影响是上述影响结果的综合。因此，在实际分析中，可构建一个简单的能耗因子（ECF）来综合反映贫液 CO_2 负荷对系统能耗的影响，构建方法如下所示

$$\mathrm{ECF}=\frac{\beta_{\mathrm{L}}}{\alpha_0 G_{\mathrm{CO_2}}} \tag{6-14}$$

$$G_{\mathrm{CO_2}}=\frac{J_{\mathrm{CO_2}}A}{\pi d_{\mathrm{m}}^2 L} \tag{6-15}$$

$$\beta_{\mathrm{L}}=\frac{[\mathrm{Amine}]+[\mathrm{H_2O}]}{\Delta\alpha} \tag{6-16}$$

式中，ECF 为能耗因子，$(\mathrm{mol}_{胺}\cdot\mathrm{mol}_{溶液}\cdot\mathrm{m}^3_{膜}\cdot\mathrm{h})/\mathrm{mol}^3_{\mathrm{CO_2}}$；$\beta_{\mathrm{L}}$ 为单位 CO_2 回收所需要的溶液量，$\mathrm{mol}_{溶液}/\mathrm{mol}_{\mathrm{CO_2}}$；$\alpha_0$ 为贫液 CO_2 负荷，$\mathrm{mol}_{\mathrm{CO_2}}/\mathrm{mol}_{胺}$；$G_{\mathrm{CO_2}}$ 为实验中单位膜接触器体积的 CO_2 回收量，$\mathrm{mol}_{\mathrm{CO_2}}/(\mathrm{m}^3_{膜}\cdot\mathrm{h})$；$d_{\mathrm{m}}$ 为膜接触器内径，m；L 为膜的有效长度，m；[Amine] 和 [H_2O] 分别代表吸收剂溶液中吸收剂溶质和 H_2O 的浓度，mol/L；$\Delta\alpha$ 为吸收过程中所吸收的总 CO_2 浓度，mol/L，为吸收液进出口的 CO_2 负荷差。

当采用能耗因子进行表征时，ECF 值越小，意味着再生能耗越低。图 6-9 为贫液 CO_2 负荷对膜吸收能耗的影响（实验条件：40% CO_2/60% CH_4，吸收温度 30℃，气液比 16.67∶1）。显然，与 CO_2 负荷对膜吸收性能的影响规

律不同，随着贫液 CO_2 负荷的增加，能耗因子均出现先下降后上升的趋势，会出现能耗最低点。如 MEA 吸收剂的能耗最低点位于 0.175mol/mol 附近，且负荷增加到 0.20mol/mol 时，能耗因子变化并不明显。而 L-精氨酸钾（PA）的能耗最低点出现在 0.7mol/mol 附近，且负荷增加至 0.78mol/mol 时，能耗因子变化不大。

图 6-9

贫液 CO_2 负荷对膜吸收系统能耗因子的影响

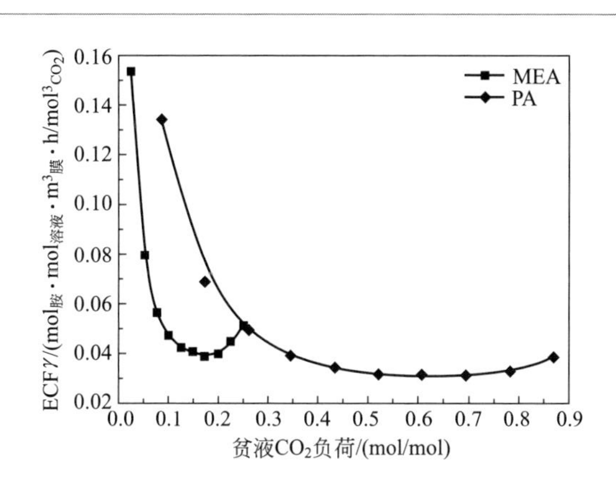

④ 吸收剂溶液流量的影响。在膜吸收过程中，液相流量越大，膜管程内的液体流速越高，液膜层内的溶液更新速度越快，单位时间内将会有更多的吸收剂参与 CO_2 的吸收反应，同时生成的产物也能更迅速地转移到远离液膜层的溶液主体中，因而 CO_2 的脱除效果得到增强。另一方面，随着液相流速的增加，液膜层厚度减小，传质阻力下降，因而总传质阻力下降，CO_2 传质能力增强，如图 6-10 所示（实验条件：40%CO_2/60%CH_4，吸收温度 30℃，20%新鲜吸收剂，气相流量 0.2m^3/h）。值得注意的是，气液比越小（液相流量越大），CO_2 吸收性能越好。但是，从再生能耗角度考虑，液相流量越高，所需的再生能耗将越高。因此，也需考虑液相流量对能耗的影响。

同样，采用能耗因子来对膜吸收系统中的吸收剂溶液流量进行筛选，筛选出最合适的流量范围。如图 6-11 所示（实验条件：40%CO_2/60%CH_4，吸收温度 30℃，20%新鲜吸收剂，气相流量 0.2m^3/h）。在实验的气液比范围内，PA、MEA 和三乙醇胺（TEA）的能耗因子随着吸收液流速的降低而下降，即实际中应选择较低的液相流速可以获得较低的能耗。但对于二乙醇胺（DEA），随着液相流速的增加，能耗因子出现先下降后上升的趋势，并在 12L/h 处出现极小值，这表明 DEA 情形的液相流速选择 12L/h 可能更合适。

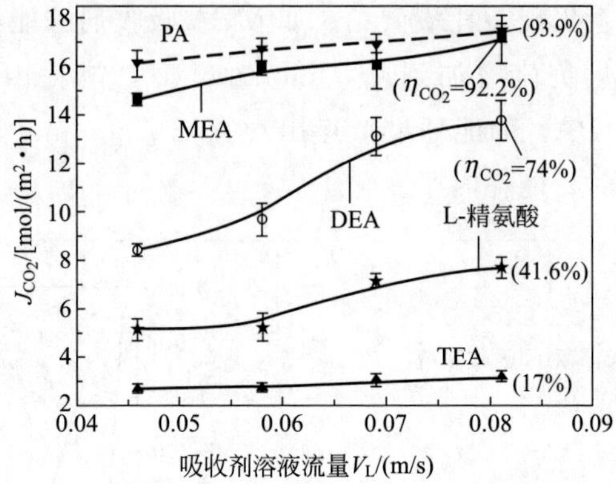

图 6-10

吸收剂溶液流量对膜吸收性能的影响

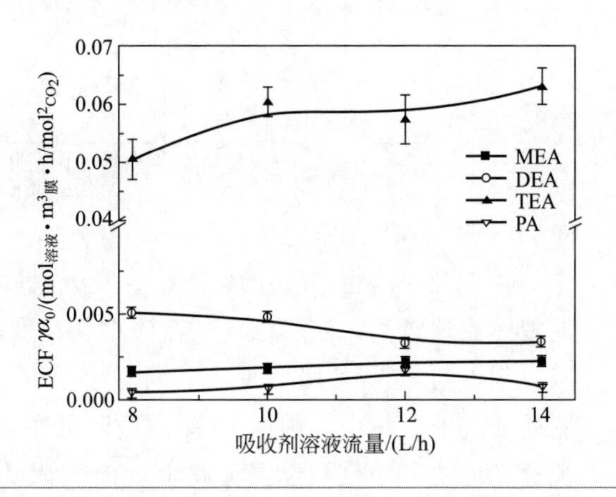

图 6-11

吸收剂溶液流量对膜吸收系统能耗因子的影响

因此，在进行膜 CO_2 吸收研究时，在无条件进行吸收-再生循环实验或吸收剂特性参数还不确定时，可以综合采用 CO_2 脱除性能（含传质系数、传质速率、CO_2 脱除效率等）与系统能耗因子作为指标，对吸收剂进行筛选，或对操作参数进行优选。

⑤ 富 CO_2 气体流量的影响。富 CO_2 气体流量越小，气体在接触器内的停留时间越长，有助于延长 CO_2 与吸收液的接触时间，有利于 CO_2 的吸收，因而 CO_2 脱除效率增加，如图 6-12 所示（实验条件：40％CO_2/60％CH_4，吸收温度 30℃，10％新鲜吸收剂，液相流量 12L/h）。但过低的气相流量，会降低膜壳程内气相流速，导致气体雷诺数降低，气相传质阻力增加，使得总传质阻力增加，从而导致 CO_2 传质速率下降，导致单位 CO_2 回收成本上升，同时膜接触器的利用率下降。因此，为了同时获得高 CO_2 吸收速率和传质速率，可以考虑选择较高的气体流量，并通过增加膜长度来延长气液接触时间，从而获得较优的综合性能。由图 6-12 还可知，膜吸收系统对气体流

量变化具有一定的适应能力，且PA吸收剂的适应性能最优。当实际的富CO_2气体流量发生大幅波动时，尤其是气相流速突然大幅增加时，系统CO_2分离性能将会恶化，因此实际运行中应确保气相流量的稳定，可通过增减膜组件的数量来进行应对。

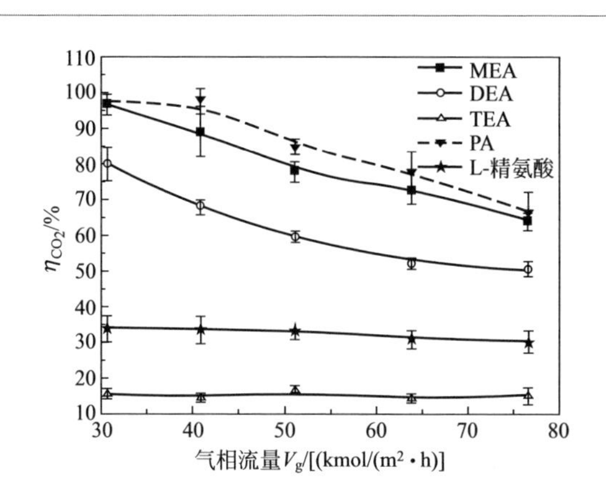

图6-12
气相流量对膜吸收性能的影响

⑥ 气体中CO_2浓度的影响。相同气体压力下，气体中CO_2浓度越高，气相中CO_2分压越高，CO_2传质推动力越强，CO_2传质速率越快，但被吸收的CO_2量的增加幅度小于气相中CO_2的增幅，会导致CO_2脱除速率下降，如图6-13所示（实验条件：40%CO_2/60%CH_4，吸收温度30℃，20%新鲜吸收剂，气相流量0.2m^3/L）。此现象说明，为某一特定气体成分而设计的膜参数和操作参数，不太适合气体成分急剧变化的情形，当气体成分急剧变化时，应适当调整操作参数来使系统的CO_2分离性能保持稳定。如当CO_2浓度急剧上升时，应适当增加液相流量，而当CO_2体积分数下降时，

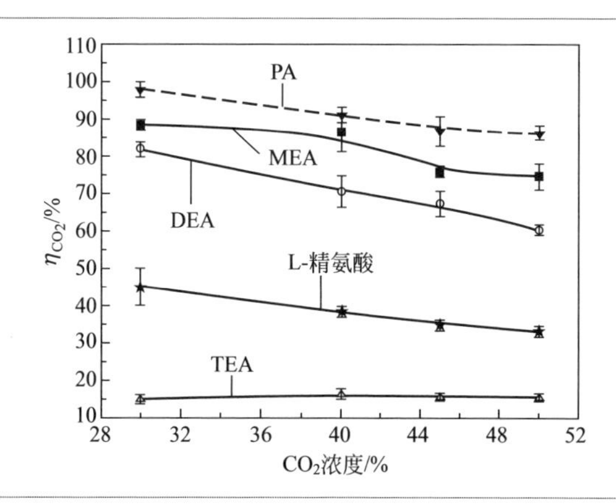

图6-13
CO_2浓度对膜吸收性能的影响

可适当降低液相流量，从而降低操作成本。同样，不同的气体成分下，PA 的 CO_2 脱除性能要优于传统 MEA 吸收剂，这说明氨基酸盐吸收剂 PA 对气体成分变化的适应性要优于 MEA 等传统吸收剂。

（4）膜接触器基本结构与工业放大

常见的中空纤维膜接触器结构为“平行流组件结构”和“交错流组件结构”两种，如图 6-14 和图 6-15 所示。

图 6-14
平行流组件中空纤维膜结构示意图

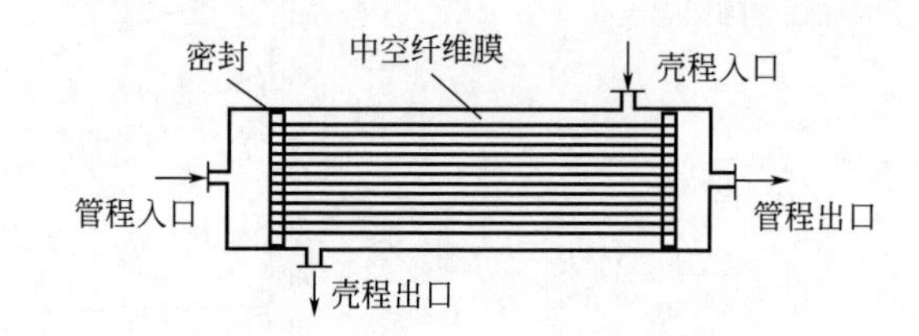

图 6-15
TNO 交错流膜组件结构

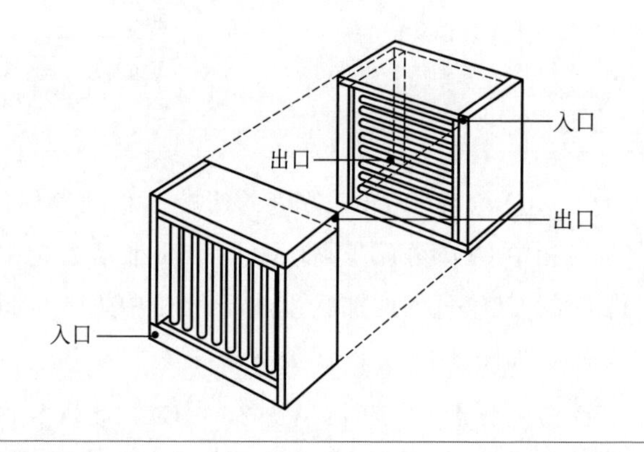

平行流组件的特征是管程与壳程的流体以并流或逆流的形式平行流动，其优点在于加工制造、造价较低，是工业上最常用的膜组件。但在平行流组件中，中空纤维膜的装填并不均匀，极易导致壳程流体的分布不均匀，进而影响传质效率。

针对此种问题，荷兰 TNO 对常规膜接触器进行了改进，设计了交错流膜接触器，在这种膜接触器中，CO_2 等气体垂直纤维膜在壳侧流动，吸收液在膜内流动，总体上两种介质逆向流过组件，具有良好的传质特性。另外，在平行流膜接触器中加入气相中心分配管，调节气体的分布，也可以改善气相在壳程分布不均匀的问题。

膜吸收技术的优点之一在于其具有线性放大性，即只需根据小流量气体 CO_2 吸收的最优实验结果，对膜进行线性放大，即可获得大流量气体处理时所需的总膜面积。理论上，只需对实验用膜接触器长度等比例增加，即可满足大流量气体处理要求。但在实际工程应用中，受制于膜制作难易程度、场地限制及气液相运行阻力等多重因素影响，此种直接增加膜接触器长度的方法并不具备可行性，实际中膜接触器一般需要采用多级串并联形式进行布置。因此，相同膜面积下，膜接触器组合方式不同，在膜接触器内运行的气液流速不同，系统传质阻力不同，就会导致系统 CO_2 吸收性能也不相同。常见的膜接触器组合方式有如图 6-16 所示的四种形式（此处以两级膜接触器为例进行说明）。

图 6-16

常见的膜接触器组合形式

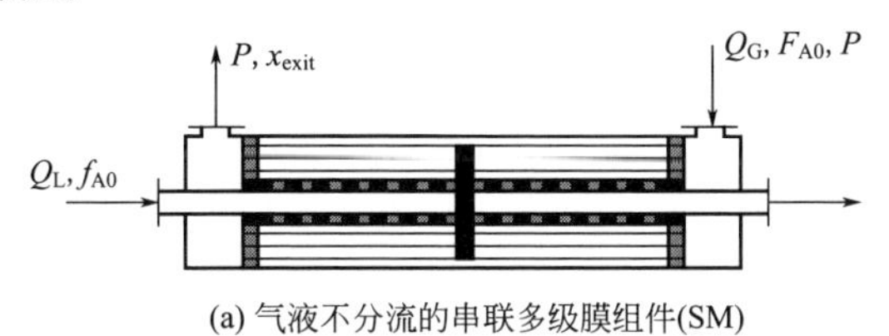

(a) 气液不分流的串联多级膜组件(SM)

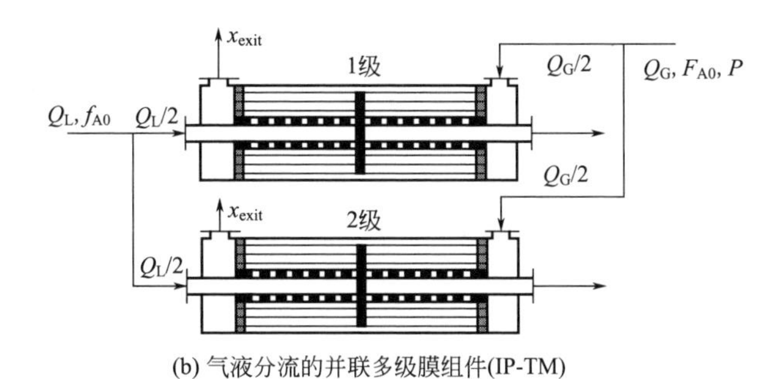

(b) 气液分流的并联多级膜组件(IP-TM)

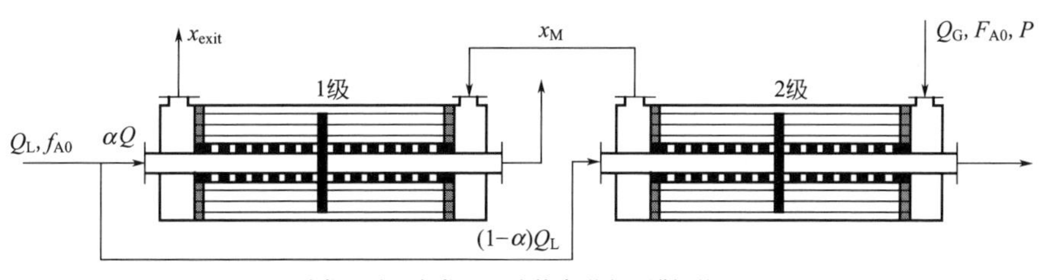

(c) 液相分流、气相不分流的串联多级膜组件(IS-TMS)

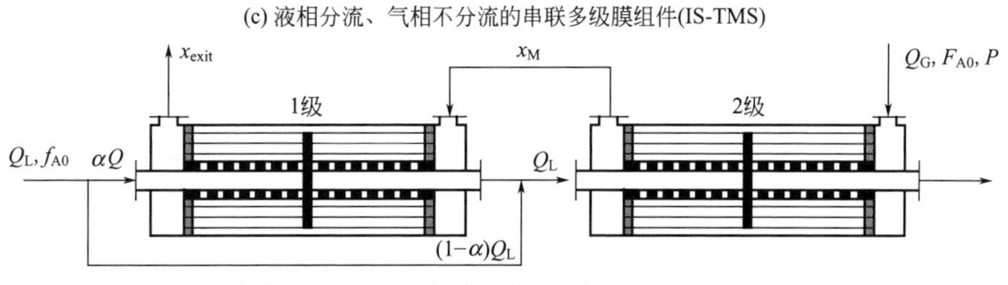

(d) 气相不分流、液相先分流后并流的串联多级膜组件(IS-TMC)

① 气液不分流的串联多级膜组件（SM）。在此种膜接触器布置方式中，所有同等大小的膜接触器串联布置，吸收剂溶液从第一级膜接触器管程进入，依次流过各膜接触器，直到从最后一级膜接触器管程流出。而气体则从最后一级膜接触器壳程进入，依次流过各膜接触器，直到从第一级膜接触器壳程流出，与吸收剂溶液形成逆向间接接触。

② 气液分流的并联多级膜组件（IP-TM）。在此种布置形式中，所有膜接触器组件并列布置，吸收剂溶液和气体分流至各接触器中，保证每级膜接触器内的吸收剂流量相等，所处理的气体流量相等。对于N级并联而言，每级膜接触器内所处理的气体流量为总流量的1/N，流过的吸收剂流量也为总流量的1/N。

③ 液相分流、气相不分流的串联多级膜组件（IS-TMS）。在此种布置形式中，所有膜接触器组件串联布置，气体从最后一级膜接触器壳程进入，依次流过各膜接触器，直到从第一级膜接触器壳程流出。而吸收剂溶液进行分流，同时进入每级膜接触器中，与气体形成逆向流动。值得注意的是，每级膜接触器内的吸收剂溶液吸收 CO_2 后单独汇入到富 CO_2 吸收剂溶液流之中。每级膜接触器内的吸收剂溶液流量可相同，亦可不同，可通过调节分流比（α）进行调控。

④ 气相不分流、液相先分流后并流的串联多级膜组件（IS-TMC）。在此种布置形式中，所有膜接触器组件串联布置，气体从最后一级膜接触器壳程进入，依次流过各膜接触器，直到从第一级膜接触器壳程流出。而吸收剂溶液在进入第一级膜接触器前进行分流，一部分吸收剂溶液直接进入第一级膜接触器，剩下的吸收剂溶液则与从第一级膜接触器出口的吸收剂富液混合后，再进入下一级膜接触器中。

值得注意的是，模拟研究显示，在相同研究条件下，膜接触器布置模式不同，膜吸收性能不同，同时膜被浸润的风险也不相同。当吸收剂溶液流速较低时（如流速不超过 $7.5\times10^{-5}\,m^3/s$），各膜接触器布置模式的 CO_2 吸收性能从大到小排序为：SM>IS-TMC>IP-TM>IS-TMS。主要原因在于，当吸收剂溶液流速较低时，膜被浸润风险较低，此时，膜吸收传质过程主要由液相传质控制，膜接触器内液相传质阻力随流速增大而降低，系统总传质性能越好，膜 CO_2 吸收性能越优。显然，SM布置模式具有最高的液相流速，因而其吸收性能最好。

当膜接触器内吸收剂溶液的流速较大时（如超过 $8.19\times10^{-5}\,m^3/s$），膜浸润风险增加，液相流速越高，浸润风险越大，此时系统传质将由膜阻力控制。因此，在较高液相流速条件下，膜接触器布置模式的 CO_2 吸收性能从大到小排序为：IS-TMS>IP-TM>IS-TMC>SM。

总体而言，在实际工程中，应尽量选择较低的液相流速，从而降低膜浸润风险，此时优先选择气液不分流的串联多级膜组件布置形式(SM)和气相不分流、液相先分流后并流的串联多级膜组件布置形式(IS-TMC)。如要降低总膜面积需求，应选择较高的液相流速，但为了降低膜浸润风险，应优先选择液相分流、气相不分流的串联多级膜组件布置形式(IS-TMS)，同时气液分流的并联多级膜组件布置形式(IP-TM)也值得考虑。

为了突出膜接触器在降低设备尺寸等方面的强化潜能，研究者建议中空纤维膜的外径不宜超过800μm，而总传质系数应不低于5×10^{-4}m/s。

6.1.4.3 膜吸收技术的工程应用

虽然膜吸收技术具有提高CO_2吸收传质系数和降低设备尺寸等优势，但受制于膜材料成本、膜寿命及膜存在浸润与堵塞风险等各种因素影响，现阶段还暂未进行膜吸收工艺的商业化应用，目前的研究主要集中在实验室小试。如浙江大学构建了标准状况下$5m^3/h$烟气处理量的膜吸收小试试验系统，研究了吸收剂种类和操作参数对CO_2捕集性能的影响。中石化南京化工研究院有限公司构建了一套用于连续吸收和再生试验的膜吸收技术试验系统，筛选了适合用于CO_2捕集的中空纤维膜组件，研究了流体在膜组件内的流动及分配方式对传质效果的影响，开发了适用于膜吸收技术的配方型吸收剂，建立了膜吸收传质的计算模型，并在此基础上编制了$3000m^3/h$烟气处理量的膜吸收技术CO_2捕集工艺方案。Chabanon等在包含8521根PTFE纤维、总膜面积为$10m^2$的试验系统中探究了操作参数对烟气CO_2吸收效果的影响，据此，Kimball等对800MWe燃煤电站烟气采用膜吸收技术进行了设计。Scholes等构建了包含30000根PP纤维、总膜面积为$7.1m^2$的膜吸收试验系统，考察了氨基乙酸钾（PG）吸收剂的运行效果及系统压降。在此基础上，Scholes等对原有膜吸收系统进行了进一步放大，采用10000根聚二甲基硅氧烷纤维组建了面积为$10m^2$的膜接触器，并构建了烟气处理量为20kg/h的膜吸收试验系统，采用30% MEA进行了连续29天稳定运行，发现烟气CO_2脱除效率可稳定在90%以上。

6.1.5 膜吸收技术的潜在风险

① 膜浸润风险。由于膜吸收法中选择的中空纤维膜一般为疏水性膜，即在运行中膜孔理论上应一直被气体充满，吸收剂溶液不能进入膜孔之中（否则称为膜浸润），否则系统的传质能力将会大幅下降。因此，液相侧压力要

低于膜自身的突破压力。同时，在实际运行中，需要保证液相侧压力要稍大于气相侧压力，防止发生气体在液相侧内起泡的现象。

② 膜堵塞风险。在燃煤烟气等应用场景下，由于烟气中含有大量的小颗粒（几微米），而膜孔非常小（零点几微米），因而膜孔可能会被堵塞。膜孔被堵塞会导致气液接触面积下降，从而影响 CO_2 传质能力，此时，膜吸收法与化学吸收法相比，并无优势可言。

③ 中空纤维膜的引入在传统气液两相界面增加了膜相界面，传质阻力增加。

④ 壳程内流体分布均匀性值得关注，因为流体分布得不均匀会直接影响系统传质速率。

⑤ 膜寿命问题。膜吸收法在应用中一般选择价格相对较低的商业化有机膜，而有机膜在长时间运行中存在失效的风险。一旦膜失效，就需要及时更换膜组件，来维持吸收性能。因此，与传统化学吸收法技术相比，膜吸收法多了膜更换费用这一运行成本。显然，如果膜寿命过短，将会导致膜更换频繁，费用过大，从而造成运行成本过高，影响膜吸收法技术的应用。

6.2 膜减压再生技术与工艺

6.2.1 膜减压再生技术产生背景

目前基于化学吸收的烟气 CO_2 分离技术的关键在于降低系统能耗，尤其是富液再生过程中的能耗，这主要是因为富液热再生的能耗占整个工艺能耗的60%以上。此外，对于有机胺吸收剂来说，其富液再生所需的温度通常高于120℃，在如此高的再生温度下，吸收剂的挥发损失及热降解不可忽视。同时，高温再生意味着需要从汽轮机中抽取更高品质的蒸汽来加热吸收剂富液，从而导致更高的电厂热效率损耗。虽然通过新型吸收剂开发、吸收和再生工艺的优化及系统热整合等措施可以达到一定的降耗性能，但降耗幅度依然有限，且相关改进工作依然局限于传统的高温热再生，因而热降解和高温挥发的问题无法得到根本解决。为获得更大的再生能耗降低幅度，有必要开发全新的再生工艺。新再生工艺的研究期望采用更低的温度来再生富液，达到利用各种低品位能源的目的。

在传统热再生技术中，采用低于100℃（如80℃）的再生温度进行再生时，吸收剂富液再生效果并不理想，主要原因在于当吸收剂富液 CO_2 负荷相同时，再生温度越低，富液 CO_2 平衡分压越低，因而常压时再生传质推动力较低。同时，温度越低，CO_2 再生反应速率越低。因此，在较低再生温度时，为获得更高的再生传质推动力，必须采取一定的手段来降低再生过程中气相的 CO_2 分压，如采用惰性气体吹扫再生，可有效降低再生温度。除气体吹扫外，对气相侧进行减压操作也能降低气相中 CO_2 在体系内的滞留时间和 CO_2 分压，也可增加再生传质推动力，有助于提高富液再生性能。

对大体积富液的减压再生研究表明，减压再生传质过程属于液相传质控制过程，富液的平均再生程度直接依赖于再生出的 CO_2 在富液内的传质距离。CO_2 在富液内的总传质距离越短，再生效果越明显。不同厚度富液的减压再生结果也显示，富液厚度越小，再生效果越明显。因而，在再生中降低面向气相侧的液相厚度，对大体积富液进行有效分割，将其分割成具有合适厚度的薄层富液，并对薄层富液逐一进行减压再生，将会大幅提升再生性能。

中空纤维膜因其内径较小、比表面积巨大和强度较高等优势，可用于吸收剂富液厚度的切割，如再生过程中吸收剂富液可在中空纤维膜管程内流动，从而可被中空纤维膜分割成厚度为膜内径一半的薄层富液。同时，气液相在再生过程中因膜的疏水性而保持分开运行，确保合适的气液接触面积和再生时间。基于此，膜减压再生技术应运而生。

6.2.2 膜减压再生工艺流程及操作参数控制

(1) 典型膜减压再生工艺流程

除了 Scholes 等采用 24000 根聚二甲基硅氧烷纤维组建了面积为 $50m^2$ 的膜接触器用于 30% MEA 富液减压再生（连续运行 29d）外，目前关于膜减压再生的研究大多还处于实验室研究阶段，且暂无工业化应用报道。因此，在此仅从实验小试角度介绍膜减压再生技术。

典型的膜减压再生实验系统如图 6-17 所示。

该实验系统主要由中空纤维膜接触器、贫富液罐、真空泵、低温蒸汽供应装置、温控系统和冷凝系统等部分组成。运行中，首先将提前制备好的富 CO_2 吸收剂溶液加入到富液罐内，并由加热器加热到所设定的温度。富液的温度由温度控制器设定并控制。当富液温度达到设定值时，开启富液泵，首先让富液在系统内循环运行一段时间，确保进入膜接触器内的液体温度达到

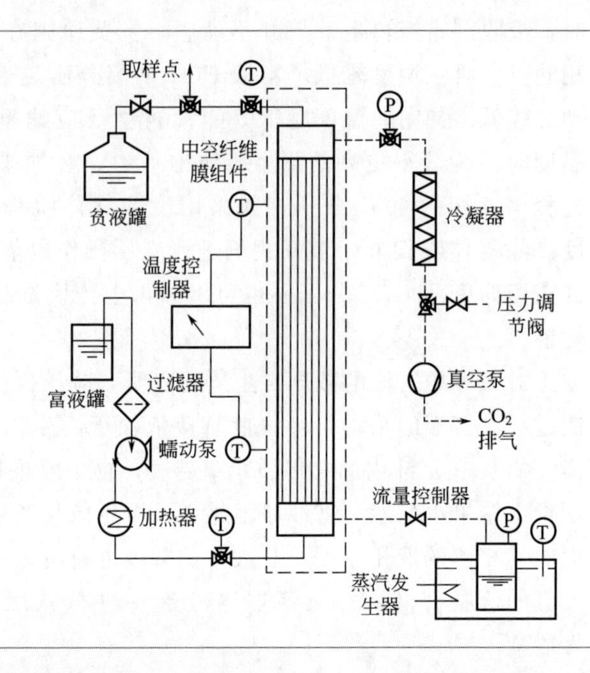

图 6-17
膜减压再生实验系统

设定值。所有的管路系统外壁均包裹电加热带，降低富液在管路运行中热量损失的同时可以保证富液到达膜接触器入口时的温度恒定。同时，也可使系统循环升温时更快达到所需的温度。当接触器进口的富液温度传感器的温度显示值达到设定值，并且接触器内相应部分（如膜管程）被富液充满时，开启真空泵进行抽真空，并计时。同时，来自于由恒温水浴加热的去离子水瓶内的低温蒸汽将充当再生过程中的“吹扫气”。此时，在减压和外部水蒸气的吹扫下，气相侧的 CO_2 分压将会低于富液中 CO_2 的平衡分压，富液中 CO_2 平衡被打破，反应逆向进行，实现富液的再生。而富液中被再生出来的 CO_2 在浓度梯度的作用下，透过膜孔进入壳程，并在真空泵的抽吸下，与低温蒸汽一起离开接触器。接着，在冷凝器系统内，低温蒸汽将会冷凝，与再生出的 CO_2 分离，从而达到 CO_2 富集的目的。富集的 CO_2 将由真空泵排气口排出并进行收集，用于测试富集后 CO_2 的纯度。而再生后的贫液将从接触器排出，进入贫液罐中储存。在操作中，低温蒸汽源与再生系统的气相管路处在同一管路系统中，其蒸汽量将由去离子水温度、再生压力和真空泵的抽气能力共同控制。同时，保证低温蒸汽的温度与再生富液的温度相同。理论上，只要能精确控制低温蒸汽的温度，保证膜两侧的水蒸气分压一致，就可在再生过程中完全抑制富液水分的损失。

（2）膜减压再生传质过程

与膜吸收类似，膜减压再生技术在放大应用设计时，关键依然为膜面积的确定，而膜面积主要由减压再生中 CO_2 传质系数及操作参数的影响共同决定。因此，有必要构建膜减压再生的传质模型。

图 6-18 给出了在膜减压再生过程中 CO_2 分子在中空纤维膜内的传递过程。图 6-18 中，(a)为 CO_2 在膜减压再生过程中的传递示意图，(b)为膜接触器截面示意图。吸收剂富液进入纤维膜接触器的管程，水蒸气在纤维膜外侧的壳程流动。假设整个过程为等温过程。为了强化 CO_2 再生的传质过程，在膜接触器的壳程进行真空减压操作。再生过程中，CO_2 分子从管程的吸收液内被再生出来，透过膜孔进入膜接触器的壳程。在 CO_2 膜再生过程中，进行以下假设：①CO_2 解吸过程中为稳态和等温过程；②管程的流体流速分布为完全发展的抛物线分布；③在管程忽略气体分子轴向的扩散；④在气液界面上遵循亨利定律；⑤忽略膜接触器壳程的压降。

图 6-18

减压再生过程中 CO_2 在膜内传递示意

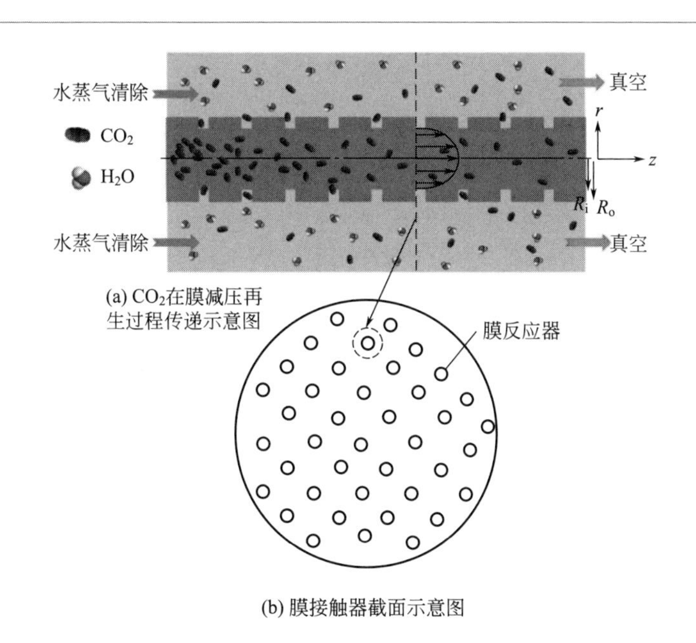

(a) CO_2在膜减压再生过程传递示意图

(b) 膜接触器截面示意图

以 MEA 为代表构建 CO_2 膜减压再生的传质数学模型。在减压再生过程中，不同组分的连续性方程为

$$V_Z \frac{\partial C_{CO_2}}{\partial Z}=D_{CO_2}\left(\frac{\partial^2 C_{CO_2}}{\partial r^2}+\frac{1}{r}\times\frac{\partial C_{CO_2}}{\partial r}\right)-r_{CO_2} \tag{6-17}$$

$$V_Z \frac{\partial C_{MEA}}{\partial Z}=D_{MEA}\left(\frac{\partial^2 C_{MEA}}{\partial r^2}+\frac{1}{r}\times\frac{\partial C_{MEA}}{\partial r}\right)-r_{MEA} \tag{6-18}$$

式中，V_Z 为液体在轴方向的流速，m/s；C_{CO_2} 和 C_{MEA} 分别为液相中

自由 CO_2 和 MEA 浓度，mol/m^3；D_{CO_2} 和 D_{MEA} 分别为液相中 CO_2 和 MEA 分子的扩散系数，m^2/s；r_{CO_2} 和 r_{MEA} 分别为 CO_2 和 MEA 反应速率，$mol/(m^3 \cdot s)$。

CO_2 和 MEA 在准稳态时的反应速率可由下式计算获得

$$r_{CO_2}=\frac{k_{2,MEA}C_{MEA}(C_{CO_2}-C_{CO_2}^{e})}{1+\dfrac{k_{-1}}{k_{H_2O}C_{H_2O}+k_{MEA}C_{MEA}}} \tag{6-19}$$

$$r_{MEA}=\frac{k_{2,MEA}C_{MEA}(C_{CO_2}-C_{CO_2}^{e})}{1+\dfrac{k_{-1}}{k_{H_2O}C_{H_2O}+k_{MEA}C_{MEA}}}+\frac{k_{2,MEA}C_{MEA}(C_{CO_2}-C_{CO_2}^{e})}{1+\dfrac{k_{-1}+k_{H_2O}C_{H_2O}}{k_{MEA}C_{MEA}}} \tag{6-20}$$

式中，$C_{CO_2}^{e}$ 为平衡 CO_2 浓度，mol/m^3。

式(6-25）和式(6-26）中，对应的反应动力学常数一般可通过如下公式计算

$$k_{2,MEA}=7.973\times10^{9}\exp\left[-\frac{6243}{T(K)}\right] \quad [m^3/(mol\cdot s)] \tag{6-21}$$

$$\frac{k_{2,MEA}k_{H_2O}}{k_{-1}}=1.1\exp\left[-\frac{3472}{T(K)}\right] \quad [m^6/(mol^2\cdot s)] \tag{6-22}$$

$$\frac{k_{2,MEA}k_{MEA}}{k_{-1}}=1.563\times10^{8}\exp\left[-\frac{7544}{T(K)}\right] \quad [m^6/(mol^2\cdot s)] \tag{6-23}$$

而液体流速在管程的分布可以假设为遵循牛顿流体的层流分布，因此有

$$V_Z=2\overline{V}\left[1-\left(\frac{r}{R_i}\right)^2\right] \tag{6-24}$$

式中，$\overline{V}$ 为液体的平均流速，m/s；R_i 为膜纤维的内径，m。

各组分的初始条件和边界条件分别为

$$Z=0\ 时, C_{CO_2}=0, C_{MEA}=C_{MEA,0} \tag{6-25}$$

$$r=0\ 时, \frac{\partial C_{CO_2}}{\partial r}=0, \frac{\partial C_{MEA}}{\partial r}=0 \tag{6-26}$$

$$r=R_i\ 时, \frac{\partial C_{CO_2}}{\partial r}=\frac{k_{ex}(C_{CO_2,G}-C_{CO_2,L}^{i}/m)}{D_{CO_2}}, \frac{\partial C_{MEA}}{\partial r}=0 \tag{6-27}$$

式中，$C_{MEA,0}$ 为初始条件时，在液相中自由 MEA 的浓度，其为 MEA 浓度、温度和 CO_2 负荷的函数，可通过 MEA-H_2O-CO_2 体系气液平衡（VLE）模型进行计算；$C_{CO_2,G}$ 为气相中 CO_2 浓度，mol/m^3；$C_{CO_2,L}^{i}$ 为在气液界面上 CO_2 在液相的浓度，mol/m^3；m 为气液界面上液相和气相的气

体分配系数；k_{ex} 为膜相和气相的联合传质系数，$k_{ex}=\dfrac{1}{(1/k_g+1/k_m)}$；$Z$ 为真空泵压缩级数。

当纤维膜在膜孔未被液体湿润情况下时，膜相传质系数可以表示为

$$\frac{1}{k_{\mathrm{m}}}=\frac{\tau\delta}{D_{\mathrm{ig}}^{\mathrm{e}}\zeta} \tag{6-28}$$

当纤维膜在膜孔湿润情况下时，膜相传质系数可以表示为

$$\frac{1}{k_{\mathrm{m}}}=\frac{(1-\phi)\tau\delta}{D_{\mathrm{ig}}^{\mathrm{e}}\zeta}+\frac{\phi\tau\delta}{D_{\mathrm{CO_2,L}}\zeta} \tag{6-29}$$

式中，ζ 为膜的孔隙率；$D_{\mathrm{ig}}^{\mathrm{e}}$ 为气体在膜孔中的有效扩散系数，$\mathrm{m^2/s}$；δ 为膜厚度，m；τ 为孔的曲率因子，$\tau=1/\zeta^2$；ϕ 为膜孔的浸润率；$D_{\mathrm{CO_2,L}}$ 代表 CO_2 在液相的扩散系数，$\mathrm{m^2/s}$。

气相传质系数可以表示为

$$Sh=5.85(1-\varphi)(d_{\mathrm{h}}/L)Re^{0.6}Sc^{0.33},0.04<\varphi<0.4 \tag{6-30}$$

式中，φ 为填充率；L 为纤维膜长度，m；d_{h} 为纤维膜接触器壳程的水力直径，m；Re 和 Sc 分别为雷诺数和施密特数。

MEA-H_2O-CO_2 体系的气液平衡常数可通过表 6-3 计算。

表 6-3　MEA-H_2O-CO_2 体系主要化学反应及平衡常数

化学反应	反应平衡常数
$2H_2O \xrightleftharpoons{K_W} H_3O^+ + OH^-$	$\ln K_W=132.899-13445.9/T-22.4773\ln T$
$MEAH^+ + H_2O \xrightleftharpoons{K_{MEAH+}} MEA + H_3O^+$	$\ln K_{MEAH+}=-3.0383-7008.357/T-0.0031348T$
$MEACOO^- + H_2O \xrightleftharpoons{K_{MEACOO^-}} MEA + HCO_3^-$	$\ln K_{MEACOO^-}=-0.52135-2545.53/T$
$CO_2 + 2H_2O \xrightleftharpoons{K_{CO_2}} H_3O^+ + HCO_3^-$	$\ln K_{CO_2}=231.465-12092.1/T-36.7816\ln(T)$
$HCO_3^- + H_2O \xrightleftharpoons{K_{HCO_3^-}} H_3O^+ + CO_3^{2-}$	$\ln K_{HCO_3^-}=216.05-12431.7/T-35.4819\ln(T)$

气相 CO_2 和 MEA-H_2O-CO_2 溶液体系中的 CO_2 关系可通过亨利定律表达

$$p_{\mathrm{CO_2}}=H_{\mathrm{CO_2,L}}C_{\mathrm{CO_2}} \tag{6-31}$$

式中，$p_{\mathrm{CO_2}}$ 为 CO_2 分压，kPa；$H_{\mathrm{CO_2,L}}$ 为 CO_2 在 MEA 溶液中的亨利常数，$\mathrm{kPa\cdot m^3/kmol}$。

以膜减压再生前后吸收剂的 CO_2 负荷变化 $\Delta\alpha$ 为指标，（实验和模拟参

数：富液 CO_2 负荷，0.52mol CO_2/mol MEA；MEA 浓度，20%；再生温度，343K；液相流速，0.002m/s；吹扫蒸汽流量，0.5g/min；0.7mm PP 膜直径、110 根膜、0.022m 膜接触器内径）。讨论不同再生压力条件下，模型计算值与实验测试值之间的差异，如图 6-19 所示。由图可知，计算值与实验测试值匹配度较高。

图 6-19

不同压力下膜减压再生后 CO_2 负荷变化计算值与实验值的对比

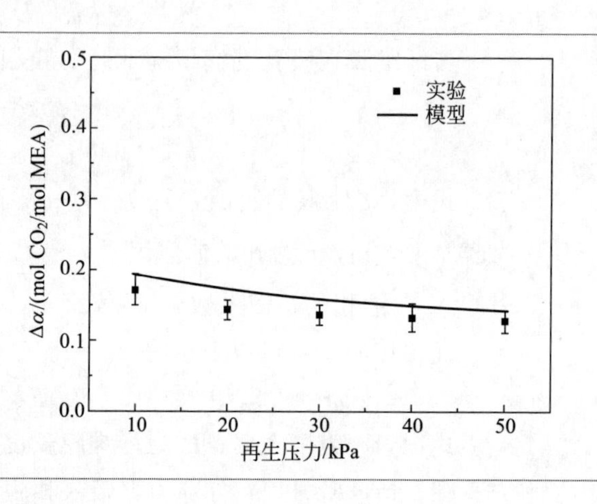

(3) 膜减压再生关键操作参数影响与优化

操作参数关系到吸收剂的再生性能，从而直接影响到再生过程中所需的膜面积大小，因而在研究中需要探明操作参数的影响，并对其进行优化，为膜减压再生工艺优化提供一定的理论指导。一般可采用模型预测与实验验证相结合的方式对操作参数进行优化。基于上述所构建的膜减压再生传质数学模型，对关键操作参数进行了优化，如图 6-20～图 6-25 所示。

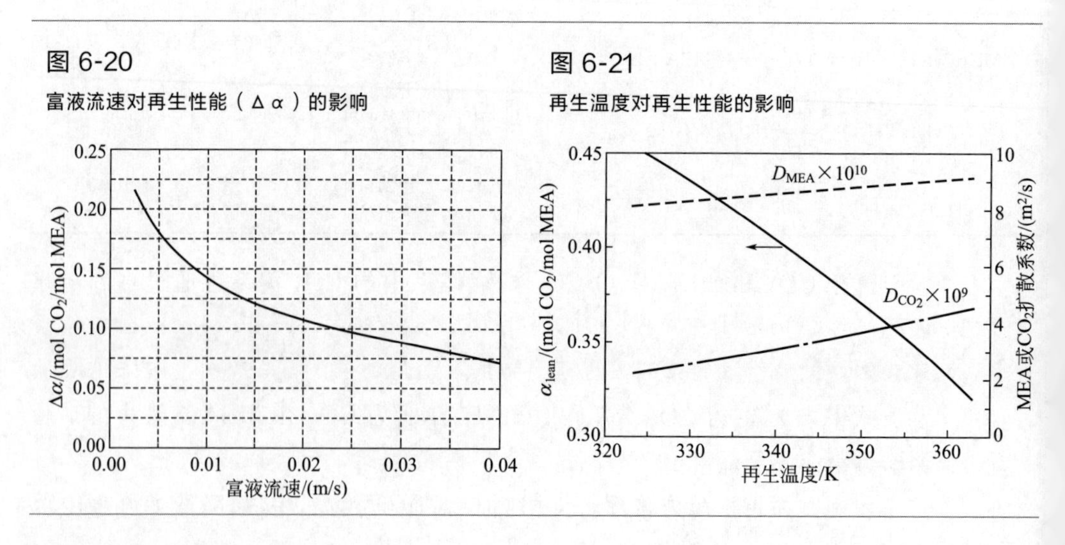

图 6-20

富液流速对再生性能（Δα）的影响

图 6-21

再生温度对再生性能的影响

图 6-22
再生压力对再生性能的影响

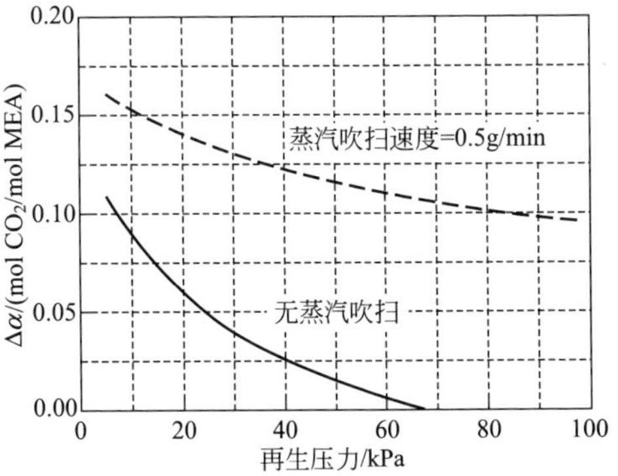

图 6-23
吹扫气流量对再生性能的影响

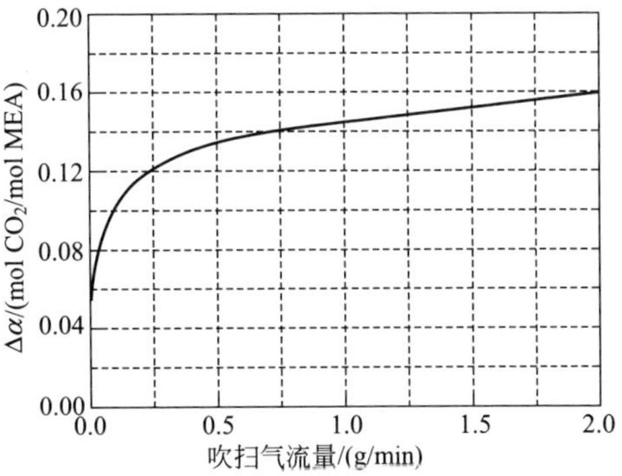

图 6-24
膜有效长度对再生性能的影响

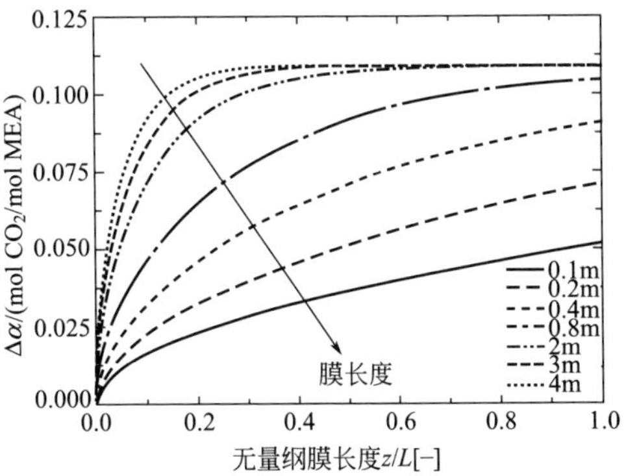

图 6-25
膜直径对再生性能的影响

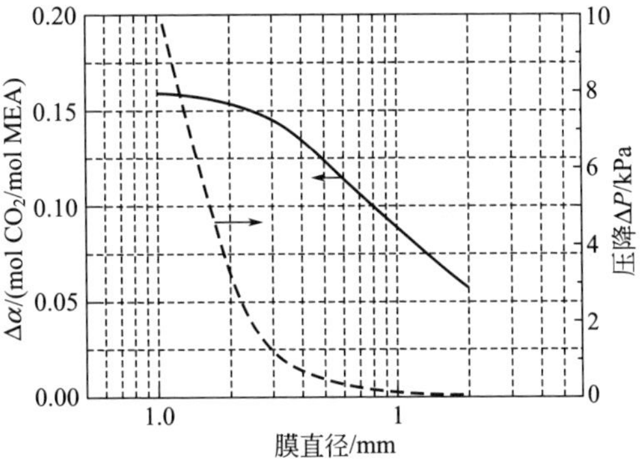

提高富液流速，富液在膜内的滞留时间会大幅下降，因而膜减压再生性能会随之下降（图 6-20，模拟条件为：20%MEA、0.5mol/mol、再生温度 353K；0.5g/min 吹扫气流量、20kPa）。提高再生温度，再生后贫液 CO_2 负荷呈现线性下降趋势（图 6-21，模拟条件为：20% MEA、0.5mol/mol、0.01m/s 富液流速；0.5g/min 吹扫气流量、20kPa），这主要是因为再生温度越高，CO_2 分子在液相中的扩散系数及溶液中 CO_2 的平衡分压都大幅增加，因而传质推动力增加，有助于再生。无论是否在膜减压再生中采用低温蒸汽吹扫，再生压力越高，再生性能越差（图 6-22，模拟条件为：20% MEA、0.5mol/mol、353K、0.01m/s 富液流速；0.5g/min 吹扫气流量），这主要是因为再生压力越高，气相侧 CO_2 分压越高，从而降低了再生传质驱动力。但值得注意的是，有低温蒸汽吹扫时，无论何种再生压力，其再生性能均要优于无蒸汽吹扫情形，这主要是因为蒸汽吹扫可有效降低气相侧 CO_2 分压，从而增加传质推动力。蒸汽吹扫量对膜减压再生性能的影响如图 6-23 所示（模拟条件为：20% MEA、0.5mol/mol、353K、0.01m/s 富液流速；20kPa）。显然，随着蒸汽吹扫量的增加，再生性能会大幅提升，但在 0.25g/min 时出现拐点，即蒸汽吹扫量超过 0.25g/min 时，进一步增加吹扫量对再生性能的影响并不显著。因此，从节能角度来看，膜减压再生过程具有最优的蒸汽吹扫量。增加膜丝有效长度提高了富液在膜内的滞留时间，有助于再生，但当膜丝超过一定长度后，由于吸收剂热力学的限制，继续增加膜丝长度对再生性能基本无影响（图 6-24，模拟条件为：20% MEA、0.5mol/mol、353K、0.01m/s 富液流速；0.1g/min 吹扫气流量、20kPa；0.4mm 膜直径、100 根膜、0.01m 膜接触器内径）。而膜丝直径越小，液相中 CO_2 分子从纤维膜的轴心位置向气液界面的扩散时间越短，因而在单位时间内有利于更多的 CO_2 解吸，但液相阻力大幅增加（图 6-25，模拟条件为：20% MEA、0.5mol/mol、353K、0.01m/s 富液流速；0.5g/min 吹扫气流量、20kPa；0.4m 有效膜长、$1.26\times10^{-5}m^2$ 管程截面积、0.01m 膜接触器内径）。因此，膜接触器存在最优有效长度和膜丝直径。

（4）膜减压的工业应用潜力

对于拥有低温蒸汽吹扫的膜减压再生工艺而言，CO_2 再生能耗主要包括用于产生吹扫蒸汽的热耗、真空泵运行电耗和将吸收富液升高到再生温度的热耗。

① 真空泵电耗。真空泵为保证 CO_2 膜解吸工艺中接触器壳程维持在负压状态，真空泵的电耗可以通过以下公式进行估算：

$$W_{VP}=\frac{\kappa N_{VP}RTZ}{(\kappa-1)\eta_{VP}}\left[\left(\frac{P_{VP,in}}{P_{VP,out}}\right)^{(1-\kappa)/z\kappa}-1\right] \tag{6-32}$$

式中，W_{VP} 为真空泵的电耗，kW/s；R 为通用气体常数，8.314J/(mol·K)；κ 为再生气的绝热指数；N_{VP} 为壳程再生气体［主要为 CO_2 和 $H_2O(g)$］的摩尔流速，mol/s；T 为再生温度，K；Z 为真空泵的压缩级数；$P_{VP,in}$ 为膜减压再生过程的再生压力，kPa；$P_{VP,out}$ 为真空泵的排气压力；η_{VP} 为真空泵的效率。

由于再生气为 CO_2 气体和 H_2O（g）气体的混合气，其绝热指数可以表达为：

$$\kappa=\kappa_{CO_2}y_{CO_2}+\kappa_{H_2O}y_{H_2O} \tag{6-33}$$

式中，κ_{CO_2} 和 κ_{H_2O} 分别为 CO_2 气体和 H_2O（g）的绝热指数；y_{CO_2} 和 y_{H_2O} 分别为混合气中 CO_2 气体和 H_2O 气体的摩尔分数。

真空泵的效率与气体进、出口压比相关，η_{VP} 可以式(6-34）估算：

$$\eta_{VP}=0.1058\ln\left(\frac{P_{VP,in}}{P_{VP,out}}\right)+0.8746 \tag{6-34}$$

② 吹扫蒸汽热耗。吹扫蒸汽热耗主要为将热水转化为低温吹扫蒸汽过程所消耗的汽化潜热。

$$Q_{steam}=q_{vapor}G_{H_2O} \tag{6-35}$$

式中，G_{H_2O} 为低温吹扫蒸汽的质量流量，kg/s；q_{vapor} 为水的汽化潜热，kJ/kg。

③ 吸收剂富液升温显热。富液升温显热为将吸收剂富液升高到再生温度所需要的热量，其与吸收液的比热容以及贫富液换热器的换热温差有关。因此可以表达为：

$$Q_{sens}=G_{ab}c_p\Delta t \tag{6-36}$$

式中，c_p 为吸收剂富液的比定压热容，kJ/(kg・K)；G_{ab} 为吸收液质量流量，kg/s；Δt 为吸收剂富液的升温温差（约 10K)，K。

④ CO_2 气体压缩能耗。为了能够与传统热再生进行公平地比较，需要将 CO_2 膜减压再生所得到的 CO_2 气体进一步压缩到传统热再生出口的 CO_2 气体压力，约为 0.2MPa。可采用式(6-32）计算压缩能耗 W_{com}。

由于 CO_2 膜减压再生工艺中吸收剂的再生温度较低，这意味所消耗的热量品质要低于传统热再生，因此在计算再生能耗时可以通过将所有能量转化为等效功来进行比较。

$$E_{eq}=\frac{Q_{total}\dfrac{(T_{reb}+10)-313}{T_{reb}+10}+W_{VP}+W_{com}}{G_{CO_2}} \tag{6-37}$$

式中，E_{eq} 是等效功，kJ/kg CO_2；Q_{total} 为提供给吹扫蒸汽潜热和富液显热的热流量，kJ/s；T_{reb} 为再生温度，K；W_{VP} 为真空泵的电耗，kJ/s；G_{CO_2} 为单位时间 CO_2 的再生量，kg CO_2/s。

CO_2 膜减压再生的最大特点是富液再生温度低，通常在 80℃左右，如果能利用电厂的低品位热源来满足再生过程的汽化潜热和显热需求，CO_2 膜减压再生将会具有更大的节能优势。因此，不同的废热利用程度，对最终的再生能耗将会产生很大的影响，如图 6-26 所示。

MEA 的 CO_2 热再生等效功约为 1.092MJ/kg CO_2，由图 6-26 可知，无论是否利用余热，采用膜减压再生技术时，MEA 减压再生中的等效功均低于其热再生等效功，具有节能降耗效果，而且随着电厂废热可利用程度的增加，减压再生的等效功大幅下降，如当电厂废热能够提供25%再生热耗时，MEA膜减压再生的能耗可下降16.2%；当电厂废热能够提供50%时，则下降32.5%；当电厂废热能够提供75%时，则下降48.4%；当电厂废热能全部提供再生热耗时，能耗可下降64.8%。

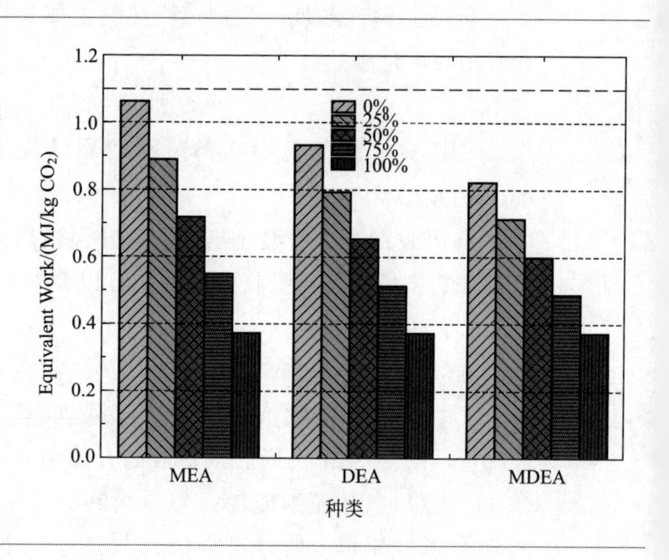

图 6-26
不同废热可利用程度情形下的 CO_2 膜减压再生能耗

因此，在具有丰富低品位热源的电厂或化工厂中应用 CO_2 膜减压再生工艺，可能会有更好的应用前景。

6.3 膜吸收与膜减压再生技术经济性分析和敏感性分析

膜减压再生属于新型再生技术，虽然已从实验角度证实了其可行性，但具体的经济性效益如何还有待验证。在此，基于某一毛发电量为840MWe的超超临界电站（主蒸汽参数为600℃/620℃），对烟气 CO_2 化学吸收的经济性进行了评估，其中考虑了三种 CO_2 分离技术：传统化学吸收（CAS）+热再生（HRS）技术、膜吸收（MAS）+热再生（HRS）技术、膜吸收（MAS）+膜减压再生（MVR）技术。计算中，无论是否加装 CO_2 分离装备，电站煤耗量不变，烟气流量为894kg/s，空气预热器出口烟气中 CO_2 和 SO_2 含量分别为13.31%和0.03%，CO_2 脱除效率设定为90%，CO_2 产品纯度为99%以上，压力为15.3MPa。

由于烟气量很大，故采用三套 CO_2 分离系统进行 CO_2 分离回收，每套 CO_2 分离系统处理 298kg/s 的烟气量。不论何种技术工艺，均选择质量分数为 20%的 MEA 溶液作为吸收剂。

对于 CAS+HRS 工艺，吸收塔和再生塔为普通乱堆填料塔，塔主体材质为普通碳钢，内部采用氟橡胶进行防腐处理，内构件采用不锈钢材质。填料为不锈钢鲍尔环，尺寸为 $\Phi 50\times 50\times 0.9$mm。贫液 CO_2 负荷设定为 0.2mol/mol，根据物料平衡计算，出口 CO_2 负荷约为 0.45mol/mol。再生塔工作压力设定为 2.1bar，再生塔底工作温度选为 120℃，以防止加热过程中出现 MEA 降解和腐蚀等问题。再沸器内外温差设计为 10℃。因此，单套 CO_2 捕集系统中，富液再生过程中所需要的热负荷约为 219.1MWth，单位 CO_2 再生蒸汽消耗约为 2.06t/t CO_2。本工艺再生塔顶的再生气首先将与汽轮机的冷凝水进行换热，以升高冷凝水温度，然后再对再生气进行进一步的冷凝和干燥。冷凝后的 CO_2 气采用四级压缩机进行加压，并对压缩过程中的压缩热进行利用，提高汽轮机冷凝水的温度。

对于 MAS+HRS 工艺，采用新型的疏水性中空纤维膜接触器来取代传统填料塔进行 CO_2 的吸收，而富液的再生和 CO_2 的回收还是采用传统的热再生工艺。填料再生塔主体材质为碳钢，内部采用高温防腐处理，内构件仍采用不锈钢材质。关于膜接触器装置的设计方法，由于膜吸收装置拥有良好的线性放大性，因而只需对现有成功运行的装置进行线性放大，即可获得高烟气量情况时的膜接触器面积。值得注意的是，设计中应确保气液接触时间与现有成功运行的装置相当。在设计计算中，初步选用表面经过处理后疏水性能提升的聚丙烯中空纤维膜接触器。再生塔压力为 2.1bar，再生塔底温度定为 120℃。再沸器内外温差设计为 10℃。贫液 CO_2 负荷为 0.2mol/mol，富液 CO_2 负荷为 0.467mol/mol。则单套 CO_2 分离回收系统中，富液再生过程中所需的热负荷约为 213MWth，CO_2 再生蒸汽消耗量约为 2t/t CO_2。

对于 MAS+MVR 技术，不仅采用膜吸收技术进行烟气 CO_2 分离，还采用膜减压再生技术进行富 CO_2 吸收剂溶液再生。设计中，所需的膜面积主要依托膜减压再生实验结论进行线性放大，并对膜接触器布置进行优化设计。工艺中富液 CO_2 负荷选择为 0.531mol/mol，贫液 CO_2 负荷定为 0.33mol/mol，富液温度设定为 70℃，再生压力约为 10kPa。与热再生技术不同的是，MVR 技术的富液温度低，因而不需要从汽轮机中抽取低压蒸汽，可直接采用电厂余热或烟气热量等低品位热能进行加热和保温。同时，由于真空泵出口气体压力较低，因此本工艺中采取五级压缩系统，对 CO_2 气进行加压，并对压缩热进行回收利用。

6.3.1 方法论

经济性分析中，总共考虑四个案例，即不配备 CO_2 分离系统的新建电站（案例 1）、采用 CAS＋HRS 技术进行 CO_2 捕集的情形（案例 2）、采用 MAS＋HRS 技术进行 CO_2 捕集的情形（案例 3）和采用 MAS＋MVR 技术进行 CO_2 捕集的情形（案例 4）。

（1）基本假设

经济性计算中的基本假设为：①电站设计和建设期为 3 年，第 4 年开始运行。②设计和建设期中，总资本支出的支付比例：第一年 20%，第二年 45%，第三年 35%。③在电厂寿命周期内，暂不考虑债务和贷款利息等问题。④运行第一年，电站运行系数（load factor）为 63.75%，其余年限为 85%。且锅炉均是满负荷运行，同时，三个月的调试期包含在建设期之内，且不计调试期阶段发电售价。⑤煤价格设定为 16 元/GJ。⑥膜接触器价格为 50 元/m^2，寿命 5 年。⑦10%的名义贴现率，且不考虑通货膨胀情况。⑧电站运行 25 年。

（2）总资本支出 CAPEX 组成与计算

CAPEX 的组成与计算方法如表 6-4 所示。由于化学吸收法工艺最为成熟，因而其不可预估费用定为建设总费用 TIC 的 10%。而对于膜吸收和膜减压再生工艺，暂没有商业运行情况报道，故不可预估费用（含工艺和工程量部分）选定为 20%。

表 6-4 CAPEX 组成和计算方法

组成部分	类型	值或比例
直接材料成本(DMC)	输入	计算和估计
工程费用(CC)	输入	预估
直接现场费用(DFC)	DFC＝DMC＋CC	
施工管理费用	输入	2% DFC
调试费用	输入	2% DFC
调试备件费	输入	0.5% DFC
临时设施费用	输入	5% DFC
运费、税金及保险	输入	1% DFC
间接现场费用(IFC)	上述 5 项费用和，总计为 10.5% DFC	
工程造价管理(EC)	输入	12% DFC

续表

组成部分	类型	值或比例
建设总费用(TIC)	输出	TIC=DFC+IFC+EC
不可预估费用	输入	对于案例1和案例2,选择为10% TIC; 案例3和案例4,选择为20% TIC
业主费用	输入	7% TIC
资本支出CAPEX	Output	建设总费用+不可预估费+业主费用

(3) 年度运行费用计算

年度运行费用主要由燃煤费用、固定运营和管理(fixed O&M)费用和可变运营和管理(variable O&M)费用三部分组成。其中,固定运营和管理和可变运营和管理费用的组成和计算依据如表6-5所示。

表6-5 年度运行费用组成与计算依据

组成	单位	案例1	案例2	案例3	案例4
燃煤费	元/a	计算			
固定运营和管理费用(Fixed O&M Costs)					
维护保养费	元/a	4% CAPEX			
税和保险费	元/a	2% CAPEX			
工人工资	元/a	50000			
人工间接成本	元/a	30%人工成本			
膜更新费用	元/a	0	0	膜投资/使用寿命	
Fixed O&M	元/a	上述5项之和			
可变运营和管理费用(Variable O&M Costs)					
夹带、沟流和鼓泡引起的MEA损失	kg MEA/t CO_2	0	1.2	0	0
氧化降解引起的MEA损失	kg MEA/t CO_2	0	0.4	0.4	0
尾气中携带引起的MEA损失	μL/L	0	4	4	8
SO_2引起的MEA损失	mol MEA/mol SO_2	0	2	2	2
NO_2引起的MEA损失	mol MEA/mol NO_2	0	2	2	2
HCl引起的MEA损失	mol MEA/mol HCl	0	1	1	1
抑制剂费用	元/a	0	20% MEA损失费用		
MEA回收装置中的NaOH消耗	kg NaOH/t CO_2	0	0.13	0.13	0
CO_2分离系统活性炭消耗	kg C/t CO_2	0	0.075	0.075	0.075
石灰石、工业水和循环水消耗	元/a	计算			

续表

组成	单位	案例 1	案例 2	案例 3	案例 4
固体废物处置费用	元/t	0			
液体废弃物处置费用	元/t	30			
胺废弃物处置费用	元/t	100			
Variable O&M	元/a	上述 13 项之和			

(4) 电力成本 COE 计算

COE 的计算核心在于计算电站周期内每年的收益（主要为电力收益）和贴现后的运行费用与资本支出（均以建设起始年为基础），从而获得每年的净现值，再采用迭代的方法可获得电站全周期内净现值为零时的电力成本 COE，此成本即为本分析中所讨论的 COE。COE 计算中没有考虑到内部收益率的问题。COE 的计算方法如下：

$$NPV=\sum_{t=1}^{n}(CI-CO)_t(1+i_C)^{-t}=0 \tag{6-38}$$

式中，CI 为第 t 年的现金流入，中主要考虑电力和副产品销售及启动金投入等；CO 代表第 t 年的现金流出，主要包括某年的资本支出和操作费用；$(CI-CO)_t$ 代表第 t 年的净现金量；i_C 为名义贴现率。

(5) CO_2 规避成本计算

CO_2 规避成本（CO_2 avoided Cost）计算公式如下：

$$CO_2\text{avoided cost}=\frac{(COE)_{capture}-(COE)_{ref}}{(Emissions)_{ref}^{CO_2}-(Emissions)_{capture}^{CO_2}} \tag{6-39}$$

式中，$(COE)_{capture}$ 和 $(COE)_{ref}$ 为 CO_2 捕集电站和基准电站的电力成本，元/MW·h；$(Emissions)_{ref}^{CO_2}$ 和 $(Emissions)_{capture}^{CO_2}$ 分别代表基准电站和 CO_2 捕集电站单位发电量的 CO_2 排放量，t CO_2/(MW·h)。

6.3.2 经济性分析

经济性评估结果如表 6-6 所示。对于 840MWe 超超临界燃煤电厂，添加了 CO_2 分离和压缩系统后，总投资及运行费用均与所采用的 CO_2 捕集技术有关系，当采用传统的 CAS＋HRS 工艺（案例 2）时，总投资最小，但 CO_2 规避成本最高。当采用新型的 MAS＋HRS 工艺系统（案例 3）时，总投资比 CAS 工艺要高，但 CO_2 规避成本要比案例 2 低 15 元/t CO_2。而更新的 MAS＋MVR 工艺（案例 4）具有最低的 CO_2 规避成本，比案例 2 低

34.315 元/t CO_2，但其总投资最高。因此，如从中国现实出发，对中国境内的超超临界燃煤电厂 CO_2 进行分离和压缩，传统的化学吸收法工艺的 CO_2 脱除成本为 254.6 元/t CO_2，要低于国外对类似电厂的经济性分析结果，其原因主要是中国的物价指数、人工成本和设备、材料费用均较低。

表 6-6 超超临界煤粉电站案例的成本和性能总结及环境影响分析

性能指标	新建超超临界煤粉电站					超临界电站	亚临界
	基准电站（案例 1）	案例 2	案例 3	案例 4	Simbeck 结果	DOE/NETL 结果	
CO_2 捕集技术	No	CAS+HRS+MEA	MAS+HRS+MEA	MAS+MVR+MEA	CAS+HRS+MEA	CAS+HRS+MEA	
毛发电量/MWe	840	762.368	765.053	840	520	663.445	679.923
厂用电率/%	6.5	21.06	20.55	21.06	21.54	17.7	19.17
净发电量/MWe	785.4	601.832	607.832	663.073	408	545.995	549.613
运行系数/%	85	85	85	85	80	85	85
煤耗量/(t/h)	310.562	310.562	310.562	310.562		263.98	291
热输入/MWth①	1826	1826	1826	1826		2005.66	2210.668
电站总效率(LHV)/%	46	41.75	41.9	46			
电站净效率/%②	43.01	32.96	33.286	36.31	34.9	27.2	24.9
能源损失/%③	—	10.05	9.724	6.7		11.9	11.9
原水消耗量/(m^3/h)	2419.2	3836.7	3726.4	3414.51			
耗水量/[m^3/(MW·h)]	3.08	6.38	6.3	5.15		6.09	7.02
净发电耗水增加/%	—	107.14	104.55	67.21		125.3	127.4
电站总投资/亿元④	36.12	53.7127	54.0783	56.8116			
电厂投资/(元/kW)	4300	7045.51	7068.6	6763.3			
单位投资增量/%	0	63.85	64.39	57.3	74	82.22	86.9
COE/[元/(MW·h)]	268.5	449	438.8	426.82			
COE 增量/%	—	67.2	63.4	58.96	65	81.4	85
CO_2 规避成本/(元/t CO_2)	—	254.6	239.8	220.28	344	600	600
CO_2 脱除效率/%	—	90	90	90	85	90	90
CO_2 排放/[(kg/(MW·h)]⑤	815.564	105.382	105.382	105.382	145	114.3	125.1
CO_2 产品压力/MPa	—	15.3	15.3	15.3	13.7	15.3	15.3
SO_2 排放量/(kg/h)	314.6	可忽略	可忽略	可忽略		可忽略	可忽略
SO_2 排放量/[kg/(MW·h)]⑤	0.406	可忽略	可忽略	可忽略		可忽略	可忽略

续表

性能指标	新建超超临界煤粉电站					超临界电站	亚临界
	基准电站(案例 1)	案例 2	案例 3	案例 4	Simbeck 结果	DOE/NETL 结果	
NO_x 排放/[kg/(MW·h)]⑤	1.364	1.597	1.597	1.597		0.395	0.433
PM 排放/[kg/(MW·h)]⑤	0.055	0.055	0.055	0.055		0.077	0.08

① 对于 DOE/NETL 案例,热输入基于 HHV,其余均基于 LHV。

② 电站效率,DOE/NETL 案例基于 HHV,其余为 LHV。

③ 能源损失(energy penalty)为 CCS 系统安装前后的电站净效率之差。

④ 电站投资、COE 计算、CO_2 回避成本计算中均基于 50 元/m^2 的膜接触器价格和 5 年的膜寿命。

⑤ 估算值基于净发电量。

6.3.3 敏感性分析

当其他材料价格不变时，膜接触器价格（S_M）对案例 3 和案例 4 的 CO_2 规避成本影响如图 6-27 所示。由图可知，案例 3 和案例 4 对膜接触器价格的变化呈现线性响应，膜接触器价格越高，案例 3 和案例 4 的 CO_2 规避成本越高。由于案例 4 的吸收和再生均采用了膜接触器，因而膜接触器价格对案例 4 的影响程度要高于案例 3。值得注意的是，如果从 CO_2 规避成本角度来看，存在一个临界膜接触器价格，此时案例 3、案例 4 和案例 2 的 CO_2 规避成本两两相同。膜接触器价格区间与 CO_2 规避成本的关系如表 6-7 所示。当 $S_M>68.4$ 元/m^2 时，CAS+HRS 技术具有最低的投资成本，这说明当不能有效降低膜接触器价格时，MAS+HRS 或 MAS+MVR 技术将替代传统的化学吸收法技术这一说法将值得商榷。而当 $S_M<65$ 元/m^2 时，膜法工艺

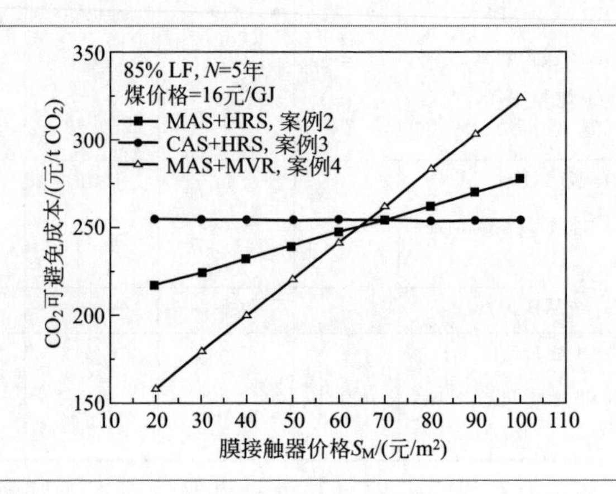

图 6-27

膜接触器价格对 CAPEX 的影响

将具有更低的 CO_2 规避成本。

表 6-7　不同膜接触器价格下的案例 CO_2 规避成本间的关系

膜接触器价格 S_M 区间	案例总投资排序/百万元
S_M<61 元/m^2	案例 4<案例 3<案例 2(MAS+MVR<MAS+HRS<CAS+HRS)
61<S_M<65 元/m^2	案例 3<案例 4<案例 2(MAS+HRS<MAS+MVR<CAS+HRS)
65<S_M<68.4 元/m^2	案例 3<案例 2<案例 4(MAS+HRS<CAS+HRS<MAS+MVR)
S_M>68.1 元/m^2	案例 2<案例 3<案例 4(CAS+HRS<MAS+HRS<MAS+MVR)

煤价对 CO_2 规避成本的影响如图 6-28 所示。显然，煤价越高，CO_2 规避成本越高。同时，案例 4 的 CO_2 规避成本最低，这说明，当燃煤价格处在较高位时，案例 4 所选择的工艺具有更好的节约成本优势。

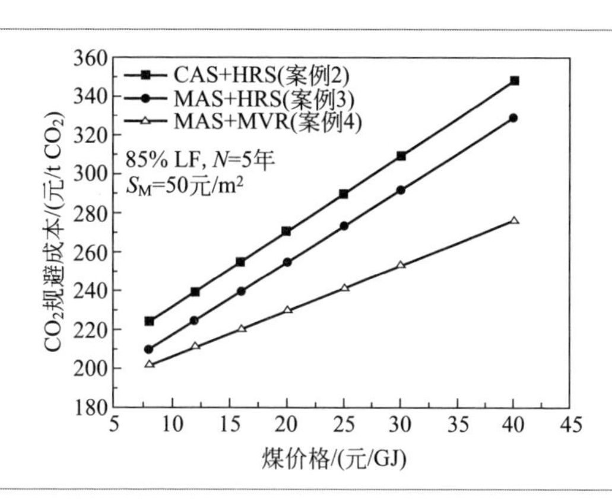

图 6-28
煤价格对 CO_2 规避成本影响

膜寿命对 COE 的影响如图 6-29 所示。从总的变化趋势上来看，对于案例 3 和案例 4，不论何种膜接触器价格，膜的实际寿命越长，运行中膜更换频率越低，每年的膜更换费用越低，因而固定运营和管理费用也越低，COE 随之下降，CO_2 规避成本也将下降。同时，当膜实际寿命超过一定值（简称稳定寿命值 N_s）后，COE 将基本达到一个稳定值，不再随寿命的增长而变化。且 N_S 随着膜接触器价格的增加而变长。对于案例 3 所采用的 MAS+HRS 工艺，当 S_M = 20 元/m^2、50 元/m^2、70 元/m^2、100 元/m^2 时，N_s 分别为 2 年、5 年、6 年和 8 年。而对于案例 4 所采用的 MAS+MVR 工艺，相应的 N_s 分别为 3 年、5 年、8 年和 10 年。这一现象说明，对于案例 3 和案例 4 所采取的膜技术，在实际运行过程中必须维持一定的使用寿命，最好能达到稳定寿命 N_s。但是，实际使用寿命也不用维持的太高，当其超过 N_s 后，可以考虑对膜进行更换。因为实际寿命过高，其对 COE 的降低效果将并不明显，同时也可能会带来更加高昂的维护和管理费用。另外值得注意的是，膜接触器价格越高，实际应用中，膜的使用寿命应维持得越高。

图 6-29

不同膜价格下膜实际寿命对 COE 的影响

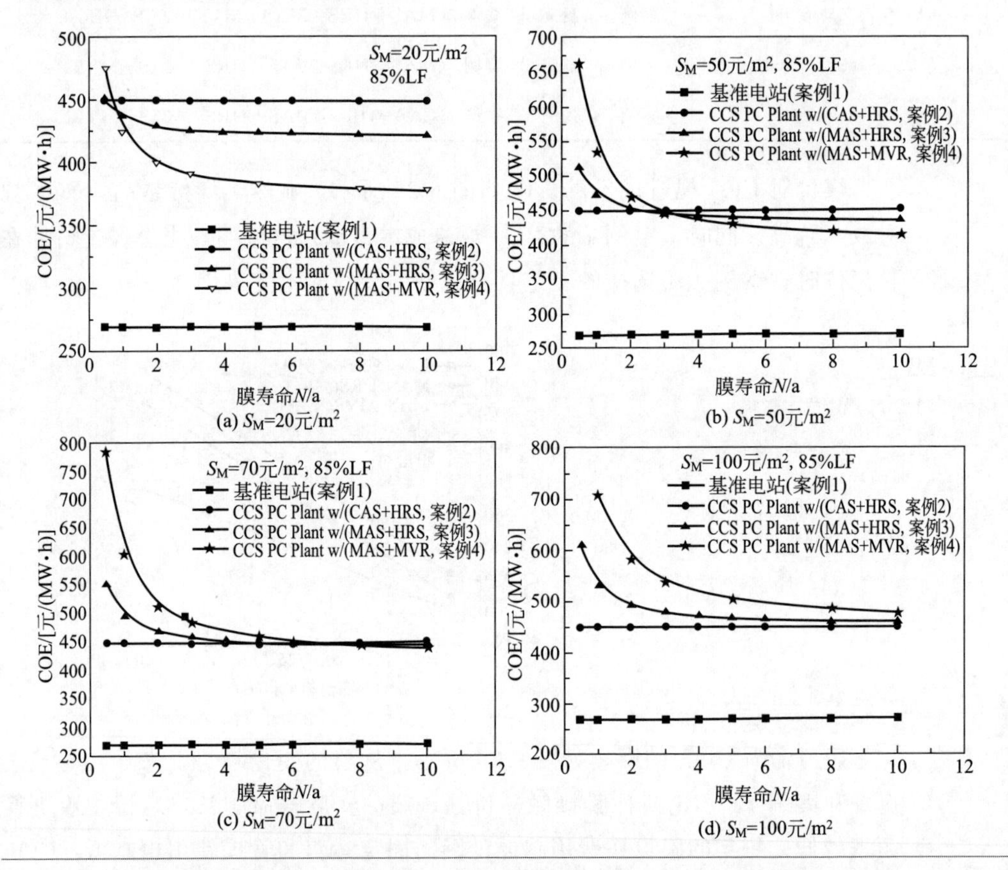

同样，在合适的膜寿命下（等值寿命 N_E），三个案例的 COE 将会出现两两相同的情况。等值寿命 N_E 的出现，将 COE 划分成了四个区段，不同的区段内，几种技术的 COE 大小不一，如表 6-8 所示。这说明，如单独从 COE 角度来看，在不能确保膜接触器真实使用寿命的情况下，不能轻易断言 CAS＋HRS 技术工艺一定将被 MAS 工艺所取代。同时，膜接触器价格越高，MAS 技术和 CAS 技术之间的等值寿命 N_E 越长，表明膜价格高位运行时，为获得更低的 COE，MAS 技术在运行中必须保持更长的寿命，因此对案例 3 和案例 4 整体系统设计的要求越来越严格。尤其是当 $S_M=100$ 元/m^2 时，不论何种膜使用寿命下，CAS 技术的 COE 均将低于 MAS 技术，这表明传统 CAS 技术将更具优势。因此，先进的 MAS 技术将更适合于低膜接触器价格情形，而且 MAS＋MVR 技术比 MAS＋HRS 技术更适合在低的膜接触器价格下运行。一旦膜接触器价格大幅降低，MAS＋MVR 技术的优势将会完全体现出来，其将能获得更低的 COE 和 CO_2 规避成本。

表 6-8　不同膜寿命情况下案例的 COE 对比

S_M/(元/m^2)	膜接触器寿命 N/a	COE 排序
20	$N<0.63$	CAS＋HRS＜MAS＋HRS＜MAS＋MVR
	$0.63<N<0.8$	MAS＋HRS＜CAS＋HRS＜MAS＋MVR
	$0.8<N<0.9$	MAS＋HRS＜MAS＋MVR＜CAS＋HRS
	$N>0.9$	MAS＋MVR＜MAS＋HRS＜CAS＋HRS
50	$N<2.4$	CAS＋HRS＜MAS＋HRS＜MAS＋MVR
	$2.4<N<2.9$	MAS＋HRS＜CAS＋HRS＜MAS＋MVR
	$2.9<N<3.4$	MAS＋HRS＜MAS＋MVR＜CAS＋HRS
	$N>3.4$	MAS＋MVR＜MAS＋HRS＜CAS＋HRS
70	$N<5.3$	CAS＋HRS＜MAS＋HRS＜MAS＋MVR
	$5.3<N<6.8$	MAS＋HRS＜CAS＋HRS＜MAS＋MVR
	$6.8<N<7.5$	MAS＋HRS＜MAS＋MVR＜CAS＋HRS
	$N>7.5$	MAS＋MVR＜MAS＋HRS＜CAS＋HRS
100	任何 N	CAS＋HRS＜MAS＋HRS＜MAS＋MVR

6.4 膜浸润问题

在 CO_2 膜吸收或膜再生过程中，疏水性微孔膜均与化学吸收剂直接接触。在长时间运行时，一旦吸收剂溶液与膜表面间的接触角小于 90°，吸收剂溶液就会侵入膜孔，从而导致膜相传质阻力大幅增加，进而造成 CO_2 传质性能大幅下降。膜浸润过程一般由受迫浸润和自发浸润两部分组成。受迫浸润主要是由于气液两相压差过大引起的，而自发浸润则是由于吸收剂中的有机分子被吸附而侵入到膜孔中造成的。

膜浸润主要由膜性质、吸收剂性质和运行条件等引起。经常采用的膜材料有聚四氟乙烯（PTFE）、PP、聚偏二氟乙烯（PVDF）和聚醚砜(PESF)，其中 PTFE 和 PP 的防浸润特性较好，为比较理想的 CO_2 吸收膜材料。但考虑 PTFE 的制作成本和难度，PP 将会是更好的选择。吸收剂方面，吸收剂分子通过入侵 PP 等膜结构内部，造成膜形态结构的变化。研究发现，具有高表面张力的吸收剂对膜的形态结构改变度较小。但现有的研究中，主要侧重于 MEA、DEA 和 MDEA 等有机胺对 PP 膜的浸润特性研究，而对于具有更高表面张力的氨基酸盐或具有较好膜减压再生效果的空间位阻胺类吸收剂的浸润特性关注较小，同时对这些吸收剂的膜浸润机理也缺乏深入认识。

6.4.1 膜浸润的危害

对于 PP 膜而言，长时间运行中，由于吸收剂对膜材料的侵蚀，会造成膜孔尺寸、孔径分布、表面粗糙度等变化，从而削弱膜自身的疏水性，更易增加膜被吸收剂浸润风险。

由图 6-30 可知，与新鲜膜相比，长时间运行时，膜上一些细缝状的膜孔在浸泡后纵向收缩而变得更加椭圆化，膜孔尺寸变大，主要原因可能为吸收剂分子扩散进入膜孔，对膜孔的孔壁产生横向作用力，从而使孔由撕裂状细缝变为椭圆状。当吸收剂分子扩散进入膜聚合物结构时，也会因为吸收剂对膜的溶胀作用而使膜的机械强度降低，进一步增大了膜孔尺寸，同时也改变了膜孔径分布（图 6-31）。如 MEA 浸泡后，平均孔径从原膜的 63.7nm 急剧增加到 98.6nm。

图 6-30

60℃下 PP 膜在不同吸收剂溶液内浸泡前后的表面 SEM 图

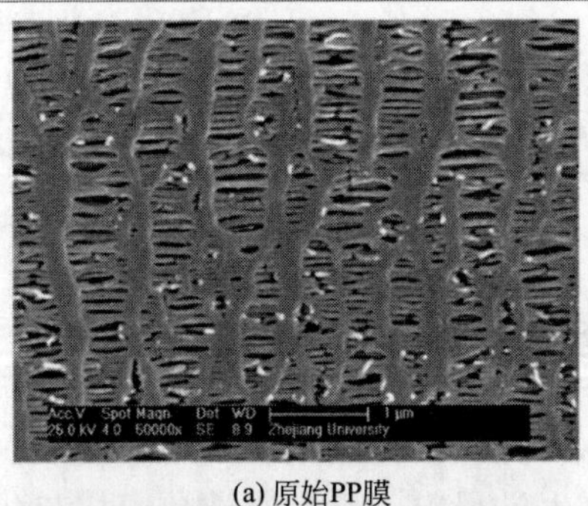

(a) 原始PP膜

(b) 30% MEA浸泡

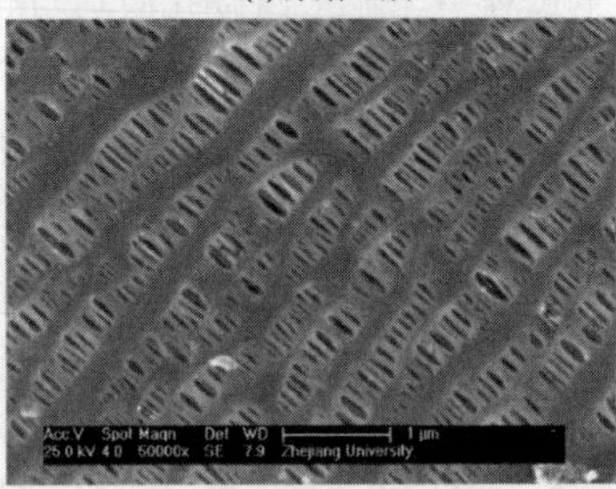

(c) 30% 肌氨酸钾(PS)浸泡

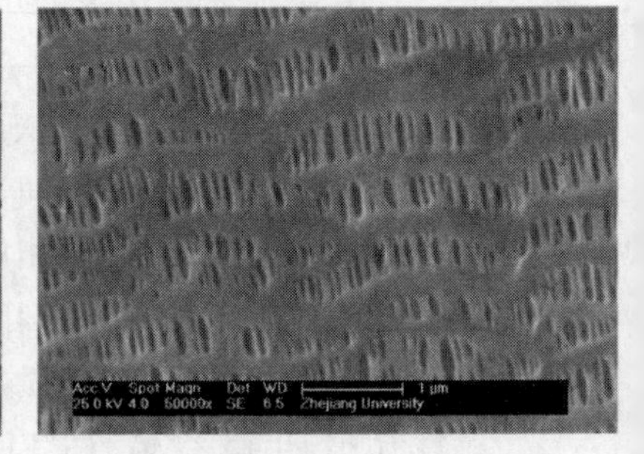

(d) 30% 2-氨基-2-羟甲基-1,3-丙二醇浸泡

长时间与吸收剂溶液接触也会对 PP 膜的表面粗糙度产生影响，如图 6-32 所示。由图可看出，原膜具有最光滑的表面，而吸收剂溶液浸泡后，膜表面粗

糙度均增加，且 MEA 溶液浸泡后的 PP 膜的表面粗糙度最大，如表 6-9 所示。相较而言，肌氨酸钾 PS 这一氨基酸盐吸收剂对膜的表面粗糙度影响最小。

图 6-31

不同吸收剂溶液浸泡前后膜孔径分布变化情况

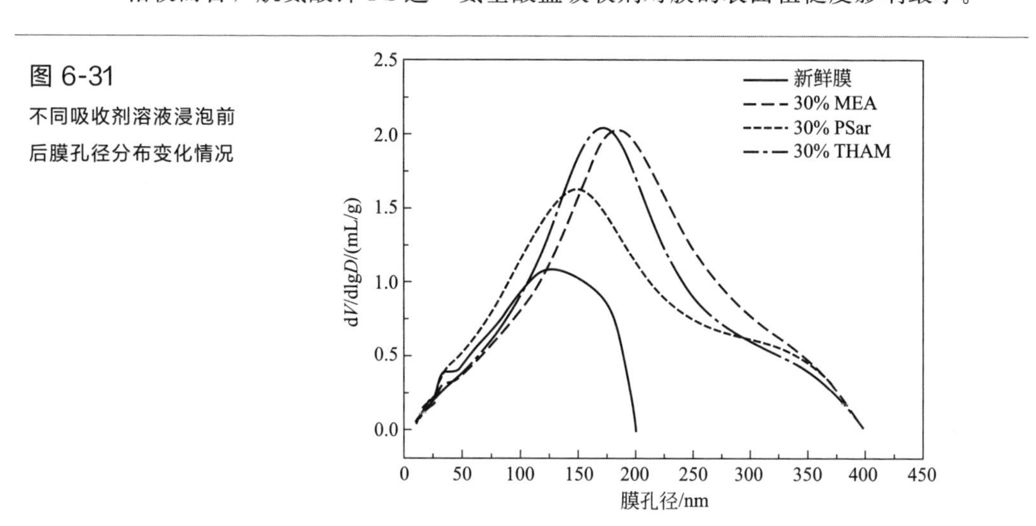

图 6-32

不同吸收剂溶液浸泡前后 PP 膜的表面粗糙度

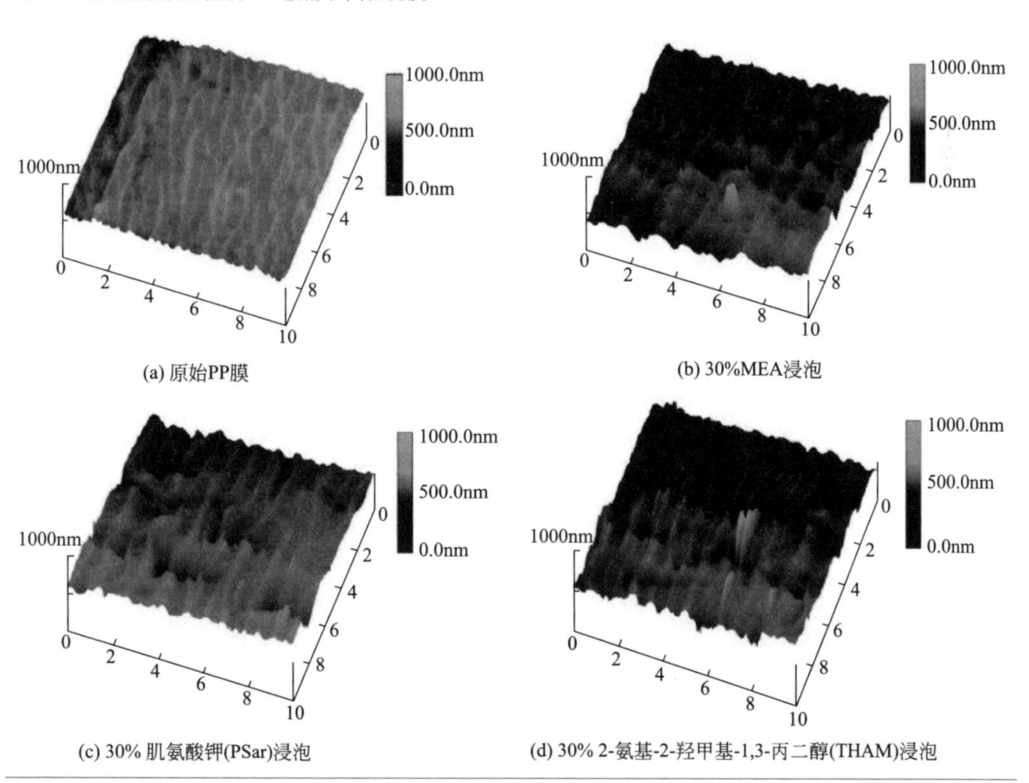

(a) 原始PP膜　(b) 30%MEA浸泡

(c) 30% 肌氨酸钾(PSar)浸泡　(d) 30% 2-氨基-2-羟甲基-1,3-丙二醇(THAM)浸泡

表 6-9　不同吸收剂溶液浸泡前后 PP 膜的表面粗糙度

原子力显微镜参数（AFM）	新鲜膜材料	30% MEA	30% THAM	30% PS
高度标准偏差平方根 R_{ms}/nm	46.749	114.750	113.790	101.110
平均粗糙度 R_a/nm	36.290	90.105	86.908	77.558

一旦发生膜被吸收剂浸润，将会造成体系传质阻力急剧增加，从而大幅降低膜性能。以膜吸收过程为例，说明膜浸润对系统总传质阻力的影响。

在膜吸收过程中，膜接触器的总传质阻力［$R_{total}(t)$］为总传质系数 K_O 的倒数，其包含气相传质阻力（R_g）、膜相传质阻力（R_m）和液相传质阻力（R_l），可以表达为：

$$\frac{1}{K_O(t)}=R_{total}(t)=R_m(t)+R_g+R_l \tag{6-40}$$

在长期稳定运行中，一般液相和气相流速均恒定不变，因此可认为液相和气相的传质阻力在长期运行的过程中近似不变。那么，长期运行中，总传质阻力变化的原因主要为膜相传质阻力的变化。

$$\Delta R_{total}(t)=\Delta R_m(t) \tag{6-41}$$

膜阻力随时间的变化可以假设为一阶动力学表达式：

$$\frac{dR_m(t)}{t}+kR_m(t)=0 \tag{6-42}$$

边界条件为：

$$\begin{cases} R_m(t)=R_m^0 & t=0 \\ R_m(t)=R_m^\infty & t=\infty \end{cases} \tag{6-43}$$

式中，t 为时间，min；k 为常数，1/min；R_m^0 为没有发生膜湿润时膜相阻力，s/m；R_m^∞ 为无限运行时间后达到稳定状态时的最终膜相阻力，s/m。

显然，根据式(6-42) 和式(6-43) 即可获得膜相阻力的表达式：

$$R_m(t)=R_m^0+(R_m^0-R_m^\infty)\exp(-kt) \tag{6-44}$$

其中，R_m^0 可通过式(6-45) 估算：

$$R_m^0=\frac{1}{k_m}=\frac{\tau\delta}{D_{ig}^e\varepsilon} \tag{6-45}$$

式中，ε 为膜的孔隙率；D_{ig}^e 为气体在膜孔中的有效扩散系数，m^2/s；δ 为膜厚度，m；τ 为孔的曲率因子，$\tau=1/\varepsilon^2$。

长期运行结束后的膜相阻力 R_m^∞ 可通过实验值获得。常数 k 可通过线性回归的方法获得，即以时间 t 为横坐标和 $-\ln\left(\frac{R_m-R_m^\infty}{R_m^0-R_m^\infty}\right)$ 为纵坐标作图，其

斜率即为常数 k，如图 6-33 所示。

实验测试中的膜接触器参数如表 6-10 所示。吸收温度设定为 60℃，液相和气相流量分别为 20mL/min 和 2L/min，跨膜压差为 20kPa 和 40kPa。不同运行模式下，R_m^{∞} 和 k 值如表 6-11 所示。

图 6-33

膜相阻力计算中常数 k 的计算方法

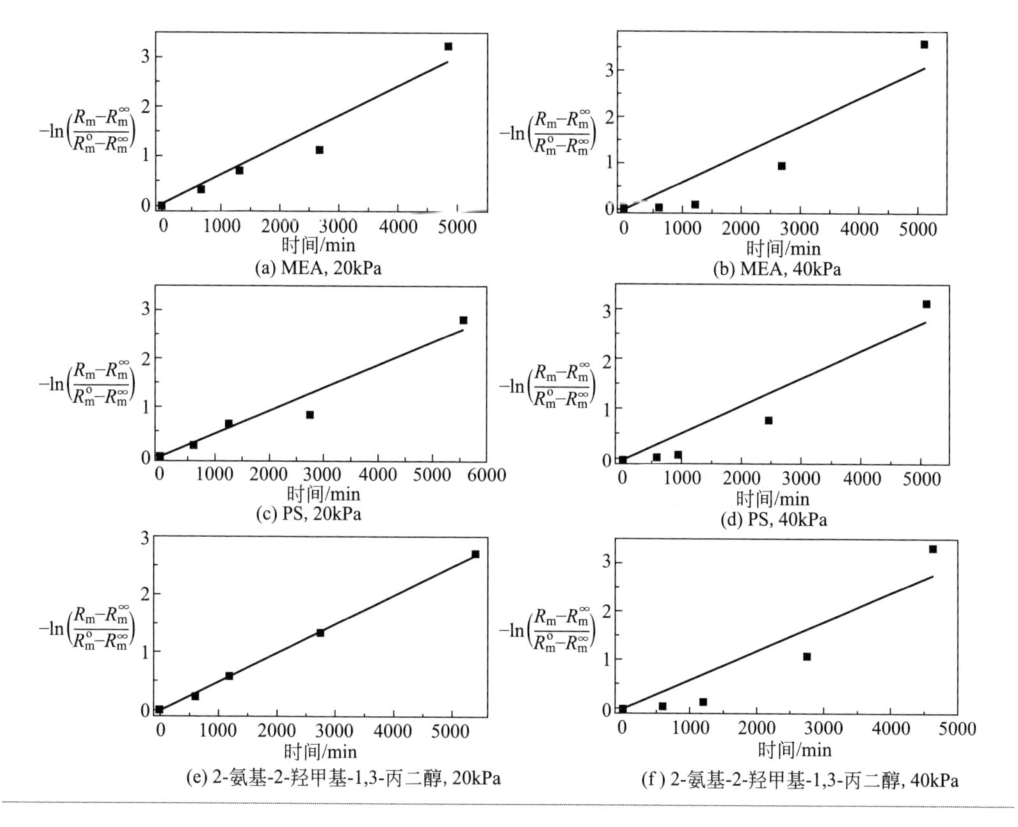

表 6-10　实验中测试的 PP 纤维膜和膜接触器参数

项目	参数	单位	值
PP 纤维膜	纤维膜内径	mm	0.26
	纤维膜外径	mm	0.34
	膜孔径	μm	0.20×0.02
	孔隙率	%	30
膜接触器	有效长度	mm	220
	膜组件内径	mm	40
	纤维膜根数	—	300

表 6-11 R_m^{∞} 和 k 值

吸收剂	跨膜压差/kPa	R_m^{∞}/(s/m)	k/min^{-1}	k 的标准偏差	r^2
30% MEA	20	604.52	6.02×10^{-4}	5.19×10^{-5}	0.96
	40	3337.75	5.90×10^{-4}	9.35×10^{-5}	0.89
30% PS	20	580.62	4.67×10^{-4}	3.92×10^{-5}	0.97
	40	2650.89	5.36×10^{-4}	7.10×10^{-5}	0.92
30% 2-氨基-2-羟甲基-1,3-丙二醇	20	582.02	4.94×10^{-4}	6.67×10^{-5}	0.99
	40	2870.89	5.91×10^{-4}	9.07×10^{-5}	0.89

在长期运行实验中，膜相阻力变化如图 6-34 所示，图中数据点采用实验值，虚线为式(6-44) 所得出的模拟计算值。显然，跨膜压力较小时，长期运行

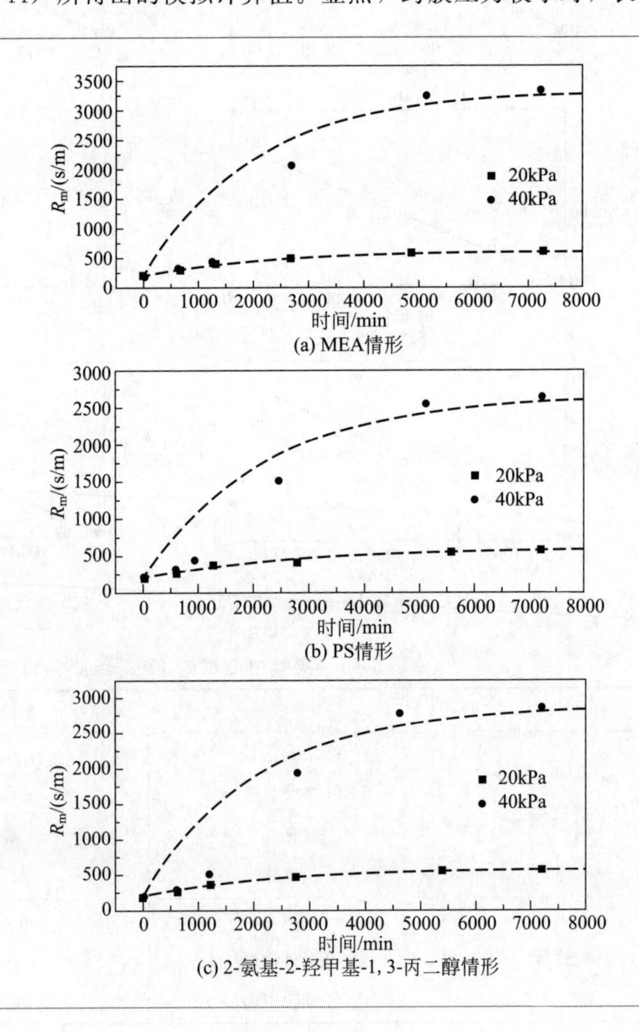

图 6-34 膜相传质阻力随运行时间的变化

对膜相阻力的影响较小，但当跨膜压力增加到40kPa时，长期运行中，膜相阻力急剧增加，说明膜已被浸润。值得注意的是，MEA吸收剂体系下，膜相阻力增幅最大，这说明MEA对膜的侵蚀影响最大，更易发生膜浸润风险。肌氨酸钾（PS）吸收剂体系下的膜相阻力增幅最低，即膜浸润风险最小，有利于长期CO_2吸收过程。虽然PS的膜湿润风险要低于MEA等有机胺吸收剂，但是长期运行中PS依然会导致膜浸润问题。这可能是因为研究中采用了与膜浸泡时相同的温度（60℃）。但这说明温度对膜浸润的影响很大，更高的温度一方面降低了吸收液的表面张力和对应膜的接触角，另一方面加速了吸收剂分子的扩散运动，增大了吸收剂分子进入膜结构的概率。因此，在实际运行中，为降低膜浸润风险，应尽量采用较低的CO_2吸收温度。

6.4.2 膜浸润的预防

（1）基本原则

在膜吸收系统运行中，除了吸收剂与膜长期接触而引起的自发浸润外，气液压差超过膜的最小突破压力时，也会发生膜浸润问题（受迫浸润）。膜最小突破压力与吸收剂类型、吸收剂表面张力、吸收剂与膜间的接触角和膜的最大孔径有关，一般可采用Laplace-Young公式来进行计算：

$$\Delta P=-\frac{4\gamma\cos\theta}{d_{\max}} \tag{6-46}$$

式中，ΔP为膜的最小突破压力，kPa；γ为吸收剂表面张力，N/m；θ为吸收剂溶液与膜表面间的接触角，(°)；$d_{\max}$为最大膜孔径，m。

由式(6-46)可知，大幅提高膜的最小突破压力，即可有效降低膜的浸润风险。而长时间运行时，化学吸收剂对膜造成的化学侵蚀，将会直接导致膜孔径变大，从而造成最小突破压力下降，膜浸润风险大幅增加。因此，膜浸润预防的基本原则是采用各种手段提高膜的最小突破压力。

（2）预防措施

① 选择具有更高疏水性的膜材料。由式(6-46)可知，膜疏水性越强，吸收剂与膜表面间的接触角越大，膜的最小突破压力越高，膜浸润风险越低。因此，对商业化疏水膜材料表面进行接枝、孔隙填充接枝、表面聚合、表面涂覆、表面沉积和原位聚合等改性处理，可有效提高膜接触角，大幅提高膜的疏水性。值得注意的是，将疏水性的纳米SiO_2颗粒引入到PVDF和聚醚酰亚胺（PEI）等膜材料进行共混改性后，可将接触角提升至160°和123.3°。另外，选择复合膜也可以降低膜浸润风险。对于复合膜而言，一般

面向吸收剂溶液的一侧采用孔径更小的致密膜，而面向气相的一侧可采用孔径较大的支撑层材料，如采用PVDF/石墨烯、PVDF/聚苯并咪唑（PBI）等组成的中空纤维膜材料，可获得更高的疏水性。同样，选择比传统有机膜具有更高热稳定性和化学稳定性的疏水陶瓷膜、聚醚醚酮膜（PEEK）、烷基化的聚丙烯腈膜（PAN）等膜材料，也可以有效降低膜浸润风险。当然，选择孔径更小的致密膜，也可有效提高膜的最小突破压力，降低浸润风险。

② 选择具有合适表面张力的吸收剂溶液。由式(6-46）可知，吸收剂溶液的表面张力越高，膜的最小突破压力越大，膜被浸润的风险也随之越低。一般而言，传统有机胺吸收剂的表面张力要低于水，而氨基酸盐吸收剂则具有比水更高的表面张力，因此，在膜吸收系统中选择氨基酸盐吸收剂有助于降低膜浸润风险。另外，氨基酸盐吸收剂具有零蒸气分压的特点，其对膜造成的自发浸润风险也要低于高挥发性的有机胺类吸收剂。

除了氨基酸盐吸收剂外，离子液体吸收剂在膜吸收技术领域的应用也受到了极大关注，如1-丁基-3-甲基咪唑四氟硼酸盐（[bmim][BF_4]）、1-丁基-3-甲基咪唑六氟磷酸盐（[bmim][PF_6]）、乙醇胺甘氨酸盐离子液体（[MEA][GLY]）、二乙醇胺甘氨酸盐离子液体（[DEA][GLY]）等。与传统有机胺类吸收剂相比，离子液体不仅具有更高的热化学稳定性、近零挥发损失、低再生能耗等优势，其还具有更高的表面张力，同时对膜的浸润风险更低。并且，离子液体吸收剂一般具有高的黏度，虽然在一定程度上可能会影响其CO_2吸收性能，但高黏度往往意味着更低的膜浸润风险。

③ 操作参数与膜布置优化。对气液操作参数进行优化，也有助于降低膜浸润风险。如吸收剂溶液温度越高，吸收剂表面张力越低，使得膜浸润更容易进行。同时，吸收温度高时，分子碰撞更加活跃，有机吸收剂分子在膜表面的吸附加快，有助于膜的自发浸润。另外，在膜吸收系统中，为了防止气体窜入吸收剂溶液中形成鼓泡现象而造成吸收性能的下降，实际运行中液相压力应高于气相压力。但在长时间运行中，液相压力越大，吸收剂渗透进入膜孔的概率越高，膜被浸润的风险越大。因此，气液跨膜压差应低于最小突破压力。再者，如6.1.4节中所述，液相流速和膜布置形式不同，膜被浸润的风险不同。因此，为了降低膜被浸润的风险，需要对液相操作压力、液相流速、反应温度等操作参数和膜布置形式进行优化。

思考题

1. 简述膜吸收CO_2的原理？什么是中空纤维膜接触器，有何优缺点？
2. 膜吸收中技术常用膜材料主要有哪些？

3. 简述膜浸润的基本原因？如何解决？

4. 试分析膜吸收技术的工业应用有什么难题？

参考文献

[1] 骆仲泱，方梦祥，李明远，等．二氧化碳捕集封存和利用技术 [M]. 北京：中国电力出版社，2012.

[2] 马秦慧．基于新型膜接触器的 CO_2 化学吸收技术及工艺改进 [D]. 杭州：浙江大学，2018.

[3] 潘一力，方梦祥，汪桢，等．混合吸收剂膜减压再生特性的试验研究 [J]. 中国电机工程学报，2013，33 (5)：61-67.

[4] 潘一力．混合吸收剂膜法分离 CO_2 特性的试验研究 [D]. 杭州：浙江大学，2013.

[5] 时均，袁权，高从堦．膜技术手册 [M]. 北京：化学工业出版社，2001.

[6] 汪桢．基于中空纤维膜技术的二氧化碳吸收和解吸研究 [D]. 浙江大学，2014.

[7] 谢苗诺娃 T A，列伊捷斯 И Л，著．工艺气体的净化 [M]. 南京化学工业公司研究院，译．北京：化学工业出版社，1982.

[8] 晏水平．膜吸收和化学吸收分离 CO_2 特性的研究 [D]. 杭州：浙江大学，2009.

[9] 张卫风，李娟，王秋华，等．燃煤烟气中 CO_2 膜吸收分离技术的膜浸润特性述评 [J]. 化工进展，2019，38 (8)：3866-3873.

[10] 张卫风．中空纤维膜接触器分离燃煤烟气中二氧化碳的试验研究 [D]. 杭州：浙江大学，2006.

[11] 朱长乐．膜科学技术 [M]. 2 版．北京：高等教育出版社，2004.

[12] Scholes C A，Qader A，Steven G W，et al. Membrane gas-solvent contactor pilot plant trials of CO_2 absorption from flue gas [J]. Separation Science and Technology，2014，49：2449-2458.

[13] Scholes C A，Kentish S E，Qader A. Membrane gas-solvent contactor pilot plant trials for post-combustion CO_2 capture [J]. Separation and Purification Technology，2020，237：116470.

[14] Zaidiza D A，Belaissaoui B，Rode S，et al. Intensification potential of hollow fiber membrane contactors for CO_2 chemical absorption and stripping using monoethanolamine solutions [J]. Separation and Purification Technology，2017，188：38-51.

[15] DOE/NETL，Carbon capture and sequestration systems analysis guidelines [R]. 2005，http://www.netl.doe.gov/technologies/carbon_seq/Resources/Analysis/pubs/CO2CaptureGuidelines.pdf.

[16] Chabanon E，Kimball E，Favre E，et al. Hollow fiber membrane contactors for post-combustion CO_2 capture：A scale-up study from laboratory to pilot plant [J]. Oil & Gas Science and Technology-Rev. IFP Energies Nouvelles，2014，69：1035-1045.

[17] Kimball E，Al-Azki A，Gomez A，et al. Hollow fiber membrane contactors for CO_2 catpure：Modeling and up-scaling to CO_2 capture for an 800 Mwe coal power station [J]. Oil & Gas Science and Technology-Rev. IFP Energies Nouvelles，2014，69：1047-1058.

[18] He F J，Wang T，Fang M X，et al. Screening test of amino acid salts for CO_2 absorption at flue gas temperature in a membrane contactor [J]. Energy & Fuels，2017，31：770-777.

[19] Lu J G，Lu C T，Chen Y，et al. CO_2 capture by membrane absorption coupling process：Application of ionic liquids [J]. Applied Energy，2014，115：573-581.

[20] Lu J G, Ge H, Chen Y, et al. CO_2 capture using a functional protic ionic liquid by membrane absorption [J]. Journal of the Energy Institute, 2017, 90: 933-940.

[21] Lu J G, Li X, Zhao Y X, et al. CO_2 capture by ionic liquid membrane absorption for reduction of emissions of greenhouse gas [J]. Environmental Chemistry Letters, 2019, 17: 1031-1038.

[22] Lu J G, Lu Z Y, Gao L, et al. Property of diethanolamine glycinate ionic liquid and its performance for CO_2 capture [J]. Journal of Molecular Liquids, 2015, 211: 1-6.

[23] Li J L, Chen B H. Review of CO_2 absorption using chemical solvents in hollow fiber membrane contactors [J]. Separation and Purification Technology, 2005, 41: 109-122.

[24] Figueroa J R, Cuenca H E. Membrane gas absorption processes: applications, design and perspectives [M]. In book: Osmotically Driven Membrane Processes-Approach, Development and Current Status, Chapter 12, 2018.

[25] Wang L, Yang C, Zhao B, et al. Hydrophobic polyacrylonitrile membrane preparation and its use in membrane contactor for CO_2 absorption [J]. Journal of Membrane Science, 2019, 569: 157-165.

[26] Fang M X, Wang Z, Yan S P, et al. CO_2 desorption from rich alkanolamine solution by using membrane vacuum regeneration technology [J]. International Journal of Greenhouse Gas Control, 2012, 9 (7): 507-521.

[27] Ibrahim M H, El-Naas M H, Zhang Z E, et al. CO_2 capture using hollow fiber membranes: A review of membrane wetting [J]. Energy & Fuels, 2018, 32: 963-978.

[28] Darabi M, Pahlavanzadeh H. Mathematical modeling of CO_2 membrane absorption system using ionic liquid solutions [J]. Chemical Engineering & Processing: Process Intensification, 2020, 147: 107743.

[29] Abdulhameed M A, Othman M H D, Ismail A F, et al. Carbon dioxide capture using a superhydrophobic ceramic hollow fibre membrane for gas-liquid contacting process [J]. Journal of Cleaner Production, 2017, 140: 1731-1738.

[30] Ahmad N A, Leo C P, Ahmad A L. Separation of CO_2 from hydrogen using membrane gas absorption with PVDF/PBI membrane [J]. International Journal of Hydrogen Energy, 2016, 41: 4855-4861.

[31] Qi Z, Cussler E L, Microporous hollow fibers for gas absorption: Ⅰ. Mass transfer in the liquid [J]. Journal of Membrane Science, 1985, 23: 321-332.

[32] Qi Z, Cussler E L, Microporous hollow fibers for gas absorption: Ⅱ. Mass transfer across the membrane [J]. Journal of Membrane Science, 1985, 23: 333-345.

[33] Rostami S, Keshavarz P, Raeissi S. Experimental study on the effects of an ionic liquid for CO_2 capture using hollow fiber membrane contactors [J]. International Journal of Greenhouse Gas Control, 2018, 69: 1-7.

[34] Li S G, Rocha D J, Zhou S J, et al. Post-combustion CO_2 capture using super-hydrophobic, polyether ether ketone, hollow fiber membrane contactors [J]. Journal of Membrane Science, 2013, 430: 79-86.

[35] Zhao S F, Feron P H M, Deng L Y, et al. Status and progress of membrane contactors in post-combustion carbon capture: a state-of-the-art review of new developments [J]. Journal of

Membrane Science, 2016, 511: 180-206.

[36] Yan S P, Fang M X, Zhang W F, et al. Experimental study on the separation of CO_2 from flue gas using hollow fiber membrane contactors without wetting [J]. Fuel Processing Technology, 2007, 88 (5): 501-511.

[37] Yan S P, Fang M X, Zhang W F, et al. Comparative analysis of CO_2 separation from flue gas by membrane gas absorption technology and chemical absorption technology in China [J]. Energy Conversion and Management, 2008, 49 (11): 3188-3197.

[38] Yan S P, Fang M X, Wang Z, et al, Economic analysis of CO_2 separation from coal-fired flue gas by chemical absorption and membrane absorption technologies in China [J]. Energy Procedia, 2011, 4: 1878-1885.

[39] Yan S P, Fang M X, Wang Z, et al. Regeneration performance of CO_2-rich solvents by using membrane vacuum regeneration technology: relationships between absorbent structure and regeneration efficiency [J]. Applied Energy, 2012, 98: 357-367.

[40] Yan S P, Fang M X, Luo Z Y, et al. Regeneration of CO_2 from CO_2-rich alkanolamines solution by using reduced thickness and vacuum technology: Regeneration feasibility and characteristic of thin-layer solvent [J]. Chemical Engineering and Processing: Process Intensification, 2009, 48 (1): 515-523.

[41] Yan S P, He Q Y, Zhao S F, et al. CO_2 removal from biogas by using green amino acid salts: Performance evaluation [J]. Fuel Processing Technology, 2015, 129 (1): 203-212.

[42] Yan S P, He Q Y, Zhao S F, et al. Biogas upgrading by CO_2 removal with a highly selective natural amino acid salt in gas-liquid membrane contactor [J]. Chemical Engineering and Processing: Process Intensification, 2014, 85 (11): 125-135.

[43] Simbeck D R, New power plant CO_2 mitigation costs [R]. 2002, SFA Pacific, Inc., Mountain View, California.

[44] Boributh S, Assabumrungrat S, Laosiripojana N, et al. Effect of membrane module arrangement of gas-liquid membrane contacting process on CO_2 absorption performance: A modeling study [J]. Journal of Membrane Science, 2011, 372: 75-86.

[45] Boributh S, Rongwong W, Assabumrungrat S, et al. Mathematical modeling and cascade design of hollow fiber membranecontactor for CO_2 absorption by monoethanolamine [J]. Journal of Membrane Science, 2012, 401-402: 175-189.

[46] Wu X N, Zhao B, Wang L, et al. Superhydrophobic PVDF membrane induced by hydrophobic SiO_2 nanoparticles and its use for CO_2 absorption [J]. Separation and Purification Technology, 2018, 190: 108-116.

[47] Wu X N, Zhao B, Wang L, et al. Hydrophobic PVDF/graphene hybrid membrane for CO_2 absorption in membrane contactor [J]. Journal of Membrane Science, 2016, 520: 120-129.

[48] Zhang Y, Wang R. Novel method for incorporating hydrophobic silica nanoparticles on polyetherimide hollow fiber membranes for CO_2 absorption in a gas-liquid membrane contactor [J]. Journal of Membrane Science, 2014, 452: 379-389.

[49] Lv Y X, Yu X H, Jia J J, et al. Fabrication and characterization of superhydrophobic polypropylene hollow fiber membranes for carbon dioxide absorption [J]. Applied Energy, 2012, 90

(1)：167-174.

[50] Wang Z，Fang M X，Yu H，et al. Modeling of CO_2 stripping in a hollow fibre membrane contactor for CO_2 capture [J]. Energy & Fuels，2013，27：6887-6898.

[51] Wang Z，Fang M X，Ma Q H，et al. Investigation of membrane wetting in different absorbents at elevated temperature for carbon dioxide capture [J]. Journal of Membrane Science，2014，455：219-228.

[52] Wang Z，Fang M X，Pan Y L，et al. Comparison and selection of amine-based absorbents in membrane vacuum regeneration process for CO_2 capture with low energy cost [J]. Energy Procedia，2013，37：1085-1092.

[53] Wang Z，Fang M X，Pan Y L，et al. Amine-based absorbents selection for CO_2 membrane vacuum regeneration technology by combined absorption-desorption analysis [J]. Chemical Engineering Science，2013，93：238-249.

第7章

CO_2化学吸收系统运行

本章主要介绍了 CO_2 化学吸收系统启动和运行的主要操作，系统启动包括启动前吹扫、系统清洗、系统试压查漏、循环水洗、碱洗、除盐水冲洗、系统钝化和启动前检查，系统启动过程 CO_2 捕集纯化单元启动和压缩、干燥、液化单元启动，系统运行和停运操作，溶剂管理和水平衡控制及事故处理措施。

7.1 启动前准备

CO_2 化学吸收系统启动前准备包括吹扫、系统清洗、系统试压查漏、循环水洗、碱洗、除盐水冲洗、系统钝化和启动前检查。

7.1.1 吹扫

(1) 吹扫的目的

吹扫的目的是为了清除设备及管道内的灰尘、铁锈、疏松的氧化层以及焊渣、固体杂物和污水等。通常初次投产时都必须进行吹扫。

(2) 吹扫方式及要求

吹扫应分段进行，吹扫气应在进入下游设备之前进行排放，防止把固体杂质吹向下游设备或管道，吹扫气量应尽量大。

用空气或氮气吹扫时，以排气干净、无尘、无细小固体颗粒吹出为合格，用白布或涂有白漆的木片进行检验；用蒸汽吹扫时，可在排气口处固定一块软的铜片做检验，软片上无固体物打击的痕迹为合格。但蒸汽吹扫要注意施加防护措施，以免人员发生烫伤的事故。

容易发生堵塞的测量孔板、调节阀、设备内件（如过滤器滤芯、分布器、除沫丝网等）在吹扫前应予以拆除。注意避免板式换热器、取样管、液位计导管、流量计、压力表导管的堵塞。

对于可见物质，要求在检修完毕后，人工进入其中彻底清理干净；风机进出口烟气管道除进行人工清理外，还可以利用风机在试运时顺便吹扫；再生塔、溶液储槽、地下槽及碱槽也应人工清扫干净。

7.1.2 系统清洗

(1) 洗涤系统清洗

确认洗涤液储槽内部清理干净后，投入液位计，关闭洗涤液储槽顶部人孔门，关闭底部排放门，开启除盐水至洗涤液储槽电动门（或手动门）(也可使用临时管线，用工艺水进行清洗)，待液位升至 1000mm 或液位量程的 1/2 时，拆除尾气洗涤泵入口滤网，开启尾气洗涤泵入口门，利用液差冲洗泵入口管道，确认此段干净然后再接入过滤器滤网，并启动任一台洗涤泵使水系统循环起来，同时根据洗涤液储槽液位变化进行补水，清洗期间要切换两台洗涤泵运行，以保证系统全部经过冲洗。系统水循环起来后，应定期对系统进行放水，以使水质尽快合格，放水间隔为 2h。待水质清澈、透明并且无杂质即可完成清洗。清洗完毕如果短时不启动 CO_2 捕集系统，应考虑将洗涤液储槽注满水或充入氮气保养，以防止设备腐蚀。

（2）溶液储槽的清洗

为了完成吸收塔、再生塔的清洗，须首先对吸收剂溶液储槽进行清洗。确认溶液储槽内部清理干净后，投入就地/远传液位计，关闭底部排放门，使用临时管线，用除盐水从溶液储槽顶部人孔门对罐体进行清洗，必要时需要人工入内用水枪冲洗内壁。当储槽液位升至 2500mm 或液位量程的 1/2 时，开启储槽底部排放门排水，反复冲洗排放工作，直至水质清澈、透明并且无杂质即可完成清洗。

（3）吸收塔本体的清洗

溶液储槽清洗干净后，通过临时管线注满水，开启溶液储槽底部出口门，开启溶液储槽至贫液泵入口电动门，拆除贫液泵入口滤网，开启泵入口门，利用液位差冲洗贫液泵入口管道，确认管段冲洗干净后装回滤网。开启贫液泵出口流量调整门、进口手动门及活性炭过滤器旁路门，维持贫液泵出口流量调整门在 15%的开度，然后启动贫液泵至贫液冷却器入口排放，排放干净后改至吸收塔入口排放，同时清洗活性炭过滤器（水洗阶段活性炭暂不填装），干净后进入吸收塔内。进入吸收塔的水沿塔壁流下并冲洗，初时冲洗水通过塔底排放管道进行排放，干净后改至富液泵入口排放，水质清澈后接入富液泵入口过滤器滤网，待吸收塔液位达到 1000mm 或液位量程的 1/2 时，启动任一台富液泵，并在贫富液换热器前进行排放；液位低于 300mm 时，关泵，自然排放剩余的水。一定要等到排放干净后方可通入贫富液换热器，否则可能会堵塞板式换热器。待冲洗水干净后，打开贫富液换热器连接阀门，将其向再生塔排放。

（4）再生塔本体清洗

自再生塔上部进入的冲洗水沿塔壁向下冲洗，并流入溶液再沸器，再生塔从底部排放，干净后关闭底部排放门，改至贫富液换热器入口排放，水质清澈后通入贫富液换热器，整个溶液系统即可循环清洗。

（5）地下槽、胺回收加热器的清洗

在贫、富液泵启动后，与泵出口连接地下槽、胺回收加热器的管线同时分段清洗，地下槽需要人工用水枪冲洗内壁，并人工清除槽底部固体杂质。

7.1.3 系统试压查漏

当系统各设备清洗结束后，隔离再生塔本体，利用地下槽向再生塔注入除盐水，注水至液位计上限，利用水的静压检查设备管道是否有泄漏。吸收塔及相连设备管道都属常压设备，在清洗过程中需仔细检查是否有泄漏处并随时处理。

7.1.4 循环水洗

循环水洗的目的是清洗掉设备内的固体杂质和铁锈。

（1）冷水循环清洗

系统试压查漏完成，在启动前必须进行清洗，以除油、除锈，并除去其他使溶液起泡的物质，尽量保持 CO_2 捕集系统干净，防止溶液污染，减少溶液起泡，这对设备的防腐和保持正常的运行都十分重要。

首先用除盐水清洗溶液贮槽和地下槽，并利用溶液储槽排至贫液泵入口，然后启动贫液泵将除盐水打至吸收塔，冲洗吸收塔，洗涤水由塔底导淋排放。吸收塔冲洗完后，由富液泵将吸收塔内的水运送至再生塔，冲洗再生塔，洗涤水从再生塔塔底导出排放。两塔冲洗时，清洗水需不断补充，不断排放，并清理泵进口过滤网。在冲洗过程中，可根据流程特点，同时对管道、换热器和分离器单独进行冲洗。冷水冲洗时间不定，直至排出的污水与新补充的水无区别为止。

（2）热水循环清洗

冷水冲洗结束后，系统水不要排放，建立水循环流程为正常的循环流程，补充除盐水，维持两塔液位稳定。然后从再沸器逐步加入蒸汽间接加热循环水，按照≤25℃/h 速度逐步提升系统水温，转入热水清洗。在升温过程中，为了尽快将温度提至 95～98℃（小于 100℃，不沸腾），可以暂停或减少补水，同时减少排污、保持液位。当温度升至 95～98℃后，开大排污，并补充新的除盐水，维持液位及温度正常。在热水循环阶段，吸收塔入口水温控制在65～70℃，贫液冷却器循环水可以不投入。

在温度稳定下，采用连续排污的方法，直到循环水浑浊度小于20mg/m^3（无悬浮物，水清洁），Fe^{3+}≤10mg/L，总固≤50mg/m^3后，热水洗结束，停止循环，将各低点排放干净。排放后，拆开两塔底部排污门检查，并从此处用水反复冲洗多次至排水干净为止，必要时要打开人孔门人工进行清洗。热水循环清洗时间为24～48h。

（3）循环清洗注意事项

① 在循环清洗过程中，每4h切换一次泵并清洗入口过滤器。

② 机械过滤器在清洗阶段更换为小孔径的滤网。

7.1.5 碱洗

碱洗的目的是为了清理系统垢，一般分两次进行。

（1）第一次碱洗

由地下槽将3%NaOH打入吸收塔，然后经富液泵打入再生塔，与热水循环一样，建立碱液循环，用再沸器给碱液加热，把碱液温度提高到90℃（如果水洗塔、吸收塔采用的塑料填料，则碱洗温度不超过80℃），进行循环洗涤，循环操作时间为24h（时间从碱液温度达到90℃起计）。要定期对碱液进行化学分析，化学分析项目为：溶液碱度、铁离子浓度、清洗水的pH值、泡沫高度及消泡时间。

在碱洗过程中，将机械过滤器内件取出，设备同时进行清洗。溶液浑浊、悬浮物较多时，必须边洗边排，同时补充NaOH，维持碱液浓度在3%左右。操作时要控制碱液温度不超过95℃。第一次碱洗结束后把碱液从低点导流出系统。待碱液全部排放完毕，进行除盐水冲洗。

（2）第二次碱洗

由地下槽将3%NaOH打入吸收塔，然后经富液泵打入再生塔，建立碱液循环，用再沸器给碱液加热，把碱液温度提高到90℃，进行循环洗涤，循环操作时间为24h（时间从碱液温度达到90℃起计）。第二次碱洗应比第一次碱洗更彻底，碱洗结束时溶液应清澈透明，无悬浮物，否则要延长碱洗时间。要定期对碱液进行化学分析，化学分析项目为：溶液碱度、铁离子浓度、清洗水的pH值、泡沫高度及消泡时间。

碱洗结束后把碱液从低点排放出系统。待碱液全部排放完毕，进行除盐水冲洗。

(3) 碱洗注意事项

① 碱洗过程中，NaOH溶液浓度在3%左右，NaOH溶液浓度低于2%应补碱，否则碱洗效果降低；NaOH溶液浓度高于4%应加水，以防止碱蚀。操作温度应控制在90～95℃（如果是塑料填料塔操作温度控制在75～80℃）。

② 每次碱洗后排放溶液必须彻底，这样碱洗后的pH才能较快接近除盐水的指标，否则要拖延时间。每次除盐水冲洗后必须将系统中的水尽量排尽，否则会稀释下一次碱洗时的碱液。

7.1.6 除盐水冲洗

碱洗结束后，系统中残存的碱液会使配置的吸收液在组分变复杂的同时影响吸收活性，因此在碱液排放后必须用除盐水进行冲洗，除盐水温度为90±2℃。要求这次冲洗更为严格彻底，冲洗时间8～12h，首先进行4h单塔冲洗，然后进行8小时连续排放循环冲洗。水洗指标排放水浊度小于10mg/m^3，pH接近除盐水，否则要延长时间。排放时注意不要让空气大量进入系统中，应冲入合格的氮气进行保护。

7.1.7 系统钝化

系统钝化前首先应启动尾气洗涤系统。钝化液由质量分数1%～3%的无机钒盐缓蚀剂组成，钝化液量根据两塔液位计2/3～3/4高度、各溶液管道、换热器、填料、分布器及支撑存液量算出，在此基础上增加10%～15%即是系统钝化所需液量。

在地下槽中放入一定量的除盐水，然后倒入配好的吸收剂溶液，并由补液泵/配液泵输送至再生塔。建立高液位，使再沸器溶液进出口管道在液位以下，静态钝化48h。当静态钝化结束后，启动贫液泵升高吸收塔液位，但要始终保持液位不得高于烟气进入吸收塔管道的下沿，以免溶液进入烟道和引风机。液位正常后启动富液泵，建立系统溶液循环，此时开始投入再沸器蒸汽加热系统，按照20～30℃/h的速度使再生塔塔底温度逐步上升至70～80℃，然后循环钝化72h，钝化时贫液冷却器冷却水应保持投入，并控制吸收塔入口贫液温度在40～50℃，最高不得大于60℃。

在再生塔静态钝化时，活性炭过滤器应装活性炭，并用除盐水冲洗合格，保证机械过滤器丝网清洗干净（泵不启用）。动态钝化时，活性炭过滤器、机械过滤器投入使用（泵启用）。

在循环过程中分析吸收剂及缓蚀剂浓度、Fe^{3+}、pH、泡沫变化情况，当稳定后，钝化结束。有条件在钝化前用 N_2 置换系统使系统内 O_2 不大于 0.5%。

7.1.8　启动前检查

在完成系统启动各项准备后，还要进行系统启动前各项检查，要求：

① 现场检修工作全部完成，设备、管道、阀门均已验收合格，系统吹扫、试压、试漏合格，系统中临时设置的挡板均已拆除。

② 电路供电正常。

③ 系统调节装置、仪表均已调试合格，系统安全阀调校正常。

④ 吹扫、清扫、清洗、钝化等工作均已完成。

⑤ 设备试转和联锁保护正常。

⑥ 供至 CO_2 捕集和精制系统的除盐水、循环冷却水、蒸汽等系统均已通畅、正常。

⑦ 系统进出口阀门处于正常开关状态，电器仪表正常，贮制冷剂罐液位正常，所有制冷剂系统调节阀处于手动且关闭的位置。各调节阀的前后阀处于打开状况，冷凝器、提纯塔、过冷器液位无变化。

⑧ CO_2 压缩机、制冷压缩机供油、供水的温度和压力符合设备说明中的指标要求；系统进口缓冲罐和冷却除湿器的共用水封充满水（充水至溢流为止）。

⑨ 分子筛塔内 3A 分子筛再生完毕，处于干燥备用状态。

7.2　CO_2 捕集系统启动和停运

7.2.1　CO_2 捕集纯化单元启动

在系统钝化与启动前检查完成后，可进行 CO_2 捕集单元烟气、溶液联合投运。

① 在地下槽中配制 20%～30%胺溶液，配制好的胺溶液通过补液泵补充到吸收塔中。待吸收塔液位达到 1.0m 时，启动富液泵，胺液逐渐通入再

生塔中。待吸收塔和再生塔中液位均达到 1.0m，启动贫液泵，实现两塔之间溶液的连续运行。

② 保持有机胺溶液正常循环，启动循环冷却水系统，打开所有换热器，调整换热后各操作指标，特别是贫液冷却器的调节，使贫液温度保持在 40℃，活性炭过滤器关闭暂不使用，使用旁路，预过滤器及后过滤器打开使用，其他设备调至正常。

③ 开启吸收后的尾气回烟道阀门，确认洗涤液储槽液位在 1.0m，开启原料气水洗泵，并将洗涤后的烟道气引入吸收塔，开启引风机，缓慢开启烟道气进口阀门，将气量调至设计值的 50%，对吸收后的尾气进行洗涤；再开启蒸汽系统进行溶液加热。

④ 关闭 CO_2 压缩机进口阀门，再生气分离器出口产品气在启动阶段直接放空。在再生气分离器出口设置临时气体取样口，每 2h 取一次气样，对气体中的 CO_2 浓度进行分析。

⑤ 待运行平稳后，慢慢加大烟气流量，每次加量约为 10%左右。

⑥ 当再生气分离器出口产品气 CO_2 干基浓度达到 99%，且进口烟气量已达到设计值时，认为 CO_2 捕集工段试启动投产完毕。

7.2.2 压缩、干燥、液化单元启动

(1) 联合投运条件

① 操作人员均已熟悉本方案，并熟练掌握操作规程。

② 烟道气 CO_2 捕集纯化单元已投产成功。

③ CO_2 压缩、干燥、制冷撬块单体试运已完成，处于备用状态。

④ 工程配套的电气系统、消防系统、仪表风、循环冷却水系统、蒸汽系统、脱盐水系统等均进入正常工作状态，蒸汽、仪表气源、脱盐水已送往本工段，自控仪表、DCS 系统、PLC 系统调校正常。

⑤ 已安排好产品的输送方式，管道、槽车或者轮船。

(2) 联合投产步骤

① CO_2 捕集纯化单元联合投运成功基础上即再生气分离器出口 CO_2 含量达到 95%以上时，继续维持烟气与溶液的正常循环。

② 关闭再生气分离器出口放空阀，开启 CO_2 压缩机进口阀，再依次在厂家指导下开启压缩机撬块、干燥撬块、制冷撬块，再开启储罐进口阀门，进行液态 CO_2 充装。

注意压缩机撬块、干燥撬块、制冷撬块启动均需在厂商指导下进行，撬

块及储罐开车操作步骤、注意事项详见各装置操作说明书。同时需要注意 CO_2 在不同压力下的液化温度，防止储罐中进入大量气态 CO_2。

③ 开启装车泵通过装车鹤管进行液态 CO_2 装车。

④ 整套装置进入正常生产。

7.2.3 系统保运

CO_2 捕集工程整体联合投运完毕后，进入装置保运阶段，一般情况下保运 168h。在此阶段进行运行参数优化、控制参数优化及设备运行方式优化，使整套装置运行达到最佳状态。优化内容主要包括：

① 调整装置水平衡。

② 调整装置物料平衡。

③ 调整装置运行工况。

④ 调整装置能耗和消耗指标。

保运结束后，系统进入满负荷运行状态，稳定运行。

7.2.4 CO_2 捕集系统停运

(1) 正常停车

① 联系约定停运时间。

② 关闭引风机。

③ 关闭 CO_2 气至 CO_2 压缩单元控制阀，打开放空阀将酸气放空。

④ 停止液化撬块、干燥撬块、压缩撬块。

⑤ 如果短期停车，继续维持正常循环，降低进再沸器蒸汽量至正常的 10%。

⑥ 如长期停车，则将富液彻底再生，当富液中 CO_2 含量小于 0.2mol CO_2/mol 胺时，停用加热蒸汽，然后将溶液降至常温后打入溶液贮槽。

(2) 紧急停车

在生产过程中，如遇突然停电、停水、停气、设备故障等意外情况，应作紧急停车处理。

① 首先停运贫液泵和富液泵，之后是水洗泵、洗涤液泵。

② 按顺序依次停止液化撬块、干燥撬块、压缩撬块。

③ 关闭引风机，关闭烟气进口阀门，关闭 CO_2 气至 CO_2 压缩单元控

制阀，打开再生塔后放空阀、压缩机放空阀、干燥撬放空阀等将酸气放空。

④ 停止蒸汽循环系统及循环水系统。

⑤ 全面检查各设备阀门开关情况，做好重新开车准备。

CO_2 捕集系统的启停见表 7-1。

表 7-1 CO_2 捕集系统的启停

项目	长期停机状态 （大、小修或停机一周以上）	短期停机状态 （一周以内）	正常运行状态
状态描述	本装置所有辅助设备都停运，并且吸收塔和再生塔内的溶液排空至溶液储槽充氮气保养，或全部排放至临时的储罐	CO_2 捕集系统引风机停止运行，蒸汽系统停止投运，尾气洗涤泵、回流补液泵、除盐水升压泵停止运行；贫液泵、富液泵运转，继续维持溶液系统循环运行，压缩系统停运	设备全部运行
启停操作	转入短期停机状态的启动操作：向溶液储槽注入溶液，并通过溶液储槽底部阀门以及至贫液泵入口管线向再生塔注入溶液，同时对贫液泵进行溶液注入排空，启动贫液泵向吸收塔注入溶液，待液位满足要求后启动富液泵，向再生塔排液，从而完成整个溶液循环	转入正常运行状态的启动操作：系统溶液循环正常且两塔液位稳定后，投入溶液再沸器的蒸汽加热系统，待再沸器出口温度达到 105℃ 时启动 CO_2 捕集系统引风机，并逐渐增加引入烟气量至额定值，期间应随烟量增加逐渐提升溶液再沸器出口温度至 110℃。投入压缩系统运行。 转入长期停机状态的停机操作：从溶液储槽底部注入氮气，利用贫液泵至溶液储槽管线把吸收塔及再生塔内的溶液全部排放至溶液储槽，之后停运贫、富液泵。活性炭过滤器、溶液管线以及两塔底部溶液可以通过底部排放管排放至地下槽，然后经自吸泵输送至溶液储槽	转入短期停机状态停机操作：停止 CO_2 捕集系统引风机运行，停止溶液再沸器加热蒸汽，停运尾气洗涤泵、回流补液泵运行，维持贫液泵、富液泵运行，两塔液位维持稳定。
启停时间	启动：约 7d （含清洗、碱洗、钝化等工作） 停机：约 2.5～3h	启动：3.5～4h 停机：0.5～1h	

7.2.5 数据的测量

在启动与运行过程中，要按时测量并记录流量、温度、压力、液位等运行参数。应记录整个启动投产过程中的重要事件，如果出现事故，应记录事故发生的时间和处理事故的措施等。

化验人员应定期进行贫富液、循环冷却水取样分析，准确记录化验结果，并将化验结果及时告知、送交投产指挥组。

7.2.6　投产资料的整理及保存

① 投产后由专人负责收集、整理投产有关数据、资料、大事记。

② 投产后，汇总保存的资料有：试运投产方案；试运有关数据资料；大事记及其他有关数据、资料。全部资料应在投产后3个月内归档。

7.3　溶剂管理和回收

吸收剂是CO_2捕集系统的核心，也是CO_2捕集系统中单价最高的消耗品。因此在运行中要做好溶剂的管理和回收。典型复合胺吸收剂成分见表7-2。

表7-2　典型复合胺吸收液成分

项目	数量
复合胺	20%～30%
抗氧化剂	0.08%～0.25%
缓蚀剂	0.08%～0.25%
水	69%～80%

7.3.1　溶液现场配制

溶剂到达工程现场一般为桶装，拆装后采用移动式加药泵抽吸至地下槽，当地下槽液位达到1/5时，加入除盐水，除盐水加注至地下槽液位3/5时，开启补液泵进行回流，溶液从地下槽底部抽出回流至地下槽上部，实现溶剂与水的充分混合。继续补充除盐水，当除盐水加注至地下槽液位4/5时，进行取样分析溶液浓度，根据浓度适当补充除盐水，使溶液达到指定的摩尔浓度或质量分数。

7.3.2　溶液检测与补充

运行过程中每隔2h在贫液泵入口管线和富液泵入口管线取贫液和富液液样各一个，利用酸碱中和原理，以溴甲酚绿-甲基红为指示剂，用标准硫酸溶液直接滴定，以硫酸的消耗量计算得到胺液的摩尔浓度。

当测定的胺液浓度低于正常运行浓度时，采用移动式加药泵往地下槽中补充新鲜溶剂，并进行溶液浓度检测，直至达到运行浓度值。

此外，由于烟气和反应器中杂质会进入吸收剂，造成吸收剂变质。因此，应定期对吸收剂颜色进行观察，通常吸收剂为无色，如果发现颜色变深，应尽快对吸收剂进行检测和净化操作。

7.3.3 溶剂净化

捕集系统运行一段时间后，由于溶剂的热降解、氧化降解等因素，有少量溶剂发生了副反应生成了醛、酸、盐等物质，因此需要对溶剂进行净化。打开贫富液换热器后旁通阀，首先将5%～10%的贫胺液通入活性炭过滤器橇块进行固体杂质过滤；运行72h后打开胺回收加热器进液管线旁通阀，将贫胺液引入胺回收加热器，胺回收加热器为釜式换热器，采用蒸汽加热，通过加热实现胺液中的有效成分挥发逸散至再生塔。胺回收加热器加热温度在150℃以上，液位控制在釜的2/3，与进液管线联。加热后失效的有机成分留存在釜体中，通过废液输送泵输送至锅炉入口焚烧或由溶剂提供方组织罐车拉运后合规处理。

7.4 水平衡控制

7.4.1 水平衡主要控制点

CO_2 捕集系统水平衡的控制点主要有水洗塔的液位、吸收塔的液位、洗涤液储槽液位和再生塔的液位，需要通过温度控制、系统排液和补液维持水平衡。

7.4.2 水平衡控制方法

(1) 预处理塔

烟气经过脱硫脱硝后温度一般在50～60℃，而胺液与 CO_2 的吸收温度一般在40℃，因此在进入吸收塔前需先进行水洗降温预处理。一般做法是新上一座预处理塔（在降温的同时实现深度脱硫脱硝），烟气进入预处理塔后通过工业水降温至 40℃左右再进入吸收塔。由于烟气的降温，大量水进入预处理塔持液段，因此预处理塔需要建立液位与排液泵的联锁，当液位达到一定高度，启动排液泵，将预处理塔中多余的水量排放至工业污水处理系统或厂区内合适的工段进行消纳利用，从而维持预处理塔液位稳定。

(2) 吸收塔

在吸收塔中 CO_2 与胺液酸碱反应后释放出反应热，烟气尾气到达吸收段顶部时温度约为 50℃，里面携带了大量的水汽；通常在吸收塔顶部设置水洗段，采用洗涤液对进入水洗段的烟气尾气进行降温，降温至 40～42℃，同时有效回收烟气尾气中携带的溶剂。通过调节温度，维持进吸收塔烟气水量与出吸收塔烟气水量基本一致，维持吸收塔液位稳定。

(3) 洗涤液储槽

吸收塔出口烟气经过水洗段降温后，其中的部分水进入洗涤液，导致储槽液位逐渐升高。为此，在储槽中设置了溢流口，一旦达到一定液位，可通过溢流口将洗涤液排放至地下槽中，从而维持洗涤液储槽液位稳定。

(4) 再生塔

再生塔中富液通过再沸器加热分解释放出 CO_2，约 100℃含有水蒸气和 CO_2 的再生气从塔顶逸出，通过再生气冷却器降温至 40℃、分离器分离后，产生的冷凝水通过回流泵回流补充至再生塔。由于再生气中水汽无法完全分离回流，因此再生塔需要少量补水维持液位稳定。

同时，由于溶液会因降解、逃逸等原因产生损耗，需要定期通过补充少量新鲜溶液实现系统的水平衡以及溶液平衡。

7.5 故障处理

7.5.1 设备、仪表事故处理

(1) 循环冷却水中断处理

依次停贫液泵、富液泵、回流泵，关闭泵的进出口阀。关闭再沸器阀门，打开 CO_2 放空阀，停引风机。

(2) 系统断电处理

将各泵、风机开关调至停的位置，关进出口阀，关蒸汽，放空 CO_2。

(3) 再生塔泛塔处理

蒸汽进口阀门关小至 10%，将带出的溶液打回系统，避免由分离器带出界区。

(4) 引风机故障

贫富液维持运转，蒸汽进口阀门关小至10%，检修风机。

(5) CO_2 压缩机故障

启动备用的 CO_2 压缩机，通知维修人员处理；如果无备用压缩机，则依次关闭液化撬、干燥撬，打开再生气分离器后放空阀，待压缩机维修好后再依次关闭放空阀，启动压缩机、干燥撬和液化撬，实现系统稳定运行；如果压缩机在 2h 内未维修好，则关闭引风机，将蒸汽进口阀门关小至 10%，待压缩机维修好重新启动引风机。

(6) CO_2 干燥撬、液化撬故障

关闭 CO_2 压缩机、干燥撬及液化撬，打开再生气分离器后放空阀及干燥撬后放空汇管，CO_2 捕集纯化单元维持运行；如果干燥撬或液化撬 2h 内未维修好，则关闭引风机，蒸汽进口阀门关小至 10%，待干燥撬或液化撬维修好后重新启动引风机。

(7) 泵故障

启动备用泵，通知维修人员处理。

(8) 调节阀故障

启用旁路，通知仪表人员处理。

(9) 烟气管道破裂

启动系统报警，首先停止引风机，之后关闭烟囱接引处烟气管道入口阀与捕集装置水洗塔入口阀，利用便携式风机将装置区内烟气吹散，利用便携式 CO_2 报警仪测试装置区内 CO_2 浓度，待浓度小于 1%时解除装置区报警，通知维修人员进行烟气管道检测和维修。

(10) 吸收塔泄漏

首先停止贫液泵和引风机，开启吸收塔底排污和补液泵，尽可能回收溶液；已经泄漏到地面的溶液导流排污至污水池，地面残留部分用碱液中和后导流排污至污水池；通知维修人员进行吸收塔检测和维修。

(11) 再生塔泄漏

首先停止富液泵，开启吸收塔底排污和补液泵，尽可能回收溶液；已经泄漏到地面的溶液导流排污至污水池，地面残留部分用碱液中和后导流排污至污水池；通知维修人员进行再生塔检测和维修。

(12) 吸收液管线泄漏

首先停止富液泵和贫液泵，开启管线低点排净，尽可能回收溶液；已经泄漏到地面的溶液导流排污至污水池，地面残留部分用碱液中和后导流排污

至污水池；通知维修人员进行吸收液管路检测和维修。

（13）CO_2 储罐泄漏

首先进行装置区预警，疏散工作人员，防止冻伤和窒息；停止压缩机、干燥撬和液化撬，开启再生气放空和压缩、干燥放空；操作人员和安全员穿戴好正压式呼吸器、防护用品和便携式 CO_2 浓度检测仪后，采用移动式风机吹散场区内的 CO_2，待场区内 CO_2 浓度小于1%后，解除报警，进行储槽破裂原因检查和维修。

（14）贫富液换热器泄漏

首先停止贫液泵和富液泵，开启换热器前后的低点放净，尽可能回收溶液；已经泄漏到地面的溶液导流排污至污水池，地面残留部分用碱液中和后导流排污至污水池；通知维修人员进行贫富液换热器检测和维修。

（15）贫液冷却器泄漏

首先停止贫液泵和富液泵，开启换热器前后的低点放净，尽可能回收溶液；已经泄漏到地面的溶液导流排污至污水池，地面残留部分用碱液中和后导流排污至污水池；通知维修人员进行贫富液换热器检测和维修。

（16）溶液再沸器泄漏

首先关闭蒸汽进口阀门和再沸器溶液进出口阀门，开启再沸器排污阀门，尽可能回收溶液；疏散周边工作人员，防止烫伤；已经泄漏到地面的溶液导流排污至污水池，地面残留部分用碱液中和后导流排污至污水池；通知维修人员进行再沸器检测和维修。

（17）胺回收加热器泄漏

首先关闭进胺回收加热器贫液管路阀门和胺回收加热器气体出口阀门，开启胺回收加热器排污阀门，尽可能回收溶液；疏散周边工作人员，防止烫伤；已经泄漏到地面的溶液导流排污至污水池，地面残留部分用碱液中和后导流排污至污水池；通知维修人员进行胺回收加热器检测和维修。

7.5.2 工艺运行问题处理

（1）CO_2 产量低

运行中 CO_2 产量低于设计值，其可能原因与处理方法为：

① 富胺液再生状况较差，处理办法为加大再沸器蒸汽用量，降低溶液中 CO_2 负载（碳化度）。

② 溶液循环量过低，处理办法为加大溶液循环量。

③ 溶液浓度降低，处理办法为补充新鲜溶液或浓缩溶液，提高溶液浓度

至正常值。

④ 贫液温度过高，处理办法为降低贫液温度到合理的吸收温度。

⑤ 原料气气量过小，处理办法为适当增大烟气气量。

⑥ 原料气中 CO_2 浓度降低，处理办法为适当增大烟气气量。

⑦ 溶液降解严重，处理办法为采用活性炭过滤杂质，胺回收加热器回收有效成分；或者采用离子交换树脂去除有机杂质；补充新鲜溶液至正常浓度；补充缓蚀剂与抗氧化剂。

⑧ 溶液变脏，杂质含量过高，处理办法为更换精度更高的过滤器，加强过滤。

（2）吸收塔带液

运行中吸收塔塔顶烟气尾气中带液量增大或者吸收塔发生液泛，其可能原因与处理方法为：

① 烟气流量过大，导致塔内气体速度大于液泛速度，处理办法为降低烟气流量。

② 溶液起泡，液位变化剧烈，处理办法为添加消泡剂。

③ 填料堵塞或者损坏严重，处理办法为停车更换填料。

④ 吸收塔塔顶水洗塔工作不正常，可能是水洗量太低，或者塔内填料损坏，需要检查水洗塔。

（3）贫液 CO_2 负载高（碳化度高）

运行中贫胺液 CO_2 负载一直维持在较高的程度，其可能原因与处理方法为：

① 溶液再生状况较差，处理办法为加大再沸器蒸汽用量，降低溶液碳化度。

② 再生塔底液位高，处理办法为降低再生塔持液段高度。

③ 补入水量过多，溶液温度低，处理办法为加大再沸器蒸汽用量，提高溶液温度。

（4）胺液浓度降低

运行中贫胺液及富胺液浓度一直降低，其可能原因与处理方法为：

① 向再生塔补充水量过多，处理办法为需要适当减少补充水量。

② 系统中胺液损失大，处理办法为进行设备、管线检漏，杜绝跑、冒、滴、漏，减少损失。

③ 胺液降解量大，处理办法为补充添加抗氧化剂。

（5）再生塔液位下降快

运行中再生塔液位下降很快或者波动很大，其可能原因与处理方法为：

① 再生塔发生拦液现象，塔内压差增大，塔底、塔底温差增大，填料持液量增加，系统溶液量有减少的假象，液位波动大，处理办法为清理过滤器，溶液中添加消泡剂，同时对溶液进行净化。

② 再沸器热负荷过大，造成水蒸气大量蒸发，处理办法为减少蒸汽用量。

③ 吸收塔液位联锁控制失灵，吸收塔液位升高，处理办法为手动调节循环量，维持吸收塔液位稳定。

④ 吸收塔发生拦液现象，处理办法为清理过滤器，溶液中添加消泡剂，对溶液进行净化，适当降低溶液循环量。

⑤ 补水及补液量少，造成系统内总液量减少，处理办法为加大补充水量。

（6）贫液泵抽空

运行中贫液泵发生抽空现象，其可能原因与处理方法为：

① 再生塔底部液位过低，处理办法为补充除盐水或适当降低吸收塔液位。

② 启泵时气未排净，发生气蚀，处理办法为停泵排气。

（7）富液泵抽空

运行中富液泵发生抽空现象，其可能原因与处理方法为：

① 吸收塔液位联锁控制失灵，处理办法为手动操作调节溶液循环量，维持吸收塔液位稳定。

② 吸收塔底部液位过低，处理办法为补充除盐水或适当降低再生塔液位。

③ 启泵时气未排净，发生气蚀，处理办法为停泵排气。

（8）典型的脱碳系统故障及处理

典型的脱碳系统故障及处理总结见表7-3。

表7-3 脱碳系统故障及处理

序号	故障现象	原因	处理方法
1	CO_2 捕集效率低	1. 进口烟气温度过高。 2. 吸收塔产生泡沫。 3. 贫液气提不充分，再生度不够。 4. 吸收塔底部温度过高。 5. 吸收塔压力过低。 6. 气液接触不良。 7. 溶液循环量太低。 8. 吸收剂浓度太低。 9. 烟气流速太快。 10. 热稳定盐含量高	1. 调节贫液冷却器冷却水量。 2. 加强过滤，防止油、粉尘过多进入系统，必要时加入适量的消泡剂。 3. 可增大再沸器蒸汽用量，降低再生气负荷。 4. 降低进气、进液温度。 5. 增加风机吸入口压力，增加烟气流速，开大风机入口调节挡板。 6. 检查溶液分布器运行状况，检查填料情况，增大循环量或喷淋密度。 7. 增大溶液循环量。 8. 添加吸收剂，提高浓度至最佳值。 9. 调节烟气挡板，控制烟速至正常值。 10. 按照“热稳盐过量累积”处理

续表

序号	故障现象	原因	处理方法
2	CO_2 再生量低	1. 再生效果差。 2. 热稳盐含量高。 3. 溶液流速过大。 4. 再生塔底温度过低。 5. 气液接触不良	1. 提高再沸器蒸汽。 2. 按照热稳盐含量高处理方式处理。 3. 减小循环量。 4. 增加再生塔顶压力、关小 CO_2 出口阀，增大再生用蒸汽量。 5. 检查汽液分布器，检查填料情况，调节循环量或流速
3	吸收剂起泡	1. 吸收剂溶液中存在表面活化剂。 2. 烟道气流速度过大。 3. 系统中存在 Fe_2O_3。 4. 溶液中存在固体颗粒	1. 使用活性炭过滤器或更换活性炭；用消泡剂处理；使用未处理过的棉布或聚丙烯材料作滤布。 2. 调节流速。 3. 使用过滤装置除去 Fe_2O_3。 4. 加强烟气处理，防止烟气中粉尘或石膏颗粒带入吸收塔，检查活性炭过滤器及机械过滤器，防止活性炭微粒穿透后进入塔中
4	吸收剂损失过大	1. 吸收塔烟气排放时水分携带超量。 2. 吸收剂起泡。 3. 吸收塔顶部挥发高。 4. 系统泄漏。 5. 吸收剂降解大。 6. 再生塔中蒸汽夹带损失	1. 烟气流速不要超过吸收塔的最大允许值，增加或修理除沫器丝网。 2. 同起泡处理方式。 3. 降低洗涤水或贫液温度，增加洗涤水循环量。 4. 堵漏或将漏液收集返回系统。 5. 按照溶剂降解处理。 6. 增大再生塔压力，降低塔底部温度
5	吸收剂过量降解	1. 热稳盐积累。 2. 再沸器温度过高。 3. 溶液整体温度过高。 4. 再生塔中溶液停留时间过长	1. 按照热稳盐过量处理。 2. 降低温度，减少再沸器中的蒸汽，增加循环量。 3. 降低再生塔压力，减少热稳盐生成量。 4. 降低再生塔液位，增加溶液循环量
6	过量热稳盐累积	1. 水质差。 2. 溶剂降解。 3. 设备清洗不充分。 4. 过滤器失效。 5. 烟气中含 NO_x 或 SO_2。 6. 吸收剂长期没有净化	1. 系统补水应用合格除盐水。 2. 按照溶解过量降解处理。 3. 当蒸煮设备时，排放所有最低点残液。 4. 更换过滤器。 5. 增加脱硝、脱硫侧的脱除率，检查洗涤水水质变化情况及烟气分离装置运行情况。 6. 开启吸收剂净化设备
7	缓蚀剂减少	1. 溶液中降解产物过多。 2. 胺回收加热器使用过度。 3. 系统中铁含量过高。 4. 溶液稀释。 5. 烟气中有还原性气体	1. 按照溶剂降解过量处理。 2. 热稳盐含量指标在可接受范围内时，可停止胺回收器的使用。 3. 用活性炭或机械过滤器除去。 4. 增加溶剂浓度，减少补水，检查机械密封水用量。 5. 检查烟气中 CO 含量是否过多

续表

序号	故障现象	原因	处理方法
8	系统腐蚀速度快	1. 缓蚀剂浓度不够。 2. 金属表面没有和防腐溶液接触。 3. 高温蒸汽接触。 4. 不相似金属相接触。 5. 冷却水或溶液中氯离子浓度过高(>1000mg/L)。 6. 吸收剂浓度过高	1. 按照缓蚀剂浓度低处理。 2. 增大溶液循环量,或冲洗分布器,使表面均湿润。 3. 减少高温设备中的蒸汽空间,避免使用过热蒸汽,保证溶液淹没加热管。 4. 避免不相似金属在电解质中接触。 5. 使用回收器或更换冷却水或溶液。 6. 降低吸收剂浓度
9	吸收剂溶液浓度过高	1. 吸收剂中水分随吸收塔出口烟气排出,产生损失。 2. 水分被 CO_2 带走	1. 降低吸收塔排气温度。 2. 降再生气温度,增大再生气压力,系统补入除盐水
10	吸收剂溶液浓度太低	1. 从烟气中带入的水过多。 2. 吸收剂损失。 3. 系统中补入的除盐水过多。 4. 吸收剂损失严重	1. 增加脱硫系统对除雾器的冲洗,降低烟中带水量。 2. 补入溶剂。 3. 减少系统补水量。 4. 检查是否有泄漏,是否挥发严重
11	吸收液中铁浓度过高	1. 系统腐蚀。 2. 烟气中的还原性气体过多	1. 按照腐蚀过快处理,使用或更换活性炭过滤器。 2. 提高过剩空气系数,降低烟气当中的还原性气体
12	蒸汽消耗高	1. 回流率过高。 2. 进入再生塔的溶液温度过低。 3. 富液负荷太低。 4. 吸收剂浓度太低。 5. 热稳盐含量太高。 6. 再生气压力太高	1. 减少再生气 H_2O/CO_2。 2. 清洗贫富液换热器。 3. 按照 CO_2 吸收塔不充分处理。 4. 加入浓溶剂,从再生气冷凝液中排去水。 5. 更换溶液或把溶液送入回收器。 6. 降低再生塔温度及压力
13	系统能耗高	1. 烟气中 CO_2 含量低。 2. 烟气温度高。 3. 负荷低。 4. 通过换热器后的水温过低。 5. 热稳盐含量高	1. 调整炉侧燃烧,降低烟中含氧量。 2. 通知主机与脱硫侧控制烟气温度。适当增加水封筒处的喷水。 3. 降低溶液循环量。 4. 降低冷却水用量,清洗换热器。 5. 按热稳盐含量高的方法处理
14	吸收塔放空气中 CO_2 含量高	1. 负荷偏高或操作不稳定,温度液位波动大。 2. 吸收剂再生状况较差。 3. 吸收剂组分偏低。 4. 吸收剂严重起泡。 5. 填料被腐蚀或填料支承脱落堵塞,传质面积减少	1. 降低负荷或稳定操作,降各工艺参数控制在指标范围内。 2. 适当增加循环量或检查流量计。 3. 调整负荷或循环量或增加再沸器热量。 4. 调整吸收剂组分至规定值。 5. 加适当消泡剂或使用溶液活性炭过滤器,检查塔内填料状况
15	两塔拦液,塔压差增加,塔液位迅速降低	负荷太大,或循环量太大,溶液污染,起泡严重	调整负荷或循环液量,启用溶液活性炭过滤器或加入适当消泡剂

续表

序号	故障现象	原因	处理方法
16	吸收塔液位突降或突涨	贫富液泵进口堵塞或阀芯脱落	切换贫富液泵，必要时停运处理
17	再生 CO_2 气不合格	脱硫剂饱和失效	更换脱硫剂
18	再生气压力降低，吸收剂消耗太，快循环泵出口压力偏低	溶液再生状况较差或 CO_2 压缩机抽气量增加，塔内填料被堵塞或溶液严重起泡，吸收、再生塔待液位指示失真或泵机械故障	适当增加蒸汽量或提高蒸汽温度，增加再生热量或检查精处理的抽气量是否增加。检查溶液是否起泡，再查塔压差是否明显增加。检查溶液发泡情况并检查塔后分离器分离液中 MEA 含量或寻找设备管道泄漏处，检查液位或泵
19	精制 CO_2 水分超标	1. 原料气水分太高。 2. 干燥器再生不彻底。 3. 电炉功率不够	1. 提高系统压力至工艺指标(尤其是投运初期)。 2. 重新严格再生，并确认再生尾气温度。 3. 检查电炉，更换电炉电热元件
20	提纯塔下部液位过高	1. 调节阀门失灵。 2. 提纯塔与 CO_2 贮槽压差偏小。 3. 未按启动置换步骤操作，系统含有杂质，致使提纯塔管道堵塞	1. 调节阀维修。 2. 提高提纯塔压力，降低过冷器氨蒸发压力，贮槽适当放空。 3. 在弯头、阀门处用水或蒸汽将干冰熔化
21	提纯塔超压	1. 放空调节阀失灵。 2. 塔底温度过高。 3. 惰性气含量高。 4. 冷凝器温度不够	1. 调节阀维修。 2. 减少塔底加热段进气量，加大冷却段液氨量。 3. 提高原料气纯度。 4. 加大氨压缩机负荷，降低氨蒸发压力
22	产品纯度不够	1. 系统未按启动置换步骤执行。 2. 提纯压力偏高。 3. 提纯塔冷却段液位太高。 4. 提纯塔塔底温度偏低。 5. 过冷器出口温度偏高	1. 干燥器之后的系统降低压力，按照启动置换步骤重新置换。 2. 适当降低提纯塔压力。 3. 适当减小提纯塔加氨量。 4. 加大底部盘管进气量。 5. 加大氨压缩机负荷，降低气氨总管压力，降低过冷器温度；适当加大 CO_2 储槽放空量

7.5.3 紧急事故处理

（1）吸收液大量泄漏

吸收液大量泄漏的原因可能为管线泄漏、塔设备塔壁泄漏、换热器泄漏、泵泄漏、储槽泄漏等，需要一一排除。如果是管线泄漏，首先需要关停贫液泵、富液泵和引风机，之后关闭吸收塔出口富液阀门、再生塔出口贫液阀门以及再沸器入口蒸汽，开启吸收塔、再生塔和管线排污（排污至地下槽），开启补液泵，将溶液打至溶液储槽；已经泄漏到地面的溶液导流排污至污水池，地面残留部分用碱液中和后导流排污至污水池。如果是吸收塔塔壁泄漏，首先关停贫液泵、引风机和再沸器入口蒸汽，通过富液泵将溶液尽可能打入解吸塔中，同时开启吸收塔排污（排污至地下槽），开启补液泵，将溶液打至溶液储槽；已经泄漏到地面的溶液导流排污至污水池，地面残留部分用碱液中和后导流排污至污水池。如果是再生塔塔壁泄漏，首先关停富液泵、引风机和再沸器入口蒸汽，贫液泵继续运行，当吸收塔液位达到液位最高值时关闭贫液泵，开启再生塔底排污，开启补液泵，将溶液打至溶液储槽；已经泄漏到地面的溶液导流排污至污水池，地面残留部分用碱液中和后导流排污至污水池。

（2）CO_2 大量泄漏

CO_2 大量泄漏的原因可能为压缩、液化后的管线断裂，或者球罐泄漏。出现泄漏后场区 CO_2 检测仪会报警，首先需要广播疏散人群，防止冻伤和窒息；操作人员和安全员配备好正压式呼吸器、防护用品和便携式 CO_2 浓度检测仪后，采用移动式风机吹散场区内的 CO_2，待场区内 CO_2 浓度小于1%后，解除报警，进行泄漏原因检查。

（3）蒸汽大量泄漏

蒸汽大量泄漏的原因可能为蒸汽管线穿孔或断裂，出现蒸汽泄漏后首先要广播疏散人群，防止烫伤；之后通知厂区调度中心关闭来汽蒸汽，待蒸汽消散后进行泄漏原因检查。

（4）系统突然停电

系统突然停电后，动设备全部停止，烟气入口管线关闭。首先检查解吸塔后放空管线、压缩机和干燥撬出口放空阀门是否开启（一般为电动，停电时设置自动开启），如果没有开启，需要手动打开，使系统内气体排出。如果为短时间停电，系统内溶液不动；如果为长时间停电，则需将系统内溶液排出至溶液储槽中。

（5）火灾

由于烟气与 CO_2 不燃，吸收剂为水基溶液，因此 CO_2 捕集系统火灾一般为电气火灾。中控室和配电室内有火灾报警系统，发生火灾后会启动报警，一旦发生火灾，需要尽快疏散相关技术人员，操作人员和安全员采用已配备的泡沫灭火器或干粉灭火器对着火点进行灭火。

思考题

1. CO_2 化学吸收系统启动前有哪些准备工作？要达到什么目的？

2. CO_2 化学吸收系统启动和停运步骤？

3. CO_2 化学吸收剂损耗主要有哪些？如何控制？

4. 化学吸收系统如何控制水平衡？

参考文献

[1] 国华锦界电厂15万吨/年燃烧后 CO_2 捕集和封存全流程示范项目启动调试大纲，国华锦界电厂，2021.

[2] 胜利电厂4万吨/年烟气 CO_2 捕集与驱油封存全流程示范工程调试大纲，胜利电厂，2010.

[3] 火力发电建设工程启动试运及验收规程 DL/T 5437—2009.

[4] 火力发电建设工程机组调试技术规范 DL/T 5294—2013.

[5] 国家能源投资集团有限责任公司火电工程启动调试工作管理办法.

第8章 化学吸收碳捕集系统的挑战

本章主要介绍了化学吸收碳捕集系统工业化应用中面临的一些问题和挑战，包括化学吸收工艺系统运行过程水平衡和胺排放问题，化学吸收法在使用吸收剂捕集烟气中 CO_2 时，部分吸收剂及其降解产物随烟气排出带来的污染物排放问题和控制方法，吸收剂降解和抗降解以及溶剂管理和回收问题。

8.1 化学吸收工艺系统水平衡和胺排放

化学吸收工艺系统的水平衡指的是由于烟气等进出 CO_2 捕集系统，会导致水在吸收剂溶液中累积或消耗。根据质量守恒，化学吸收工艺的水平衡与 CO_2 捕集系统的边界条件有关，如图 8-1，CO_2 捕集系统的进口边界为经预处理的脱硫烟气，出口边界为脱碳后的烟气和分离的 CO_2。脱硫烟气在进入吸收塔、脱碳烟气从吸收塔排出时均处于水饱和状态，再生塔出口的再生气是 CO_2、水、有机胺的混合气，需经冷却、分离方可得到产物 CO_2（纯度 99%）。

图 8-1

燃煤电厂烟气脱硫、脱碳工艺流程

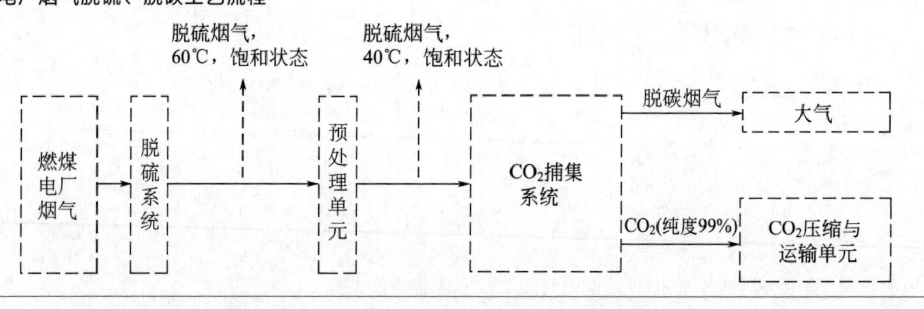

需要指出的是，化学吸收工艺系统的用水量除了水平衡，还包括循环冷却水用量，用于贫液冷却器、级间冷却器、再生气冷却器等，水平衡影响着工艺系统的稳定性。

8.1.1 化学吸收工艺系统的水平衡分析

(1) 吸收塔水平衡计算方法

吸收塔的水平衡取决于进、出吸收塔烟气中的水含量。CO_2 捕集工艺中，进出吸收塔烟气均处于水饱和状态。在计算吸收塔水平衡时，作如下假设：

① 忽略烟气中 SO_2、NO_x 等杂质组分，只考虑 N_2、CO_2、H_2O；

② N_2 在吸收剂和水中不溶解。

根据假设①，吸收塔进口烟气满足气体分压定律：

$$n_{in}=\sum n_i^{in} \tag{8-1}$$

$$P_{in}=\sum P_i^{in} \tag{8-2}$$

$$\frac{n_i^{in}}{P_i^{in}}=\frac{n_{CO_2}^{in}}{P_{CO_2}^{in}}=\frac{n_{H_2O}^{in}}{P_{H_2O}^{in}}=\cdots \tag{8-3}$$

式中，n^{in}、P^{in} 为烟气的总摩尔流量和总压力，n_i^{in}、P_i^{in} 分别是气相组分 i 的摩尔流量和分压力。根据假设①，吸收塔进口烟气组分为 CO_2、水和 N_2。吸收塔进口烟气处于水饱和状态，P_{H_2O} 由烟气温度决定，不同温度下的水的饱和蒸汽压如图 8-2 所示，如 40℃下，烟气中水的饱和蒸汽分压 P_{H_2O} 为 7.4kPa。

图 8-2

不同温度下水的饱和蒸汽压

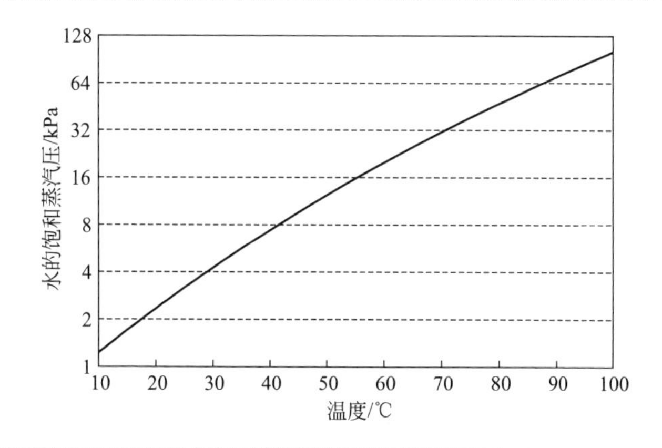

吸收塔出口烟气的主要成分是 CO_2、水、N_2 和挥发的有机胺，各气体组分的摩尔流量 $n_i^{ab,top}$ 和分压力 $P_i^{ab,top}$ 满足气体分压定律，上标 ab，top 表示吸收塔出口（塔顶）状态，即式(8-1)～式(8-3)。$n^{ab,top}$、$P^{ab,top}$ 为吸收塔出口烟气的总摩尔流量和总压力，$P^{ab,top}$ 为大气压时，吸收塔塔顶与塔底的压力关系如式(8-4)，吸收塔压降（ΔP^{ab}）取 6kPa。

$$P^{ab,top}=P^{in}-\Delta P^{ab} \tag{8-4}$$

在吸收塔的 CO_2 脱除率为 90%的条件下，结合假设②，有：

$$n_{CO_2}^{ab,top}=(1-90\%)n_{CO_2}^{in} \tag{8-5}$$

$$n_{N_2}^{ab,top}=n_{N_2}^{in} \tag{8-6}$$

吸收塔出口有机胺和水处于气液平衡状态，其气相分压力通过吸收剂的挥发实验测量得到，主要与温度、吸收剂浓度、CO_2 负荷有关。根据不同吸收剂和工艺（级间冷却），吸收塔出口温度为 40～60℃，吸收剂处于贫液条件。如 30% MEA 在 50℃、贫液负荷（0.25mol/mol）条件下，气相分压（P_{MEA}）为 8.85Pa。气相水的分压力为：

$$P_{H_2O}=P_{H_2O}^{0}\gamma_{H_2O} \tag{8-7}$$

式中，$P_{H_2O}^{0}$ 为水的饱和蒸气压，与吸收塔出口温度（$T^{ab,top}$）的关系见图 8-2，γ_{H_2O} 为水在吸收剂贫液（吸收塔出口）中的活度系数。当吸收剂中有机胺的摩尔分数在 0～0.1 范围时，γ_{H_2O} 为 1～1.05，随着有机胺的摩尔分数逐渐增大（0.1～0.5），γ_{H_2O} 在 1.05～1.2 的范围内逐渐增大。30% MEA（摩尔分数为 0.11）中 γ_{H_2O} 取 1.05。

吸收塔的水平衡为吸收塔进口烟气与出口烟气中水分含量的差值 $m_{H_2O}^{ab}$，折算到捕集每单位 CO_2，烟气带入吸收塔的水量为：

$$m_{H_2O}^{ab}=\frac{(n_{H_2O}^{in}-n_{H_2O}^{ab,top})Mr_{H_2O}}{m_{CO_2}} \tag{8-8}$$

式中，Mr_{H_2O} 为水的摩尔质量，18g/mol，m_{CO_2} 为 CO_2 捕集量，15 万吨/年，合 118.4mol/s。一般来说，$m_{H_2O}^{ab}$ 为负值，即表示吸收塔出口烟气从吸收塔中带走水分。

(2) 水洗塔工艺

由于 CO_2 吸收反应放热，吸收塔出口的烟气温度比进口温度要高，导致吸收塔水损失，因此一般需要在吸收塔出口加装水洗塔（water wash tower）。

冷却水从水洗塔塔顶进入，自上而下，与从塔底进入的吸收塔出口烟气逆流接触，回收部分水和吸收液，从水洗塔底部流出，部分水送回吸收塔，从而维持吸收工艺的水平衡。水洗塔回收的水量如式(8-9) 所示，为保证工艺系统的水平衡，需满足式(8-10)。

$$m_{H_2O}^{ww}=\frac{(n_{H_2O}^{ab,top}-n_{H_2O}^{ww,top})Mr_{H_2O}}{m_{CO_2}} \tag{8-9}$$

$$m_{H_2O}^{ab}+m_{H_2O}^{ww}=0 \tag{8-10}$$

另一方面，考虑到有机胺的挥发对大气环境的不利影响，对水洗塔提出了新要求，即回收挥发性有机胺。此时，水洗塔内的循环溶液为稀释的有机胺溶液，水洗塔液相进口为胺贫液（amine lean），水洗塔出口液相为胺富液（amine rich），部分胺富液送回吸收塔。需要注意的是，此时系统的水平衡可能会被破坏。

在计算水洗塔的水平衡时，作如下假设：

① N_2、CO_2 在水洗塔中不溶解；

② 忽略水洗塔内压降，水洗塔出口压力为大气压。

水洗塔气相水平衡通过气体分压定律计算，如式(8-1)～式(8-3)。根据假设条件①，有：

$$n_{CO_2}^{ww,top}=n_{CO_2}^{ab,top} \tag{8-11}$$

$$n_{N_2}^{ww,top}=n_{N_2}^{ab,top} \tag{8-12}$$

式中，上标 ww，top 表示水洗塔出口烟气条件。水洗塔出口，有机胺和水处于气液平衡状态，有机胺的气相分压（P_{am}）与温度和吸收剂浓度有关，由亨利定律，P_{am} 为：

$$P_{am}=H_{am}x_{am}\gamma_{am} \tag{8-13}$$

式中，H_{am} 为有机胺的亨利常数，可通过实验测量，x_{am} 为有机胺的摩尔分数，γ_{am} 为有机胺的活度系数，可通过吸收剂的挥发实验测量得到。对于挥发性低的吸收剂，如 30%MEA，水洗塔内为无限稀释的水溶液，γ_{am} 可假定为 1。气相水分压力可根据式(8-7) 计算得到，在稀释水溶液条件下，γ_{H_2O} 取 1。

(3) 再生塔水平衡计算方法

根据不同再生工艺（如加压高温再生、富液分级流工艺等），再生塔出口温度在 80～120℃的范围内变化。再生塔出口的再生气经冷却、分离 CO_2（纯度 99%）后，送去压缩和运输单元。因此，再生塔的水平衡取决于再生气冷凝器对 CO_2、水的分离。

对再生冷却器作如下假设：

① CO_2 在再生气冷却器中不溶解；

② 冷凝器中压降可忽略。

则有：

$$n_{CO_2}^{cond,out}=n_{CO_2}^{strp,top} \tag{8-14}$$

$$P_{CO_2}^{cond,out}=P_{CO_2}^{strp,top} \tag{8-15}$$

式中，上标 srtp，top 表示再生塔塔顶条件，上标 cond，out 表示冷凝器出口条件。$P_{am}^{strp,top}$、$P_{am}^{cond,out}$ 通过挥发性实验结果得到。$P_{H_2O}^{strp,top}$、$P_{H_2O}^{cond,out}$ 根据式(8-7) 计算得到，γ_{H_2O} 取 1。再生塔塔顶温度与再生压力和再生工艺有关，如 MEA 工艺在 1.2×10^5 Pa 再生压力下，再生塔塔顶温度为 92℃，结合富液分级流工艺后，再生塔塔顶温度为 80℃。冷凝器的温度取决

于 CO_2 的回收纯度，一般要求再生气冷凝器出口气体中 CO_2 纯度为 99%。

根据气体分压定律，即可计算出冷凝器后随 CO_2 产品气带出的水量，即：

$$m_{H_2O}^{strp}=-\frac{n_{H_2O}^{strp,out}Mr_{H_2O}}{m_{CO_2}} \tag{8-16}$$

8.1.2 吸收塔内水平衡与胺排放

化学吸收工艺中，吸收塔出口温度因受多种因素的影响而变化较大。在烟气温度为 40℃的条件下，吸收剂与 CO_2 反应放热、级间冷却等工艺均会影响吸收塔出口温度。一般地，吸收塔出口温度范围为 35～60℃。以 30% MEA、混合胺（ZJU-1）、AMP/MEA/DEGDME 两相吸收剂和 AEEA/DEEA 两相吸收剂为对象，探究吸收塔出口水平衡和胺排放温度。

吸收塔出口温度对水平衡的影响见图 8-3，图中水平衡值为 0，表示吸收塔进出口水量相等，此时吸收塔出口温度为水平衡温度，正值表示吸收塔内水分累积，负值则表示吸收塔内水分损失。从图中看出，吸收剂对吸收塔的水平衡影响较小，30% MEA、混合胺等常规吸收剂在吸收塔出口温度为 40～41℃时达到水平衡，而两相吸收剂、少水吸收剂则需要在更高吸收塔出口温度达到水平衡。

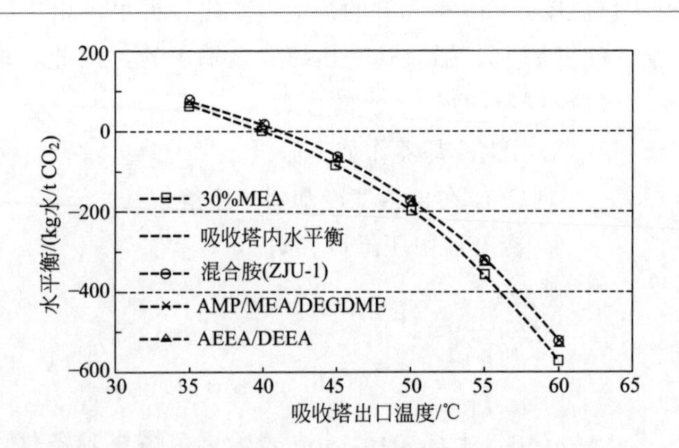

图 8-3
吸收塔出口温度对吸收塔水平衡的影响

吸收塔出口温度对胺排放的影响较大，如图 8-4，随着吸收塔出口温度升高，胺排放量明显增加。另一方面，不同吸收剂的挥发性差别对胺排放影响更大，在相同吸收塔出口温度下，AEEA/DEEA 两相吸收剂的胺排放是 30%MEA 的 10 倍多。

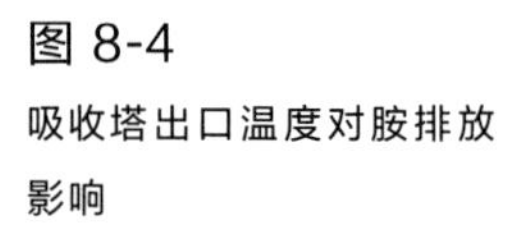

图 8-4
吸收塔出口温度对胺排放影响

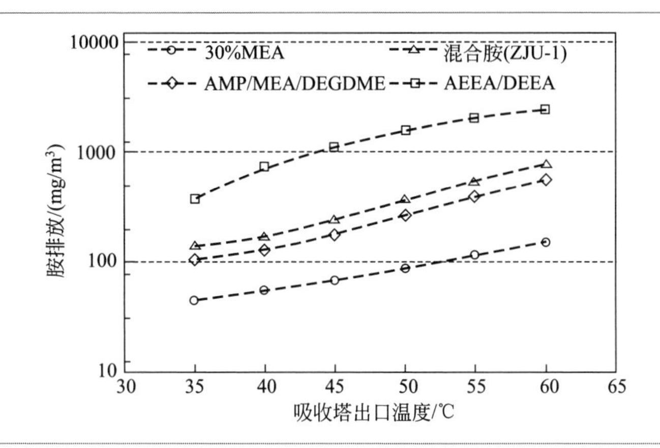

胺排放将导致吸收剂溶液损失严重，如图 8-5，吸收塔出口温度 50℃时，30%MEA 的挥发损失为 1.13kg MEA/t CO_2，吸收塔出口温度降低至 35℃时，MEA 损失量为 0.52kg/t CO_2，仍然较高。吸收剂挥发性越大，胺挥发损失越严重。

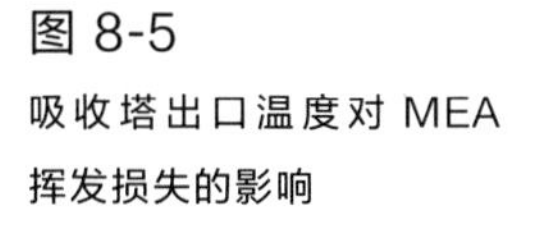

图 8-5
吸收塔出口温度对 MEA 挥发损失的影响

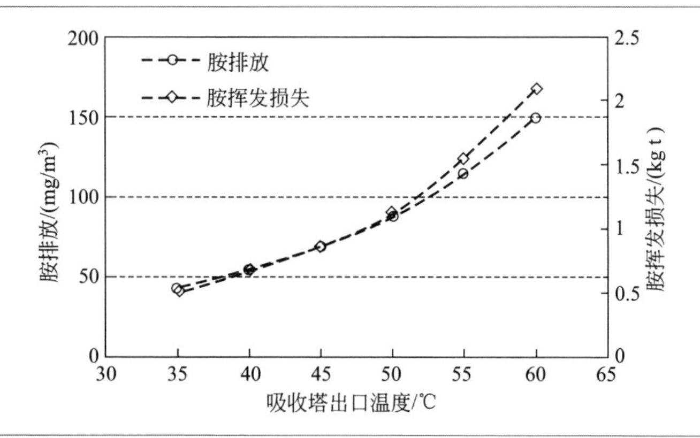

8.1.3　水洗塔内水平衡与胺排放

通过控制吸收塔出口温度能够轻松实现吸收塔内水平衡，但吸收塔出口胺排放严重，造成吸收剂成本增加和环境污染，因此需要加装水洗塔回收部分有机胺。本节研究水洗塔对水平衡和胺排放的影响。

以 30%MEA 为例，吸收塔出口温度为 50℃时，水洗塔温度对水洗塔水平衡的影响见图 8-6，图中给出了吸收塔的水平衡值，点划线为二者水平衡的加和。

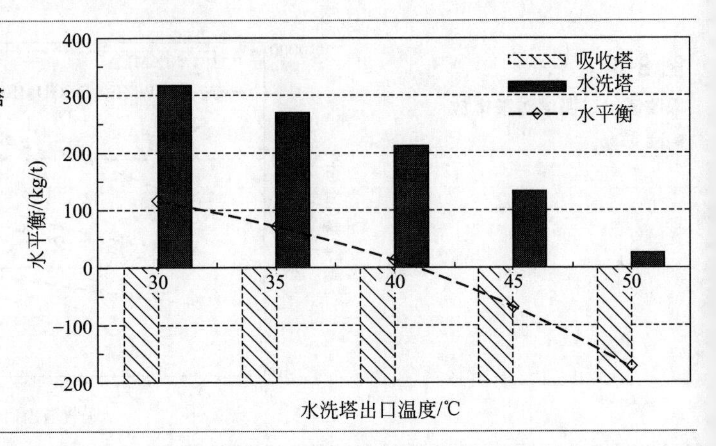

图 8-6
吸收塔出口温度 50℃时，水洗塔温度对 30%MEA 水平衡的影响

由于水洗塔温度低于吸收塔出口温度，因此水在水洗塔内累积，从图中看出，当水洗塔温度低于 41℃时，水平衡值为正，烟气中水分在吸收塔和水洗塔内的累积；当水洗塔温度高于 41℃时，水平衡值为负，吸收塔和水洗塔内水分被带走；当水洗塔温度为 41℃时，吸收塔内损失的水与水洗塔内回收的水的量相等，吸收塔和水洗塔总体实现水平衡，此时水洗塔温度为水平衡温度。

需要指出的是，水平衡温度与吸收塔进口烟气温度有关，与吸收塔出口温度和吸收剂无关。烟气温度为 40℃时，水洗塔温度控制在 41℃即实现吸收塔和水洗塔的水平衡。此时，水洗塔出口的胺排放特性受吸收塔温度的影响，如图 8-7，吸收塔出口温度越高，水洗塔出口的胺排放越低。如吸收塔出口温度从 50℃升至 60℃，MEA 的胺排放从 1.5mg/m^3 降低至 0.7mg/m^3。这是因为吸收塔出口温度升高，烟气从吸收塔中带走的水分增加，根据简单

图 8-7
水平衡温度（41℃）下水洗塔出口的胺排放特性

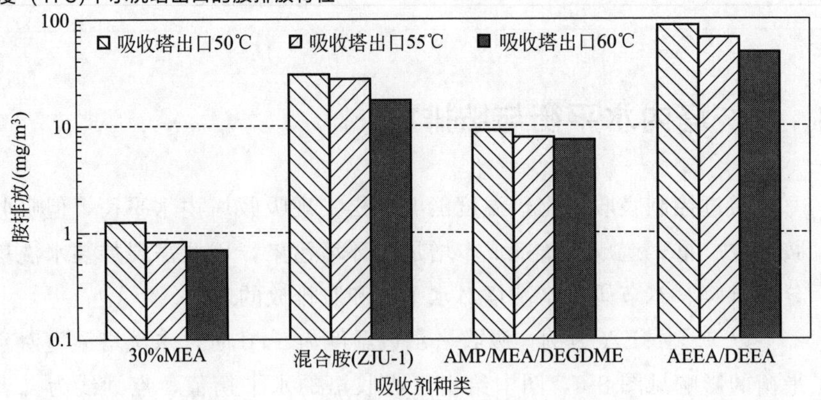

水洗工艺（保证水平衡），水洗塔中回收水应等量增加。不同吸收塔出口温度下，水洗塔需要回收的水量如图 8-8，吸收塔温度从 50℃增加至 60℃，回收水量增加至近 3 倍。相同温度下，有机胺的挥发性随其水溶液浓度降低而减小，因而水洗塔出口的胺排放降低。

图 8-8

水洗塔温度（41℃）下回收水量与吸收塔出口温度的关系

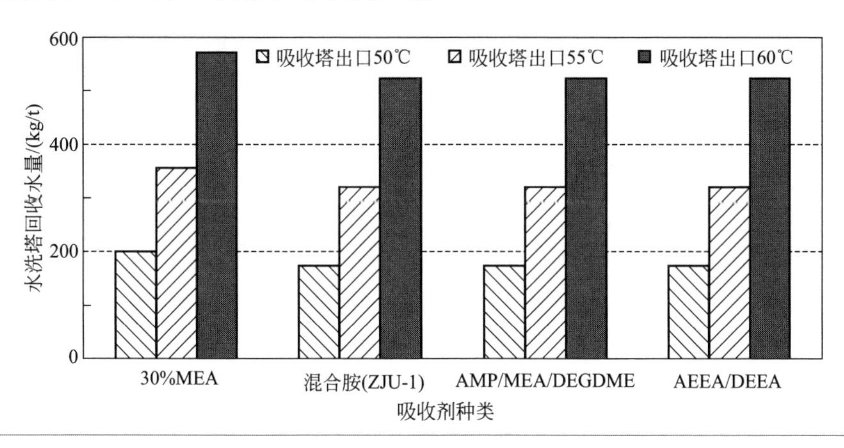

8.1.4 再生塔内水平衡与胺排放

再生塔内水平衡和胺排放与再生气冷却器的运行有关，例如 30%MEA 的再生气温度为 80℃、压力为 1.2bar 时，冷凝器温度对 CO_2 分离纯度和随 CO_2 带走造成的水损失的影响见图 8-9。再生气冷凝器温度越低，分离后 CO_2 纯度越高。当冷凝器温度为 13℃时，CO_2 纯度大于 99%。

图 8-9

冷凝器温度对 CO_2 纯度和水损失的影响

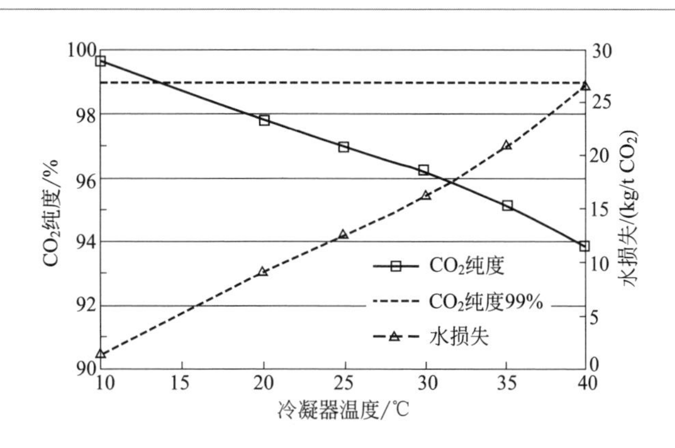

从上图还能看出，冷凝器温度越低，再生气带走的水量越少。当 CO_2 分离纯度大于 99%时，水损失低于 4.1kg/t CO_2。与吸收塔和水洗塔内的水平衡相比，该部分的水损失占不到 1%，该部分水损失可通过调整水洗塔温度进行吸收系统的水平衡调节。

由于吸收剂、工艺（如富液分级流、高温再生工艺等）的不同，再生塔的温度也不尽相同。需要指出的是，CO_2 分离纯度只与冷凝器的温度有关，与再生塔温度、吸收剂挥发性等无关，当冷凝器温度为 13℃时，不同吸收剂和再生温度下，CO_2 分离纯度均大于 99%，此时再生气中水损失量不变，为 4.1kg/t CO_2。

胺排放特性受到 CO_2 分离纯度（冷凝温度）、再生温度、吸收剂挥发性的影响。以 30%MEA 为例，再生气温度为 80℃、压力为 1.2bar 时，CO_2 分离纯度、再生温度对再生气中有机胺含量的影响见图 8-10。胺浓度随着 CO_2 分离纯度升高呈指数下降，当 CO_2 分离纯度大于 99%时，MEA 浓度低于 0.5mg/m^3，由此带来的 MEA 损失小于 0.2g/t CO_2。在 CO_2 分离纯度为 99%时，胺浓度随着再生温度升高而增大，但胺损失量小于 0.7g/t CO_2。

图 8-10

再生气 CO_2 分离纯度和再生温度对胺损失的影响

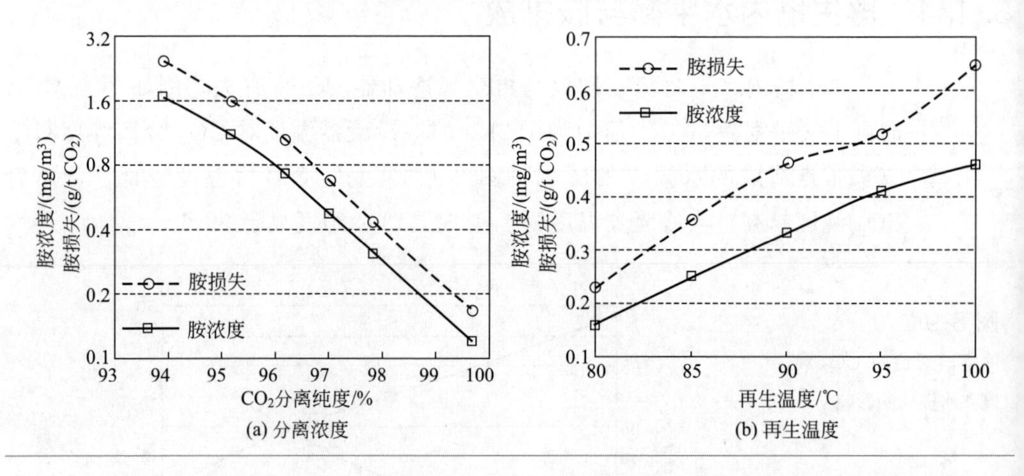

(a) 分离浓度　　(b) 再生温度

CO_2 分离纯度为 99%时，吸收剂的挥发性对胺损失的影响见图 8-11。吸收剂挥发性越大，再生气中胺浓度越高，带来的胺损失越严重。挥发性较大的混合胺、AEEA/DEEA 两相吸收剂在 CO_2 分离纯度 99%时，胺损失分别为 1.6g/t CO_2、2.8g/t CO_2，其排放量远小于水洗塔的胺排放和由于降解导致的胺损失量。

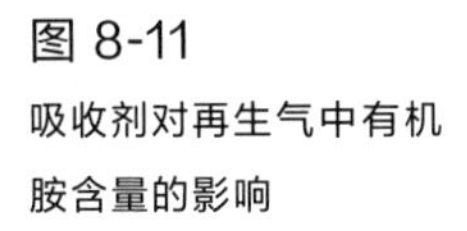

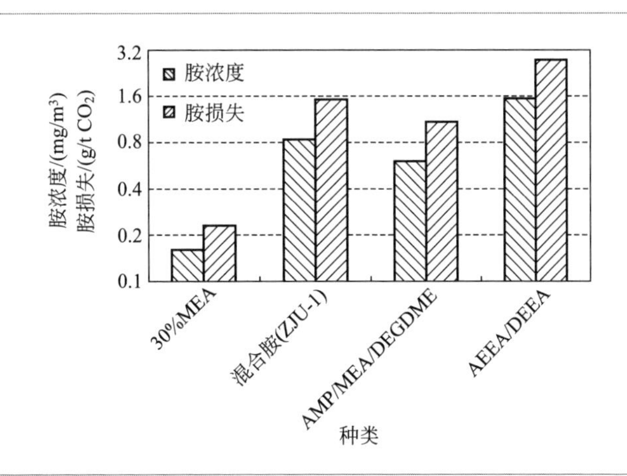

图 8-11
吸收剂对再生气中有机胺含量的影响

8.2　吸收塔污染物排放和控制

化学吸收法在使用吸收剂捕集烟气中 CO_2 时，部分吸收剂及其降解产物随烟气排出，在造成溶剂损失的同时也带来了一系列环境问题。典型 MEA 吸收系统运行过程中，随烟气排出造成溶剂损失可达 0.01～0.8kg/t CO_2。吸收塔出口污染物成分除吸收剂外，还包括吸收剂氧化降解和热降解生成的其他有机胺、氨气、胺类聚合物、有机酸、醛和酮等多种物质。这些物质一旦随烟气排向大气，就可能与雨水发生反应或与 NO_x、HNO_3、O_3 进一步光氧化生成毒性更高的产物，如强致癌物硝胺和亚硝胺，对化学吸收法排放的污染物进行控制是目前人们关注的重点议题。

8.2.1　污染物排放类型及现状

CO_2 化学吸收法污染物排放的类型主要有三种：①物理夹带；②基于挥发的气态排放；③气溶胶排放。

物理夹带的形成是由于烟气从底部进入吸收塔，与从顶部流下的吸收剂溶液逆向接触，在理想的填料分布条件下，液体形成光滑薄膜，但在重力作用下，薄膜破裂，会形成小液滴，此外，液体分布器处也会形成液滴。若吸收塔内气流速度增加，溶剂液滴就容易被气流携带，形成物理夹带。物理夹带的来源还有液体和塔内件、填料以及液体自身之间的碰撞飞溅。除雾器对物理夹带有非常好的控制效果，因此该部分排放通常忽略不计。

吸收剂及其降解产物的挥发会造成气体形式的排放。挥发排放遵循亨利定律，主要受烟气温度、吸收剂组分和 CO_2 负荷影响，烟气排放温度越高对应的吸收剂气相分压越大，挥发排放量也越大。胺的挥发性与分子结构有关，一些常见胺类吸收剂挥发性顺序为 MDEA＜DGA＜PZ＜2-MPZ＜MAPA＜EDA＜MEA＜DAP＜1-MPZ＜AMP。系统内吸收剂 CO_2 负荷越高，表观活性系数下降，挥发性越小。对挥发排放的研究目前已比较成熟，且大部分气态有机胺都能被水洗塔有效控制。

气溶胶是微米、亚微米级颗粒分散并悬浮在气体介质中形成的胶体分散体系。近几年的研究发现，化学吸收法捕集 CO_2 过程中，大量吸收剂以气溶胶的形式伴随烟气排出，气溶胶成核可由两种机制造成：①在高饱和度下（可凝组分的饱和度＞2），发生均相成核，可凝组分的分子成核形成气溶胶；②在低饱和度下（可凝组分的饱和度约为 1），发生非均相成核（异相成核），烟气中的小颗粒物形成气溶胶。CO_2 化学吸收法气溶胶排放的本质是非均相成核，吸收塔中气态吸收剂在烟气颗粒物上发生凝结传质，附着在颗粒上随烟气排出。此外，吸收塔中的气溶胶颗粒还可通过团聚生长。因此，CO_2 化学吸收系统中气溶胶的形成依赖于两个条件：①吸收塔烟气进口存在大量的凝结核；②吸收塔内拥有适合凝结核生长的环境。

国外一些研究机构测量到的化学吸收法污染物排放及气溶胶浓度如表 8-1 所示，从表中可以看出，化学吸收系统产生的污染物总量大，传统控制手段下排放量普遍较高。污染物排放量还会因设备规模、吸收剂成分和系统运行条件而异。

表 8-1 CO_2 化学吸收法的污染物排放研究现状

吸收剂种类	烟气设备	烟气处理量	烟气变量条件	塔内变量条件	有机胺排放情况
MEA AMP/PZ	荷兰 TNO 微型移动捕集装置	$4m^3/h$	硫酸气溶胶浓度，CO_2 浓度 0.7%～13%	贫液温度 40～80℃ 贫液 pH 值 9.4～11	MEA 1000～1900mg/m³ AMP：100～2940mg/m³ PZ：0～416mg/m³ 气溶胶浓度：$1.4\times10^8\sim1.7\times10^8/cm^3$
MEA			烟尘浓度，硫酸气溶胶浓度	—	进口烟气含有烟尘工况 MEA：100～200mg/m³ 气溶胶浓度：$10^4\sim10^6/cm^3$ 进口烟气含有 SO_3 工况 MEA：600～1100mg/m³ 气溶胶浓度：$1.02\times10^8\sim1.42\times10^8/cm^3$

续表

吸收剂种类	烟气设备	烟气处理量	烟气变量条件	塔内变量条件	有机胺排放情况
MEA	荷兰 TNO 微型移动捕集装置	$4m^3/h$	SO_3 浓度	—	进口烟气 SO_3 浓度 $5.25mg/m^3$ 工况 MEA:$1051mg/m^3$ 吸收塔进口颗粒浓度: $6.24\times10^7/cm^3$,$2.22mg/m^3$ 吸收塔出口颗粒浓度: $2.3\times10^7/cm^3$,$1.322mg/m^3$ 进口烟气无 SO_3 工况 MEA:$383mg/m^3$
MEA	荷兰 TNO Maasvlakte 火电站 CO_2 捕集厂	$1500m^3/h$	—	—	MEA:$336\sim460mg/m^3$(吸收塔后) MEA:$206mg/m^3$(水洗塔后) MEA:$1\sim4mg/m^3$(布朗除雾器后)
MEA	日本 MHI 中试厂	1t/d	SO_3 浓度	—	进口烟气无 SO_3 工况 MEA:$0.8mg/m^3$ 进口烟气 SO_3 浓度 $1mg/m^3$ 工况 MEA:$29.8mg/m^3$ 进口烟气 SO_3 浓度 $3mg/m^3$ 工况 MEA:$67.5mg/m^3$
MEA TS-1	日本 Mikawa CO_2 捕集厂	10t/d	—	水洗温度、水洗流量	TS-1:$19.4mg/m^3$ TS-1:$0.9mg/m^3$(改进水洗工艺+贫液冷却) 气溶胶浓度:$0.2\times10^7\sim1.8\times10^7/cm^3$(吸收塔前) 气溶胶浓度:$0.5\times10^6\sim6\times10^6/cm^3$(一级水洗后)
MEA	美国 ACC,移动测试单元 MTU	$1000m^3/h$	—	—	MEA:$10\sim40mg/m^3$(ACC除雾器前) MEA:$<1mg/m^3$(ACC除雾器后) NH_3:$4\sim8mg/m^3$(酸洗前) NH_3:$<1mg/m^3$(酸洗后)
MEA	德国 KIT ITTK 火电厂 CO_2 捕集系统	$180m^3/h$	—	—	MEA:$3000mg/m^3$ NH_3:$20mg/m^3$ 气溶胶浓度:$1.3\times10^8\sim6.5\times10^8/cm^3$
AEEA	波兰 Łaziska 发电厂燃烧后 CO_2 捕集试验工厂	$200m^3/h$	—	贫液温度 30~50℃ 水洗水补充水流量 $6\sim14dm^3/h$	NH_3:$30\sim50mg/m^3$(贫液温度变化) NH_3:$27.4\sim42.6mg/m^3$(补充水流量变化)

8.2.2 污染物排放影响因素

进口烟气凝结核和塔内运行条件对污染物的排放特别是气溶胶形式的排放产生很大影响。近年来，一些学者对此进行了探究，希望找到各种影响因素与污染物排放量、气溶胶颗粒生长之间的关系，明确影响机理。

（1）凝结核影响

凝结核是发生非均相成核的必要条件，CO_2 捕集系统进口烟气中存在硫酸、烟尘等凝结核时将产生大量气溶胶形式污染物排放。进口烟气凝结核的总颗粒数浓度、粒径分布、颗粒组分都会对最终产生的污染物排放量产生影响，其中总颗粒数浓度是目前评价进口烟气凝结核影响的主要指标。近年来一些实验中不同进口烟气凝结核总颗粒数浓度造成的排放情况如图 8-12 所示。

图 8-12

进口烟气凝结核总颗粒数浓度与胺排放量的关系

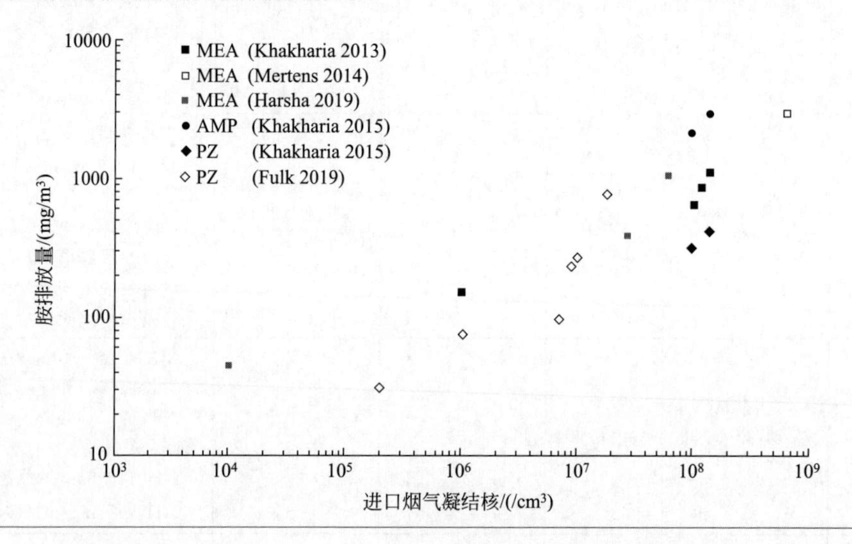

Moser 在 Niederaussem 中试捕集厂通过改变电站湿式电除尘器运行模式使烟气中粉尘浓度发生变化，当电站烟气脱硫装置（FGD）出口烟尘浓度由 $0.5mg/m^3$ 上升至 $1.0mg/m^3$ 时，捕集系统出口烟气的有机物排放量上升了 10～50 倍，吸收塔顶的总胺浓度与进口烟气中小于 255nm 颗粒数呈正相关，当进口凝结核浓度超过 $6\times10^4\sim10^5/cm^3$ 时观察到气溶胶生成。Kamijo 在三菱重工的 1t/d CO_2 捕集系统烟气进口加入 SO_3 研究硫酸气溶胶对 MEA

吸收剂随烟气排放影响，研究发现 SO_3 含量的轻微增加会使 MEA 排放呈指数级增长，0～10mg/m^3 的 SO_3 分别对应 2～168mg/m^3 的 MEA 排放，且 SO_3 气溶胶存在时烟囱有明显白烟。

Fulk 对气溶胶成核机理进行了研究，将吸收塔内工质分为气溶胶液滴、气体、吸收剂三个相，存在气溶胶-气体、气体-吸收剂两个界面，由于气溶胶比吸收剂的比表面积更高，CO_2 能更快进入气溶胶，因此气溶胶中吸收剂 CO_2 负荷处于较高状态，气溶胶表面有机胺挥发性较低，吸收剂与气溶胶的有机胺气相分压差成为胺转移的传质动力。当胺和 CO_2 不断在气溶胶中积累时，气溶胶盐浓度上升，水蒸气就会从气体中转移到气溶胶中以达到水平衡。这种盐累积和水补充的现象造成了气溶胶的不断生长。

Zhang 进行了模拟研究，把 PZ 从气相转移到气溶胶中的驱动力定义为气相中 PZ 分压与气溶胶颗粒表面 PZ 的平衡分压之差。比较 PZ 和水质量转移的相对驱动力，发现 PZ 的相对驱动力大于水的相对驱动力，且水的相对驱动力始终接近于 0，即气溶胶和气相中水达到了平衡，认为胺的扩散是吸收塔内气溶胶生长的驱动因素，也是限制因素。随着气溶胶浓度的增加，PZ 从液相到气相的转移速度无法满足从气相到气溶胶相的转移速度，气溶胶生长的 PZ 驱动力减小，驱动气溶胶生长的限制因素从气相进入气溶胶的过程转变为从液相进入气相的过程。

（2）系统运行条件的影响

在气溶胶和污染物排放研究中，气溶胶的生长过程对于吸收塔内温度分布、气相成分等运行工况非常敏感，不同研究测量得到的排放往往因此相差 1～2 个数量级。贫液进口温度、贫液负荷、烟气 CO_2 浓度、吸收剂种类等条件参数都会对排放有所影响。

Khakharia 等学者研究认为贫液进口温度上升，既使塔内温度分布变平缓，气体和液体温度差减小，又使挥发性成分的平衡分压增加，这两种作用都使得气相过饱和度降低，不利于气溶胶生长。同时，而挥发排放增多，逐渐成为排放的主要形式。但 Korede 的研究认为贫液温度升高会增大吸收剂 PZ 和 H_2O 的气相分压，使得吸收剂 PZ 和 H_2O 从气相到气溶胶相的驱动力增大，有利于气溶胶生长，同时大尺寸气溶胶的比例也在上升，而尺寸变大的气溶胶颗粒被吸收塔填料捕获导致了最终排放量减少。

Khakharia 在 AMP/PZ 吸收工艺中，把再生塔温度从 100℃ 升高到 120℃，吸收剂解吸出更多 CO_2，进口贫液的负荷降低，贫液 pH 值从 9.4 上升到 11，AMP 的排放量从 100mg/m^3（主要是挥发性排放）上升到 2249mg/m^3，PZ 的排放量从接近于 0 上升到 350mg/m^3。排放量尤其是气溶胶排放增加主要由两个原因造成，一是较低的贫液负荷，使得胺组分的活性较高，挥发性较大，二是由于较高的 pH 值，贫液捕集 CO_2 量增大，导致塔内温度升高，温度梯度增大。而在 MEA 吸收工艺中，Khakharia 发现，进口烟气中硫酸气溶胶浓度保持不变，贫液负荷为 0.13mol/L，MEA 的排放量为 1600～1800mg/m^3，当贫液负荷上升到 0.21mol/L，MEA 排放量为 800～900mg/m^3。结果表明贫液负荷越低，会有越多游离 MEA 从液相中蒸发到气相中，随后进入气溶胶，导致更多的 MEA 排放。Khakharia 模拟结果则表明，贫液负荷从 0.3mol CO_2/mol MEA 减小到 0.23mol CO_2/mol MEA，塔内各处尤其是塔顶部过饱和度增大，但塔底的过饱和度低于 1，当贫液负荷进一步减小，CO_2 与吸收剂的反应主要发生在塔内更低的位置，相应的热量的释放也在相应位置发生，使得塔内底部的过饱度增加，挥发组分 MEA 和水的活性也增大。贫液负荷降低，气溶胶排放增加，这与前述实验结果一致。

Khakharia 在 AMP/PZ 工艺中，将烟气 CO_2 浓度从 12.7%逐渐下降到 0.7%，CO_2 捕集量减少，塔内温度逐渐下降，AMP、PZ 的排放量先增大后减小，CO_2 浓度为 6%时排放量最大，AMP 为 2200mg/m^3，PZ 为 226mg/m^3，MEA 吸收剂同样有类似现象发生。这是由于烟气中 CO_2 浓度降低，使 CO_2 捕集量减少，胺活性增大，导致挥发性较高；同时因为反应释放热量较少，塔内温度降低，会使胺挥发性降低。当 CO_2 浓度在 6%～12.7%之间时，前一种因素占主导，低于 6%时，后一种因素占主导。Majeed 的 MEA 模拟结果显示，把进口烟气 CO_2 浓度从 4%提高到 20%，可使气溶胶颗粒的生长增大，峰值尺寸增加。主要原因是塔内温度升高，气溶胶颗粒的 CO_2 负荷更高。CO_2 浓度上升使小的气溶胶颗粒增长速度比大颗粒更快，使得出口的颗粒尺寸分布范围变窄。

8.2.3 污染物排放研究

浙江大学在搭建的小型污染物测试平台上进行化学污染物排放特性研究，平台配置有凝结核添加装置和污染物测量专用等速采样口，用于研究化学吸收系统运行工况下吸收剂组分的排放情况。平台设计处理烟气量为 3.6m^3/h，测试的吸收剂为 2.8mol/L 的 AMP 及 0.8mol/L 的 MEA，常规工况下烟气 CO_2 浓度稳定在 12%（干基），贫液流量为 0.6L/min，贫液进口温度为 40℃，吸收塔烟气进口温度也恒定在 40℃，贫液负荷通过再沸器功率控制，一般维持烟气 CO_2 捕集率在 85%～90%。

（1）烟气凝结核对有机胺排放与水洗控制效果影响

燃煤电站烟气中的硫酸气溶胶、烟尘以及其他凝结核可以为吸收塔内可凝气体的凝结传质过程提供核心，是影响气溶胶排放的重要指标。一般情况下，燃煤电站烟气在预处理前的凝结核浓度高达 $10^7 \sim 10^8/cm^3$，而烟气经过脱硫脱硝除尘后满足超低排放时（PM＜$5mg/m^3$），凝结核浓度范围仍在 $10^5 \sim 10^7/cm^3$ 区间。为了测试凝结核数量对排放的影响，选取低凝结核（$1.29 \times 10^5/cm^3$）、中凝结核（$1.30 \times 10^6/cm^3$）、高凝结核（$3.74 \times 10^7/cm^3$）三个有代表性的凝结核工况。其中模拟烟气由空压机空气、钢瓶 CO_2 以及预处理塔的喷淋水混合而成，添加凝结核由 Laskin 喷嘴气溶胶发生器发生，发生溶液为 5.0％NaCl 溶液。

如图 8-13 所示，三个模拟烟气的工况颗粒粒径分布都呈现出随着颗粒粒径的增加，数浓度下降。颗粒粒径分布主要集中在 10～100nm 粒径段，与真实烟气的粒径分布情况相似。不同凝结核条件下各粒径段的数浓度相差大概一个数量级。

图 8-13

不同凝结核工况模拟烟气颗粒粒径分布

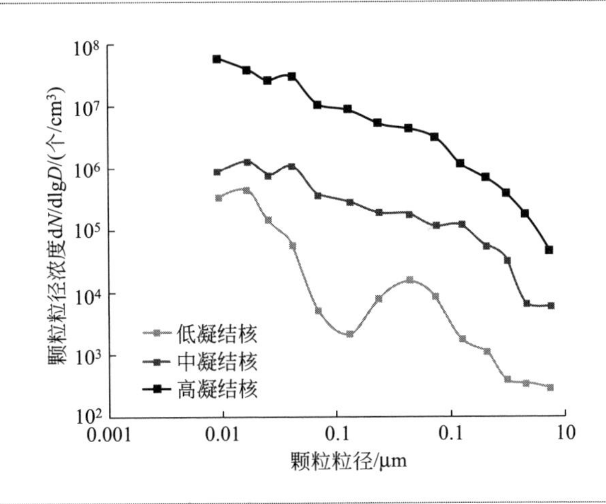

测量排放结果如图 8-14，有机胺排放随烟气凝结核浓度上升显著升高，其中吸收塔后低凝结核烟气排放为 $22mg/m^3$ MEA 和 $243mg/m^3$ AMP，高凝结核条件排放激增到 $192mg/m^3$ MEA 和 $1119mg/m^3$ AMP。而水洗塔后低凝结核烟气排放仅为 $3.5mg/m^3$ MEA 和 $3.6mg/m^3$ AMP，高凝结核为 $38mg/m^3$ MEA 和 $136mg/m^3$ AMP。水洗塔的控制效果随凝结核上升而下降，低中高凝结核条件下的水洗控制率依次为 97.3％、96.9％、86.7％，控制效果下降的主要原因可能是在高凝结核条件下气溶胶排放大量产生，而水洗对气溶胶的控制效果较差。因此，降低烟气中凝结核数量是控制水洗塔后有机胺排放最直接和有效的方法。

图 8-14

不同烟气凝结核情况的有机胺排放

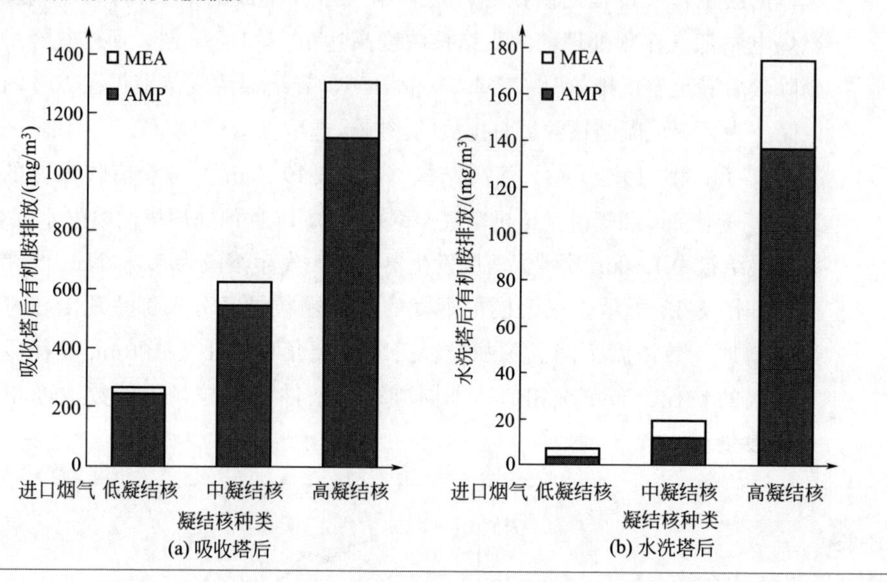

(a) 吸收塔后 (b) 水洗塔后

(2) 烟气 CO_2 浓度对有机胺排放与水洗控制效果影响

典型的燃煤电站的烟气 CO_2 浓度在 12%左右，然而天然气电站烟气的 CO_2 浓度约为 3%～4%，钢铁水泥行业尾气浓度则高于 12%。为此对烟气中 CO_2 浓度对排放的影响进行测试，CO_2 浓度在 0～20%之间变化，其中烟气凝结核选取在中凝结核工况，其他条件维持不变。

如图 8-15 所示，随着烟气 CO_2 浓度上升，吸收塔有机胺排放先上升后下降，CO_2 浓度 12%时，吸收塔后 MEA 和 AMP 排放达到峰值，分别为 79mg/m^3、549mg/m^3。总体上来说，水洗塔后的排放变化趋势与吸收塔后一致。烟气 CO_2 浓度为 8%时，水洗塔后 MEA 和 AMP 排放达到峰值，分别为 9mg/m^3、15mg/m^3。当烟气 CO_2 浓度过低（<8%）时，塔内化学吸收反应不剧烈，温度变化较为平缓，气溶胶生长减缓，有机胺排放较低；而 CO_2 浓度过高时（>12%），吸收剂的平均负荷过高，吸收剂活性、挥发性下降，同样造成气溶胶生长减缓，有机胺排放较低。

(3) 贫液温度对有机胺排放与水洗控制效果影响

吸收剂的贫液进口温度显著影响整个吸收塔的温度分布，实验考察贫液温度范围为 30～50℃。在烟气量约为 3.6m^3/h 的情况下，保持烟气 CO_2 浓度稳定在 12%（干基），烟气凝结核选取在中凝结工况，贫液流量控制在 0.6L/min，吸收塔烟气进口温度恒定在 40℃。

图 8-15

不同烟气 CO_2 浓度的有机胺排放

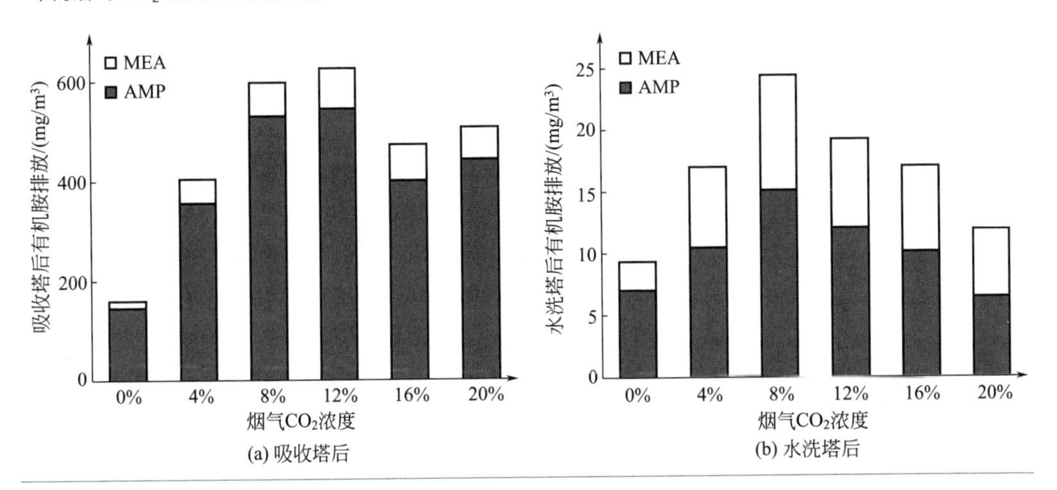

(a) 吸收塔后　(b) 水洗塔后

如图 8-16 所示，吸收塔后有机胺的排放随着贫液进口温度的上升而显著上升，当温度从 30℃ 上升到 50℃ 时，AMP 排放从 357mg/m^3 上升到 1228mg/m^3，MEA 排放从 56mg/m^3 上升到 144mg/m^3。而水洗塔后的排放上升并不明显，这可能是因为贫液进口温度的升高主要导致的是挥发排放的增大，而水洗塔对于挥发排放具有很好的控制效果。

图 8-16

不同贫液温度的有机胺排放

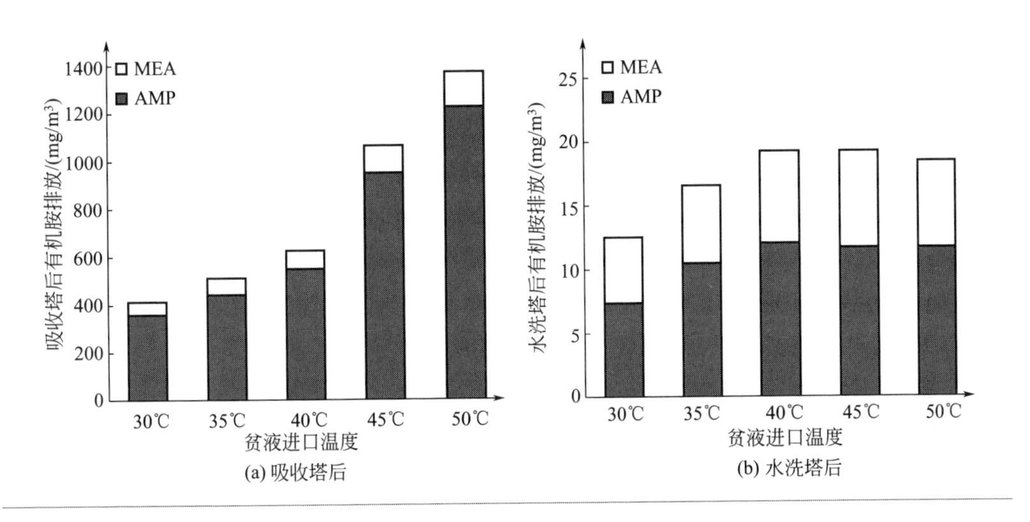

(a) 吸收塔后　(b) 水洗塔后

8.2.4 污染物排放控制手段

目前很多研究者开展了一系列化学吸收系统污染物排放控制研究，主要针对气溶胶污染物和氨气等水洗难以控制的气态排放。各控制手段的情况如表 8-2。

表 8-2 CO_2 化学吸收系统的污染物新型控制手段

作用位置	控制手段	原理	主要控制对象	控制效果	优点	缺点
吸收塔前	湿式电除尘器	气溶胶在电场中荷电撞向极板	气溶胶凝结核	MEA 800→100mg/m^3 (高 SO_2)	气溶胶脱除率高达 99.99%，维护简单	投资费用增加，SO_2 存在时控制效果变差
	蒸汽注入	增大气溶胶颗粒粒径，使其更容易被除雾器脱除	气溶胶凝结核	有机胺减少一个数量级	增加除雾器脱除效率	需要蒸汽，增加运行费用
	再热器	在升高的温度下减少小颗粒物	气溶胶凝结核	减少 50%左右凝结核	避免脱硫后的烟气因为冷凝造成管道腐蚀	增加投资和运营成本
吸收塔内	级间冷却	降低吸收塔内溶剂分压	气溶胶排放	胺排放减少 80%～90%	提升溶剂吸收能力	只有模拟结果
吸收塔后	干床	填料润湿表面降低烟气温度与气态吸收剂浓度	气态吸收剂	有机胺减少一个数量级	运行维护成本低	增加投资费用，无法控制气溶胶
	MHI 多级水洗	—	气溶胶排放	MEA (12～35mg/m^3)→(0.7～3mg/m^3)	系统简单	消耗水
	酸洗	酸液与 NH_3 等碱性气体快速反应	氨气	NH_3 (3～4)mg/m^3→>1mg/m^3	能控制氨气等水溶速率较慢碱性气体	脱除有机胺无法回收，运行消耗酸
	ACC 除雾器	—	气溶胶排放	有机胺 200mg/m^3→2mg/m^3 (10～40)mg/m^3→1mg/m^3	高效	—
	纤维除雾器	气溶胶由于布朗运动附着在纤维上	气溶胶凝结核	MEA (85～180)mg/m^3→(1～4)mg/m^3	气溶胶脱除率高达 99.99%	烟气压降高(5000Pa)
	胶质气体泡沫	微气泡吸附烟气中气溶胶，而后一并脱除	气溶胶排放	MEA 最高减少 87%	气溶胶脱除率较高	增加脱碳系统复杂程度，尚处于实验室研究

(1) 水洗塔与除雾器

水洗塔与除雾器是 CO_2 捕集系统中最为常见的两种烟气后处理装置。水洗塔多为填料塔，一般位于吸收塔后，塔中水自上而下进入，排空烟气自下而上与其逆流接触。接触过程能够有效冷却吸收剂，由于水洗液体中吸收剂的含量很低，能吸收大部分有机胺气态排放，但对氨气的控制效果不佳(用水吸收氨很容易饱和)。传统的除雾器（金属丝网除雾器、屋脊除雾器和旋流板除雾器）通过惯性和撞击来脱除颗粒物，这类除雾器对于携带或机械夹带而产生的较大液滴（$>3\mu m$）控制效果很好，但去除小颗粒的效率很低。然而，吸收塔中产生的气溶胶粒径通常低于 $2\mu m$，必须使用亚微米级颗粒除雾器才能有效控制。

Korede 研究了水洗在去除 PZ 气溶胶中的作用，在不同烟气 SO_3 浓度、不同贫液温度的工况下，测试无水洗、一级水洗和二级水洗后的排放。结果显示，随着水洗段的增加，排放减少。在 $6.5mg/m^3$ SO_3 浓度工况下，二级水洗后的排放比无水洗时的排放降低超过了 90%。

三菱重工（MHI）为评估 SO_3 在烟气中的存在对 KS-1 和 MEA 的影响，进行了一系列胺排放测试，发现其专门设计的多级水洗系统与除雾器结合可以有效控制污染，胺排放由 $30\sim88mg/m^3$ 降低到 $1.8\sim7.5mg/m^3$，吸收剂的消耗量降为原来的 1/4，水洗塔出口的白雾现象也随之消失。

Khakharia 等人研究了纤维除雾器对吸收塔气溶胶的控制效果，该装置示意图如图 8-17 所示。在小实验台的测试研究中发现，该除雾器装置用于后处理有更好效果，这是因为吸收塔出口处颗粒更大，更容易被去除，但气溶胶尺寸增大后的水含量增加，会造成更高的压降。在吸收塔入口处的颗粒数浓度范围为 $10^7\sim10^8/cm^3$ 的情况下，纤维除雾器对于颗粒的脱除效率高达 99.99%，其中大部分 $<1\mu m$，MEA 从 $85\sim180mg/m^3$ 下降到 $1\sim4mg/m^3$。

(2) 酸洗

针对氨气等水洗除雾都难以控制的污染物，阿克清洁公司（ACC）测试了酸洗塔，当使用硫酸酸洗且 $pH<5$ 时，观察到氨气排放从 $2.8mg/m^3$ 降到 $10.7mg/m^3$ 以下，同时降解产物如 DMA、MA、EA、DiEA 的排放也都有很大程度降低。

(3) 湿式电除尘器

湿式电除尘器（WESP）广泛应用于硫酸气溶胶脱除，WESP 通过内部电晕放电产生离子，气溶胶与离子碰撞荷电后在静电场中脱离烟气撞向极板，Anderlohr 研究了实验室规模 WESP 在给定条件下脱除硫酸气溶胶液的

图 8-17
布朗纤维除雾器

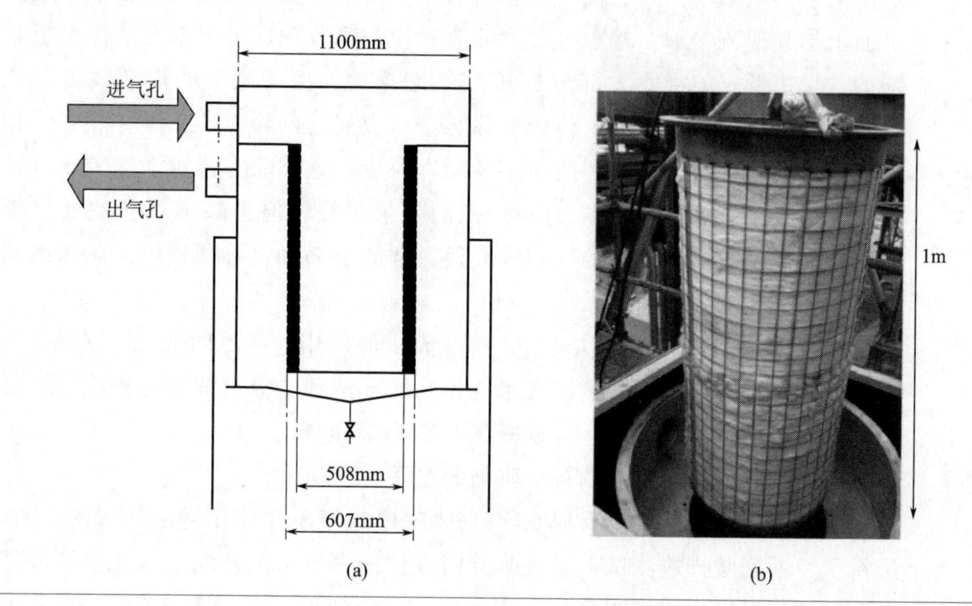

性能，发现脱除率近 100%。然而，当烟气中含有较多 SO_2 时，电晕放电过程产生的活性物质将 SO_2 氧化成 SO_3，而后在水蒸气存在下形成硫酸二次气溶胶。Mertens 测试了 WESP 对 CO_2 捕集过程中气溶胶排放的控制效果，当湿式电除尘器布置在吸收塔前时，能够去除烟气中绝大部分气溶胶(99.99%)，同时高效减少 MEA 排放，尤其是在较高的电压下。然而，在烟气中存在 SO_2 时，静电除尘器导致了新的硫酸气溶胶生成。这意味着要实现好的控制效果，进入 WESP 的烟气中 SO_2 含量必须非常低。

Moser 对 Niederaussem 的燃烧后捕集试验工厂烟气采用 BASF 基于胺的创新捕集技术，发现湿式电除尘器有两方面作用：一是除去烟气中尺寸范围在 50～255nm 的固体颗粒和 100nm 左右大小的液滴产生正面影响；二是产生大量尺寸小于 50nm 的小颗粒/液滴，产生负面影响。因此湿式电除尘器的作用具有两面性，效果取决于烟气成分和工艺条件。

(4) 蒸汽注入与干床

Moser 在 BASF 捕集实验台通过冷却或注入蒸汽的烟气预处理方法，加大进入吸收塔的凝结核尺寸，以便与除雾器或湿式电除尘联合脱除，该方法可以迅速使排放量减少一个数量级。另一控制方法“干床”是位于吸收塔上部的一段填料，这段填料只由少量水润湿，用于回收气相中的有机物。干床能有效降低气相中的吸收剂浓度，同时，该段中烟气颗粒和液滴的温度有所降低，但对气溶胶的控制效果还不确定。在 7.2t/d CO_2 捕集的中试平台上实验发现，即使在非常多气溶胶的工况下，使用干床仍然可以显著减少捕获过程中的污染物排放，有机化合物的夹带也减少了一个数量级。

(5) 胶质气体泡沫

胶质气体泡沫（colloidal gas aphrons，CGA）是表面活性剂水溶液在高速搅拌下生成的微气泡（10～100μm），微气泡外表面为双分子表面活性剂膜，内部包裹着气体核心。由于胶质气体泡沫具有大表面积、低黏度和高气泡稳定性等特性，近年来废水处理、土壤去除有毒废物和浮选分离过程中对带电胶质气体泡沫都有所应用。胶质气体泡沫在胺捕集工艺中脱除气溶胶的过程可主要分为三步：胶质气体泡沫生成、气溶胶吸附以及胶质气体泡沫脱除。首先将特定表面活性剂与蒸馏水在生成室按比例混合后高速搅拌，产生的大量 CGA 送入气溶胶吸附室；吸附室中烟气与 CGA 充分接触，部分气溶胶与 CGA 发生吸附作用，单个 CGA 气泡可吸附多个气溶胶液滴；最后烟气通过水洗作用将 CGA 脱除。

Thompson 在烟气气溶胶脱除装置中使用水、表面活性剂溶液与 CGA 进行脱除对比实验，发现三者的胺减排量分别为 3%、22%、48%。Li 研究了表面活性浓度、温度、生成转速的影响，发现在 35℃时，18000r/min 搅拌 1.5g/L SDBS 产生的胶质气体泡沫对 MEA 吸收剂排放抑制效果最好，可减少最高 87%的胺排放。

(6) 级间冷却器

在 CO_2 吸收过程中，CO_2 吸收系统的级间冷却工艺可以有效提高溶剂吸收能力和质量转移。Majeed 模拟结果表明，级间冷却可以降低吸收塔和水洗塔中 MEA 的分压，减少了气溶胶颗粒的生长。对于 20%CO_2 浓度的烟气，级间冷却工艺可以大幅减少 MEA 排放，减排效果是以前的 5～10 倍。Fulk 的气溶胶模型模拟得出相同结论，吸收塔有级间冷却器，气溶胶生长得更慢。

(7) 再热器

经过脱硫处理的烟气通常被冷却，水蒸气含量饱和，气体再热器对烟气重新加热，能抑制水蒸气或其他气体的冷凝，避免管道腐蚀。在高温下，烟气中细颗粒的数量浓度也会被减少。Li 的研究发现，当再热器关闭，尺寸范围在 15.7～399.5nm 的干燥气溶胶颗粒浓度是再热器运行状态为 27%最大功率时的 2.5 倍，而 $PM_{2.5}$ 的质量分数在这两个运行状态下比较接近。

8.3 吸收剂降解和抗降解

吸收剂降解是指吸收剂溶质在一定条件下（通常指一定的温度下），与吸收反应的中间产物、烟气中少数的活性气体（如 O_2、SO_2、NO_2 等）或溶液中的杂质（如补给水和腐蚀作用带入的杂质粒子）等发生不可逆的化学反应，同时生成稳定性物质的过程。吸收剂的降解会造成吸收剂的损失增加，吸收 CO_2 能力的退化，同时挥发性产物还会对环境造成污染。

8.3.1 氧化降解

燃煤烟气成分复杂，氮氧化物（NO_x）、硫氧化物（SO_x）和氧气（O_2）都会对吸收剂降解行为产生影响，此外，吸收剂中金属离子会促进吸收剂降解。其中，由于氧气相较另外两种杂质气体浓度较高，其影响占主导地位。由氧气参与的反应多发生于吸收塔中，统称氧化降解，一般占总胺损失的70%。美国得克萨斯大学奥斯汀分校的 Rochelle 课题组等研究了目前被认为工业应用技术最为成熟的乙醇胺（MEA）氧化降解过程中的传质过程，认为氧化前期为传质控制，并且通过实验得出 CO_2 富集的富液相较低负荷新鲜吸收剂降解更为严重的结论；挪威科技大学 Srendsen 课题组研究了不同氧气浓度（21%～98%）对 MEA 降解行为的影响，发现氧气浓度增加对降解行为有着显著促进作用，在 55℃反应温度条件下，98% O_2 浓度下 MEA 的降解速率是 21% O_2 浓度下的 2.3 倍之多。

以 MEA 为例，MEA 氧化降解反应复杂多变，现并无统一降解机理。但其主要反应多为脱烷基化反应、加成反应、氧化反应、哌嗪生成反应等，相应产物则为热稳定性盐、酰胺、有机酸、咪唑、哌嗪等。

其中关于脱烷基化反应普遍存在单电子转移原理和氢原子转移原理两种机理。单电子转移原理于 20 世纪 60 年代被提出，已被证实仅适用于三级胺，其关键原理为从吸收剂 N 原子拔出一个电子得到亚胺正离子自由基，后生成氨气及甘氨酸（图 8-18）。

氢原子转移原理存在两种产生自由基的反应：①转移 C_α/C_β 的氢原子，形成 C 自由基（如图 8-19）；②转移 N 原子上的氢原子，形成 N 自由基（如图 8-20）。

图 8-18
单电子转移原理图

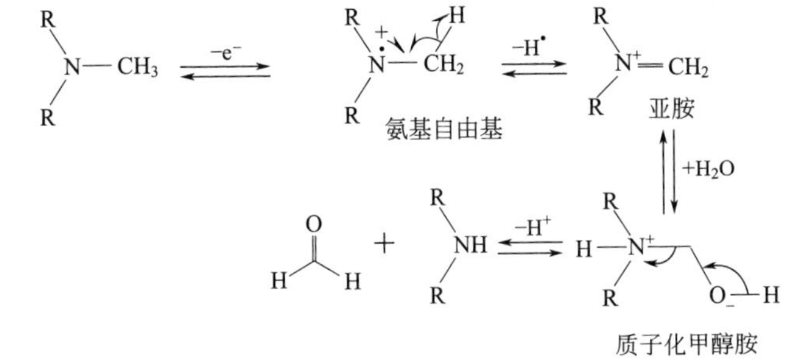

$R_2N{-}CH_3 \xrightleftharpoons{-e^-} R_2\dot{N}^+{-}CH_2{-}H$（氨基自由基）$\xrightleftharpoons{-H^\bullet} R_2N^+{=}CH_2$（亚胺）$\xrightleftharpoons{+H_2O}$ 质子化甲醇胺 $\xrightleftharpoons{-H^+}$ HCHO + R_2NH

图 8-19
氢原子转移原理-C
自由基生成原理

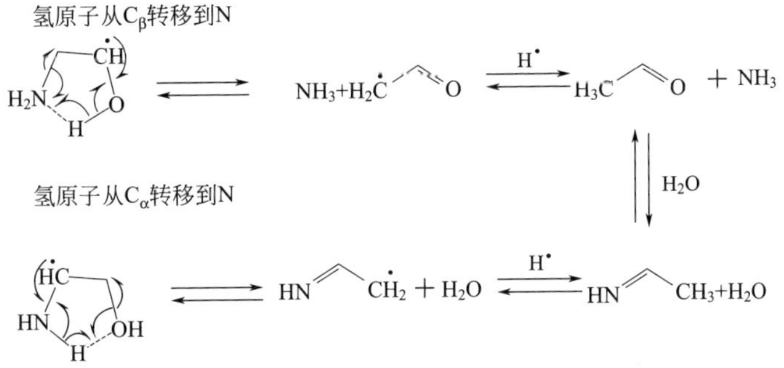

氢原子从C_β转移到N

$NH_3 + H_2\dot{C}CHO \xrightleftharpoons{H^\bullet} H_3CCHO + NH_3$

H_2O

氢原子从C_α转移到N

$HN{=}CH\dot{C}H_2 + H_2O \xrightleftharpoons{H^\bullet} HN{=}CHCH_3 + H_2O$

图 8-20
氢原子转移原理-N
自由基生成原理

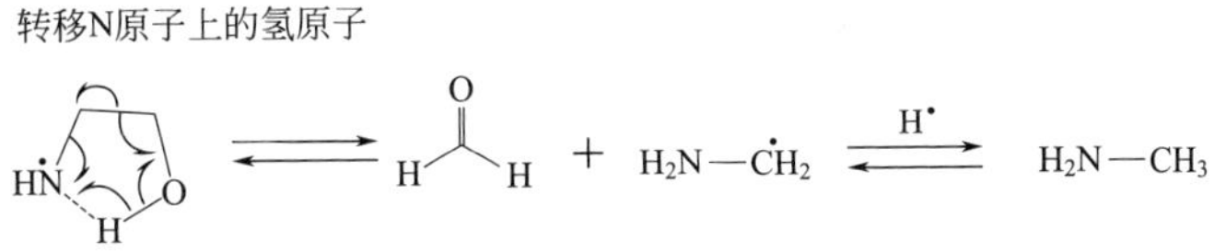

转移N原子上的氢原子

$HCHO + H_2N{-}\dot{C}H_2 \xrightleftharpoons{H^\bullet} H_2N{-}CH_3$

8.3.2　热降解

吸收剂在高温解吸塔中发生的无其他气体参与的降解反应统称热降解，温度变化在热降解过程中起着决定性作用。Davis 课题组研究了 MEA 在再生塔中的热降解性能，发现随着温度升高，降解速率明显增大，在 135℃ 条件下反应 8 周胺损失近 50%；挪威科技大学 Srendsen，HF 课题组对比了实验室与示范工程规模下 MEA 降解行为后发现，在示范工程规模下氧化降解与热降解相比，占主导地位。MEA 热降解主要发生去甲基化反应、二聚反应、环化反应等。主要降解产物为挥发性胺，*N*-（2-羟乙基）乙二胺（HEEDA）、*N*-羟乙基-2-咪唑烷酮（HEIA）、尿素等。MEA 热降解主要过程即 MEA 与 CO_2 反应生成氨基甲酸盐，而后氨基甲酸盐或与 MEA 反应生成尿素及其衍生物或直接环化形成恶唑烷酮，恶唑烷酮在高温下与吸收剂继续反应开环形成新的胺类产物，重复开始上述一系列降解过程。其中关于主要产物 HEEDA 与 HEIA 之前的相互关系，Polderman 课题组认为 HEIA 为 HEEDA 前驱物，然而 Lepaumier 课题组则通过液相色谱得到了相反的结论。由于降解中多重反应交叉进行，因此对于单一产物机理推测还未有公认推论。

8.3.3 其他影响因素

（1）气体杂质影响：氮氧化物（NO_x）

NO_x 尽管在烟气中的含量相对较低，但由于其易与有机胺类吸收剂反应生成强致癌物亚硝胺如挥发性的二乙醇-*N*-亚硝胺、亚硝基吗啉和非挥发性的二乙醇亚硝胺，随意排放会对空气及水资源造成污染。挪威公共卫生研究所（NIPH）最初在 Mongstad 碳捕集技术中心的环境许可证中提议将亚硝胺和及其混合气体排放限制为 $0.3ng/m^3$，认为超过该数值会对环境造成危害；世界卫生组织对水溶液中亚硝胺的推荐值为 100ng/L。可以看出无论是气相还是液相中，被允许存在的亚硝胺浓度极低，因此研究亚硝胺形成机理从而寻求抑制方法变得格外重要。美国耶鲁大学 Mitch 等认为烟气中的 NO 和 NO_2 溶解于溶液中形成亚硝酸根离子，随后与有机胺发生反应生成亚硝胺。并且亚硝胺在水洗塔和吸收塔中浓度随 NO 和 NO_2 浓度的提高呈线性增长趋势；Rochelle 进一步探索亚硝胺生成机制后发现二级胺可直接与亚硝酸发生反应生成亚硝胺，而一级胺与三级胺则需通过氧化、硝基化或脱甲基化等一系列降解反应生成二级胺后方与亚硝酸进行反应。因此在使用存在二级胺的吸收剂配方情况下，亚硝胺与二级胺浓度成化学当量比，而在其他配方（降解生成少量二级胺）中，亚硝胺与二级胺浓度呈函数关系；Silva 等在使用 MEA 作为吸收剂的示范装置中测试得出亚硝胺排放浓度区间在 $5\sim47ng/m^3$，Dai 等在不同吸收剂体系中对水洗塔中的亚硝胺进行分析测试得到 MEA 和 AMP/PZ 体系中亚硝胺的浓度分别为 $0.73\mu g/m^3$ 和 $59\mu g/m^3$，均大大超出了上述提到的亚硝胺在气相及液相中的推荐值。

（2）气体杂质影响：硫氧化物（SO_x）

由 SO_2 生成的亚硫酸可与吸收剂中胺离子生成稳定无法分解的热稳定盐，造成胺损失增加。Supap 等阐明 SO_2 对吸收剂 MEA 降解有强化促进作用，随着 SO_2 浓度增加，MEA 降解速率变快。Gao 等在中试平台上对 SO_2 对新型混合胺吸收剂腐蚀和降解的影响进行研究后发现类似结论，随着 SO_2 浓度增加，会出现更严重的胺降解和热稳定性盐生成；而 Zhou 等在进一步研究后发现 SO_2 浓度存在最优区间，SO_2 浓度在 $157mg/m^3$ 左右可消耗氧化自由基以达到抑制氧化降解的作用，然而随着 SO_2 浓度进一步增加，不仅不会增加抑制作用，反而使溶液腐蚀性提高，损坏设备，增加成本。

（3）金属离子影响

大量研究发现，溶液中金属离子会对吸收剂降解有促进作用，Leonard 发现由于不锈钢设备及管路腐蚀，溶解在吸收剂中的金属离子会催化降解反应，从而导致降解更为严重。Sexton 等通过实验证明了不同金属离子的催化特性，但金属离子对于挥发性产物氨气（NH_3）有着良好的抑制作用，澳大利亚 CSIRO 研究了不同金属离子（镍 Ni^{2+}、铜 Cu^{2+} 和锌 Zn^{2+}）在氨水吸收剂体系中对氨气挥发的抑制作用，认为由于金属离子与自由铵根离子可形成较强的络合作用，从而很大程度抑制了氨气的挥发，抑制效果高低如下所示：$Ni^{2+} > Cu^{2+} \gg Zn^{2+}$。另外 Cheng 等发现引入金属铜离子不仅能抑制氨气挥发，还可以加快解吸速度，提高解吸性能，增大循环容量，实验发现在铜离子的协同络合下，吸收剂的解吸热可降低 13.2%～24%，但其中机理尚未明确。

8.3.4　两相吸收剂降解研究

浙江大学针对新型低能耗两相吸收剂 DAH［50% DEEA（*N*,*N*-二乙基乙醇胺）+25% AEEA（羟乙基乙二胺）+25% H_2O］的降解性能进行了研究。通过阳离子色谱及气相色谱与质谱联用等方法，分析两相吸收剂及主要的氧化降解产物及其降解机制。

两相吸收剂 DAH 在不同 CO_2 比例下的总体（上层+下层）降解速率与 3 种单一胺水溶液吸收剂 MEA-H_2O（30%）、DEEA-H_2O（50%）以及 AEEA-H_2O（25%）进行对比，结果如图 8-21 所示。尽管 DAH 总体降解速率不能进行简单叠加，但根据图 8-21 可以较为直观地了解不同 CO_2 比例下 DAH 不同溶液层的降解情况。结果表明，两相吸收剂 DAH 总体降解速率随 CO_2 比例减少而增加，即认为影响 DAH 降解行为的关键因素为气氛中的 O_2 浓度，且吸收剂降解速率与 O_2 浓度成正比。

与三种单一胺吸收剂对比发现，仅 DAH 吸收剂的其中一种有效胺成分 AEEA 四周降解速率就超过了单一胺吸收剂。相同 CO_2 比例（15%）气氛下，下层 AEEA 组分降解速率相较 DEEA-H_2O，AEEA-H_2O，MEA-H_2O 分别升高了 79.3%，10.2%，47.3%。

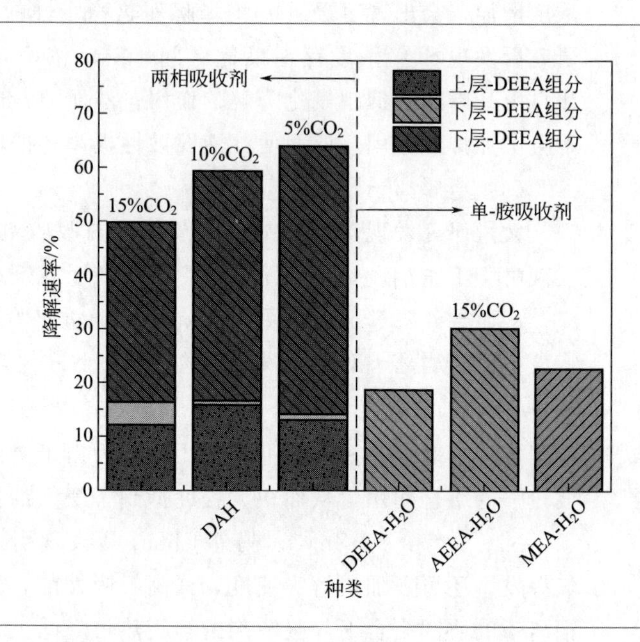

图 8-21
不同吸收剂四周降解速率对比图

通过 GC-MS 分析手段可以获得两相吸收剂 DAH 主要降解产物质谱图，随后对谱图中的分子峰及碎片峰的质荷比（精确至小数点后 4 位）进行解析后获得 8 种主要降解产物（表 8-3）。图 8-22 和图 8-23 分别为通过主要降解产物结构及吸收剂主要胺成分结构推断出的 AEEA 和 DEEA 组分的主要降解产物机理图。

表 8-3　两相吸收剂 DAH 主要降解产物汇总表

序号	降解产物名称	分子结构	分子量
1	4-乙基-1-(2-羟乙基)哌嗪-2-酮		172.1212
2	4-乙基-1-(2-羟乙基)哌嗪-3-酮		172.1212
3	3-乙基-1-(2-羟乙基)-2-咪唑啉酮		158.1055
4	*N*-乙基-2-羟基-*N*-(2-羟乙基)乙酰胺		147.0895

续表

序号	降解产物名称	分子结构	分子量
5	4-(2-羟乙基)哌嗪-2-酮	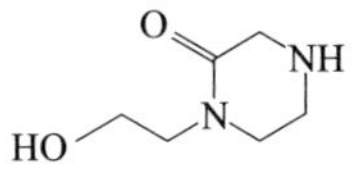	144.0899
6	4-(2-羟乙基)哌嗪-3-酮	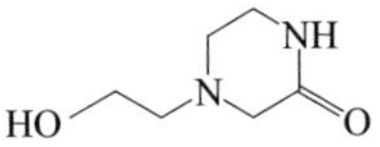	144.0899
7	*N*-乙基苯胺	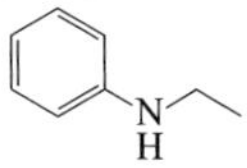	121.1830
8	2,4-二甲基吡啶	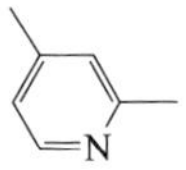	107.0735

如表 8-3 所示，通过 GC-MS 分析解析出了两组同分异构体降解产物，分别为产物 1 和 2 以及产物 5 和 6。其中产物 5 和产物 6 一般被认为是 MEA 的主要降解产物，由 MEA 降解反应中间产物 AEEA 与常规氧化降解产物乙醇酸发生加成、环化反应生成。其中，根据乙醇酸加成位置不同，可获得一组同分异构体产物。而两相吸收剂 DAH 中 AEEA 直接作为有效胺成分，可与乙醇酸发生上述反应，从而获得产物 5 和 6（图 8-22）。

图 8-22

AEEA 组分主要降解产物机理图

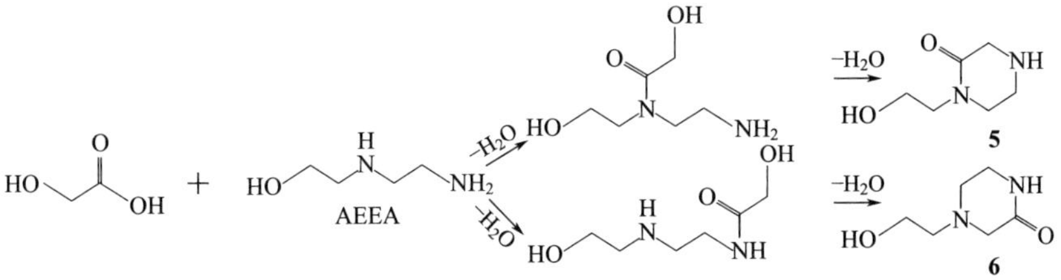

由于产物 1 和 2 与产物 5 和 6 有相似结构，仅多一乙基支链。因此推测其反应机理（见图 8-23）为 DEEA 组分中间降解产物 1-乙基-2-羟乙基乙二胺与乙醇酸发生加成（反应 e、f）、环化反应（反应 g、h），生成哌嗪类降解产物 1 及 2。而中间降解产物 1-乙基-2-羟乙基乙二胺则是乙醇胺（DEEA 脱去 2 分子乙基所得，反应 a）吸收 CO_2 后的氨基甲酸盐（反应 c）与二乙胺（DEEA 脱乙醇反应所得，反应 b）发生加成反应得到。

同时，1-乙基-2-羟乙基乙二胺本身作为一种有机胺，自身能够吸收 CO_2 后发生环化反应脱去一分子水后生成咪唑啉酮类产物 3（反应 i 和 j）。而酰胺类产物 4 则是通过 DEEA 脱去一份子乙基后的产物 2-乙基乙醇胺与乙醇酸发生加成反应生成所得（反应 k 和 l）。

图 8-23

DEEA 组分主要降解产物机理图

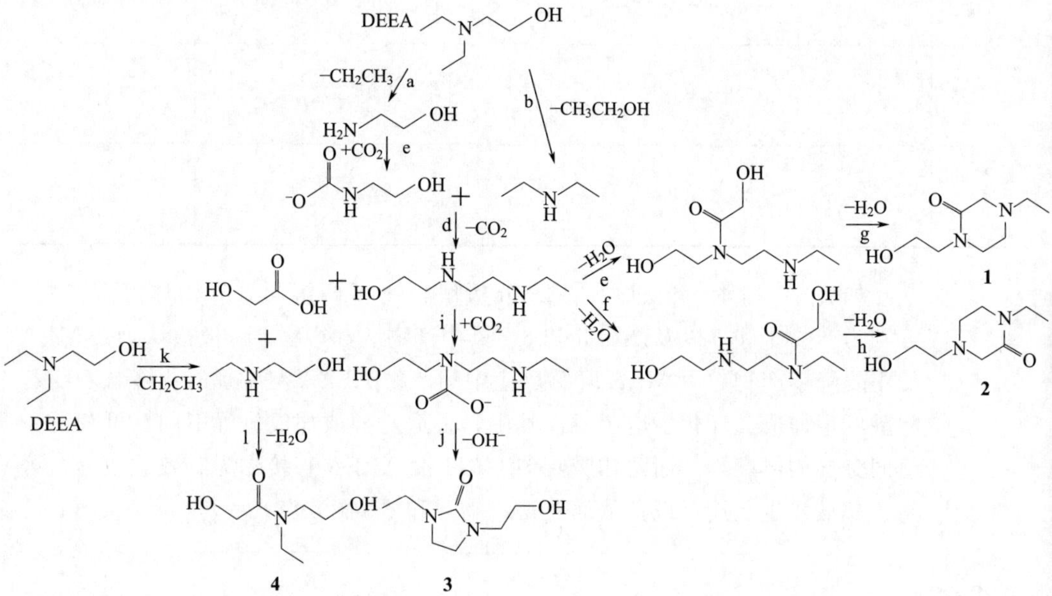

而针对产物 7，在对其质谱图进行解析时发现了质荷比（m/z）为 51 及 77 的苯环特征碎片峰，因此推测出 N-乙基苯胺这一降解产物。此为第一次在有机胺吸收剂降解产物中发现苯环类芳香族化合物，迄今为止并无明确降解机理。而产物 8（2,4-二甲基吡啶）仅在 Wang 等报道的 AMP 降解产物中有所提及，AMP 在 O_2 存在气氛下形成过氧自由基，发生断键反应后生成甲酸及亚胺。烯胺（由亚胺转化所得）水解得到的丙酮与甲醛生成 4-羟基-2-丁酮，而该不饱和酮能与烯胺发生环化反应生成 2,4-二甲基吡啶。但在其他胺类降解产物研究中，迄今为止未发现该物质。

8.3.5 抗降解技术研究

抗降解技术根据吸收剂降解机制可大致分为两类：捕集金属离子催化剂从而降低降解反应速率，主要有氧化膜型缓蚀剂和金属捕获剂两种；切断 O_2 与吸收剂的降解反应链，统称氧气捕获剂。

① 氧化膜型缓蚀剂：25～60mg/m^3 溶解金属离子会催化胺类氧化降解，

加快降解速率。而氧化膜型缓蚀剂会在碳钢和不锈钢表面形成平整致密的膜，抑制腐蚀。常见缓蚀剂效果如下：偏钒酸钠＞铬酸钾＞重铬酸钾＞亚硝酸钠＞硝酸钠＞磷酸钠＞亚硫酸钠（缓蚀剂质量分数：0.01％～5％）。

② 金属捕获剂：EDTA、DTPMP 等螯合剂由于存在有四个活性基团，能有效连接金属离子 Cu^{2+}、Fe^{2+}，抑制其催化胺类降解中的自由基反应。但有研究显示，在铁离子的存在下 EDTA 也会发生降解反应，且在所有活性基团失活后需更换回收抑制剂。

③ 氧气捕获剂：Na_2SO_3、甲醛、甲酸都能抢先与 O_2 反应，达到切断 O_2 与吸收剂反应链的作用。但也有课题组研究通过实验得出此类抑制剂无明显抑制效果。而针对挥发性致癌降解产物亚硝胺的防控方法可分为以下几种：1）使用紫外光使亚硝胺分解成乙醛、氮气（N_2）及一氧化二氮（N_2O）或胺和亚硝酸，但此方法仅适用于水洗塔。2）在酸性条件下使用亲核试剂如卤化物、硫氰酸盐等进行脱硝反应，但此方法会引入卤素等杂质，也会对环境造成污染。3）使用物理加热方法使亚硝胺分解，但此方法在已有解吸塔下无法对所有胺类吸收剂适配。4）SO_2 可与亚硝酸发生反应生成硫酸，从而抑制亚硝胺的生成。

浙江大学针对均相少水吸收剂 ENH/PNH［DMEDA（*N*，*N*-二甲基-乙二胺）/DMPDA（*N*，*N*-二甲基-丙二胺）＋NMP（*N*-甲基吡咯烷酮）＋H_2O］的降解速率及抗降解方法进行了研究。图 8-24 给出了三种不同少水吸收剂体系（MEA、DMEDA 及 DMPDA）四周降解速率对比图。结果表明，与两相吸收剂 DAH 相比，三种吸收剂体系四周降解速率均低于上层 DEEA 而高于下层 AEEA。DAH 吸收剂 AEEA 为主要有效胺成分，仅 AEEA 组分降解速率已超过 MNH、ENH 及 PNH 整体降解速率，因此研究认为均相少水吸收剂相比两相吸收剂在降解性能方面存在一定优势。

而对比以不同有机胺为主剂的少水吸收剂发现，ENH 相比 PNH 及 MNH 降解速率最低，其次为 PNH，MNH 降解速率最高。因此认为以双胺作为主剂的均相少水吸收剂相比以 MEA 作为主剂的均相少水吸收剂抗降解性能更优。

研究少水吸收剂与其相应水溶液吸收剂降解速率对比发现，ENH 吸收剂降解速率与 DMEDA-H_2O 相当，而 PNH 吸收剂降解速率与其相应水溶液 DMPDA-H_2O 降解速率相差最大。

以降解速率最优的 ENH-5％H_2O 为例，研究常规抗降解剂对吸收剂抗降解性能的提升能力。

图 8-24 给出了添加常规抗降解剂酒石酸钾钠及 EDTA 后的 ENH 5％-

H_2O降解速率变化图，发现添加抗降解剂酒石酸钾钠及EDTA后的ENH 5%-H_2O四周降解速率进一步得到下降，其中EDTA抗降解剂优化抗降解性能效果更优，四周降解速率相比未添加抗降解剂ENH 5%-H_2O下降了12.9%。

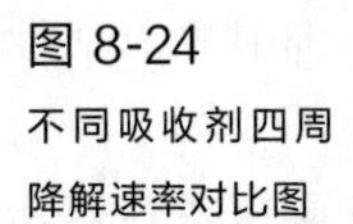
图 8-24
不同吸收剂四周降解速率对比图

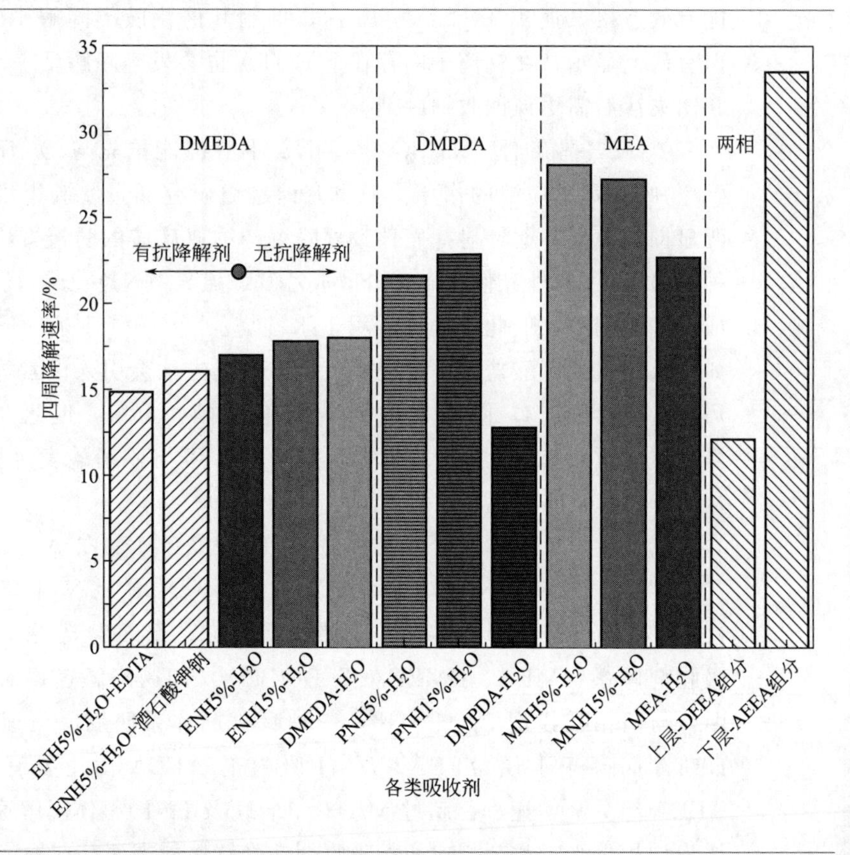

8.4 吸收剂的管理和回收问题

化学吸收系统中胺降解产物根据在溶液中是否为电中性分为中性降解产物及热稳定性盐（HSSs），中性产物包括酰胺、有机酸、咪唑、哌嗪、HEEDA、HEIA、尿素等有机物；而HSSs是由胺及其酸性降解产物和杂质（如有机酸和盐酸）反应形成的盐，主要有甲酸、乙酸、乙醇酸、草酸、硫酸盐等，在解吸塔中无法再生。降解产物，尤其是HSSs在吸收剂中的积累，不仅导致吸收剂中有机胺的损失，更会导致一系列的运行问题。总的来说，HSSs 在吸收剂中的积累会造成以下问题：

① 降低吸收剂对 CO_2 的吸收能力，使系统整体性能恶化；

② 黏度增加，传质效率下降，导致溶剂循环成本增加；

③ HSSs 对设备的腐蚀；

④ 溶液发泡降低气液比表面积。

为了有效地运行系统，应该控制循环吸收剂中的 HSSs 浓度，针对这个问题，目前主要有两类吸收剂管理方案：吸收剂清理及抗降解的短期解决方法，以及吸收剂回收的长期解决方法。如表 8-4 所示，不同的溶剂管理方法各有特点，相比于短期解决方案，吸收剂回收能够长期稳定地解决溶剂中降解产物积累的问题，更具有竞争力及发展前景。总的来说，吸收剂管理对于保证整个 CCS 系统长期稳定运行具有重大意义。

表 8-4 不同的溶剂管理方法

短期解决方案:吸收剂清理	
方法	特点
定期替换	黏度超过 8.75×10^{-3} Pa·s/37.7℃，则全部更换；
部分替换	用新鲜溶液替换部分脏溶液
机械过滤	过滤效果差
HSSs 的中和	$NaOH/Na_2CO_3$，Na/中和盐(有机酸阴离子)在溶液中积累
抗降解剂	效果不一，金属催化下效果较差
长期解决方案:吸收剂回收	
方法	特点
热回收	常压/低压/真空蒸馏，常压下能耗高，固体/沉淀物的处理困难
离子交换	能耗较低，效率高，但无法去除电中性产物、树脂的污染问题
电渗析	不同浓度下效果均较好，无法去除电中性产物
萃取	受 PH 影响大，多因素影响，工业化困难

对于长期运行发生降解的吸收剂，通过补充新鲜胺液、加入碱对 HSSs 进行中和等方法，并没有去除溶液中的 HSSs，只是将胺盐转化为无机盐，而且添加的碱液会引入新的杂质，进一步提高了溶液的黏度、腐蚀性，不能长期或连续地解决吸收剂污染问题。胺的回收，即将 HSSs 和其他降解产物从胺液中分离出来，是一种更为经济、环保的技术。

热回收法、离子交换树脂法和电渗析法是目前三大常用的脱除胺液中热稳定性盐的方法。

8.4.1 热回收

热回收技术是利用加热胺液使其从降解产物中蒸发从而达到脱除降解产物的目的。通常情况下，加热前需加入过量强碱中和胺盐后，沉淀一段时间以去除固体和沉淀物质。

吸收剂热回收工艺流程如图 8-25 所示，蒸馏出来的胺液冷凝后回收，降解产物在回收罐底部堆积。回收液的浓度受到两方面的限制，一是需保持回收温度低于胺液开始热降解的温度，二是要避免溶液中的盐结晶造成结垢。根据不同胺液发生热降解的问题，热回收装置的类型可分为常压、解吸塔压力和真空。对于低沸点的 MEA，蒸馏温度一般在 148℃，并在解吸塔压力下运行以最大限度地减少热降解，回收装置中水和 MEA 蒸汽可以注入再生塔回收热量。然而，对于高沸点胺，如 DEA、DIPA、MDEA 等，应在真空下回收，以避免热降解。例如，DIPA 热回收的典型操作条件为 176.7℃，6.66～13.33kPa。

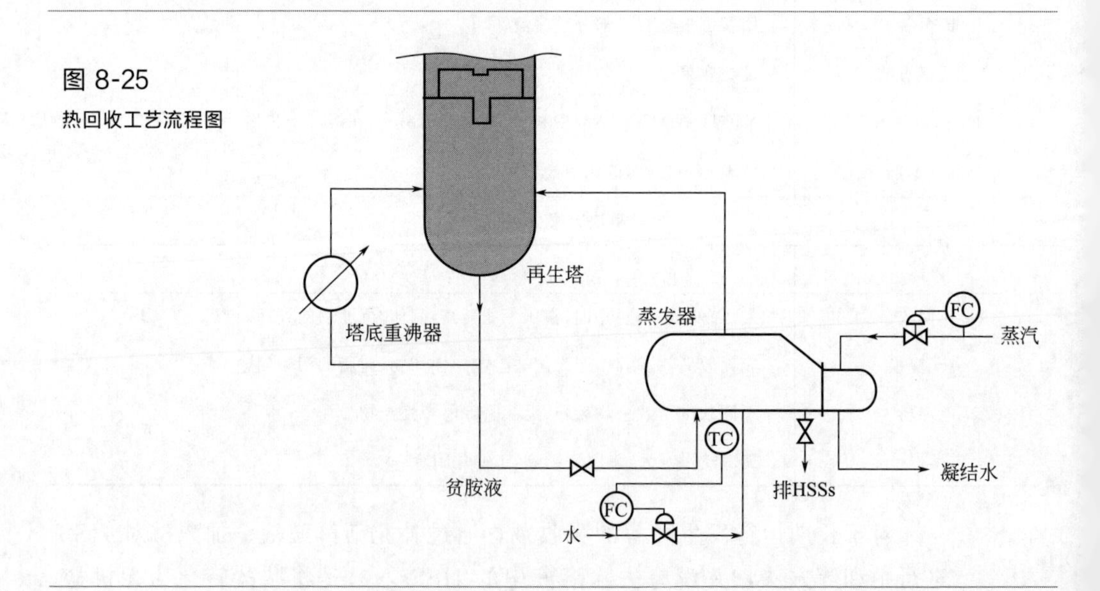

图 8-25
热回收工艺流程图

目前，已将热回收工艺商业化的公司有陶氏化学公司、埃克森美孚公司（美国）、亨斯迈公司（美国）、普莱克斯公司（美国总部）、壳牌公司（荷兰总部）、CCR 技术公司（加拿大）等，其开发的装置各有优劣，其特点汇总如表 8-5。

表 8-5　典型热回收技术

公司	特点
陶氏化学公司	用强碱中和 HSSs 首次对单乙醇胺或三乙醇胺溶剂进行热回收
亨斯迈公司	开发了二甘醇胺的热回收器 操作压力约为 1bar
普莱克斯公司	热回收装置的开发 操作压力 3.5～448kPa，温度 121～148℃
CCR 公司	开发的真空蒸馏工艺可回收任意胺 已开发至第四代，分区加热技术能降低能耗并提高回收率
壳牌公司	首次采用降膜/刮膜蒸发器对 DIPA 进行回收

然而，热回收工艺中产生的废料会带来环境和安全方面的问题，这将限制胺液热回收在燃烧后 CO_2 捕集装置中大规模的应用。此外，热回收技术的能耗较高，根据 IEA 报告，在一份 CO_2 化学吸收装置参考案例中，与热回收相关的能量约为 0.3GJ/t CO_2（IEAGHG，2012）。

8.4.2　离子交换

离子交换发生在液体（胺液）和固体（含氢氧树脂的强碱树脂）之间，自 20 世纪 50 年代以来，离子交换树脂一直用于去除石油烃中使用的废烷醇胺吸收剂中的酸性污染物。吸收剂离子交换回收工艺流程如图 8-26 所示，典型的离子交换包括两个过程：交换过程和再生过程，如式(8-17）和式(8-18）所示。交换过程是去除溶液中的离子污染物。在再生过程中，用 OH^- 取代树脂中的 HSS^-，从而实现树脂的循环利用并将 HSS^- 转化为钠盐的形式。然而，离子交换树脂无法去除不带电的污染物，如胺热降解产生的污染物。

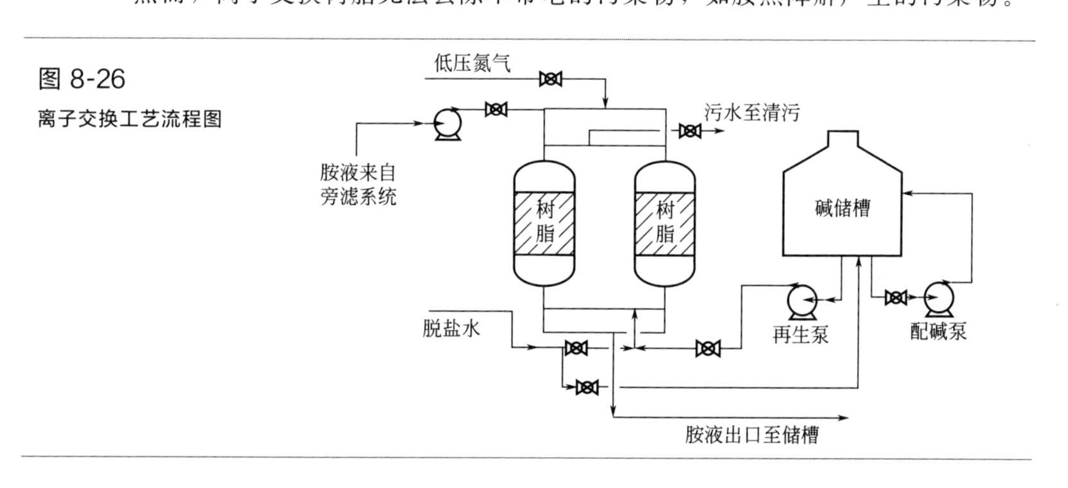

图 8-26
离子交换工艺流程图

交换过程：

$$\text{Amine H}^+ + \text{HSS}^- + \text{Resin} + \text{OH}^- \longrightarrow \text{Amine} + H_2O + \text{Resin} + \text{HSS}^- \tag{8-17}$$

再生过程：

$$\text{Resin} + \text{HSS}^- + \text{NaOH} \longrightarrow \text{Resin} + \text{OH}^- + \text{NaHSS} \tag{8-18}$$

离子交换工艺的能耗低、化学品消耗少，且脱除 HSSs 效果更佳。然而，用离子交换法从有机胺吸收剂中脱除 HSSs 的实际工程应用仍存在许多技术和工艺上的挑战，该过程仅适用于低 HSSs 浓度的胺液，且会产生大量的废液、造成大量胺损失。由于树脂在高温下会发生热降解，胺液需降至45℃以下进行离子交换，因此在胺回收过程中，离子交换回收装置通常位于贫液冷却器的下游。

典型的阴离子树脂是由苯乙烯和二乙烯基苯组成的共聚物，研究发现，很多阴离子树脂无法承受有机胺溶液的强碱性，胺化后的强碱阴离子（SBA）树脂可用于去除 HSSs，其中Ⅱ型 SBA 交换树脂比Ⅰ型更容易用 NaOH 再生。在 CCS 工业应用中，由于有机物、悬浮颗粒和氧化铁的污染，树脂会发生降解，因此必须定期清洗和更换树脂。

Cummings 等研究发现，离子交换技术的进步减少了对化学品和水的消耗，NaOH 的消耗量从 9～40mol NaOH/mol HSS^- 下降到 1mol NaOH/mol HSS^-，用水量降至原来的 2/3 至 1/5。但在胺回收应用中，溶液中的 CO_3^{2-} 和 HCO_3^- 同 HSS^- 发生竞争，导致 HSS^- 去除效果降低。

目前，将离子交换胺回收商业化的两家公司是 MPR Services Inc.（美国）和 Eco-Tec Inc.（加拿大）。它们的 HSSX 和 AmiPur 工艺均已成功应用于气体处理厂的胺净化。MPR 开发了一种新的离子交换工艺，称为碳捕集胺回收（CCAR），用于处理 CO_2 捕集系统中降解胺溶液。Eco-Tec 也提出了一种新的工艺 AmiPur-CCS，用于净化 CCS 系统中的胺溶液。

8.4.3 电渗析

电渗析（ED）装置利用阴阳离子交换膜和电场的作用，将阴离子从一个溶液室定向迁移至另一个溶液室。ED 作为一种海水淡化技术，自 20 世纪 50 年代以来在海水淡化行业中得到了广泛的应用。将 ED 方法应用于有机胺吸收剂中去除 HSSs 是由陶氏化学公司在 20 世纪 90 年代早期开发的。

商用 ED 装置可以包含数百个堆叠的膜堆，当电压施加在两极时，正离子和负离子向相反的电极移动，并通过离子交换膜。最终的效果是从进料流中去除电离的阳、阴离子，并将它们收集在浓缩室中。与离子交换一样，ED 过程只能去除 HSS^-，中性胺降解产物会留在溶液中。一些氨基甲酸酯阴离子和质子化胺会转移而损失。图 8-27 所示为 ED 过程原理示意图。ED 的 HSS^- 脱除率主要是膜堆对数和外加电压的函数。

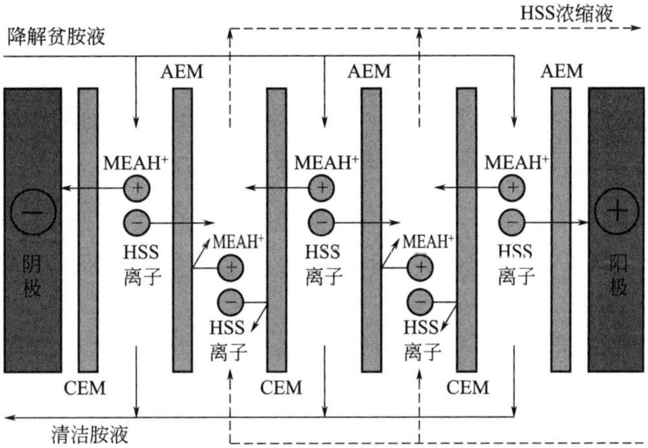

图 8-27
ED 过程原理示意图

陶氏化学公司的 UCARSEP ED 工艺已经商业化 20 多年，且已经成功地用于不同炼油厂的 UCARSOL 溶剂和 DEA。同离子交换和真空蒸馏方法相比较，在 MDEA 工厂中使用的陶氏 ED 技术在经济性和可操作性上都更具优势，且不存在过多的化学品消耗以及危险废料处理的问题。

ElectroSep 技术公司开发的 ElectroSep 工艺与 UCARSEP 过程中直接向胺溶液中添加碱不同，ElectroSep 过程中将碱添加到 ED 堆栈中。膜堆的布置也不同，从 C-A 膜堆变为 C-A-A 膜堆，如图 8-28 所示。据报道，在 ED 堆中进行胺中和可以减少胺的损失，总体胺的回收率达到 99.5%。虽然 ED 技术已经成功地用于炼油厂的 HSSs 脱除，但在 CO_2 化学吸收工艺中使用 ED 技术的相关研究目前仍非常少。

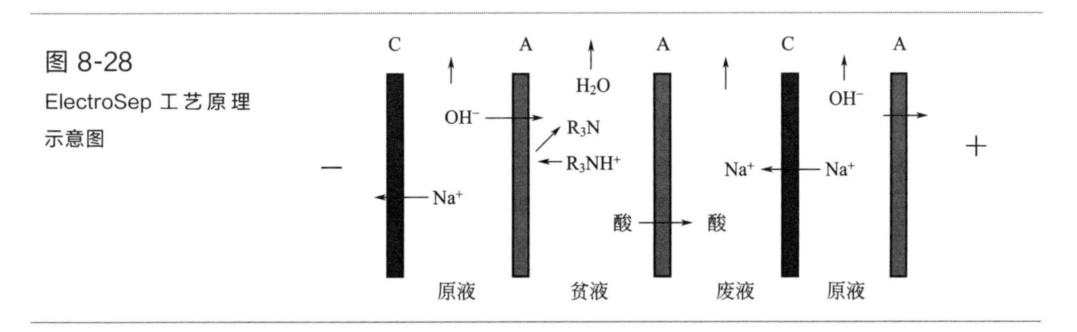

图 8-28
ElectroSep 工艺原理示意图

思考题

1. 什么是化学吸收系统水平衡问题？主要与哪些因素有关？
2. 吸收塔和再生塔胺挥发与哪些因素有关？如何控制？
3. 化学吸收塔排放污染物主要有哪些？如何控制？
4. 吸收剂降解原因是什么？如何控制？
5. 溶剂回收方法有哪些？各有什么特点？

参考文献

［1］ Park K，Qi L E. Optimization of gas velocity and pressure drop in CO_2 absorption column ［J］. Proceedings of the 58th Conference on Simulation and Modelling (SIMS 58) Reykjavik，Iceland，September 25th-27th，2017，138：292-297. DOI：10.3384/ecp17138292.

［2］ Nguyen T，Hilliard M，Rochelle G T. Amine volatility in CO_2 capture ［J］. International Journal of Greenhouse Gas Control，2010，4 (5)：707-715. DOI：10.1016/j.ijggc.2010.06.003.

［3］ Lawal A，Wang M，Stephenson P，et al. Dynamic modelling and analysis of post-combustion CO_2 chemical absorption process for coal-fired power plants ［J］. Fuel，2010，89 (10)：2791-2801. DOI：10.1016/j.fuel.2010.05.030.

［4］ Liu F，Qi Z，Fang M，et al. Evaluation on water balance and amine emission in CO_2 capture ［J］. International Journal of Greenhouse Gas Control，Elsevier Ltd，2021，112：103487.

［5］ Goff G S，Oxidative degradation of aqueous monoethanolamine in CO_2 capture processes：iron and copper catalysis，inhibition，and O_2 mass transfer ［D］. PhD. Thesis，Univ. Texas Austin，2005，283.

［6］ Vevelstad S J，Grimstvedt A，Elnan，J，et al. Oxidative degradation of 2-ethanolamine：the effect of oxygen concentration and temperature on product formation ［J］. Int. J. Greenh. Gas Control，2013，18：88-100. https：//doi.org/10.1016/j.ijggc.2013.06.008.

［7］ Veldman R. Alkanolamine solution corrosion mechanisms and inhibition from heat stable salts and CO_2 ［J］. CORROSION 2000. NACE International：Orlando，Florida，2000：13.

［8］ Liu H，Namjoshi O A，Rochelle G T. Oxidative degradation of amine solvents for CO_2 capture ［J］. Energy Procedia，2014，63：1546-1557. https：//doi.org/10.1016/j.egypro.2014.11.164.

［9］ Rooney P C，Dupart M S，Bacon T R. The role of oxygen in the degradation of MEA，DGA，DEA and MDEA ［J］. 48th Laurence Reid gas Cond. Conf，1998：335-347.

［10］ Chi S，Rochelle G T. Oxidative degradation of monoethanolamine ［J］. Ind. Eng. Chem. Res，2002，41 (17)：4178-4186. https：//doi.org/10.1021/ie010697c.

［11］ Bello A，Idem，R O. Comprehensive study of the kinetics of the oxidative degradation of CO_2 loaded and concentrated aqueous monoethanolamine (MEA) with and without sodium metavanadate during CO_2 absorption from flue gases ［J］. Ind. Eng. Chem. Res，2006，45 (8)：2569-2579. https：//doi.org/10.1021/ie050562x.

［12］ Fredriksen S B，Jens K J. Oxidative degradation of aqueous amine solutions of MEA，AMP，

MDEA, Pz: a review [J]. Energy Procedia, 2013, 37 (1876): 1770-1777. https: //doi. org/10. 1016/j. egypro. 2013. 06. 053.

[13] Smith J R L, Masheder D. Amine Oxidation. Part 13. Electrochemical oxidation of some substituted tertiary alkylamines [J]. J. Chem. Soc. Perkin Trans. 2, 1977, 13: 1732-1736. https: //doi. org/10. 1039/P29770001732.

[14] Petryaev E P, Pavlov A V, Shadyro O I. Homolytic deamination of amino alcohols [J]. J. Org. Chem. USSR, 1984, 20: 25-29.

[15] Davis J, Rochelle G. Thermal degradation of monoethanolamine at stripper conditions [J]. Energy Procedia, 2009, 1 (1): 327-333. https: //doi. org/10. 1016/j. egypro. 2009. 01. 045.

[16] Lepaumier H, Da Silva E F, Einbu A, et al. Comparison of MEA degradation in pilot-scale with lab-scale experiments [J]. Energy Procedia, 2011, 4: 1652-1659. https: //doi. org/10. 1016/j. egypro. 2011. 02. 037.

[17] Polderman L D, Dillon C P, Steele A B. Why monoethanolamine solution breaks down in gas-treating service [J]. Oil Gas J, 1955, 54: 180-183.

[18] Supap T, Idem R, Tontiwachwuthikul P, et al. Analysis of monoethanolamine and its oxidative degradation products during CO_2 absorption from flue gases: a comparative study of GC-MS, HPLC-RID, and CE-DAD analytical techniques and possible optimum combinations [J]. Ind. Eng. Chem. Res, 2006, 45 (8): 2437-2451. https: //doi. org/10. 1021/ie050559d.

[19] Sexton A J, Rochelle G T. Reaction products from the oxidative degradation of monoethanolamine [J]. Ind. Eng. Chem. Res, 2011, 50 (2): 667-673. https: //doi. org/10. 1021/ie901053s.

[20] Rayer A V, Henni A, Li J. Reaction kinetics of 2- ((2-aminoethyl) amino) ethanol in aqueous and non-aqueous solutions using the stopped-flow technique [J]. Can. J. Chem. Eng, 2013, 91 (3): 490-498. https: //doi. org/10. 1002/cjce. 21690.

[21] Strazisar B R, Anderson R R, White C M. Degradation of monoethanolamine used in carbon dioxide capture from flue gas of a coal-fired electric power generating station [J]. J. Energy Environ. Res, 2001, 1: 33-39.

[22] Lepaumier H, Picq D, Carrette P L. New amines for CO_2 capture. I. mechanisms of amine degradation in the presence of CO_2 [J]. Ind. Eng. Chem. Res, 2009, 48 (20): 9061-9067. https: //doi. org/10. 1021/ie900472x.

[23] Dai N, Mitch W A. Effects of flue gas compositions on nitrosamine and nitramine formation in postcombustion CO_2 capture systems [J]. Environ. Sci. Technol, 2014, 48 (13): 7519-7526. https: //doi. org/10. 1021/es501864a.

[24] Goldman M J, Fine N A, Rochelle G T. Kinetics of *N*-nitrosopiperazine formation from nitrite and piperazine in CO_2 capture [J]. Environ. Sci. Technol, 2013, 47 (7): 3528-3534.

[25] da Silva E F, Kolderup H, Goetheer E, et al. Emission studies from a CO_2 capture pilot plant [J]. Energy Procedia, 2013, 37: 778-783. https: //doi. org/10. 1016/j. egypro. 2013. 05. 167.

[26] Dai N, Shah A D, Hu, L, et al. Measurement of nitrosamine and nitramine formation from NO_x reactions with amines during amine-based carbon dioxide capture for postcombustion carbon sequestration [J]. Environ. Sci. Technol, 2012, 46 (17): 9793-9801. https: //doi. org/10. 1021/es301867b.

[27] Supap T, Idem R, Tontiwachwuthikul P, et al. Kinetics of sulfur dioxide-and oxygen-induced degradation of aqueous monoethanolamine solution during CO_2 absorption from power plant flue gas streams [J]. Int. J. Greenh. Gas Control, 2009, 3 (2): 133-142. https://doi.org/10.1016/j.ijggc.2008.06.009.

[28] Gao, J, Wang S, Wang J, et al. Effect of SO_2 on the amine-based CO_2 capture solvent and improvement using ion exchange resins [J]. Int. J. Greenh. Gas Control, 2015, 37: 38-45. https://doi.org/10.1016/j.ijggc.2015.03.001.

[29] Zhou, S, Wang S, Sun C, et al. SO_2 effect on degradation of MEA and some other amines [J]. In Energy Procedia; Elsevier B. V., 2013, 37: 896-904. https://doi.org/10.1016/j.egypro.2013.05.184.

[30] Li K, Yu H, Tade M, et al. Theoretical and experimental study of NH_3 suppression by addition of Me (II) ions (Ni, Cu and Zn) in an ammonia-based CO_2 capture process [J]. Int. J. Greenh. Gas Control, 2014, 24 (X): 54-63. https://doi.org/10.1016/j.ijggc.2014.02.019.

[31] Liu K, Neathery J K, Remias J E, et al. Method for removing CO_2 from coal-fired power plant flue gas using ammonia as the scrubbing solution, with a chemical additive for reducing NH_3 losses, coupled with a membrane for concentrating the CO_2 stream to the gas stripper. 2011.

[32] Kim Y, Lim S R, Park J M. The effects of Cu (II) ion as an additive on NH_3 loss and CO_2 absorption in ammonia-based CO_2 capture processes [J]. Chem. Eng. J, 2012: 211-212, 327-335. https://doi.org/10.1016/j.cej.2012.09.087.

[33] Cheng C H, Li K, Yu H, et al. Amine-based post-combustion CO_2 capture mediated by metal ions: advancement of CO_2 desorption using copper ions [J]. Appl. Energy, 2018, 211 (November 2017): 1030-1038. https://doi.org/10.1016/j.apenergy.2017.11.105.

[34] Léonard G, Voice A, Toye D, et al. Influence of dissolved metals and oxidative degradation inhibitors on the oxidative and thermal degradation of monoethanolamine in postcombustion CO_2 capture [J]. Ind. Eng. Chem. Res, 2014, 53 (47): 18121-18129. https://doi.org/10.1021/ie5036572.

[35] Sexton A J, Rochelle G T. Catalysts and inhibitors for MEA oxidation [J]. Energy Procedia, 2009, 1 (1): 1179-1185. https://doi.org/10.1016/j.egypro.2009.01.155.

[36] Gu G Research of compound chemical absorbent for carbon dioxide [D]. Beijing Unirersity of Chemical Technology, 2010.

[37] Kladkaew N, Idem R, Tontiwachwuthikul P, et al. Studies on corrosion and corrosion inhibitors for amine based solvents for CO_2 absorption from power plant flue gases containing CO_2, O_2 and SO_2 [J]. Energy Procedia, 2011, 4: 1761-1768. https://doi.org/10.1016/j.egypro.2011.02.051.

[38] Acidi A, Hasib-ur-Rahman M, Larachi F, et al. Ionic liquids [EMIM] [BF4], [EMIM] [Otf] and [BMIM] [Otf] as corrosion inhibitors for CO_2 capture applications [J]. Korean J. Chem. Eng, 2014, 31 (6): 1043-1048. https://doi.org/10.1007/s11814-014-0025-3.

[39] Lee I Y, Kwak N S, Lee J H, et al. Oxidative degradation of alkanolamines with inhibitors in CO_2 capture process [J]. Energy Procedia, 2013, 37: 1830-1835. https://doi.org/10.1016/j.egypro.2013.06.061.

[40] Sexton A J，Rochelle G T. Catalysts and inhibitors for oxidative degradation of monoethanolamine [J]. Int. J. Greenh. Gas Control，2009，3 (6)：704-711. https：//doi. org/10. 1016/j. ijggc. 2009. 08. 007.

[41] Supap T，Idem R，Tontiwachwuthikul P，et al. Investigation of degradation inhibitors on CO_2 capture process [J]. Energy Procedia，2011，4：583-590. https：//doi. org/10. 1016/j. egypro. 2011. 01. 092.

[42] Chandan P A，Remias J E，Liu K. Possible ways to minimize nitrosation reactions during post-combustion CO_2 capture process [J]. Int. J. Greenh. Gas Control，2014，31：61-66. https：//doi. org/10. 1016/j. ijggc. 2014. 09. 028.